U0240380

线性代数

XIANXING DAISHU

主　编／马健军
副主编／柳　忞　晏胜华

重庆大学出版社

内容提要

本书按照高等学校经济与管理类专业线性代数课程的基本要求编写.本书以线性方程组理论为主线展开讨论,主要内容包括:行列式,矩阵,矩阵的初等变换及其应用,向量组的线性相关性,线性方程组,矩阵的特征值、相似与对角化,二次型等.

本书可作为高等学校经济、管理类专业的教材,也可以作为高等学校教师、考研学生的参考书.

图书在版编目(CIP)数据

线性代数 / 马健军主编 . --重庆:重庆大学出版社,2023.9

(四川外国语大学新文科建设系列丛书)

ISBN 978-7-5689-4097-9

Ⅰ.①线… Ⅱ.①马… Ⅲ.①线性代数—高等学校—教材 Ⅳ.①O151.2

中国版本图书馆 CIP 数据核字(2023)第 150417 号

线性代数

主　编　马健军

副主编　柳　忞　晏胜华

策划编辑:鲁　黎

责任编辑:文　鹏　　版式设计:鲁　黎

责任校对:王　倩　　责任印制:张　策

*

重庆大学出版社出版发行

出版人:陈晓阳

社址:重庆市沙坪坝区大学城西路 21 号

邮编:401331

电话:(023) 88617190　88617185(中小学)

传真:(023) 88617186　88617166

网址:http://www.cqup.com.cn

邮箱:fxk@cqup.com.cn (营销中心)

全国新华书店经销

重庆长虹印务有限公司印刷

*

开本:787mm×1092mm　1/16　印张:13.75　字数:311 千

2023 年 9 月第 1 版　2023 年 9 月第 1 次印刷

ISBN 978-7-5689-4097-9　定价:38.00 元

交叉融合，创新发展

——四川外国语大学新文科建设系列丛书总序

四川外国语大学校长 董洪川

四川外国语大学，简称"川外"（英文名为 Sichuan International Studies University，缩写为 SISU），位于歌乐山麓、嘉陵江畔，是我国设立的首批外语专业院校之一。古朴、幽深的歌乐山和清澈、灵动的嘉陵江涵养了川外独特的品格。学校在邓小平、刘伯承、贺龙等老一辈无产阶级革命家的关怀和指导下创建，从最初的中国人民解放军西南军政大学俄文训练团，到中国人民解放军第二高级步兵学校俄文大队，到西南人民革命大学俄文系、西南俄文专科学校，再到四川外语学院，至 2013 年更名为四川外国语大学。学校从 1979 年开始招收硕士研究生，2013 年被国务院学位委员会批准为博士学位授予单位，2019 年经人社部批准设置外国语言文学博士后科研流动站。学校在办学历程中秉承"团结、勤奋、严谨、求实"的优良校风，弘扬"海纳百川，学贯中外"的校训精神，形成了"国际导向、外语共核、多元发展"的办学特色，探索出一条"内涵发展，质量为先，中外合作，分类培养"的办学路径，精耕细作，砥砺前行，培养了一大批外语专业人才和复合型人才。他们活跃在各条战线，为我国的外交事务、国际商贸、教学科研等各项建设做出了应有贡献。

经过七十三年的发展，学校现已发展成为一所以外国语言文学学科为主，文学、经济学、管理学、法学、教育学、艺术学、哲学等协调发展的多科型外国语大学，具备了博士研究生教育、硕士研究生教育、本科教育、留学生教育等多形式、多层次的完备办学体系。主办了《外国语文》《英语研究》等有较高声誉的学术期刊。学校已成为西南地区外语和涉外人才培养以及外国语言文化、对外经济贸易、国际问题研究的重要基地。

进入新时代，"一带一路"倡议、"构建人类命运共同体""中华文化'走出去'"等国家战略赋予了外国语大学新使命、新要求和新任务。随着"六卓越一拔尖"计划 2.0（指卓越工程师、卓越医生、卓越农林人才、卓越教师、卓越法治人才、卓越新闻传播人才教育培养计划 2.0 和基础学科拔尖学生培养计划 2.0）和"双万"计划（指实施一流专业建设，建设一万个国家级一流本科专业点和一万个省级一流本科专业点）的实施，"新工科、新农科、新医科、新文科"建设（简称"四新"建设）成为国家高等教育的发展战略。2021 年，教育部发布《新文科研究与改革实践项目指南》，设置了 6 个选题领域、22 个选题方向，全面推进新文科建设研究和实践，着力构建具有世界水平、中国特色的文科人才培养体系。为全面贯彻教育部等部委系列文件精神和全国新文科建设工作会议精神，加快文科教育创新发展，构建以育人育才为中心的文科发展新格局，重庆市率先在全国设立了"高水平新文科建设高校"项目。而四川外国语大学有幸成为重庆市首批“高水平新文科建设高校”项目三个入选高校之一。这就历史性地赋予了我校探索新文科建设的责任与使命。

2020 年 11 月 3 日，全国有关高校和专家齐聚中华文化重要发祥地山东，共商新时代文科教育发展大计，共话新时代文科人才培养，共同发布《新文科建设宣言》。这里，我想引用该宣言公示的五条共识来说明新文科建设的重要意义。一是提升综合国力需要新文科。哲学社会科学发展水平反映着一个民族的思维能力、精神品格和文明素质，关系到社会的繁荣与和谐。二是坚定文化自信需要新文科。新时代，把握中华民族伟大复兴的战略全局，提升国家文化软实力，促进文化大繁荣，增强国家综合国力，新文科建设刻不容缓。为中华民族伟大复兴注入强大的精神动力，新文科建设大有可为。三是培养时代新人需要新文科。面对世界百年未有之大变局，要在大国博弈竞争中赢得优势与主动，实现中华民族复兴大业，关键在人。为党育人、为国育才是高校的职责所系。四是建设高等教育强国需要新文科。高等教育是兴国强国的“战略重器”，服务国家经济社会高质量发展，根本上要求高等教育率先实现创新发展。文科占学科门类的三分之二，文科教育的振兴关乎高等教育的振兴，做强文科教育推动高教强国建设，加快实现教育现代化，新文科建设刻不容缓。五是文科教育融合发展需要新文科。新科技和产业革命浪潮奔腾而至，社会问题日益综合化复杂化，应对新变化、解决复杂问题亟须跨学科专业的知识整合，推动融合发展是新文科建设的必然选择。进一步打破学科专业壁垒，推动文科专业之间深度融通、文科与理工农医交叉融合，融入现代信息技术赋能文科教育，实现自我的革故鼎新，新文科建设势在必行。

新文科建设是文科的创新发展，目的是培养能适应新时代需要、能承担新时代历史使命的文科新人。川外作为重庆市首批“高水平新文科建设高校”项目三个入选高校之一，需要立足“两个一百年”奋斗目标的历史交汇点，准确把握新时代发展大势、高等教育发展大势和人才培养大势，超前识变，积极应变，主动求变，以新文科理念为指引，谋划新战略，探索新路径，深入思考学校发展的战略定位、模式创新和条件保障，构建外国语大学创新发展新格局，努力培养一大批信仰坚定、外语综合能力强、具有中国情怀、国际视野和国际治理能力的高素质复合型国际化人才。

基于上述认识，我们启动了“四川外国语大学新文科建设系列”丛书编写计划。这套丛书将收录文史哲、经管法、教育学和艺术学等多个学科专业领域的教材，以新文科理念为指导，严格筛选程序，严把质量关。在选择出版书目的标准把握上，我们既注重能体现新文科的学科交叉融合精神的学术研究成果，又注重能反映新文科背景下外语专业院校特色人才培养的教材研发成果。我们希望通过丛书出版，积极推进学校新文科建设，积极提升学校学科内涵建设，同时也为学界同仁提供一个相互学习、沟通交流的平台。

新文科教育教学改革是中国高等教育现代化的重要内容，是一项系统复杂的工作。客观地讲，这个系列目前还只是一个阶段性的成果。尽管作者们已尽心尽力，但成果转化的空间还很大。提出的一些路径和结论是否完全可靠,还需要时间和实践验证。但无论如何,这是一个良好的开始,我相信以后我们会做得越来越好。

新文科建设系列教材的出版计划得到学校师生的积极响应,也得到了出版社领导的大力支持。在此,我谨向他们表示衷心的感谢和崇高的敬意！当然,由于时间仓促,囿于我们自身的学识和水平,书中肯定还有诸多不足之处,恳请方家批评指正。

董洪川

2023 年 5 月 30 日

写于歌乐山下

前言

线性代数作为高等学校一门重要的基础课程,可为经管类学生学习后续专业课程提供必要的数学知识.本书将线性代数的知识和经济学及其他有关应用问题适当结合,在保持传统教材优点的基础上,对课程内容体系进行了整体优化,突出精选适用,表述上从具体问题入手,问题的讨论由浅入深,由易到难,由具体到抽象,循序渐进,力求通俗易懂,易于教学.本书的主要特点体现在以下几个方面:

1.在知识体系的编排上,注重认知跨度的有效衔接.初等数学处理的是数量关系,线性代数需要用矩阵、向量的视角来看待并处理问题,但刚进大学的一年级新生,思考问题还习惯于数量关系.因此,我们编写教材时,从线性方程组及其消元法出发,以线性方程组为主线,逐步引入行列式、矩阵、向量等概念.

2.在课程内容的编写上,强化定义、性质、定理、推论及一些重要结论的正确使用.在给出定义、性质、定理、推论时,对其进行必要的说明,指出使用时的误区,列举反例,使学生能够理解这些枯燥的内容,解题时做到有理有据.

3.本书的例题、习题丰富,题型多样,把数学归纳法的理念、思想、方法引入到相关计算中.在例题的选配上,本书给出了基础题、中等难度题以及高难度题,以便满足不同专业、不同层次学生的需求.每小节均设置习题.同时本书将部分考研真题编入例题和习题中,可供学有余力的学生选做.

本书马健军主编,柳忞、晏胜华任副主编.具体编写分工如下:第1章由柳忞编写,第2~5章由马健军编写,第6、7章由晏胜华编写.全书由马健军统稿.西南财经大学曾嵘和电子科技大学李茂军对本书的初稿进行了认真的审阅,给予了具体的指导,提出了宝贵的建议.感谢四川外国语大学各级领导的关心和支持.在本书编写过程中,我们查阅了大量的国内外各种同类教材,并借鉴了这些教材中的一些经典例题和习题,由于难以一一列举出处,深感歉意,在此一并表示由衷的谢意.

由于编者水平有限,书中难免存在某些不足之处,恳请专家、同行、读者批评指正,以期进一步修正和完善.

编　者

2023年2月

目 录

第 1 章　行列式

1.1　线性方程组的基本概念

1.1.1　n 元线性方程组的概念

中学已经学过，对二元或三元方程组可以通过消元法求解. 比如要求解一个三元方程组，可先设法消去其中一个未知数，将三元方程组转化为二元方程组，再进一步转化为一元方程求解. 例如求解下列三元方程组：

$$\begin{cases} x_1+x_2-x_3=0, \\ x_1+x_2+x_3=6, \\ x_1+2x_2+x_3=8. \end{cases}$$

将第 1 个方程分别和第 2 个和第 3 个方程相加可以得到：

$$\begin{cases} 2x_1+2x_2=6, \\ 2x_1+3x_2=8. \end{cases}$$

用第 2 个方程减去第 1 个方程可以得到一个一元方程：$x_2=2$.

从而得到原方程组的解为：

$$\begin{cases} x_1=1, \\ x_2=2, \\ x_3=3. \end{cases}$$

可以将上面方程组一般化. 如果方程组中含有 n 个未知量，分别记作：$x_1,x_2,x_3,\cdots,x_n$，并且方程组具有下列形式：

$$\begin{cases} a_{11}x_1+a_{12}x_2+\cdots+a_{1n}x_n=b_1, \\ a_{21}x_1+a_{22}x_2+\cdots+a_{2n}x_n=b_2, \\ \qquad\qquad \cdots\cdots \\ a_{m1}x_1+a_{m2}x_2+\cdots+a_{mn}x_n=b_m. \end{cases}$$

其中，$a_{ij}(i=1,2,\cdots,m,j=1,2,\cdots,n)$ 表示第 i 个方程中第 j 个未知量的系数. $b_i(i=1,2,\cdots,m)$ 表示第 i 个方程等式右侧的值，称为该方程的常数项. 该方程组称为 n 元线性方程组. 如果方程组的常数项均为零,即 $b_i=0(i=1,2,\cdots,m)$ 时,则称它为 n 元齐次线性方程组,否则称为 n 元非齐次线性方程组.如果存在一组值 $x_1=c_1,x_2=c_2,\cdots,x_n=c_n$ 使得上面的方程组中每个方程都成立,则称

$$\begin{pmatrix} x_1 \\ x_2 \\ \vdots \\ x_n \end{pmatrix}=\begin{pmatrix} c_1 \\ c_2 \\ \vdots \\ c_n \end{pmatrix}$$

是该方程组的一个解.如果这样的解不存在,则称方程组是无解的.有时方程组有多个解,这时求解方程组就要把所有的解都找出来放在一起组成集合,这样的集合称为解集.如果两个方程组的解集合相同,则称它们是同解的,或者说是等价的.

n 元线性方程组的基本问题是:在已知 $a_{ij}(i=1,2,\cdots,m,j=1,2,\cdots,n)$ 和 $b_i(i=1,2,\cdots,m)$ 时,判断:

(1)该方程组是否有解;

(2)在有解的前提下,该解是否唯一;

(3)如果解不唯一,那么这些解的相互关系如何.

本章主要考虑包含 n 个未知数和 n 个方程的 n 元线性方程组,至于一般情况下的讨论则是后续几章的内容.

具体来说,即是针对方程组:

$$\begin{cases} a_{11}x_1+a_{12}x_2+\cdots+a_{1n}x_n=b_1, \\ a_{21}x_1+a_{22}x_2+\cdots+a_{2n}x_n=b_2, \\ \cdots\cdots \\ a_{n1}x_1+a_{n2}x_2+\cdots+a_{nn}x_n=b_n. \end{cases}$$

(1)在什么条件下有唯一解?

(2)在有唯一的解前提下,该如何表示和计算方程的解?

这两个问题可以先从(2)的讨论入手,根据二元和三元线性方程组的求解找出有唯一解时解的表达式,即有唯一解的必要条件,然后再考虑有唯一解的充分条件或者充要条件.

例 1.1 解方程组

$$\begin{cases} x_1+2x_2-x_3=-6, \\ x_1+x_2+x_3=5, \\ x_1+4x_2+2x_3=7. \end{cases}$$

解 依次用第三个方程和第二个方程减去第一个方程可以消去 x_1,从而得到:

$$\begin{cases} 2x_2+3x_3=13, \\ -x_2+2x_3=11. \end{cases}$$

上面方程组中消去 x_2 后可以解得:$x_3=5$.依次代回方程组中得到原方程的解为:

$$\begin{pmatrix} x_1 \\ x_2 \\ x_3 \end{pmatrix} = \begin{pmatrix} 1 \\ -1 \\ 5 \end{pmatrix}.$$

例 1.2　解方程组

$$\begin{cases} x_1+3x_2+x_3=-6, \\ x_1+x_2+x_3=4, \\ 2x_1+4x_2+2x_3=-2. \end{cases}$$

解　将前两个方程相加得到：

$$2x_1+4x_2+2x_3=-2.$$

这正好是第三个方程.说明第三个方程可以由前两个方程得到，因此这个方程是多余的.将第一个方程减去第二个方程可以解得：$x_2=-5$.

代入原方程组可以得到一个包含 x_1 和 x_3 的方程：$x_1+x_3=9$.

此时无论 x_3 取哪个实数 c，都可以得到原方程组的一个解.依次代回方程组中得到原方程的解为：

$$\begin{pmatrix} x_1 \\ x_2 \\ x_3 \end{pmatrix} = \begin{pmatrix} 9-c \\ -5 \\ c \end{pmatrix}.$$

故该方程组有无穷多组解.

例 1.3　判断下列方程组是否有解：

$$\begin{cases} 2x_1+2x_2-x_3=-6, \\ 3x_1+x_2+x_3=5, \\ -x_1+x_2-2x_3=7. \end{cases}$$

解　将第一个方程减去第二个方程得到：

$$-x_1+x_2-2x_3=-11.$$

这与第三个方程矛盾，因此该方程组无解.

1.1.2　二元和三元线性方程组唯一解的表达式

本小节将用消元法求解线性方程组的过程一般化，通过观察其解的表达式，猜想 n 元线性方程组唯一解的一般形式.

对于下面的二元线性方程组（这里 a_{11}，a_{21}不同时为零，a_{12}，a_{22}不同时为零）：

$$\begin{cases} a_{11}x_1+a_{12}x_2=b_1, \\ a_{21}x_1+a_{22}x_2=b_2, \end{cases}$$

要消去 x_2，该方程组可以转化为以下同解的方程组：

$$\begin{cases}a_{11}a_{22}x_1+a_{12}a_{22}x_2=a_{22}b_1,\\ a_{12}a_{21}x_1+a_{12}a_{22}x_2=a_{12}b_2,\end{cases}$$

消去 x_2 得到:

$$(a_{11}a_{22}-a_{12}a_{21})x_1=a_{22}b_1-a_{12}b_2.$$

在 $a_{11}a_{22}-a_{12}a_{21}\neq 0$ 的前提下,x_1 有唯一的值:

$$x_1=\frac{a_{22}b_1-a_{12}b_2}{a_{11}a_{22}-a_{12}a_{21}}.$$

类似地有:

$$x_2=\frac{-a_{21}b_1+a_{11}b_2}{a_{11}a_{22}-a_{12}a_{21}}.$$

从而得到,当 $a_{11}a_{22}-a_{12}a_{21}\neq 0$ 时方程组有如下的唯一解:

$$\begin{cases}x_1=\dfrac{a_{22}b_1-a_{12}b_2}{a_{11}a_{22}-a_{12}a_{21}},\\ x_2=\dfrac{-a_{21}b_1+a_{11}b_2}{a_{11}a_{22}-a_{12}a_{21}}.\end{cases}$$

可以验证当 $a_{11}a_{22}-a_{12}a_{21}=0$ 时,此时方程组要么无解,如 $\begin{cases}x_1+x_2=1,\\ x_1+x_2=2,\end{cases}$ 要么有无穷多组解,如 $\begin{cases}x_1+x_2=1,\\ 2x_1+2x_2=2.\end{cases}$ 说明方程组有唯一解当且仅当 $a_{11}a_{22}-a_{12}a_{21}\neq 0.$

对于给定的三元线性方程:

$$\begin{cases}a_{11}x_1+a_{12}x_2+a_{13}x_3=b_1,\\ a_{21}x_1+a_{22}x_2+a_{23}x_3=b_2,\\ a_{31}x_1+a_{32}x_2+a_{33}x_3=b_3,\end{cases}$$

当 $a_{11}a_{22}a_{33}+a_{12}a_{23}a_{31}+a_{13}a_{21}a_{32}-a_{11}a_{23}a_{32}-a_{12}a_{21}a_{33}-a_{13}a_{22}a_{31}\neq 0$ 时有唯一解:

$$\begin{cases}x_1=\dfrac{a_{22}a_{33}b_1+a_{12}a_{23}b_3+a_{13}a_{32}b_2-a_{23}a_{32}b_1-a_{12}a_{33}b_2-a_{13}a_{22}b_3}{a_{11}a_{22}a_{33}+a_{12}a_{23}a_{31}+a_{13}a_{21}a_{32}-a_{11}a_{23}a_{32}-a_{12}a_{21}a_{33}-a_{13}a_{22}a_{31}},\\ x_2=\dfrac{a_{11}a_{33}b_2+a_{23}a_{31}b_1+a_{13}a_{21}b_3-a_{11}a_{23}b_3-a_{21}a_{33}b_1-a_{13}a_{31}b_2}{a_{11}a_{22}a_{33}+a_{12}a_{23}a_{31}+a_{13}a_{21}a_{32}-a_{11}a_{23}a_{32}-a_{12}a_{21}a_{33}-a_{13}a_{22}a_{31}},\\ x_3=\dfrac{a_{11}a_{22}b_3+a_{12}a_{31}b_2+a_{21}a_{32}b_1-a_{11}a_{32}b_2-a_{12}a_{21}b_3-a_{22}a_{31}b_1}{a_{11}a_{22}a_{33}+a_{12}a_{23}a_{31}+a_{13}a_{21}a_{32}-a_{11}a_{23}a_{32}-a_{12}a_{21}a_{33}-a_{13}a_{22}a_{31}}.\end{cases}$$

随着未知量的增加,完整罗列一般 n 元线性方程组唯一解的表达式是不现实的,因此,需要引入新的记号来表示分子和分母中复杂的表达式.

1.1.3 行列式的引入

由于唯一解中分母的表达式只包含方程组的系数,因此先观察分母表达式的特点.对于

二元线性方程组,将各系数按照其在方程组中的顺序书写出来得到以下记号:

$$\begin{pmatrix} a_{11} & a_{12} \\ a_{21} & a_{22} \end{pmatrix}.$$

称其为方程组的一个系数矩阵(这里可把矩阵理解为一个简洁的方程系数的记号,详细的矩阵知识见第 2 章).

此时唯一解表达式的分母 $a_{11}a_{22}-a_{12}a_{21}$ 中的两项 $a_{11}a_{22}$,$a_{12}a_{21}$ 正好是系数矩阵中位于不同行不同列的两个元素的乘积(一共有 2! =2 项).

三元线性方程组对应的则是下面的系数矩阵:

$$\begin{pmatrix} a_{11} & a_{12} & a_{13} \\ a_{21} & a_{22} & a_{23} \\ a_{31} & a_{32} & a_{33} \end{pmatrix}.$$

此时方程组有唯一解时解的分母:

$$a_{11}a_{22}a_{33}+a_{12}a_{23}a_{31}+a_{13}a_{21}a_{32}-a_{11}a_{23}a_{32}-a_{12}a_{21}a_{33}-a_{13}a_{22}a_{31},$$

正好是系数矩阵中所有不同行不同列元素乘积的组合(一共有 3! =6 项).

可以证明:上面的规律对于 4 元、5 元等线性方程组也是成立的.

在 n 元线性方程组中,其系数矩阵如下:

$$\begin{pmatrix} a_{11} & a_{12} & \cdots & a_{1n} \\ a_{21} & a_{22} & \cdots & a_{2n} \\ \vdots & \vdots & & \vdots \\ a_{n1} & a_{n2} & \cdots & a_{nn} \end{pmatrix}$$

可以猜测:当方程组有唯一解时,唯一解的分母表达式是所有来自不同行不同列元素乘积的组合.设从第 1 行选取的元素为 a_{1j_1},第 2 行选取的元素为 a_{2j_2},……第 n 行选取的元素为 a_{nj_n}.这些项的乘积是 $a_{1j_1}a_{2j_2}\cdots a_{nj_n}$.由于 j_i 取自系数矩阵中不同的列,因此下标 $j_1j_2\cdots j_n$ 就对应着 $1\sim n$ 的一种排列方式.这样的排列方式一共有 n! 种.特别地,当 $n=2$ 或者 $n=3$ 时,就是前面的二元和三元方程组的情况.

用新记号表示 n 元线性方程组唯一解的分母时,该表达式一共包含 n! 项,每一项都是系数矩阵中不同行不同列元素的乘积.每一个乘积项的符号将在 1.2 节进行讨论.当乘积项和符号都能确定后,在 1.3 节中将能给出新记号——行列式的定义.

习题 1.1

1.求解方程组:

(1) $\begin{cases} x_1+x_2=5, \\ 4x_1-3x_2=6. \end{cases}$　　(2) $\begin{cases} 5x_1+3x_2=9, \\ 7x_1-x_2=10. \end{cases}$

(3) $\begin{cases} 6x_1+2x_2=5, \\ 9x_1+3x_2=6. \end{cases}$ (4) $\begin{cases} 2x_1+3x_2=5, \\ 4x_1+6x_2=10. \end{cases}$

2.求解方程组：

(1) $\begin{cases} x_1+x_2+x_3=1, \\ x_1+2x_2+3x_3=-1, \\ x_1+3x_2+6x_3=1. \end{cases}$ (2) $\begin{cases} 2x_1-x_2+x_3=0, \\ 3x_1+2x_2-5x_3=-2, \\ x_1+3x_2+6x_3=1. \end{cases}$

1.2 乘积通项的符号和逆序数

1.2.1 乘积通项的符号

1.1 节中已经得到下面的三元线性方程组：

$$\begin{cases} a_{11}x_1+a_{12}x_2+a_{13}x_3=b_1, \\ a_{21}x_1+a_{22}x_2+a_{23}x_3=b_2, \\ a_{31}x_1+a_{32}x_2+a_{33}x_3=b_3, \end{cases}$$

当 $a_{11}a_{22}a_{33}+a_{12}a_{23}a_{31}+a_{13}a_{21}a_{32}-a_{11}a_{23}a_{32}-a_{12}a_{21}a_{33}-a_{13}a_{22}a_{31}\neq 0$ 时有唯一解：

$$\begin{cases} x_1=\dfrac{a_{22}a_{33}b_1+a_{12}a_{23}b_3+a_{13}a_{32}b_2-a_{23}a_{32}b_1-a_{12}a_{33}b_2-a_{13}a_{22}b_3}{a_{11}a_{22}a_{33}+a_{12}a_{23}a_{31}+a_{13}a_{21}a_{32}-a_{11}a_{23}a_{32}-a_{12}a_{21}a_{33}-a_{13}a_{22}a_{31}}, \\ x_2=\dfrac{a_{11}a_{33}b_2+a_{23}a_{31}b_1+a_{13}a_{21}b_3-a_{11}a_{23}b_3-a_{21}a_{33}b_1-a_{13}a_{31}b_2}{a_{11}a_{22}a_{33}+a_{12}a_{23}a_{31}+a_{13}a_{21}a_{32}-a_{11}a_{23}a_{32}-a_{12}a_{21}a_{33}-a_{13}a_{22}a_{31}}, \\ x_3=\dfrac{a_{11}a_{22}b_3+a_{12}a_{31}b_2+a_{21}a_{32}b_1-a_{11}a_{32}b_2-a_{12}a_{21}b_3-a_{22}a_{31}b_1}{a_{11}a_{22}a_{33}+a_{12}a_{23}a_{31}+a_{13}a_{21}a_{32}-a_{11}a_{23}a_{32}-a_{12}a_{21}a_{33}-a_{13}a_{22}a_{31}} \end{cases}$$

构成分母的各个乘积项是来自系数矩阵 $\begin{pmatrix} a_{11} & a_{12} & a_{13} \\ a_{21} & a_{22} & a_{23} \\ a_{31} & a_{32} & a_{33} \end{pmatrix}$ 不同行不同列元素的组合.

接下来考虑该如何定义单个乘积项的符号.由于 a_{ij} 是抽象字母，本质上它们只有下标是不同的，因此可以猜测乘积项的符号应该只与下标(即行标 i 和列标 j)有关.乘积通项的一般形式为 $a_{i_1j_1}a_{i_2j_2}\cdots a_{i_nj_n}$，其中 $i_1i_2\cdots i_n$ 和 $j_1j_2\cdots j_n$ 都各自对应着 $1\sim n$ 的一种排列方式.可以先考虑特殊情况，再考虑一般情况：即先考虑乘积项 $a_{1j_1}a_{2j_2}\cdots a_{nj_n}$ 的符号该如何定义，再考虑一般乘积项 $a_{i_1j_1}a_{i_2j_2}\cdots a_{i_nj_n}$ 的符号该如何定义.

从三元线性方程组入手，唯一解的分母共有 6 项，将行标递增排列得到：

$$a_{11}a_{22}a_{33}, a_{12}a_{23}a_{31}, a_{13}a_{21}a_{32}, a_{11}a_{23}a_{32}, a_{12}a_{21}a_{33}, a_{13}a_{22}a_{31}.$$

由于每一项行标的排列都相同，因此决定符号的因素必然来自列标的排列.这 6 项的列标排列如下(其中前 3 项为正，后 3 项为负)：

$$a_{11}a_{22}a_{33}\to(123),a_{12}a_{23}a_{31}\to(231),a_{13}a_{21}a_{32}\to(312),$$
$$a_{11}a_{23}a_{32}\to(132),a_{12}a_{21}a_{33}\to(213),a_{13}a_{22}a_{31}\to(321).$$

此时两两对比可以发现:排列(123)对应的是正号,从该排列出发任意交换其中两个数字的次序则会变为负号,再次交换则又会变为正号.为了刻画这种符号的差异,故引入逆序数的概念.

1.2.2 排列和逆序数

定义 1.1 由 $1,2,\cdots,n$ 组成的一个有序数组称为一个 n 级排列.

比如 12 和 21 就是两个 2 级排列,132 就是一个 3 级排列,2431 就是一个 4 级排列.一般的 n 级排列的总数是:

$$P_n=n\cdot(n-1)\cdot\cdots\cdot2\cdot1=n!.$$

比如 2 级排列就有 $2!=2$ 个,3 级排列就有 $3!=6$ 个,4 级排列就有 $4!=24$ 个.n 级排列中最特殊的就是 $123\cdots n$ 和 $n\cdots321$.

定义 1.2 在一个排列中,如果一对数的前后位置与大小顺序相反,即前面的数大于后面的数,那么这两个数字就构成一对逆序.一个排列中逆序的总数称为这个排列的逆序数.

逆序数为奇数的排列称为奇排列,逆序数为偶数的排列称为偶排列.比如排列 123 的逆序数为 0,为偶排列;321 的逆序数为 3,为奇排列.

下面介绍求逆序数的方法.设 $p_1p_2\cdots p_n$ 是一个 n 级排列,其中每个 p_i 都是已知的.先针对 p_1,找出它后面所有比它小的数,其个数就是所有包含 p_1 的逆序个数;再将 p_1 排除,继续计算包含 p_2 的逆序个数;接下来再是 p_3,以此类推;最后将所有的逆序个数加在一起就是该排列的逆序数.

比如 13254:包含数值 1,3,2,5,4 的逆序数分别是 0,1,0,1,因此该排列的逆序数为 $0+1+0+1=2$.

1.2.3 逆序数的性质

有了逆序数的概念,就可以用以刻画前面乘积项的符号:

$$a_{11}a_{22}a_{33}\to(123),a_{12}a_{23}a_{31}\to(231),a_{13}a_{21}a_{32}\to(312),$$
$$a_{11}a_{23}a_{32}\to(132),a_{12}a_{21}a_{33}\to(213),a_{13}a_{22}a_{31}\to(321).$$

注意到排列 123,231,312 的逆序数均为偶数,对应项的符号均为正;排列 132,213,321 的逆序数均为奇数,对应项的符号均为负.因此可将乘积通项的符号定义为 $(-1)^{\tau}$,其中 τ 表示乘积通项 $a_{1j_1}a_{2j_2}\cdots a_{nj_n}$ 中列标排列的逆序数.

比如对于二元线性方程组,分母表达式共有两项:$a_{11}a_{22}$ 和 $a_{12}a_{21}$.前者的逆序数为 0,此时 $(-1)^{\tau(12)}=1$;后者的逆序数为 1,此时 $(-1)^{\tau(21)}=-1$;这两项的组合就是:

$$(-1)^{\tau(12)}\cdot a_{11}a_{22}+(-1)^{\tau(21)}\cdot a_{12}a_{21}=a_{11}a_{22}-a_{12}a_{21}.$$

上面的定义可以确定形如 $a_{1j_1}a_{2j_2}\cdots a_{nj_n}$ 的乘积通项的符号.如果要确定一般形式的乘积通项 $a_{i_1j_1}a_{i_2j_2}\cdots a_{i_nj_n}$ 的符号,可以通过以下两个性质得到:

性质1 将一个排列中任意两个数互换,而其余的数不变,这将改变原排列逆序数的奇偶性.

证明 先证互换两个相邻的数会改变奇偶性.设排列为 $a_1a_2\cdots a_{m-1}a_mb_1b_2\cdots b_n$,则交换 a_m 和 b_1 后得到的新排列为 $a_1a_2\cdots a_{m-1}b_1a_mb_2\cdots b_n$.交换前后,$a_m$ 与 $a_1\cdots a_{m-1}$ 和 $b_2\cdots b_n$ 中每个数的前后位置都没有变化,因此它们的逆序数不变,b_1 同理.而对于 a_m 和 b_1:如果 $a_m<b_1$,交换后 b_1 的逆序数会加1,而 a_m 的逆序数不变;如果 $a_m>b_1$,交换后 a_m 的逆序数会减1,而 b_1 的逆序数不变.综上,交换排列中两个相邻的数会导致逆序数加1或者减1,此时必然改变原排列逆序数的奇偶性.

再证改变排列中任意两个数也会改变奇偶性.设排列为 $a_1a_2\cdots a_{l-1}a_lb_1b_2\cdots b_mc_1c_2\cdots c_n$.交换 a_l 和 c_1 后,新排列为 $a_1a_2\cdots a_{l-1}c_1b_1b_2\cdots b_ma_lc_2\cdots c_n$.新排列可以视为是在原排列基础上进行了若干次相邻交换得到的:先将 a_l 分别与 $b_j(j=1,\cdots,m)$ 进行了 m 次交换得到 $a_1a_2\cdots a_{l-1}b_1b_2\cdots b_ma_lc_1c_2\cdots c_n$,再将 c_1 分别与 a_l 和 $b_j(j=m,\cdots,1)$ 进行了 $m+1$ 次交换得到 $a_1a_2\cdots a_{l-1}c_1b_1b_2\cdots b_ma_lc_2\cdots c_n$.由于总共进行了 $2m+1$ 次交换,因此交换后必然会改变原排列逆序数的奇偶性.

性质2 设 $i_1i_2\cdots i_n$ 和 $j_1j_2\cdots j_n$ 都是一个 n 级排列.对任意的 k 和 m,如果同时交换 i_k 和 i_m,j_k 和 j_m 的位置,则这两个排列逆序数之和的奇偶性不变.

证明 对于排列 $i_1i_2\cdots i_n$,交换后逆序数会加1或者减1;对于排列 $j_1j_2\cdots j_n$,交换后逆序数会加1或者减1;两者在交换后的逆序数之和要么等于交换前逆序数之和,要么在其基础上加2或者减2.无论如何,逆序数之和的奇偶性都是不会变的.

比如现有两个4级排列1324和4231,两者逆序数之和为 $1+5=6$.现交换两个排列中第一位和第三位的位置,得到的新排列为2314和3241,其逆序数之和为 $2+4=6$.交换前后,逆序数之和的奇偶性不变.

由于乘积通项 $a_{i_1j_1}a_{i_2j_2}\cdots a_{i_nj_n}$ 可视为对 $a_{1j_1}a_{2j_2}\cdots a_{nj_n}$ 使用乘法交换律,进行了若干次项交换的结果.每进行一次项的交换,会同时交换行排列和列排列中两个位置的数.但无论交换多少次,根据性质1.2,行排列和列排列逆序数之和的奇偶性都是不变的.因此可将乘积通项 $a_{i_1j_1}a_{i_2j_2}\cdots a_{i_nj_n}$ 的符号定义为:

$$\tau(i_1i_2\cdots i_n)+\tau(j_1j_2\cdots j_n).$$

当 n 元线性方程组有唯一解时,解的表达式中分母可以表示为:

$$\sum(-1)^{\tau(i_1i_2\cdots i_n)+\tau(j_1j_2\cdots j_n)}a_{i_1j_1}a_{i_2j_2}\cdots a_{i_nj_n}.$$

其中 $i_1i_2\cdots i_n$ 和 $j_1j_2\cdots j_n$ 是任意一个 n 级排列.再根据性质1.2,该表达式可以按照行标或者列标递增的顺序书写:

$$\sum(-1)^{\tau(j_1j_2\cdots j_n)}a_{1j_1}a_{2j_2}\cdots a_{nj_n},$$

或

$$\sum(-1)^{\tau(i_1i_2\cdots i_n)}a_{i_11}a_{i_22}\cdots a_{i_nn}.$$

这三者乘积通项的符号都是相同的.

例 1.4　求排列 $n(n-1)\cdots21$ 的逆序数,并确定其奇偶性.

解　$\tau(n(n-1)\cdots21)=(n-1)+(n-2)+\cdots+2+1=\dfrac{n(n-1)}{2}$.

当 $n=4k$ 或 $n=4k+1$ 时,$\dfrac{n(n-1)}{2}$为偶数,故所求排列为偶排列.

当 $n=4k+2$ 或 $n=4k+3$ 时,$\dfrac{n(n-1)}{2}$为奇数,故所求排列为奇排列.

例 1.5　如果排列 $x_1x_2\cdots x_n$ 的逆序数为 k,求排列 $x_nx_{n-1}\cdots x_2x_1$ 的逆序数.

解　因为 $x_1,x_2,\cdots,x_n$ 中的任意不同数 x_i,x_j 必在排列 $x_1x_2\cdots x_n$ 或者 $x_nx_{n-1}\cdots x_2x_1$ 中构成逆序,而且只能在一个排列中构成逆序.因此,这两个排列的逆序数之和为从 n 个元素中取两个不同的元素的组合数,即

$$C_n^2=\frac{n(n-1)}{2}.$$

又因为排列 $x_1x_2\cdots x_n$ 的逆序数为 k,故排列 $x_nx_{n-1}\cdots x_2x_1$ 的逆序数为:

$$C_n^2-k=\frac{n(n-1)}{2}-k.$$

习题 1.2

1.计算下列排列的逆序数:

(1)1234;　　(2)4321;

(3)25143;　　(4)623541;

(5)524136;　　(6)68147325;

(7)$123\cdots n(2n)(2n-1)\cdots(n+1)$　　(8)$1(2n)2(2n-1)3(2n-2)\cdots n(n+1)$.

2.选择 i 和 k,使:

(1)$1952i3k68$ 的逆序数为偶数;

(2)$26i17349k$ 的逆序数为奇数.

3.写出把排列 54231 变成 12345 所需的最少对换步骤.

1.3　行列式的定义及其性质

1.3.1　行列式的定义

二元和三元线性方程组有唯一解时解的表达式为:

二元：$x_1=\dfrac{a_{22}b_1-a_{12}b_2}{a_{11}a_{22}-a_{12}a_{21}}, x_2=\dfrac{a_{11}b_2-a_{21}b_1}{a_{11}a_{22}-a_{12}a_{21}}.$

三元：$x_1=\dfrac{a_{22}a_{33}b_1+a_{13}a_{32}b_2+a_{12}a_{23}b_3-a_{23}a_{32}b_1-a_{12}a_{33}b_2-a_{13}a_{22}b_3}{a_{11}a_{22}a_{33}+a_{12}a_{23}a_{31}+a_{13}a_{21}a_{32}-a_{11}a_{23}a_{32}-a_{12}a_{21}a_{33}-a_{13}a_{22}a_{31}}.$

根据前两节的分析，可以引入新的行列式符号将解的分母直接用行列式表示出来.

定义 1.3 由 n 行 n 列共 n^2 个元素 $a_{ij}(i,j=1,2,\cdots,n)$ 构成的 n 阶矩阵

$$(a_{ij})=\begin{pmatrix} a_{11} & a_{12} & \cdots & a_{1n} \\ a_{21} & a_{22} & \cdots & a_{2n} \\ \vdots & \vdots & & \vdots \\ a_{n1} & a_{n2} & \cdots & a_{nn} \end{pmatrix},$$

其行列式记作：

$$D=\det(a_{ij})=\begin{vmatrix} a_{11} & a_{12} & \cdots & a_{1n} \\ a_{21} & a_{22} & \cdots & a_{2n} \\ \vdots & \vdots & & \vdots \\ a_{n1} & a_{n2} & \cdots & a_{nn} \end{vmatrix}=\sum(-1)^{\tau(i_1i_2\cdots i_n)+\tau(j_1j_2\cdots j_n)}a_{i_1j_1}a_{i_2j_2}\cdots a_{i_nj_n}$$

$$=\sum(-1)^{\tau(j_1j_2\cdots j_n)}a_{1j_1}a_{2j_2}\cdots a_{nj_n}$$

$$=\sum(-1)^{\tau(i_1i_2\cdots i_n)}a_{i_11}a_{i_22}\cdots a_{i_nn}.$$

其中$(i_1i_2\cdots i_n)$和$(j_1j_2\cdots j_n)$是 $1,2,\cdots,n$ 的任意一全排列，$\tau(i_1i_2\cdots i_n)$和$\tau(j_1j_2\cdots j_n)$分别表示行排列$(i_1i_2\cdots i_n)$和列排列$(j_1j_2\cdots j_n)$逆序数，$\sum$ 表示对所有的乘积项计算代数和.

注：当 $n=1$ 时，$|a_{11}|=a_{11}$，它不能与数的绝对值相混淆，如一阶行列式 $|-3|=-3$.

通过行列式可以将唯一解表示出来.比如在二元方程组唯一解的表达式中：

$$x_1=\frac{b_1a_{22}-a_{12}b_2}{a_{11}a_{22}-a_{12}a_{21}}, x_2=\frac{a_{11}b_2-b_1a_{21}}{a_{11}a_{22}-a_{12}a_{21}},$$

可将分母直接表示为 $a_{11}a_{22}-a_{12}a_{21}=\begin{vmatrix} a_{11} & a_{12} \\ a_{21} & a_{22} \end{vmatrix}$.此时 x_1 的分子中 b_1,b_2 正好分别对应着分母中 a_{11},a_{21}，因此只要把分母行列式中的 a_{11},a_{21} 换成 b_1,b_2，即可用行列式的形式表示出分子.同样，x_2 中分子的 b_1,b_2 也正好对应分母中 a_{12},a_{22}.从而有二元线性方程组唯一解的表达式：

$$x_1=\frac{\begin{vmatrix} b_1 & a_{12} \\ b_2 & a_{22} \end{vmatrix}}{\begin{vmatrix} a_{11} & a_{12} \\ a_{21} & a_{22} \end{vmatrix}}, x_2=\frac{\begin{vmatrix} a_{11} & b_1 \\ a_{21} & b_2 \end{vmatrix}}{\begin{vmatrix} a_{11} & a_{12} \\ a_{21} & a_{22} \end{vmatrix}}.$$

类似地，三元线性方程组唯一解可直接表示为：

$$x_1=\frac{\begin{vmatrix} b_1 & a_{12} & a_{13} \\ b_2 & a_{22} & a_{23} \\ b_3 & a_{32} & a_{33} \end{vmatrix}}{\begin{vmatrix} a_{11} & a_{12} & a_{13} \\ a_{21} & a_{22} & a_{23} \\ a_{31} & a_{32} & a_{33} \end{vmatrix}},x_2=\frac{\begin{vmatrix} a_{11} & b_1 & a_{13} \\ a_{21} & b_2 & a_{23} \\ a_{31} & b_3 & a_{33} \end{vmatrix}}{\begin{vmatrix} a_{11} & a_{12} & a_{13} \\ a_{21} & a_{22} & a_{23} \\ a_{31} & a_{32} & a_{33} \end{vmatrix}},x_3=\frac{\begin{vmatrix} a_{11} & a_{12} & b_1 \\ a_{21} & a_{22} & b_2 \\ a_{31} & a_{32} & b_3 \end{vmatrix}}{\begin{vmatrix} a_{11} & a_{12} & a_{13} \\ a_{21} & a_{22} & a_{23} \\ a_{31} & a_{32} & a_{33} \end{vmatrix}}.$$

在二元和三元方程组中，如果方程有唯一解，那么 x_i 的表达式可以直接写作：$x_i=\frac{D_i}{D}$.这里 D 表示系数矩阵构成的行列式，D_i 表示将系数矩阵的第 i 列都换作所在方程的常数项后的行列式.实际上，这个结论还适用于一般的 n 元线性方程组(第5章).

例 1.6　证明 n 阶对角行列式(其中对角线上的元素是 a_{ii}，未写出的元素均为0)：

(1) $$\begin{vmatrix} a_{11} & & & \\ & a_{22} & & \\ & & \ddots & \\ & & & a_{nn} \end{vmatrix}=a_{11}a_{22}\cdots a_{nn},$$

(2) $$\begin{vmatrix} & & & a_{1,n} \\ & & a_{2,n-1} & \\ & \iddots & & \\ a_{n1} & & & \end{vmatrix}=(-1)^{\frac{n(n-1)}{2}}a_{1n}a_{2,n-1}\cdots a_{n,1}.$$

证明　(1)记 $D=\begin{vmatrix} a_{11} & & & \\ & a_{22} & & \\ & & \ddots & \\ & & & a_{nn} \end{vmatrix}=\sum(-1)^{\tau(j_1j_2\cdots j_n)}a_{1j_1}a_{2j_2}\cdots a_{nj_n}$，其中 $j_1j_2\cdots j_n$ 是一个 n 级排列，a_{kj_k} 表示该元素取自行列式的第 k 行第 j_k 列.由于第一行当 $j_1\neq1$ 时 $a_{1j_1}=0$，最后结果中对应第一行的元素只有 a_{11}.同样，第二行的元素只有 a_{22}，…，第 n 行的元素只有 a_{nn}.此时列标排列为 $12\cdots n$，逆序数为0，故有：$D=a_{11}a_{22}\cdots a_{nn}$.(2)记 $D=\begin{vmatrix} & & & a_{1,n} \\ & & a_{2,n-1} & \\ & \iddots & & \\ a_{n1} & & & \end{vmatrix}=\sum(-1)^{\tau(j_1j_2\cdots j_n)}a_{1j_1}a_{2j_2}\cdots a_{nj_n}$.和上小题类似，最后结果中第一行的元素只有 $a_{1,n}$，同样，第二行的元素只有 $a_{2,n-1}$，…，第 n 行的元素只有 a_{n1}.故列标排列 $n(n-1)\cdots1$，逆序数为：

$$\tau(n(n-1)\cdots1)=(n-1)+(n-2)+\cdots+1=\frac{n(n-1)}{2},$$

故有：

$$D=(-1)^{\frac{n(n-1)}{2}}a_{1n}a_{2,n-1}\cdots a_{n,1}.$$

一般称 n 阶行列式从左上角到右下角的对角线为主对角线，从右上角到左下角的对角线为次对角线. 如果主对角线以下的元素都为零，称该行列式为上三角行列式；如果主对角线以上的元素都为零，称该行列式为下三角行列式.

例 1.7 证明上三角行列式

$$\begin{vmatrix} a_{11} & a_{12} & \cdots & a_{1n} \\ 0 & a_{22} & \cdots & a_{2n} \\ \vdots & \vdots & & \vdots \\ 0 & 0 & \cdots & a_{nn} \end{vmatrix}=a_{11}a_{22}\cdots a_{nn}.$$

证明 记 $D=\begin{vmatrix} a_{11} & a_{12} & \cdots & a_{1n} \\ 0 & a_{22} & \cdots & a_{2n} \\ \vdots & \vdots & & \vdots \\ 0 & 0 & \cdots & a_{nn} \end{vmatrix}=\sum(-1)^{\tau(j_1j_2\cdots j_n)}a_{1j_1}a_{2j_2}\cdots a_{nj_n}$，其中 $j_1j_2\cdots j_n$ 是一个 n 级排列，a_{kj_k} 表示该元素取自行列式的第 k 行第 j_k 列. 由于第 n 行当 $j_n\neq n$ 时 $a_{nj_n}=0$，最后结果中第 n 行的元素只有 a_{nn}. 在第 $n-1$ 行中，当 $j_{n-1}\neq n-1,n$ 时，$a_{n-1,j_{n-1}}=0$. 而 $j_{n-1}\neq n$，因此最后结果中第 $n-1$ 行的元素就是 $a_{n-1,n-1}$. 以此类推可以得到：$a_{1j_1}a_{2j_2}\cdots a_{nj_n}=a_{11}a_{22}\cdots a_{nn}$. 此时列标排列为 $12\cdots n$，逆序数为 0，故有：

$$D=\begin{vmatrix} a_{11} & a_{12} & \cdots & a_{1n} \\ 0 & a_{22} & \cdots & a_{2n} \\ \vdots & \vdots & & \vdots \\ 0 & 0 & \cdots & a_{nn} \end{vmatrix}=a_{11}a_{22}\cdots a_{nn}.$$

注：(1) 类似地，可以证明下三角行列式：

$$\begin{vmatrix} a_{11} & 0 & \cdots & 0 \\ a_{21} & a_{22} & \cdots & 0 \\ \vdots & \vdots & & \vdots \\ a_{n1} & a_{n2} & \cdots & a_{nn} \end{vmatrix}=a_{11}a_{22}\cdots a_{nn}.$$

(2) 从例 1.7 可以得到，对于 n 阶行列式而言，上三角行列式和下三角行列式都是等于其主对角线元素的乘积. 因此，将来计算 n 阶行列式时，可以将其转化为上三角行列式和下三角行列式来求解.

1.3.2 行列式的性质

现有 n 阶矩阵 $\mathbf{A}=(a_{ij})$. 将全部 a_{ij} 与 a_{ji} 的元素互换（即将原矩阵中第 i 行第 j 列的元素

与第 j 行第 i 列的元素互换位置），得到的新矩阵称为原矩阵的转置矩阵，记作 $\boldsymbol{A}^{\mathrm{T}}$. 如果对 $\boldsymbol{A}^{\mathrm{T}}$ 进行转置，又会得到 $\boldsymbol{A}$. 因此 $\boldsymbol{A}$ 和 $\boldsymbol{A}^{\mathrm{T}}$ 互为转置矩阵. 比如：将 $\begin{pmatrix}1&2&3\\4&5&6\\7&8&9\end{pmatrix}$ 转置得到 $\begin{pmatrix}1&4&7\\2&5&8\\3&6&9\end{pmatrix}$，而将 $\begin{pmatrix}1&4&7\\2&5&8\\3&6&9\end{pmatrix}$ 再次转置又会得到 $\begin{pmatrix}1&2&3\\4&5&6\\7&8&9\end{pmatrix}$.

对应地，将 $|\boldsymbol{A}^{\mathrm{T}}|$ 称为 $|\boldsymbol{A}|$ 的转置行列式. 例如将 $\begin{vmatrix}1&7&4\\2&5&8\\3&6&9\end{vmatrix}$ 称为 $\begin{vmatrix}1&2&3\\7&5&6\\4&8&9\end{vmatrix}$ 的转置行列式.

性质1 行列式与它的转置行列式相等.

证明 记转置后的矩阵为 $\boldsymbol{A}^{\mathrm{T}}=(b_{ij})$，根据定义则有 $b_{ij}=a_{ji}$，故有：

$$\begin{aligned}|\boldsymbol{A}^{\mathrm{T}}| &= \sum(-1)^{\tau(j_1j_2\cdots j_n)}b_{1j_1}b_{2j_2}\cdots b_{nj_n}\\ &= \sum(-1)^{\tau(j_1j_2\cdots j_n)}a_{j_11}a_{j_22}\cdots a_{j_nn}\end{aligned}$$

而根据行列式定义按照列标递增排列有：

$$|\boldsymbol{A}| = \sum(-1)^{\tau(i_1i_2\cdots i_n)}a_{i_11}a_{i_22}\cdots a_{i_nn},$$

故有：$|\boldsymbol{A}^{\mathrm{T}}|=|\boldsymbol{A}|$.

由于 $\boldsymbol{A}$ 中的第 i 行都对应着 $\boldsymbol{A}^{\mathrm{T}}$ 的第 i 列，对 $\boldsymbol{A}$ 中第 i 行作变形对应着对 $\boldsymbol{A}^{\mathrm{T}}$ 的第 i 列作变形，因此 $\boldsymbol{A}$ 中行变换下的等式关系对应着 $\boldsymbol{A}^{\mathrm{T}}$ 中列变换下的等式关系. 所以以下关于行列式中行成立的性质对于列同样成立，反之亦然.

性质2 互换行列式的两行，行列式变号.

证明 设将 $\boldsymbol{A}=(a_{ij})$ 的第 k 行和第 s 行互换（不妨设 $k<s$），记互换后的矩阵为 $\boldsymbol{B}=(b_{ij})$，则有：$a_{kj}=b_{sj}, a_{sj}=b_{kj}, a_{ij}=b_{ij}(i\neq k,s)$，故有：

$$\begin{aligned}|\boldsymbol{B}| &= \sum(-1)^{\tau(j_1j_2\cdots j_n)}b_{1j_1}b_{2j_2}\cdots b_{nj_n}\\ &= \sum(-1)^{\tau(j_1j_2\cdots j_n)}b_{1j_1}\cdots b_{kj_k}\cdots b_{sj_s}\cdots b_{nj_n}\\ &= \sum(-1)^{\tau(j_1j_2\cdots j_n)}a_{1j_1}\cdots a_{sj_k}\cdots a_{kj_s}\cdots a_{nj_n}\end{aligned}$$

而根据行列式定义按照行标递增排列有：

$$|A| = \sum(-1)^{\tau(j_1j_2\cdots j_n)}a_{1j_1}a_{2j_2}\cdots a_{nj_n},$$

对比两者对应项可知：乘积通项中列排列相同的情况下，两者行排列的奇偶性不同，因此相差一个负号.

$$|\boldsymbol{B}|=-|\boldsymbol{A}|.$$

以 r_i 表示行列式的第 i 行，互换 i,j 两行记为 $r_i\leftrightarrow r_j$. 以 c_i 表示行列式的第 i 列，互换 i,j

两列记为 $c_i \leftrightarrow c_j$.

性质 3 用数乘行列式的某一行,等于用数乘以该行列式,即

$$\begin{vmatrix} a_{11} & a_{12} & \cdots & a_{1n} \\ \vdots & \vdots & & \vdots \\ ka_{i1} & ka_{i2} & \cdots & ka_{in} \\ \vdots & \vdots & & \vdots \\ a_{n1} & a_{n2} & \cdots & a_{nn} \end{vmatrix} = k\begin{vmatrix} a_{11} & a_{12} & \cdots & a_{1n} \\ \vdots & \vdots & & \vdots \\ a_{i1} & a_{i2} & \cdots & a_{in} \\ \vdots & \vdots & & \vdots \\ a_{n1} & a_{n2} & \cdots & a_{nn} \end{vmatrix}.$$

证明 根据行列式的定义有:

$$\begin{aligned} \begin{vmatrix} a_{11} & a_{12} & \cdots & a_{1n} \\ \vdots & \vdots & & \vdots \\ ka_{i1} & ka_{i2} & \cdots & ka_{in} \\ \vdots & \vdots & & \vdots \\ a_{n1} & a_{n2} & \cdots & a_{nn} \end{vmatrix} &= \sum (-1)^{\tau(j_1 j_2 \cdots j_n)} a_{1j_1} \cdots (ka_{ij_2}) \cdots a_{nj_n} \\ &= k\sum (-1)^{\tau(j_1 j_2 \cdots j_n)} a_{1j_1} \cdots a_{ij_2} \cdots a_{nj_n} \\ &= k\begin{vmatrix} a_{11} & a_{12} & \cdots & a_{1n} \\ \vdots & \vdots & & \vdots \\ a_{i1} & a_{i2} & \cdots & a_{in} \\ \vdots & \vdots & & \vdots \\ a_{n1} & a_{n2} & \cdots & a_{nn} \end{vmatrix}. \end{aligned}$$

推论 1 行列式某一行所有元素的公因子可以提到行列式的外面.

推论 2 行列式有两行相等,则此行列式等于零.

证明 不妨设 $a_{ij}=a_{1j}$,则有:

$$\begin{vmatrix} a_{11} & a_{12} & \cdots & a_{1n} \\ \vdots & \vdots & & \vdots \\ a_{i1} & a_{i2} & \cdots & a_{in} \\ \vdots & \vdots & & \vdots \\ a_{n1} & a_{n2} & \cdots & a_{nn} \end{vmatrix} \xlongequal{r_1 \leftrightarrow r_i} -\begin{vmatrix} a_{i1} & a_{i2} & \cdots & a_{in} \\ \vdots & \vdots & & \vdots \\ a_{11} & a_{12} & \cdots & a_{1n} \\ \vdots & \vdots & & \vdots \\ a_{n1} & a_{n2} & \cdots & a_{nn} \end{vmatrix} = -\begin{vmatrix} a_{11} & a_{12} & \cdots & a_{1n} \\ \vdots & \vdots & & \vdots \\ a_{i1} & a_{i2} & \cdots & a_{in} \\ \vdots & \vdots & & \vdots \\ a_{n1} & a_{n2} & \cdots & a_{nn} \end{vmatrix},$$

故

$$\begin{vmatrix} a_{11} & a_{12} & \cdots & a_{1n} \\ \vdots & \vdots & & \vdots \\ a_{i1} & a_{i2} & \cdots & a_{in} \\ \vdots & \vdots & & \vdots \\ a_{n1} & a_{n2} & \cdots & a_{nn} \end{vmatrix} = 0.$$

推论 3　行列式有两行对应成比例,则此行列式等于零.

将第 i 行(第 j 列)乘以 k 记为 $k\times r_i(k\times c_j)$.第 i 行(第 j 列)提出公因子 k 记为 $r_i\div k(c_j\div k)$.

性质 4　若行列式的某一行的元素为两个数的和,则此行列式拆分成两个行列式的和:

$$\begin{vmatrix} a_{11} & a_{12} & \cdots & a_{1n} \\ \vdots & \vdots & & \vdots \\ b_{i1}+c_{i1} & b_{i2}+c_{i2} & \cdots & b_{in}+c_{in} \\ \vdots & \vdots & & \vdots \\ a_{n1} & a_{n2} & \cdots & a_{nn} \end{vmatrix} = \begin{vmatrix} a_{11} & a_{12} & \cdots & a_{1n} \\ \vdots & \vdots & & \vdots \\ b_{i1} & b_{i2} & \cdots & b_{in} \\ \vdots & \vdots & & \vdots \\ a_{n1} & a_{n2} & \cdots & a_{nn} \end{vmatrix} + \begin{vmatrix} a_{11} & a_{12} & \cdots & a_{1n} \\ \vdots & \vdots & & \vdots \\ c_{i1} & c_{i2} & \cdots & c_{in} \\ \vdots & \vdots & & \vdots \\ a_{n1} & a_{n2} & \cdots & a_{nn} \end{vmatrix}.$$

(该性质的证明与性质 3 类似)

根据性质 4 和性质 3 的推论有:

性质 5　用数乘以行列式的某一行后再加到另一行上,行列式的值不变:

$$\begin{vmatrix} a_{11} & a_{12} & \cdots & a_{1n} \\ \vdots & \vdots & & \vdots \\ a_{i1} & a_{i2} & \cdots & a_{in} \\ \vdots & \vdots & & \vdots \\ a_{j1} & a_{j2} & \cdots & a_{jn} \\ \vdots & \vdots & & \vdots \\ a_{n1} & a_{n2} & \cdots & a_{nn} \end{vmatrix} = \begin{vmatrix} a_{11} & a_{12} & \cdots & a_{1n} \\ \vdots & \vdots & & \vdots \\ a_{i1}+ka_{j1} & a_{i2}+ka_{j2} & \cdots & a_{in}+ka_{jn} \\ \vdots & \vdots & & \vdots \\ a_{j1} & a_{j2} & \cdots & a_{jn} \\ \vdots & \vdots & & \vdots \\ a_{n1} & a_{n2} & \cdots & a_{nn} \end{vmatrix}.$$

1.3.3　根据行列式的性质计算行列式

在提出上面的性质以后,计算行列式时就无须按照定义进行烦琐的计算,可以通过这些性质先对行列式进行化简.一旦将较复杂的行列式转化为更简单的行列式(比如上三角或下三角行列式),再进行计算就很简单了.

例 1.8　计算

$$D=\begin{vmatrix} 2 & -5 & 1 & 2 \\ -3 & 7 & -1 & 4 \\ 5 & -9 & 2 & 7 \\ 4 & -6 & 1 & 2 \end{vmatrix}.$$

解

$$D=\begin{vmatrix} 2 & -5 & 1 & 2 \\ -3 & 7 & -1 & 4 \\ 5 & -9 & 2 & 7 \\ 4 & -6 & 1 & 2 \end{vmatrix} \xlongequal{c_1\leftrightarrow c_3} -\begin{vmatrix} 1 & -5 & 2 & 2 \\ -1 & 7 & -3 & 4 \\ 2 & -9 & 5 & 7 \\ 1 & -6 & 4 & 2 \end{vmatrix} \xlongequal{r_2+r_1} -\begin{vmatrix} 1 & -5 & 2 & 2 \\ 0 & 2 & -1 & 6 \\ 2 & -9 & 5 & 7 \\ 1 & -6 & 4 & 2 \end{vmatrix}$$

$$\xlongequal{r_3-2r_1}-\begin{vmatrix}1&-5&2&2\\0&2&-1&6\\0&1&1&3\\1&-6&4&2\end{vmatrix}\xlongequal{r_4-r_1}-\begin{vmatrix}1&-5&2&2\\0&2&-1&6\\0&1&1&3\\0&-1&2&0\end{vmatrix}\xlongequal{r_2\leftrightarrow r_3}\begin{vmatrix}1&-5&2&2\\0&1&1&3\\0&2&-1&6\\0&-1&2&0\end{vmatrix}$$

$$\xlongequal{r_3-2r_2}\begin{vmatrix}1&-5&2&2\\0&1&1&3\\0&0&-3&0\\0&-1&2&0\end{vmatrix}\xlongequal{r_4+r_2}\begin{vmatrix}1&-5&2&2\\0&1&1&3\\0&0&-3&0\\0&0&3&3\end{vmatrix}\xlongequal{r_4\leftrightarrow r_3}-\begin{vmatrix}1&-5&2&2\\0&1&1&3\\0&0&3&3\\0&0&-3&0\end{vmatrix}$$

$$\xlongequal{r_4+r_3}-\begin{vmatrix}1&-5&2&2\\0&1&1&3\\0&0&3&3\\0&0&0&3\end{vmatrix}=-1\cdot1\cdot3\cdot3=-9.$$

注:这里将其化为上三角的形式,因为这样更方便计算行列式.要将其化作下三角的形式也是可以的:

$$D=\begin{vmatrix}2&-5&1&2\\-3&7&-1&4\\5&-9&2&7\\4&-6&1&2\end{vmatrix}\xlongequal{c_1\leftrightarrow c_3}-\begin{vmatrix}1&-5&2&2\\-1&7&-3&4\\2&-9&5&7\\1&-6&4&2\end{vmatrix}\xlongequal[c_4-c_3]{c_2+5r_1}-\begin{vmatrix}1&0&2&0\\-1&2&-3&7\\2&1&5&2\\1&-1&4&-2\end{vmatrix}$$

$$\xlongequal{c_3-2c_1}-\begin{vmatrix}1&0&0&0\\-1&2&-1&7\\2&1&1&2\\1&-1&2&-2\end{vmatrix}\xlongequal{c_2\leftrightarrow c_3}\begin{vmatrix}1&0&0&0\\-1&-1&2&7\\2&1&1&2\\1&2&-1&-2\end{vmatrix}\xlongequal[c_4+7c_2]{c_3+2c_2}\begin{vmatrix}1&0&0&0\\-1&-1&0&0\\2&1&3&9\\1&-1&3&12\end{vmatrix}$$

$$\xlongequal{c_4-3c_3}\begin{vmatrix}1&0&0&0\\-1&-1&0&0\\2&1&3&0\\1&-1&3&3\end{vmatrix}=-9.$$

注:利用行列式的性质将行列式化为上三角或者下三角行列式,这是计算行列式最常见的一种思路.

例 1.9 计算

$$D_n=\begin{vmatrix}a&b&\cdots&b\\b&a&\cdots&b\\\vdots&\vdots&&\vdots\\b&b&\cdots&a\end{vmatrix}.$$

解 注意到行列式中每行元素之和都等于 $a+(n-1)\cdot b$,可以把每一列均加在第一列上,这样每行的首个元素均为 $a+(n-1)\cdot b$,提取公因子 $a+(n-1)\cdot b$,再化为上三角行列

式,即

$$D_n=\begin{vmatrix} a & b & \cdots & b \\ b & a & \cdots & b \\ \vdots & \vdots & & \vdots \\ b & b & \cdots & a \end{vmatrix}=\begin{vmatrix} a+(n-1)b & b & \cdots & b \\ a+(n-1)b & a & \cdots & b \\ \vdots & \vdots & & \vdots \\ a+(n-1)b & b & \cdots & a \end{vmatrix}=[a+(n-1)b]\cdot\begin{vmatrix} 1 & b & \cdots & b \\ 1 & a & \cdots & b \\ \vdots & \vdots & & \vdots \\ 1 & b & \cdots & a \end{vmatrix}.$$

将第 2 行至第 n 行分别减去第 1 行得到:

$$D_n=[a+(n-1)b]\cdot\begin{vmatrix} 1 & b & \cdots & b \\ 0 & a-b & \cdots & 0 \\ \vdots & \vdots & & \vdots \\ 0 & 0 & \cdots & a-b \end{vmatrix}=[a+(n-1)b]\cdot(a-b)^{n-1}.$$

注:上式在 $a=b$ 时也是成立的.

例 1.10　计算行列式:

$$D_{n+1}=\begin{vmatrix} a_0 & 1 & 1 & \cdots & 1 & 1 \\ 1 & a_1 & 0 & \cdots & 0 & 0 \\ 1 & 0 & a_2 & \cdots & 0 & 0 \\ \vdots & \vdots & \vdots & & \vdots & \vdots \\ 1 & 0 & 0 & \cdots & a_{n-1} & 0 \\ 1 & 0 & 0 & \cdots & 0 & a_n \end{vmatrix},a_i\neq 0,i=0,1,2,\cdots,n.$$

解　利用行列式的性质,把其化为上三角或者下三角行列式.依次把行列式中第二列乘以$\left(-\dfrac{1}{a_1}\right)$,第三列乘以$\left(-\dfrac{1}{a_2}\right)$,…, 第$(n+1)$列乘以$\left(-\dfrac{1}{a_n}\right)$加到第一列,可把行列式化为上三角行列式,即

$$D_{n+1}=\begin{vmatrix} a_0-\dfrac{1}{a_1} & 1 & 1 & \cdots & 1 & 1 \\ 0 & a_1 & 0 & \cdots & 0 & 0 \\ 1 & 0 & a_2 & \cdots & 0 & 0 \\ \vdots & \vdots & \vdots & & \vdots & \vdots \\ 1 & 0 & 0 & \cdots & a_{n-1} & 0 \\ 1 & 0 & 0 & \cdots & 0 & a_n \end{vmatrix}=\begin{vmatrix} a_0-\dfrac{1}{a_1}-\dfrac{1}{a_2} & 1 & 1 & \cdots & 1 & 1 \\ 0 & a_1 & 0 & \cdots & 0 & 0 \\ 0 & 0 & a_2 & \cdots & 0 & 0 \\ \vdots & \vdots & \vdots & & \vdots & \vdots \\ 1 & 0 & 0 & \cdots & a_{n-1} & 0 \\ 1 & 0 & 0 & \cdots & 0 & a_n \end{vmatrix}=$$

$$\cdots=\begin{vmatrix} a_0-\sum_{i=1}^{n}\frac{1}{a_i} & 1 & 1 & \cdots & 1 & 1 \\ 0 & a_1 & 0 & \cdots & 0 & 0 \\ 0 & 0 & a_2 & \cdots & 0 & 0 \\ \vdots & \vdots & \vdots & & \vdots & \vdots \\ 0 & 0 & 0 & \cdots & a_{n-1} & 0 \\ 0 & 0 & 0 & \cdots & 0 & a_n \end{vmatrix}=\left(a_0-\sum_{i=1}^{n}\frac{1}{a_i}\right)a_1a_2\cdots a_n.$$

例 1.11 设

$$D=\begin{vmatrix} a_{11} & \cdots & a_{1n} & 0 & \cdots & 0 \\ \vdots & & \vdots & \vdots & & \vdots \\ a_{n1} & \cdots & a_{nn} & 0 & \cdots & 0 \\ c_{11} & \cdots & c_{1n} & b_{11} & \cdots & b_{1m} \\ \vdots & & \vdots & \vdots & & \vdots \\ c_{m1} & \cdots & c_{mn} & b_{m1} & \cdots & b_{mm} \end{vmatrix}.$$

$$D_1=\det(a_{ij})=\begin{vmatrix} a_{11} & \cdots & a_{1n} \\ \vdots & & \vdots \\ a_{n1} & \cdots & a_{nn} \end{vmatrix},D_2=\det(b_{ij})=\begin{vmatrix} b_{11} & \cdots & b_{1m} \\ \vdots & & \vdots \\ b_{m1} & \cdots & b_{mm} \end{vmatrix},$$

证明 $D=D_1D_2$.

证明 分析:因为行列式 D 中右上方元素全为零,首先对第 1 行至第 n 行作行变换,在将其化为下三角的形式时,不改变右下角元素的值.其次,对第 $n+1$ 列到第 $m+n$ 列作列变换,将其化为下三角的形式时,同样不改变左下角元素的值.最后可得行列式为下三角行列式的值.

首先,对第 1 行至第 n 行进行若干次行变换,可将其化为下三角矩阵,同时不影响下方右下角元素的值.设 D_1 经过变换后得到:

$$D_1=\det(a_{ij})=\begin{vmatrix} a_{11} & \cdots & a_{1n} \\ \vdots & & \vdots \\ a_{n1} & \cdots & a_{nn} \end{vmatrix}=\begin{vmatrix} p_{11} & \cdots & 0 \\ \vdots & & \vdots \\ p_{n1} & \cdots & p_{nn} \end{vmatrix}=p_{11}p_{22}\cdots p_{nn}.$$

其次,针对右下角的 D_2,在 D 中针对第 $n+1$ 列至第 $m+n$ 列作列变换,同样将其化为下三角矩阵(此时右上方第 n 行上每一列的元素都为零,因此作列变换时这部分仍然为零,变换以后该部分的元素仍然都为零).设 D_2 经过变换后得:

$$D_2=\det(b_{ij})=\begin{vmatrix} b_{11} & \cdots & b_{1m} \\ \vdots & & \vdots \\ b_{m1} & \cdots & b_{mm} \end{vmatrix},=\begin{vmatrix} q_{11} & \cdots & 0 \\ \vdots & & \vdots \\ q_{m1} & \cdots & q_{mm} \end{vmatrix}=q_{11}q_{22}\cdots q_{mm}.$$

所以行列式 D 经过若干行变换和列变换后可以化作下列形式:

$$D=\begin{vmatrix} a_{11} & \cdots & a_{1n} & 0 & \cdots & 0 \\ \vdots & & \vdots & \vdots & & \vdots \\ a_{n1} & \cdots & a_{nn} & 0 & \cdots & 0 \\ c_{11} & \cdots & c_{1n} & b_{11} & \cdots & b_{1m} \\ \vdots & & \vdots & \vdots & & \vdots \\ c_{m1} & \cdots & c_{mn} & b_{m1} & \cdots & b_{mm} \end{vmatrix}=\begin{vmatrix} p_{11} & \cdots & 0 & 0 & \cdots & 0 \\ \vdots & & \vdots & \vdots & & \vdots \\ p_{n1} & \cdots & p_{nn} & 0 & \cdots & 0 \\ c_{11} & \cdots & c_{1n} & q_{11} & \cdots & 0 \\ \vdots & & \vdots & \vdots & & \vdots \\ c_{m1} & \cdots & c_{mn} & q_{m1} & \cdots & q_{mm} \end{vmatrix}=p_{11}p_{22}\cdots p_{nn}q_{11}q_{22}\cdots q_{mm}.$$

故有:

$$D=D_1D_2.$$

注:该行列式为分块行列式,即行列式 $D=\begin{vmatrix} A_{nn} & O_{nm} \\ C_{mn} & B_{mm} \end{vmatrix}=|A_{nn}|\,|B_{mm}|$,或者 $D=\begin{vmatrix} A_{nn} & C_{nm} \\ O_{mn} & B_{mm} \end{vmatrix}=|A_{nn}|\,|B_{mm}|$.该结论读者可直接应用.

例 1.12　求 4 阶行列式

$$D_4=\begin{vmatrix} a_1 & 0 & 0 & b_1 \\ 0 & a_2 & b_2 & 0 \\ 0 & b_3 & a_3 & 0 \\ b_4 & 0 & 0 & a_4 \end{vmatrix}.$$

解　首先将第 4 列依次与第 3 列、第 2 列交换,可得:

$$D_4=\begin{vmatrix} a_1 & 0 & 0 & b_1 \\ 0 & a_2 & b_2 & 0 \\ 0 & b_3 & a_3 & 0 \\ b_4 & 0 & 0 & a_4 \end{vmatrix}=\begin{vmatrix} a_1 & b_1 & 0 & 0 \\ 0 & 0 & a_2 & b_2 \\ 0 & 0 & b_3 & a_3 \\ b_4 & a_4 & 0 & 0 \end{vmatrix}.$$

其次,再让第 4 行依次与第 3 行、第 2 行交换,可得:

$$D_4=\begin{vmatrix} a_1 & b_1 & 0 & 0 \\ 0 & 0 & a_2 & b_2 \\ 0 & 0 & b_3 & a_3 \\ b_4 & a_4 & 0 & 0 \end{vmatrix}=\begin{vmatrix} a_1 & b_1 & 0 & 0 \\ b_4 & a_4 & 0 & 0 \\ 0 & 0 & a_2 & b_2 \\ 0 & 0 & b_3 & a_3 \end{vmatrix}=\begin{vmatrix} a_1 & b_1 \\ b_4 & a_4 \end{vmatrix}\cdot\begin{vmatrix} a_2 & b_2 \\ b_3 & a_3 \end{vmatrix}$$

$$=(a_1a_4-b_1b_4)(a_2a_3-b_2b_3).$$

习题 1.3

1.判断下列乘积是否是 5 阶行列式 $\det(a_{ij})$ 的项;若是,试确定该项的符号.

(1) $a_{12}a_{21}a_{35}a_{43}a_{54}$;　　(2) $a_{52}a_{13}a_{31}a_{44}a_{25}$.

2.写出 4 阶行列式 $\det(a_{ij})$ 中所有满足条件的项.

(1)包含 a_{24}和 a_{42}；　　　　(2)包含 a_{32}.

3.按定义计算下列行列式：

(1) $\begin{vmatrix} 1 & 0 & 0 \\ 2 & 3 & 4 \\ 5 & 6 & 7 \end{vmatrix}$；　　　　(2) $\begin{vmatrix} 0 & 0 & 1 \\ 2 & 3 & 0 \\ 4 & 0 & 5 \end{vmatrix}$；

(3) $\begin{vmatrix} 1 & 2 & 0 \\ 0 & 5 & 6 \\ 7 & 0 & 9 \end{vmatrix}$；　　　　(4) $\begin{vmatrix} 1 & 0 & 3 \\ 0 & 5 & 0 \\ 7 & 0 & 9 \end{vmatrix}$；

(5) $\begin{vmatrix} 0 & 1 & 0 & \cdots & 0 & 0 \\ 0 & 0 & 2 & \cdots & 0 & 0 \\ \vdots & \vdots & \vdots & & \vdots & \vdots \\ 0 & 0 & 0 & \cdots & n-2 & 0 \\ 0 & 0 & 0 & \cdots & 0 & n-1 \\ n & 0 & 0 & \cdots & 0 & 0 \end{vmatrix}_{n\times n}$；　　(6) $\begin{vmatrix} 0 & 0 & \cdots & 0 & 1 & 0 \\ 0 & 0 & \cdots & 2 & 0 & 0 \\ \vdots & \vdots & & \vdots & \vdots & \vdots \\ 0 & n-2 & \cdots & 0 & 0 & 0 \\ n-1 & 0 & \cdots & 0 & 0 & 0 \\ 0 & 0 & \cdots & 0 & 0 & n \end{vmatrix}_{n\times n}$.

4.化下列行列式为多项式：

(1) $\begin{vmatrix} x-1 & x+1 \\ x+1 & x^2 \end{vmatrix}$；　　　　(2) $\begin{vmatrix} 0 & 2 & x-1 \\ 2 & x & 1 \\ x-2 & 0 & x \end{vmatrix}$.

5.现有行列式：

$$\begin{vmatrix} x & 1 & 1 & 1 \\ 2 & x & 2 & 2 \\ 3 & 3 & x & 3 \\ 4 & 4 & 4 & x \end{vmatrix}.$$

(1)观察行列式展开式中 x^4 的系数,并说明理由.

(2)观察 x 取哪些值时该行列式为 0,并由此得到该行列式的展开式.

6.根据第 4 题的特点快速化简下列行列式：

$$\begin{vmatrix} 1 & 1 & 1 & \cdots & 1 \\ 1 & 1-x & 1 & \cdots & 1 \\ 1 & 1 & 2-x & \cdots & 1 \\ \vdots & \vdots & \vdots & & \vdots \\ 1 & 1 & 1 & \cdots & (n-1)-x \end{vmatrix}$$

7.证明：

$$\left(\begin{vmatrix} u(x) & f(x) \\ v(x) & g(x) \end{vmatrix}\right)' = \begin{vmatrix} u'(x) & f(x) \\ v'(x) & g(x) \end{vmatrix} + \begin{vmatrix} u(x) & f'(x) \\ v(x) & g'(x) \end{vmatrix}.$$

8.计算下列行列式：

(1) $\begin{vmatrix} 1 & 3 & 1 \\ 2 & -1 & 4 \\ -1 & 1 & -2 \end{vmatrix}$；　　(2) $\begin{vmatrix} 1 & 3 & 1 \\ -2 & 1 & 4 \\ 4 & -1 & 2 \end{vmatrix}$；

(3) $\begin{vmatrix} 2 & -2 & 1 & 2 \\ -1 & 5 & -2 & 3 \\ 2 & -5 & -4 & 6 \\ 3 & -1 & 2 & -2 \end{vmatrix}$；　　(4) $\begin{vmatrix} 1 & 0 & 1 & 1 \\ 2 & -2 & -5 & 1 \\ -1 & 0 & -1 & 2 \\ -1 & -1 & 0 & -1 \end{vmatrix}$；

(5) $\begin{vmatrix} 0 & -2 & 1 & 2 \\ -1 & 0 & -2 & 3 \\ 2 & -5 & -4 & 6 \\ 3 & -1 & 2 & -2 \end{vmatrix}$；　　(6) $\begin{vmatrix} 1+x & 1 & 1 & 1 \\ 1 & 1+x & 1 & 1 \\ 1 & 1 & 1+y & 1 \\ 1 & 1 & 1 & 1+y \end{vmatrix}$.

9.证明：

(1) $\begin{vmatrix} a_1+b_1 & b_1+c_1 & c_1+a_1 \\ a_2+b_2 & b_2+c_2 & c_2+a_2 \\ a_3+b_3 & b_3+c_3 & c_3+a_3 \end{vmatrix} = 2\begin{vmatrix} a_1 & b_1 & c_1 \\ a_2 & b_2 & c_2 \\ a_3 & b_3 & c_3 \end{vmatrix}$.

(2) $\begin{vmatrix} x^2 & (x+1)^2 & (x+2)^2 \\ y^2 & (y+1)^2 & (y+2)^2 \\ z^2 & (z+1)^2 & (z+2)^2 \end{vmatrix} = 4(z-x)(y-x)(y-z)$.

(3) $\begin{vmatrix} by+az & bz+ax & bx+ay \\ bx+ay & by+az & bz+ax \\ bz+ax & bx+ay & by+az \end{vmatrix} = (a^3+b^3)\begin{vmatrix} x & y & z \\ z & x & y \\ y & z & x \end{vmatrix}$.

1.4　行列式的展开和计算

1.4.1　行列式的展开

通常，行列式的阶数越低，越容易计算，因此，当阶数较高时，可以设法寻找 n 阶行列式和 $n-1$ 阶行列式的关系，从而将高阶行列式转化为低阶行列式进行计算.为此，先引入余子式和代数余子式的概念.

定义 1.4　在 n 阶行列式中，划去元素 a_{ij} 所在的第 i 行和第 j 列的元素，剩下的元素不改变原有位置顺序所构成的 $n-1$ 阶行列式称为元素 a_{ij} 的余子式，记作 M_{ij}.又称

$$A_{ij}=(-1)^{i+j}M_{ij}$$

为元素 a_{ij} 的代数余子式.

例如 3 阶行列式

$$D=\begin{vmatrix} a_{11} & a_{12} & a_{13} \\ a_{21} & a_{22} & a_{23} \\ a_{31} & a_{32} & a_{33} \end{vmatrix}$$

中元素 a_{23} 的余子式和代数余子式分别为:

$$M_{23}=\begin{vmatrix} a_{11} & a_{12} \\ a_{31} & a_{32} \end{vmatrix}, A_{23}=(-1)^{2+3}\cdot\begin{vmatrix} a_{11} & a_{12} \\ a_{31} & a_{32} \end{vmatrix}.$$

引理 1 设 n 阶行列式,如果其中第 i 行所有元素除 a_{ij} 外都为零,则这个行列式等于 a_{ij} 与它的代数余子式 A_{ij} 的乘积,即

$$D=a_{ij}\cdot A_{ij}.$$

证明 先考虑最简单的情况,即 a_{ij} 位于左上角的时候,即

$$D=\begin{vmatrix} a_{11} & 0 & \cdots & 0 \\ a_{21} & a_{22} & \cdots & a_{2n} \\ \vdots & \vdots & & \vdots \\ a_{n1} & a_{n2} & \cdots & a_{nn} \end{vmatrix}.$$

由例 1.11 可知:

$$D=\begin{vmatrix} a_{11} & 0 & \cdots & 0 \\ a_{21} & a_{22} & \cdots & a_{2n} \\ \vdots & \vdots & & \vdots \\ a_{n1} & a_{n2} & \cdots & a_{nn} \end{vmatrix}=|a_{11}|\cdot\begin{vmatrix} a_{22} & \cdots & a_{2n} \\ \vdots & & \vdots \\ a_{n2} & \cdots & a_{nn} \end{vmatrix},$$

即

$$D=a_{11}M_{11}=(-1)^{1+1}a_{11}M_{11}=a_{11}A_{11}.$$

再考虑一般情形,此时:

$$\begin{vmatrix} a_{11} & \cdots & a_{1j} & \cdots & a_{1n} \\ \vdots & & \vdots & & \vdots \\ 0 & \cdots & a_{ij} & \cdots & 0 \\ \vdots & & \vdots & & \vdots \\ a_{n1} & \cdots & a_{nj} & \cdots & a_{nn} \end{vmatrix}$$

为了转化为上面已解决的特殊情形,将 D 的第 i 行依次与第 $i-1, i-2, \cdots, 2, 1$ 各行交换后,再将第 j 列依次与第 $j-1, j-2, \cdots, 2, 1$ 各列交换,共计交换了行和列的次数为:

$$(i-1)+(j-1)=i+j-2.$$

得到:

$$\begin{vmatrix} a_{11} & \cdots & a_{1j} & \cdots & a_{1n} \\ \vdots & & \vdots & & \vdots \\ 0 & \cdots & a_{ij} & \cdots & 0 \\ \vdots & & \vdots & & \vdots \\ a_{n1} & \cdots & a_{nj} & \cdots & a_{nn} \end{vmatrix} = (-1)^{i+j-2} \begin{vmatrix} a_{ij} & 0 & \cdots & 0 & 0 & \cdots & 0 \\ a_{1j} & a_{11} & \cdots & a_{1,j-1} & a_{1,j+1} & \cdots & a_{1n} \\ \vdots & \vdots & & \vdots & \vdots & & \vdots \\ a_{nj} & a_{n1} & \cdots & a_{n,j-1} & a_{1,j+1} & \cdots & a_{nn} \end{vmatrix}$$

$$= (-1)^{i+j} \begin{vmatrix} a_{ij} & 0 & \cdots & 0 & 0 & \cdots & 0 \\ a_{1j} & a_{11} & \cdots & a_{1,j-1} & a_{1,j+1} & \cdots & a_{1n} \\ \vdots & \vdots & & \vdots & \vdots & & \vdots \\ a_{nj} & a_{n1} & \cdots & a_{n,j-1} & a_{1,j+1} & \cdots & a_{nn} \end{vmatrix}$$

$$= (-1)^{i+j} a_{ij} \cdot M_{ij} = a_{ij} \cdot A_{ij}.$$

定理 1.1 行列式等于它的任一行(列)的各元素与其对应代数余子式乘积之和,即

$$D = a_{i1} \cdot A_{i1} + a_{i2} \cdot A_{i2} + \cdots + a_{in} \cdot A_{in} \text{(按照第 } i \text{ 行展开)}$$

$$= a_{1j} \cdot A_{1j} + a_{2j} \cdot A_{2j} + \cdots + a_{nj} \cdot A_{nj} \text{(按照第 } j \text{ 行展开)}$$

其中 $i, j = 1, 2, \cdots, n$.

证明 利用行列式的性质,将该行列式拆分为 n 个引理 1 中 $n-1$ 阶的行列式,然后再利用引理 1 可以得到该定理的证明.设按第 i 行展开,利用行列式的性质可得:

$$\begin{vmatrix} a_{11} & a_{12} & \cdots & a_{1n} \\ \vdots & \vdots & & \vdots \\ a_{i1} & a_{i2} & \cdots & a_{in} \\ \vdots & \vdots & & \vdots \\ a_{n1} & a_{n2} & \cdots & a_{nn} \end{vmatrix} = \begin{vmatrix} a_{11} & a_{12} & \cdots & a_{1n} \\ \vdots & \vdots & & \vdots \\ a_{i1}+0+\cdots+0 & 0+a_{i2}+\cdots+0 & \cdots & 0+0+\cdots+a_{in} \\ \vdots & \vdots & & \vdots \\ a_{n1} & a_{n2} & \cdots & a_{nn} \end{vmatrix}$$

$$= \begin{vmatrix} a_{11} & a_{12} & \cdots & a_{1n} \\ \vdots & \vdots & & \vdots \\ a_{i1} & 0 & \cdots & 0 \\ \vdots & \vdots & & \vdots \\ a_{n1} & a_{n2} & \cdots & a_{nn} \end{vmatrix} + \begin{vmatrix} a_{11} & a_{12} & \cdots & a_{1n} \\ \vdots & \vdots & & \vdots \\ 0 & a_{i2} & \cdots & 0 \\ \vdots & \vdots & & \vdots \\ a_{n1} & a_{n2} & \cdots & a_{nn} \end{vmatrix} + \cdots + \begin{vmatrix} a_{11} & a_{12} & \cdots & a_{1n} \\ \vdots & \vdots & & \vdots \\ 0 & 0 & \cdots & a_{in} \\ \vdots & \vdots & & \vdots \\ a_{n1} & a_{n2} & \cdots & a_{nn} \end{vmatrix}$$

$$= a_{i1}A_{i1} + a_{i2}A_{i2} + \cdots + a_{in}A_{in}.$$

类似地,可以证明按列展开的情况.

例 1.13 计算行列式

$$D = \begin{vmatrix} 1 & 0 & 0 & 0 & 0 \\ -1 & 3 & 1 & 0 & 6 \\ 0 & 0 & 4 & -2 & 6 \\ 1 & -2 & 5 & 0 & 9 \\ 0 & 2 & -9 & 3 & -9 \end{vmatrix}$$

解　这个行列式只有第一行第一列的元素不为零,因此按照该元素展开可以方便地降阶:

$$D \xlongequal{\text{按照第一行展开}} a_{11}A_{11}+a_{12}A_{12}+a_{13}A_{13}+a_{14}A_{14}+a_{15}A_{15}$$

$$=1\times A_{11}+0\times A_{12}+0\times A_{13}+0\times A_{14}+0\times A_{15}$$

$$=\begin{vmatrix} 3 & 1 & 0 & 6 \\ 0 & 4 & -2 & 6 \\ -2 & 5 & 0 & 9 \\ 2 & -9 & 3 & -9 \end{vmatrix} \xlongequal{r_2\div 2} 2\begin{vmatrix} 3 & 1 & 0 & 6 \\ 0 & 2 & -1 & 3 \\ -2 & 5 & 0 & 9 \\ 2 & -9 & 3 & -9 \end{vmatrix} \xlongequal{c_4\div 3} 6\begin{vmatrix} 3 & 1 & 0 & 2 \\ 0 & 2 & -1 & 1 \\ -2 & 5 & 0 & 3 \\ 2 & -9 & 3 & -3 \end{vmatrix}$$

$$\xlongequal{r_4+3r_2} 6\begin{vmatrix} 3 & 1 & 0 & 2 \\ 0 & 2 & -1 & 1 \\ -2 & 5 & 0 & 3 \\ 2 & -3 & 0 & 0 \end{vmatrix} \xlongequal{\text{按照第三列展开}} 6\cdot(-1)\cdot(-1)^{2+3}\cdot M_{23}$$

$$=6\begin{vmatrix} 3 & 1 & 2 \\ -2 & 5 & 3 \\ 2 & -3 & 0 \end{vmatrix} \xlongequal{c_2+c_1\times\frac{3}{2}} 6\begin{vmatrix} 3 & 11/2 & 2 \\ -2 & 2 & 3 \\ 2 & 0 & 0 \end{vmatrix}$$

$$\xlongequal{\text{按照第三行展开}} 6\cdot 2\cdot(-1)^{3+1}\cdot\begin{vmatrix} 11/2 & 2 \\ 2 & 3 \end{vmatrix}=6\cdot 2\cdot\left(\frac{33}{2}-4\right)=150.$$

根据定理 1.1,还可以得到下面重要推论.

推论 1　行列式某一行(列)的元素与另一行(列)对应元素的代数余子式乘积之和等于零,即当 $i\neq j$ 时,有:

$$a_{i1}\cdot A_{j1}+a_{i2}\cdot A_{j2}+\cdots+a_{in}\cdot A_{jn}=0,$$

$$a_{1i}\cdot A_{1j}+a_{2i}\cdot A_{2j}+\cdots+a_{ni}\cdot A_{nj}=0.$$

证明　将行列式 $D=\det(a_{ij})$ 按照第 j 行展开,有:

$$a_{j1}A_{j1}+a_{j2}A_{j2}+\cdots+a_{jn}A_{jn}=\begin{vmatrix} a_{11} & \cdots & a_{1n} \\ \vdots & & \vdots \\ a_{i1} & \cdots & a_{in} \\ \vdots & & \vdots \\ a_{j1} & \cdots & a_{jn} \\ \vdots & & \vdots \\ a_{n1} & \cdots & a_{nn} \end{vmatrix}\begin{matrix} \\ \\ i\text{ 行} \\ \\ j\text{ 行} \\ \\ \\ \end{matrix},$$

在上式中将第 j 行元素 a_{jk} 换成第 i 行对应元素 $a_{ik}(k=1,2,\cdots,n)$ 可得:

$$a_{i1}A_{j1}+a_{i2}A_{j2}+\cdots+a_{in}A_{jn}=\begin{vmatrix} a_{11} & \cdots & a_{1n} \\ \vdots & & \vdots \\ a_{i1} & \cdots & a_{in} \\ \vdots & & \vdots \\ a_{i1} & \cdots & a_{in} \\ \vdots & & \vdots \\ a_{n1} & \cdots & a_{nn} \end{vmatrix}\begin{matrix} \\ \\ i\text{ 行} \\ \\ j\text{ 行} \\ \\ \\ \end{matrix}.$$

当 $i \neq j$ 时，上式右端行列式中有两行对应元素相同，故行列式等于零，故有：

$$a_{i1}\cdot A_{j1}+a_{i2}\cdot A_{j2}+\cdots+a_{in}\cdot A_{jn}=0.$$

可以类似证明列的情况.

综合定理 1 及其推论，可以得到以下代数余子式的重要性质：

$$\sum_{k=1}^{n} a_{ik}A_{jk} = a_{i1}A_{j1} + a_{i2}A_{j2} + \cdots + a_{in}A_{jn} = \begin{cases} D, & i=j, \\ 0, & i \neq j. \end{cases}$$

$$\sum_{k=1}^{n} a_{ki}A_{kj} = a_{1i}A_{1j} + a_{2i}A_{2j} + \cdots + a_{ni}A_{nj} = \begin{cases} D, & i=j, \\ 0, & i \neq j. \end{cases}$$

仿照上面证明的技巧，可以将形如 $b_1A_{i1}+b_2A_{i2}+\cdots+b_nA_{in}$ 的表达式写作行列式的形式：比如现有矩阵 $\boldsymbol{A}$，要计算表达式 $b_1\cdot A_{i1}+b_2\cdot A_{i2}+\cdots+b_n\cdot A_{in}$，可通过如下方式构造目标表达式：

首先根据 $\boldsymbol{A}$ 有：

$$\begin{vmatrix} a_{11} & a_{12} & \cdots & a_{1n} \\ \vdots & \vdots & & \vdots \\ a_{i1} & a_{i2} & \cdots & a_{in} \\ \vdots & \vdots & & \vdots \\ a_{n1} & a_{n2} & \cdots & a_{nn} \end{vmatrix} = a_{i1}\cdot A_{i1}+a_{i2}\cdot A_{i2}+\cdots+a_{in}\cdot A_{in}$$

再将第 i 行元素换作 $b_k(k=1,2,\cdots,n)$ 可以得到：

$$\begin{vmatrix} a_{11} & a_{12} & \cdots & a_{1n} \\ \vdots & \vdots & & \vdots \\ b_1 & b_2 & \cdots & b_n \\ \vdots & \vdots & & \vdots \\ a_{n1} & a_{n2} & \cdots & a_{nn} \end{vmatrix} = b_1\cdot A_{i1}+b_2\cdot A_{i2}+\cdots+b_n\cdot A_{in}.$$

这样就将要求的表达式书写为一个更便于计算的行列式的形式.

类似地，也有将 $b_k(k=1,2,\cdots,n)$ 替换第 i 列的情况：

$$\begin{vmatrix} a_{11} & \cdots & b_1 & \cdots & a_{1n} \\ a_{21} & \cdots & b_2 & \cdots & a_{2n} \\ \vdots & & \vdots & & \vdots \\ a_{n1} & \cdots & b_n & \cdots & a_{nn} \end{vmatrix} = b_1 \cdot A_{1j} + b_2 \cdot A_{2j} + \cdots + b_n \cdot A_{nj}.$$

例 1.14 设

$$D = \begin{vmatrix} 3 & -5 & 2 & 1 \\ 1 & 1 & 0 & -5 \\ -1 & 3 & 1 & 3 \\ 2 & -4 & -1 & -3 \end{vmatrix}.$$

求 $A_{11}+A_{12}+A_{13}+A_{14}$ 及 $M_{11}+M_{12}+M_{13}+M_{14}$.

解 用 1,1,1,1 代替 D 中第一行的元素得到:

$$D_1 = \begin{vmatrix} 1 & 1 & 1 & 1 \\ 1 & 1 & 0 & -5 \\ -1 & 3 & 1 & 3 \\ 2 & -4 & -1 & -3 \end{vmatrix}.$$

此时 D_1 按照第一行展开正好得到所需要的表达式:$D_1 = A_{11}+A_{12}+A_{13}+A_{14}$.从而有:

$$A_{11}+A_{12}+A_{13}+A_{14} = \begin{vmatrix} 1 & 1 & 1 & 1 \\ 1 & 1 & 0 & -5 \\ -1 & 3 & 1 & 3 \\ 2 & -4 & -1 & -3 \end{vmatrix} \xlongequal{r_4+r_3} \begin{vmatrix} 1 & 1 & 1 & 1 \\ 1 & 1 & 0 & -5 \\ -1 & 3 & 1 & 3 \\ 1 & -1 & 0 & 0 \end{vmatrix} \xlongequal{r_3-r_1} \begin{vmatrix} 1 & 1 & 1 & 1 \\ 1 & 1 & 0 & -5 \\ -2 & 2 & 0 & 2 \\ 1 & -1 & 0 & 0 \end{vmatrix}$$

$$\xlongequal{\text{按照第三列展开}} \begin{vmatrix} 1 & 1 & -5 \\ -2 & 2 & 2 \\ 1 & -1 & 0 \end{vmatrix} \xlongequal{c_2+c_1} \begin{vmatrix} 1 & 2 & -5 \\ -2 & 0 & 2 \\ 1 & 0 & 0 \end{vmatrix} \xlongequal{\text{按照第二列展开}} 2 \cdot \begin{vmatrix} -2 & 2 \\ 1 & 0 \end{vmatrix} = 4.$$

又由于 $A_{11} = (-1)^{1+1} \cdot M_{11} = M_{11}, A_{21} = (-1)^{1+2} \cdot M_{21} = -M_{21}$,

$A_{31} = (-1)^{1+3} \cdot M_{31} = M_{31}, A_{41} = (-1)^{1+4} \cdot M_{41} = -M_{41}$,

故有:

$$M_{11}+M_{21}+M_{31}+M_{41} = A_{11}-A_{21}+A_{31}-A_{41}.$$

用 1,-1,1,-1 代替 D 中第一列的元素得到:$D_2 = A_{11}-A_{21}+A_{31}-A_{41}$.从而有:

$$M_{11}+M_{12}+M_{13}+M_{14} = \begin{vmatrix} 1 & -5 & 2 & 1 \\ -1 & 1 & 0 & -5 \\ 1 & 3 & 1 & 3 \\ -1 & -4 & -1 & -3 \end{vmatrix} \xlongequal{r_4+r_3} \begin{vmatrix} 1 & -5 & 2 & 1 \\ -1 & 1 & 0 & -5 \\ 1 & 3 & 1 & 3 \\ 0 & -1 & 0 & 0 \end{vmatrix}$$

$$\xlongequal{\text{按照第四行展开}} (-1) \cdot (-1)^{4+2} \begin{vmatrix} 1 & 2 & 1 \\ -1 & 0 & -5 \\ 1 & 1 & 3 \end{vmatrix} \xlongequal{r_1-2r_3} \begin{vmatrix} -1 & 0 & -5 \\ -1 & 0 & -5 \\ 1 & 1 & 3 \end{vmatrix} = 0.$$

1.4.2 行列式的计算

综合前述行列式的性质,计算行列式有两种主要方法:一是通过行列式行(列)变换的性质,将行列式化为上(下)三角行列式,根据对角线上元素即可得到行列式的值;二是根据行列式按照行(列)展开的性质,降低行列式的阶数.如果降阶后的行列式和之前的行列式形式类似,那么往往可以考虑数学归纳法求解.

例 1.15 计算行列式

$$D=\begin{vmatrix} 3 & 1 & -1 & 2 \\ -5 & 1 & 3 & -4 \\ 2 & 0 & 1 & -1 \\ 1 & -5 & 3 & -3 \end{vmatrix}.$$

解

$$D=\begin{vmatrix} 3 & 1 & -1 & 2 \\ -5 & 1 & 3 & -4 \\ 2 & 0 & 1 & -1 \\ 1 & -5 & 3 & -3 \end{vmatrix} \xlongequal{c_1\leftrightarrow c_2} -\begin{vmatrix} 1 & 3 & -1 & 2 \\ 1 & -5 & 3 & -4 \\ 0 & 2 & 1 & -1 \\ -5 & 1 & 3 & -3 \end{vmatrix} \xlongequal{r_2-r_1} -\begin{vmatrix} 1 & 3 & -1 & 2 \\ 0 & -8 & 4 & -6 \\ 0 & 2 & 1 & -1 \\ -5 & 1 & 3 & -3 \end{vmatrix}$$

$$\xlongequal{r_4+5r_1} -\begin{vmatrix} 1 & 3 & -1 & 2 \\ 0 & -8 & 4 & -6 \\ 0 & 2 & 1 & -1 \\ 0 & 16 & -2 & 7 \end{vmatrix} \xlongequal{\text{按第一列展开}} -\begin{vmatrix} -8 & 4 & -6 \\ 2 & 1 & -1 \\ 16 & -2 & 7 \end{vmatrix} \xlongequal{r_1+4r_2} -\begin{vmatrix} 0 & 8 & -10 \\ 2 & 1 & -1 \\ 16 & -2 & 7 \end{vmatrix}$$

$$\xlongequal{r_3-8r_2} -\begin{vmatrix} 0 & 8 & -10 \\ 2 & 1 & -1 \\ 0 & -10 & 15 \end{vmatrix} \xlongequal{\text{按第一列展开}} (-1)\cdot 2\cdot(-1)^{2+1}\begin{vmatrix} 8 & -10 \\ -10 & 15 \end{vmatrix}=40.$$

例 1.16 求 n 阶行列式

$$D_n=\begin{vmatrix} a & b & 0 & \cdots & 0 & 0 \\ 0 & a & b & \cdots & 0 & 0 \\ 0 & 0 & a & \cdots & 0 & 0 \\ \vdots & \vdots & \vdots & & \vdots & \vdots \\ 0 & 0 & 0 & \cdots & a & b \\ b & 0 & 0 & \cdots & 0 & a \end{vmatrix}_{n\times n}.$$

解 因为行列式中每一行中只有两个非零元素,故可按照行或者列展开.按第一列展开,可得

$$D_n=a\begin{vmatrix} a & b & \cdots & 0 & 0 \\ 0 & a & \cdots & 0 & 0 \\ \vdots & \vdots & & \vdots & \vdots \\ 0 & 0 & \cdots & a & b \\ 0 & 0 & \cdots & 0 & a \end{vmatrix}_{(n-1)\times(n-1)}+(-1)^{n+1}b\begin{vmatrix} b & 0 & \cdots & 0 & 0 \\ a & b & \cdots & 0 & 0 \\ \vdots & \vdots & & \vdots & \vdots \\ 0 & 0 & \cdots & b & 0 \\ 0 & 0 & \cdots & a & b \end{vmatrix}_{(n-1)\times(n-1)}$$

$$=aa^{n-1}+(-1)^{n+1}bb^{n-1}=a^n+(-1)^{n+1}b^n.$$

例 1.17 求 n 阶行列式

$$D_n=\begin{vmatrix} 2 & 1 & 0 & \cdots & 0 & 0 \\ 1 & 2 & 1 & \cdots & 0 & 0 \\ 0 & 1 & 2 & \cdots & 0 & 0 \\ \vdots & \vdots & \vdots & & \vdots & \vdots \\ 0 & 0 & 0 & \cdots & 2 & 1 \\ 0 & 0 & 0 & \cdots & 1 & 2 \end{vmatrix}_{n\times n}.$$

解 观察该行列式,发现只有第一列与最后一列只有两个非零元素,其余各列都是 3 个非零元素,故将行列式 D_n 按第一列展开可得:

$$D_n=\begin{vmatrix} 2 & 1 & 0 & \cdots & 0 & 0 \\ 1 & 2 & 1 & \cdots & 0 & 0 \\ 0 & 1 & 2 & \cdots & 0 & 0 \\ \vdots & \vdots & \vdots & & \vdots & \vdots \\ 0 & 0 & 0 & \cdots & 2 & 1 \\ 0 & 0 & 0 & \cdots & 1 & 2 \end{vmatrix}_{n\times n}$$

$$=2\begin{vmatrix} 2 & 1 & \cdots & 0 & 0 \\ 1 & 2 & \cdots & 0 & 0 \\ \vdots & \vdots & & \vdots & \vdots \\ 0 & 0 & \cdots & 2 & 1 \\ 0 & 0 & \cdots & 1 & 2 \end{vmatrix}_{(n-1)\times(n-1)}+(-1)^{1+2}\begin{vmatrix} 1 & 0 & \cdots & 0 & 0 \\ 1 & 2 & \cdots & 0 & 0 \\ \vdots & \vdots & & \vdots & \vdots \\ 0 & 0 & \cdots & 2 & 1 \\ 0 & 0 & \cdots & 1 & 2 \end{vmatrix}_{(n-1)\times(n-1)}$$

$$=2\begin{vmatrix} 2 & 1 & \cdots & 0 & 0 \\ 1 & 2 & \cdots & 0 & 0 \\ \vdots & \vdots & & \vdots & \vdots \\ 0 & 0 & \cdots & 2 & 1 \\ 0 & 0 & \cdots & 1 & 2 \end{vmatrix}_{(n-1)\times(n-1)}-\begin{vmatrix} 2 & \cdots & 0 & 0 \\ \vdots & & \vdots & \vdots \\ 0 & \cdots & 2 & 1 \\ 0 & \cdots & 1 & 2 \end{vmatrix}_{(n-2)\times(n-2)}=2D_{n-1}-D_{n-2},$$

所以有 $D_n=2D_{n-1}-D_{n-2}$,进行整理可得:

$$D_n-D_{n-1}=D_{n-1}-D_{n-2},$$

利用递推可得到:

$$D_n-D_{n-1}=D_{n-1}-D_{n-2}=\cdots=D_2-D_1.$$

又

$$D_1=2,D_2=\begin{vmatrix}2&1\\1&2\end{vmatrix}=3.$$

$$D_n=D_{n-1}+1=D_{n-2}+2=\cdots=D_1+(n-1)=n+1.$$

注:行列式 $D_n=\begin{vmatrix}a&b&0&\cdots&0&0\\c&a&b&\cdots&0&0\\0&c&a&\cdots&0&0\\\vdots&\vdots&\vdots&&\vdots&\vdots\\0&0&0&\cdots&a&b\\0&0&0&\cdots&c&a\end{vmatrix}_{n\times n}$ 称为三对角行列式.计算此类行列式通常采用递推法,即根据行列式的行列展开,找出 D_n 与 D_{n-1}或者是 D_n 与 D_{n-1},D_{n-2}之间的关系,利用递推关系求出行列式.

例 1.18　计算 $2n$ 阶行列式

$$D=\begin{vmatrix}a&&&&&&b\\&a&&&&b&\\&&\ddots&&\iddots&&\\&&&a\ b&&&\\&&&b\ a&&&\\&&\iddots&&\ddots&&\\&b&&&&a&\\b&&&&&&a\end{vmatrix}.$$

解

$$D_{2n}\xlongequal{\text{按照第一行展开}}a\cdot\begin{vmatrix}a&&&&b&0\\&\ddots&&\iddots&&\\&&a\ b&&&\\&&b\ a&&&\\&\iddots&&\ddots&&\\b&&&&a&0\\0&&&&0&a\end{vmatrix}+b\cdot(-1)^{1+2n}\cdot\begin{vmatrix}0&a&&&&b\\&&\ddots&&\iddots&\\&&&a\ b&&\\&&&b\ a&&\\&&\iddots&&\ddots&\\&b&&&&a\\b&&&&&0\end{vmatrix}$$

由于:

$$\begin{vmatrix} a & & & & & & b & 0 \\ & \ddots & & & & \iddots & & \\ & & a & b & & & & \\ & & b & a & & & & \\ & \iddots & & & & \ddots & & \\ b & & & & & & a & 0 \\ 0 & & & & & & 0 & a \end{vmatrix} \xrightarrow{\text{按照最后一列展开}} a\cdot(-1)^{(n-1)+(n-1)} \begin{vmatrix} a & & & & & & & b \\ & a & & & & & b & \\ & & \ddots & & & \iddots & & \\ & & & a & b & & & \\ & & & b & a & & & \\ & & \iddots & & & \ddots & & \\ & b & & & & & a & \\ b & & & & & & & a \end{vmatrix} = aD_{2n-2},$$

$$\begin{vmatrix} 0 & a & & & & & b \\ & & \ddots & & & \iddots & \\ & & & a & b & & \\ & & & b & a & & \\ & & \iddots & & & \ddots & \\ & b & & & & & a \\ b & & & & & & 0 \end{vmatrix} \overset{\text{按照第一列展开}}{=\!=\!=\!=\!=} b\cdot(-1)^{(2n-1)+1} \begin{vmatrix} a & & & & & & & b \\ & a & & & & & b & \\ & & \ddots & & & \iddots & & \\ & & & a & b & & & \\ & & & b & a & & & \\ & & \iddots & & & \ddots & & \\ & b & & & & & a & \\ b & & & & & & & a \end{vmatrix} = b\cdot D_{2n-2},$$

故有：

$$D_{2n}=a^2D_{2n-2}-b^2D_{2n-2}=(a^2-b^2)D_{2n-2}.$$

以此作为递推公式，故有：

$$\begin{aligned} D_{2n} &= (a^2-b^2)D_{2n-2}=(a^2-b^2)^2D_{2n-4}=(a^2-b^2)^3D_{2n-6}=\cdots \\ &= (a^2-b^2)^{n-1}D_2=\begin{vmatrix} a & b \\ b & a \end{vmatrix}=(a^2-b^2)^{n-1}(a^2-b^2)=(a^2-b^2)^n. \end{aligned}$$

例 1.19 证明范德蒙德行列式

$$D_n=\begin{vmatrix} 1 & 1 & 1 & \cdots & 1 \\ x_1 & x_2 & x_3 & \cdots & x_n \\ x_1^2 & x_2^2 & x_3^2 & \cdots & x_n^2 \\ \vdots & \vdots & \vdots & & \vdots \\ x_1^{n-1} & x_2^{n-1} & x_3^{n-1} & \cdots & x_n^{n-1} \end{vmatrix}=\prod_{1\leqslant i<j\leqslant n}(x_j-x_i).$$

这里记号 $\prod$ 表示全体同类因子的乘积.

解 考虑数学归纳法.当 $n=2$ 时，有：

$$\begin{vmatrix} 1 & 1 \\ x_1 & x_2 \end{vmatrix}=x_2-x_1=\prod_{1\leqslant i<j\leqslant n}(x_j-x_i),$$

因此当 $n=2$ 时命题成立.

假设当 $n=k-1$ 时命题成立.则 $n=k$ 时有：

从第 k 行开始,第 k 行减去第 $k-1$ 行的 x_1 倍,就有:

$$\begin{vmatrix} 1 & 1 & 1 & \cdots & 1 \\ x_1 & x_2 & x_3 & \cdots & x_n \\ \vdots & \vdots & \vdots & & \vdots \\ x_1^{k-2} & x_2^{k-2} & x_3^{k-2} & \cdots & x_n^{k-2} \\ x_1^{k-1} & x_2^{k-1} & x_3^{k-1} & \cdots & x_n^{k-1} \end{vmatrix} \xlongequal{r_k - x_1 \cdot r_{k-1}} \begin{vmatrix} 1 & 1 & 1 & \cdots & 1 \\ x_1 & x_2 & x_3 & \cdots & x_n \\ \vdots & \vdots & \vdots & & \vdots \\ x_1^{k-2} & x_2^{k-2} & x_3^{k-2} & \cdots & x_n^{k-2} \\ 0 & x_2^{k-2}(x_2-x_1) & x_3^{k-2}(x_2-x_1) & \cdots & x_n^{k-2}(x_2-x_1) \end{vmatrix}$$

$$\xlongequal{r_{k-1} - x_1 \cdot r_{k-2}} \begin{vmatrix} 1 & 1 & 1 & \cdots & 1 \\ x_1 & x_2 & x_3 & \cdots & x_n \\ \vdots & \vdots & \vdots & & \vdots \\ 0 & x_2^{k-3}(x_2-x_1) & x_3^{k-3}(x_2-x_1) & \cdots & x_n^{k-3}(x_2-x_1) \\ 0 & x_2^{k-2}(x_2-x_1) & x_3^{k-2}(x_2-x_1) & \cdots & x_n^{k-2}(x_2-x_1) \end{vmatrix}$$

$$\xlongequal{r_2 - x_1 \cdot r_1} \begin{vmatrix} 1 & 1 & 1 & \cdots & 1 \\ 0 & x_2-x_1 & x_3-x_1 & \cdots & x_n-x_1 \\ \vdots & \vdots & \vdots & & \vdots \\ 0 & x_2^{k-3}(x_2-x_1) & x_3^{k-3}(x_2-x_1) & \cdots & x_n^{k-3}(x_2-x_1) \\ 0 & x_2^{k-2}(x_2-x_1) & x_3^{k-2}(x_2-x_1) & \cdots & x_n^{k-2}(x_2-x_1) \end{vmatrix}$$

$$= \begin{vmatrix} x_2-x_1 & x_3-x_1 & \cdots & x_n-x_1 \\ \vdots & \vdots & & \vdots \\ x_2^{k-3}(x_2-x_1) & x_3^{k-3}(x_2-x_1) & \cdots & x_n^{k-3}(x_2-x_1) \\ x_2^{k-2}(x_2-x_1) & x_3^{k-2}(x_2-x_1) & \cdots & x_n^{k-2}(x_2-x_1) \end{vmatrix}$$

$$= (x_2-x_1)(x_3-x_1)\cdots(x_n-x_1) \begin{vmatrix} 1 & 1 & \cdots & 1 \\ \vdots & \vdots & & \vdots \\ x_2^{k-3} & x_3^{k-3} & \cdots & x_n^{k-3} \\ x_2^{k-2} & x_3^{k-2} & \cdots & x_n^{k-2} \end{vmatrix}.$$

此时,最后一个等号右侧的行列式是一个 $n-1$ 阶范德蒙行列式,根据归纳法假设有:

$$D_{n-1} = \prod_{2 \leqslant i < j \leqslant n} (x_j - x_i),$$

故有:

$$\begin{aligned} D_n &= (x_2 - x_1)(x_3 - x_1)\cdots(x_n - x_1) \cdot D_{n-1} \\ &= (x_2 - x_1)(x_3 - x_1)\cdots(x_n - x_1) \cdot \prod_{2 \leqslant i < j \leqslant n} (x_j - x_i) \\ &= \prod_{1 \leqslant i < j \leqslant n} (x_j - x_i). \end{aligned}$$

习题 1.4

1.现有行列式：

$$D=\begin{vmatrix}1&5&6\\0&3&0\\9&0&7\end{vmatrix},$$

(1)计算 A_{11},A_{12},A_{13}；　　(2)求 D.

2.计算下列行列式：

(1)$D=\begin{vmatrix}3&0&-1&0\\-5&1&0&-4\\2&0&1&-1\\1&-5&3&0\end{vmatrix}$；　　(2)$D=\begin{vmatrix}0&1&-1&0\\-2&5&0&-4\\1&0&0&-1\\0&-5&-2&0\end{vmatrix}$；

(3)$D=\begin{vmatrix}1&3&3&3\\3&2&3&3\\3&3&3&3\\3&3&3&4\end{vmatrix}$；　　(4)$D=\begin{vmatrix}5&3&3&3\\3&6&3&3\\3&3&7&3\\3&3&3&8\end{vmatrix}$；

(5)$D=\begin{vmatrix}1&1&1&1\\-1&1&0&0\\-1&0&1&0\\-1&0&0&1\end{vmatrix}$.

3.现有行列式：

$$D=\begin{vmatrix}1&-1&2&-1\\1&1&1&1\\0&1&2&1\\2&0&0&4\end{vmatrix}.$$

(1)求 $A_{41}+A_{42}+A_{43}+A_{44}$.

(2)求 $A_{41}+2A_{42}+3A_{43}+4A_{44}$.

4.证明：

$$\begin{vmatrix}9&5&0&0&\cdots&0&0&0\\4&9&5&0&\cdots&0&0&0\\0&4&9&5&\cdots&0&0&0\\\vdots&\vdots&\vdots&\vdots&&\vdots&\vdots&\vdots\\0&0&0&0&\cdots&4&9&5\\0&0&0&0&\cdots&0&4&9\end{vmatrix}=5^{n+1}-4^{n+1}.$$

＊1.5　行列式的典型算例

本节属于选学内容，授课教师可自行决定.下面介绍一些典型算例，总结计算行列式的几种常用方法.计算行列式时，一定贯彻"先看、再想、后做"的指导思想，即首先要观察行列式的结构特点，然后根据经验思考哪些方法更适用，最后再对行列式进行化简、计算或者证明.

1.5.1　化为三角形行列式法

例 1.20　计算 n 阶行列式：

$$D_n=\begin{vmatrix} a_1+b_1 & a_1+b_2 & \cdots & a_1+b_n \\ a_2+b_1 & a_2+b_2 & \cdots & a_2+b_n \\ \vdots & \vdots & & \vdots \\ a_n+b_1 & a_n+b_2 & \cdots & a_n+b_n \end{vmatrix}.$$

解　观察发现，行列式中每一行都是用 $a_i(i=1,2,\cdots,n)$ 分别加上 $b_1,b_2,\cdots,b_n$，而每一列都是用 $b_i(i=1,2,\cdots,n)$ 分别加上 $a_1,a_2,\cdots,a_n$，故可以利用行列式的性质来进行化简.依次将第 1 行的 -1 倍加到第 2 行、第 3 行，直到第 n 行，可得：

$$D_n=\begin{vmatrix} a_1+b_1 & a_1+b_2 & \cdots & a_1+b_n \\ a_2+b_1 & a_2+b_2 & \cdots & a_2+b_n \\ \vdots & \vdots & & \vdots \\ a_n+b_1 & a_n+b_2 & \cdots & a_n+b_n \end{vmatrix}=\begin{vmatrix} a_1+b_1 & a_1+b_2 & \cdots & a_1+b_n \\ a_2-a_1 & a_2-a_1 & \cdots & a_2-a_1 \\ \vdots & \vdots & & \vdots \\ a_n-a_1 & a_n-a_1 & \cdots & a_n-a_1 \end{vmatrix}.$$

分别从第 $2\sim n$ 行提出公因子 $a_i-a_1(i=2,\cdots,n)$，可得：

$$D_n=(a_2-a_1)\cdots(a_n-a_1)\begin{vmatrix} a_1+b_1 & a_1+b_2 & \cdots & a_1+b_n \\ 1 & 1 & \cdots & 1 \\ \vdots & \vdots & & \vdots \\ 1 & 1 & \cdots & 1 \end{vmatrix}=0.$$

例 1.21　计算 n 阶行列式：

$$D_n=\begin{vmatrix} x+a_1 & a_2 & a_3 & \cdots & a_n \\ a_1 & x+a_2 & a_3 & \cdots & a_n \\ a_1 & a_2 & x+a_3 & \cdots & a_n \\ \vdots & \vdots & \vdots & & \vdots \\ a_1 & a_2 & a_3 & \cdots & x+a_n \end{vmatrix}.$$

解　观察发现，行列式中每一行都有元素 $a_1,a_2,\cdots,a_n$，故可以利用行列式的性质来进

行化简.将第 1 行的−1 倍加到以后各行,得到:

$$D_n=\begin{vmatrix} x+a_1 & a_2 & a_3 & \cdots & a_n \\ a_1 & x+a_2 & a_3 & \cdots & a_n \\ a_1 & a_2 & x+a_3 & \cdots & a_n \\ \vdots & \vdots & \vdots & & \vdots \\ a_1 & a_2 & a_3 & \cdots & x+a_n \end{vmatrix}=\begin{vmatrix} x+a_1 & a_2 & a_3 & \cdots & a_n \\ -x & x & 0 & \cdots & 0 \\ -x & 0 & x & \cdots & 0 \\ \vdots & \vdots & \vdots & & \vdots \\ -x & 0 & 0 & \cdots & x \end{vmatrix},$$

再依次将第 2 列到第 n 列加到第 1 列,可将行列式化为下三角行列式,即

$$D_n=\begin{vmatrix} x+a_1+a_2 & a_2 & a_3 & \cdots & a_n \\ 0 & x & 0 & \cdots & 0 \\ -x & 0 & x & \cdots & 0 \\ \vdots & \vdots & \vdots & & \vdots \\ -x & 0 & 0 & \cdots & x \end{vmatrix}=\begin{vmatrix} x+\sum\limits_{i=1}^{n}a_i & a_2 & a_3 & \cdots & a_n \\ 0 & x & 0 & \cdots & 0 \\ 0 & 0 & x & \cdots & 0 \\ \vdots & \vdots & \vdots & & \vdots \\ 0 & 0 & 0 & \cdots & x \end{vmatrix}=x^{n-1}\left(x+\sum_{i=1}^{n}a_i\right).$$

例 1.22 计算 $n+1$ 阶行列式:

$$D_{n+1}=\begin{vmatrix} a_0 & b_1 & b_2 & \cdots & b_n \\ c_1 & a_1 & 0 & \cdots & 0 \\ c_2 & 0 & a_2 & \cdots & 0 \\ \vdots & \vdots & \vdots & & \vdots \\ c_n & 0 & 0 & \cdots & a_n \end{vmatrix},a_i\neq 0,i=0,1,2,\cdots,n.$$

解 该行列式为爪形行列式.通常是利用行列式的性质,将其化为上三角或下三角行列式.从第 2 列开始,依次把第 j 列的 $-\dfrac{c_j}{a_j}$ 倍加到第 1 列($j=1,2,\cdots,n$),可得:

$$D_{n+1}=\begin{vmatrix} a_0 & b_1 & b_2 & \cdots & b_n \\ c_1 & a_1 & 0 & \cdots & 0 \\ c_2 & 0 & a_2 & \cdots & 0 \\ \vdots & \vdots & \vdots & & \vdots \\ c_n & 0 & 0 & \cdots & a_n \end{vmatrix}=\begin{vmatrix} a_0-\dfrac{b_1c_1}{a_1} & b_1 & b_2 & \cdots & b_n \\ 0 & a_1 & 0 & \cdots & 0 \\ c_2 & 0 & a_2 & \cdots & 0 \\ \vdots & \vdots & \vdots & & \vdots \\ c_n & 0 & 0 & \cdots & a_n \end{vmatrix}=\begin{vmatrix} a_0-\dfrac{b_1c_1}{a_1}-\dfrac{b_2c_2}{a_2} & b_1 & b_2 & \cdots & b_n \\ 0 & a_1 & 0 & \cdots & 0 \\ 0 & 0 & a_2 & \cdots & 0 \\ \vdots & \vdots & \vdots & & \vdots \\ c_n & 0 & 0 & \cdots & a_n \end{vmatrix}$$

$$=\begin{vmatrix} a_0-\dfrac{b_1c_1}{a_1}-\dfrac{b_2c_2}{a_2}-\cdots-\dfrac{b_nc_n}{a_n} & b_1 & b_2 & \cdots & b_n \\ 0 & a_1 & 0 & \cdots & 0 \\ 0 & 0 & a_2 & \cdots & 0 \\ \vdots & \vdots & \vdots & & \vdots \\ 0 & 0 & 0 & \cdots & a_n \end{vmatrix}=a_1a_2\cdots a_n\left(a_0-\frac{b_1c_1}{a_1}-\frac{b_2c_2}{a_2}-\cdots-\frac{b_nc_n}{a_n}\right).$$

1.5.2　各行或者各列加到同一行（列）

例 1.23　计算 n 阶行列式：

$$D_n=\begin{vmatrix}0&1&1&\cdots&1&1\\1&0&1&\cdots&1&1\\1&1&0&\cdots&1&1\\\vdots&\vdots&\vdots&&\vdots&\vdots\\1&1&1&\cdots&0&1\\1&1&1&\cdots&1&0\end{vmatrix}.$$

解　观察发现，各行元素之和相同，将行列式中从第 2~n 行的元素加到第 1 行，可以提取公因子，可得到：

$$D_n=\begin{vmatrix}0&1&1&\cdots&1&1\\1&0&1&\cdots&1&1\\1&1&0&\cdots&1&1\\\vdots&\vdots&\vdots&&\vdots&\vdots\\1&1&1&\cdots&0&1\\1&1&1&\cdots&1&0\end{vmatrix}=\begin{vmatrix}n-1&n-1&n-1&\cdots&n-1&n-1\\1&0&1&\cdots&1&1\\1&1&0&\cdots&1&1\\\vdots&\vdots&\vdots&&\vdots&\vdots\\1&1&1&\cdots&0&1\\1&1&1&\cdots&1&0\end{vmatrix}=(n-1)\begin{vmatrix}1&1&1&\cdots&1&1\\1&0&1&\cdots&1&1\\1&1&0&\cdots&1&1\\\vdots&\vdots&\vdots&&\vdots&\vdots\\1&1&1&\cdots&0&1\\1&1&1&\cdots&1&0\end{vmatrix},$$

观察发现第 1 行元素全为 1，故而可将第 1 行的(-1)倍依次加到以后各行中，得到：

$$D=(n-1)\begin{vmatrix}1&1&1&\cdots&1&1\\0&-1&0&\cdots&0&0\\0&0&-1&\cdots&0&0\\\vdots&\vdots&\vdots&&\vdots&\vdots\\0&0&0&\cdots&-1&0\\0&0&0&\cdots&0&-1\end{vmatrix}=(-1)^{n-1}(n-1).$$

例 1.24　计算行列式

$$D=\begin{vmatrix}1&-1&1&x-1\\1&-1&x+1&-1\\1&x-1&1&-1\\x+1&-1&1&-1\end{vmatrix}.$$

解　观察发现分别将第 2、第 3、第 4 列加到第 1 列后，就可以提出第 1 列的公因子 x，此时可以利用行列式的性质将其化为下三角行列式.

$$D=\begin{vmatrix}1&-1&1&x-1\\1&-1&x+1&-1\\1&x-1&1&-1\\x+1&-1&1&-1\end{vmatrix}=\begin{vmatrix}x&-1&1&x-1\\x&-1&x+1&-1\\x&x-1&1&-1\\x&-1&1&-1\end{vmatrix}=x\begin{vmatrix}1&-1&1&x-1\\1&-1&x+1&-1\\1&x-1&1&-1\\1&-1&1&-1\end{vmatrix},$$

此时,观察发现再将第 2 列加到第 1 列,第 1 列元素只有 1 个非零元素,此时,可按照第 1 列展开,可得:

$$D=x\begin{vmatrix}0&-1&1&x-1\\0&-1&x+1&-1\\x&x-1&1&-1\\0&-1&1&-1\end{vmatrix}=(-1)^{1+3}x^2\begin{vmatrix}-1&1&x-1\\-1&x+1&-1\\-1&1&-1\end{vmatrix}=x^2\begin{vmatrix}0&1&x-1\\x&x+1&-1\\0&1&-1\end{vmatrix}$$

$$=(-1)^{1+2}x^3\begin{vmatrix}1&x-1\\1&-1\end{vmatrix}=-x^3(-1+1-x)=x^4.$$

1.5.3 拆分法

例 1.25 计算行列式:

$$D_n=\begin{vmatrix}x&a&a&\cdots&a&a\\-a&x&a&\cdots&a&a\\-a&-a&x&\cdots&a&a\\\vdots&\vdots&\vdots&&\vdots&\vdots\\-a&-a&-a&\cdots&x&a\\-a&-a&-a&\cdots&-a&x\end{vmatrix}.$$

解 观察发现,行列式中元素除主对角线外,均是互为相反数,利用行列式的性质把行列式中第 1 列进行拆分,进而可简化行列式的运算.

$$D_n=\begin{vmatrix}x&a&a&\cdots&a&a\\-a&x&a&\cdots&a&a\\-a&-a&x&\cdots&a&a\\\vdots&\vdots&\vdots&&\vdots&\vdots\\-a&-a&-a&\cdots&x&a\\-a&-a&-a&\cdots&-a&x\end{vmatrix}=\begin{vmatrix}x-a+a&a&a&\cdots&a&a\\0-a&x&a&\cdots&a&a\\0-a&-a&x&\cdots&a&a\\\vdots&\vdots&\vdots&&\vdots&\vdots\\0-a&-a&-a&\cdots&x&a\\0-a&-a&-a&\cdots&-a&x\end{vmatrix}$$

$$=\begin{vmatrix}x-a&a&a&\cdots&a&a\\0&x&a&\cdots&a&a\\0&-a&x&\cdots&a&a\\\vdots&\vdots&\vdots&&\vdots&\vdots\\0&-a&-a&\cdots&x&a\\0&-a&-a&\cdots&-a&x\end{vmatrix}+\begin{vmatrix}a&a&a&\cdots&a&a\\-a&x&a&\cdots&a&a\\-a&-a&x&\cdots&a&a\\\vdots&\vdots&\vdots&&\vdots&\vdots\\-a&-a&-a&\cdots&x&a\\-a&-a&-a&\cdots&-a&x\end{vmatrix}$$

第 1 个行列式可按照第 1 列展开,达到降阶的效果;第 2 个行列式,可依次将第 1 行元素加到第 2 行,直到第 n 行,可得:

$$D_n=(x-a)\begin{vmatrix} x & a & \cdots & a & a \\ -a & x & \cdots & a & a \\ \vdots & \vdots & & \vdots & \vdots \\ -a & -a & \cdots & x & a \\ -a & -a & \cdots & -a & x \end{vmatrix}_{(n-1)\times(n-1)}+\begin{vmatrix} a & a & a & \cdots & a & a \\ 0 & x+a & 2a & \cdots & 2a & 2a \\ 0 & 0 & x+a & \cdots & 2a & 2a \\ \vdots & \vdots & \vdots & & \vdots & \vdots \\ 0 & 0 & 0 & \cdots & x+a & 2a \\ 0 & 0 & 0 & \cdots & 0 & x+a \end{vmatrix}_{n\times n}$$

$$=(x-a)D_{n-1}+a(x+a)^{n-1}.$$

于是可得：

$$D_n=(x-a)D_{n-1}+a(x+a)^{n-1}.$$

将原行列式中 a 换成 $-a$，则所得的新行列式为原行列式 D_n 的转置行列式，所以有

$$D_n=(x+a)D_{n-1}-a(x-a)^{n-1}.$$

于是

$$\begin{cases} D_n=(x-a)D_{n-1}+a(x+a)^{n-1}, \\ D_n=(x+a)D_{n-1}-a(x-a)^{n-1}. \end{cases}$$

求解上面方程组，可得：

$$D_n=\frac{1}{2}[(x+a)^n+(x-a)^n].$$

例 1.26　计算行列式：

$$D_n=\begin{vmatrix} a+b & ab & 0 & 0 & \cdots & 0 & 0 \\ 1 & a+b & ab & 0 & \cdots & 0 & 0 \\ 0 & 1 & a+b & ab & \cdots & 0 & 0 \\ \vdots & \vdots & \vdots & \vdots & & \vdots & \vdots \\ 0 & 0 & 0 & 0 & \cdots & a+b & ab \\ 0 & 0 & 0 & 0 & \cdots & 1 & a+b \end{vmatrix}, a\neq b.$$

解　观察发现，每行只有 3 个非零元素，即为三对角行列式，利用行列式的性质，把行列式中第 1 列进行拆分，进而可简化行列式的运算.

$$D_n=\begin{vmatrix} a & ab & 0 & 0 & \cdots & 0 & 0 \\ 1 & a+b & ab & 0 & \cdots & 0 & 0 \\ 0 & 1 & a+b & ab & \cdots & 0 & 0 \\ \vdots & \vdots & \vdots & \vdots & & \vdots & \vdots \\ 0 & 0 & 0 & 0 & \cdots & a+b & ab \\ 0 & 0 & 0 & 0 & \cdots & 1 & a+b \end{vmatrix}+\begin{vmatrix} b & ab & 0 & 0 & \cdots & 0 & 0 \\ 0 & a+b & ab & 0 & \cdots & 0 & 0 \\ 0 & 1 & a+b & ab & \cdots & 0 & 0 \\ \vdots & \vdots & \vdots & \vdots & & \vdots & \vdots \\ 0 & 0 & 0 & 0 & \cdots & a+b & ab \\ 0 & 0 & 0 & 0 & \cdots & 1 & a+b \end{vmatrix},$$

对于第 2 个行列式，因为第 1 列元素只有 1 个非零元素，故按第 1 列展开.对于第 1 个行列式而言，可首先将第 1 列的 $-b$ 倍加到第 2 列，其次，将第 2 列的 $-b$ 倍加到第 3 列，然后再依次将第 j 列的 $-b$ 倍加到第 $j+1$ 列，直到第 n 列.此时，第一个行列式就变为上三角行列式，

其行列式很方便地就可以计算出来.故

$$D_n=\begin{vmatrix} a & 0 & 0 & 0 & \cdots & 0 & 0 \\ 1 & a & ab & 0 & \cdots & 0 & 0 \\ 0 & 1 & a+b & ab & \cdots & 0 & 0 \\ \vdots & \vdots & \vdots & \vdots & & \vdots & \vdots \\ 0 & 0 & 0 & 0 & \cdots & a+b & ab \\ 0 & 0 & 0 & 0 & \cdots & 1 & a+b \end{vmatrix}_{n\times n}+b\begin{vmatrix} a+b & ab & 0 & \cdots & 0 & 0 \\ 1 & a+b & ab & \cdots & 0 & 0 \\ \vdots & \vdots & \vdots & & 0 & 0 \\ 0 & 0 & 0 & \cdots & a+b & ab \\ 0 & 0 & 0 & \cdots & 1 & a+b \end{vmatrix}_{(n-1)\times(n-1)}$$

$$=\begin{vmatrix} a & 0 & 0 & 0 & \cdots & 0 & 0 \\ 1 & a & 0 & 0 & \cdots & 0 & 0 \\ 0 & 1 & a & 0 & \cdots & 0 & 0 \\ \vdots & \vdots & \vdots & \vdots & & \vdots & \vdots \\ 0 & 0 & 0 & 0 & \cdots & a & 0 \\ 0 & 0 & 0 & 0 & \cdots & 1 & a \end{vmatrix}_{n\times n}+bD_{n-1}=a^n+bD_{n-1}.$$

同样可将行列式拆分为:

$$D_n=\begin{vmatrix} b & ab & 0 & 0 & \cdots & 0 & 0 \\ 1 & a+b & ab & 0 & \cdots & 0 & 0 \\ 0 & 1 & a+b & ab & \cdots & 0 & 0 \\ \vdots & \vdots & \vdots & \vdots & & \vdots & \vdots \\ 0 & 0 & 0 & 0 & \cdots & a+b & ab \\ 0 & 0 & 0 & 0 & \cdots & 1 & a+b \end{vmatrix}+\begin{vmatrix} a & ab & 0 & 0 & \cdots & 0 & 0 \\ 0 & a+b & ab & 0 & \cdots & 0 & 0 \\ 0 & 1 & a+b & ab & \cdots & 0 & 0 \\ \vdots & \vdots & \vdots & \vdots & & \vdots & \vdots \\ 0 & 0 & 0 & 0 & \cdots & a+b & ab \\ 0 & 0 & 0 & 0 & \cdots & 1 & a+b \end{vmatrix},$$

同理也可得:

$$D_n=b^n+aD_{n-1}.$$

联立求解

$$\begin{cases} D_n=a^n+bD_{n-1}, \\ D_n=b^n+aD_{n-1}. \end{cases}$$

所以可得

$$D_n=\frac{a^{n+1}-b^{n+1}}{a-b}.$$

1.5.4 递推法

例 1.27 计算行列式:

$$D_n=\begin{vmatrix}3&2&0&0&\cdots&0\\1&3&2&0&\cdots&0\\0&1&3&2&\cdots&0\\0&0&1&3&\cdots&0\\\vdots&\vdots&\vdots&\vdots&&\vdots\\0&0&0&0&\cdots&3\end{vmatrix}.$$

解 从结构上看,此行列式称为三对角行列式,即除主对角线上及其两侧元素外均为零.然而,零元素虽然多,若使用化三角行列式法,会比较麻烦,结果也有可能难预测.因此,采用递推法计算.按第1行展开可得:

$$D_n=\begin{vmatrix}3&2&0&0&\cdots&0\\1&3&2&0&\cdots&0\\0&1&3&2&\cdots&0\\0&0&1&3&\cdots&0\\\vdots&\vdots&\vdots&\vdots&&\vdots\\0&0&0&0&\cdots&3\end{vmatrix}$$

$$=3\begin{vmatrix}3&2&0&\cdots&0\\1&3&2&\cdots&0\\0&1&3&\cdots&0\\\vdots&\vdots&\vdots&&\vdots\\0&0&0&\cdots&3\end{vmatrix}_{(n-1)\times(n-1)}+2(-1)^{1+2}\begin{vmatrix}1&2&0&\cdots&0\\0&3&2&\cdots&0\\0&1&3&\cdots&0\\\vdots&\vdots&\vdots&&\vdots\\0&0&0&\cdots&3\end{vmatrix}_{(n-1)\times(n-1)}$$

$$=\begin{vmatrix}3&2&0&0&\cdots&0\\1&3&2&0&\cdots&0\\0&1&3&2&\cdots&0\\0&0&1&3&\cdots&0\\\vdots&\vdots&\vdots&\vdots&&\vdots\\0&0&0&0&\cdots&3\end{vmatrix}=3D_{n-1}-2\begin{vmatrix}3&2&\cdots&0\\1&3&\cdots&0\\\vdots&\vdots&&\vdots\\0&0&\cdots&3\end{vmatrix}_{n-2}=3D_{n-1}-2D_{n-2}.$$

即:$D_n=3D_{n-1}-2D_{n-2}$.

将等式 $D_n=3D_{n-1}-2D_{n-2}$ 变形为 $D_n-D_{n-1}=2(D_{n-1}-D_{n-2})$.进一步地,有

$$D_n-D_{n-1}=2(D_{n-1}-D_{n-2})=2^2(D_{n-2}-D_{n-3})=\cdots=2^{n-2}(D_2-D_1).$$

又因为 $D_2=\begin{vmatrix}3&2\\1&3\end{vmatrix}=7,D_1=|3|=3,$

所以

$$D_n-D_{n-1}=2(D_{n-1}-D_{n-2})=2^2(D_{n-2}-D_{n-3})=\cdots=2^{n-2}(D_2-D_1)=2^n.$$

即

$$D_n-D_{n-1}=2^n,D_{n-1}-D_{n-2}=2^{n-1},D_{n-2}-D_{n-3}=2^{n-2},\cdots,D_2-D_1=2^2,$$

将这些等式相加,可得:

$$D_n-D_1=2^n+2^{n-1}+2^{n-2}+\cdots+2^2.$$

于是

$$D_n=2^n+2^{n-1}+2^{n-2}+\cdots+2^2+3=\frac{1-2^{n+1}}{1-2}=2^{n+1}-1.$$

1.5.5 升阶法

例 1.28 计算行列式:

$$D=\begin{vmatrix}1+x&1&1&1\\1&1-x&1&1\\1&1&1+y&1\\1&1&1&1-y\end{vmatrix}.$$

解 将行列式添加一行一列,化为 5 阶行列式,然后采用化三角行列式法,即把第 1 行的-1 倍依次加到后面几行中,可得:

$$D=\begin{vmatrix}1&1&1&1&1\\0&1+x&1&1&1\\0&1&1-x&1&1\\0&1&1&1+y&1\\0&1&1&1&1-y\end{vmatrix}=\begin{vmatrix}1&1&1&1&1\\-1&x&0&0&0\\-1&0&-x&0&0\\-1&0&0&y&0\\-1&0&0&0&-y\end{vmatrix},$$

当 $xy\neq0$ 时,可依次将第 2~5 列加到第 1 列中,可得:

$$=\begin{vmatrix}1+\frac{1}{x}&1&1&1&1\\0&x&0&0&0\\-1&0&-x&0&0\\-1&0&0&y&0\\-1&0&0&0&-y\end{vmatrix}=\begin{vmatrix}1+\frac{1}{x}-\frac{1}{x}&1&1&1&1\\0&x&0&0&0\\0&0&-x&0&0\\-1&0&0&y&0\\-1&0&0&0&-y\end{vmatrix}=\begin{vmatrix}1+\frac{1}{x}-\frac{1}{x}+\frac{1}{y}-\frac{1}{y}&1&1&1&1\\0&x&0&0&0\\0&0&-x&0&0\\0&0&0&y&0\\0&0&0&0&-y\end{vmatrix}.$$

所以行列式为:

$$D=x^2y^2.$$

当 $xy=0$ 时,行列式中至少有两行的元素相同,显然 $D=0$.联合两种情形,可得行列式为:

$$D=x^2y^2.$$

例 1.29 计算行列式:

$$D_n=\begin{vmatrix}x&b&b&\cdots&b\\a&x&b&\cdots&b\\a&a&x&\cdots&b\\\vdots&\vdots&\vdots&&\vdots\\a&a&a&\cdots&x\end{vmatrix},a\neq b.$$

解　观察发现,行列式主对角线以上元素为 b,而主对角线以下元素为 a,故可将原行列式升阶,即增加一行一列,使得行列式的值保持不变,然后再利用拆分法进行求解.

$$D_n=\frac{1}{a-b}\begin{vmatrix} a-b & b-b & b-b & b-b & \cdots & b-b \\ a & x & b & b & \cdots & b \\ a & a & x & b & \cdots & b \\ a & a & a & x & \cdots & b \\ \vdots & \vdots & \vdots & \vdots & & \vdots \\ a & a & a & a & \cdots & x \end{vmatrix}_{(n+1)\times(n+1)}$$

$$=\frac{1}{a-b}\begin{vmatrix} a & b & b & b & \cdots & b \\ a & x & b & b & \cdots & b \\ a & a & x & b & \cdots & b \\ a & a & a & x & \cdots & b \\ \vdots & \vdots & \vdots & \vdots & & \vdots \\ a & a & a & a & \cdots & x \end{vmatrix}_{(n+1)\times(n+1)}-\frac{1}{a-b}\begin{vmatrix} b & b & b & b & \cdots & b \\ a & x & b & b & \cdots & b \\ a & a & x & b & \cdots & b \\ a & a & a & x & \cdots & b \\ \vdots & \vdots & \vdots & \vdots & & \vdots \\ a & a & a & a & \cdots & x \end{vmatrix}_{(n+1)\times(n+1)}.$$

对于第 1 个行列式,我们将第 1 行的(−1)倍依次加到其余各行中,同时,对于第 2 个行列式,将第 1 列的(−1)倍依次加到其余各列中,可得:

$$D_n=\frac{1}{a-b}\begin{vmatrix} a & b & b & b & \cdots & b \\ 0 & x-b & 0 & 0 & \cdots & 0 \\ 0 & a-b & x-b & 0 & \cdots & 0 \\ 0 & a-b & a-b & x-b & \cdots & 0 \\ \vdots & \vdots & \vdots & \vdots & & \vdots \\ 0 & a-b & a-b & a-b & \cdots & x-b \end{vmatrix}_{(n+1)\times(n+1)}-\frac{1}{a-b}\begin{vmatrix} b & 0 & 0 & 0 & \cdots & 0 \\ a & x-a & b-a & b-a & \cdots & b-a \\ a & 0 & x-a & b-a & \cdots & b-a \\ a & 0 & 0 & x-a & \cdots & b-a \\ \vdots & \vdots & \vdots & \vdots & & \vdots \\ a & 0 & 0 & 0 & \cdots & x-a \end{vmatrix}_{(n+1)\times(n+1)}.$$

第 1 个行列式按第 1 列展开,第 2 个行列式按第 1 行展开,可得:

$$D_n=\frac{a}{a-b}\begin{vmatrix} x-b & 0 & 0 & \cdots & 0 \\ a-b & x-b & 0 & \cdots & 0 \\ a-b & a-b & x-b & \cdots & 0 \\ \vdots & \vdots & \vdots & & \vdots \\ a-b & a-b & a-b & \cdots & x-b \end{vmatrix}_{n\times n}-\frac{b}{a-b}\begin{vmatrix} x-a & b-a & b-a & \cdots & b-a \\ 0 & x-a & b-a & \cdots & b-a \\ 0 & 0 & x-a & \cdots & b-a \\ \vdots & \vdots & \vdots & & \vdots \\ 0 & 0 & 0 & \cdots & x-a \end{vmatrix}_{n\times n}$$

$$=\frac{1}{a-b}[a(x-b)^n-b(x-a)^n].$$

即

$$D_n=\frac{1}{a-b}[a(x-b)^n-b(x-a)^n].$$

习题 1.5

1.计算行列式 $D=\begin{vmatrix} 1 & 2 & \cdots & n \\ 2 & 3 & \cdots & n+1 \\ \vdots & \vdots & & \vdots \\ n & n+1 & \cdots & 2n \end{vmatrix}$.(提示:例 1.20)

2.在例 1.20 中令 $b_1=x$ 得到:$f(x)=\begin{vmatrix} a_1+x & a_1+b_2 & \cdots & a_1+b_n \\ a_2+x & a_2+b_2 & \cdots & a_2+b_n \\ \vdots & \vdots & & \vdots \\ a_n+x & a_n+b_2 & \cdots & a_n+b_n \end{vmatrix}$.

(1)求 $f(b_i),i=1,2,\cdots,n-1$.

(2)判断 $f(x)$ 的函数类型并计算 $f(x)$.

3.计算下列行列式:

(1)$D_n=\begin{vmatrix} 0 & 1 & -1 & 1 & -1 \\ -1 & 2 & -1 & 1 & -1 \\ -1 & 1 & 0 & 1 & -1 \\ -1 & 1 & -1 & 2 & -1 \\ -1 & 1 & -1 & 1 & 0 \end{vmatrix}$.(提示例 1.21)

(2)$D_n=\begin{vmatrix} -1 & 1 & -1 & 1 & 0 \\ -1 & 1 & -1 & 2 & -1 \\ -1 & 1 & 0 & 1 & -1 \\ -1 & 2 & -1 & 1 & -1 \\ 0 & 1 & -1 & 1 & -1 \end{vmatrix}$.(提示例 1.24)

4.计算下列行列式:

(1)$D_n=\begin{vmatrix} 0 & 1 & 1 & 1 & 1 \\ -1 & 0 & 1 & 1 & 1 \\ -1 & -1 & 0 & 1 & 1 \\ -1 & -1 & -1 & 0 & 1 \\ -1 & -1 & -1 & -1 & 0 \end{vmatrix}$.(提示例 1.25)

(2)$D_n=\begin{vmatrix} 0 & 1 & 0 & 0 & 0 \\ -1 & 0 & 1 & 0 & 0 \\ 0 & -1 & 0 & 1 & 0 \\ 0 & 0 & -1 & 0 & 1 \\ 0 & 0 & 0 & -1 & 0 \end{vmatrix}$.(提示例 1.26)

5.证明：

(1) $$\begin{vmatrix} \sin x & 0 & 0 & \cdots & 0 & 0 \\ 0 & 2\cos x & 1 & \cdots & 0 & 0 \\ 0 & 1 & 2\cos x & \cdots & 0 & 0 \\ \vdots & \vdots & \vdots & & \vdots & \vdots \\ 0 & 0 & 0 & \cdots & 2\cos x & 1 \\ 0 & 0 & 0 & \cdots & 1 & 2\cos x \end{vmatrix}_{n\times n} = \sin nx.$$

(2) $$\begin{vmatrix} \cos x & 1 & 0 & \cdots & 0 & 0 \\ 1 & 2\cos x & 1 & \cdots & 0 & 0 \\ 0 & 1 & 2\cos x & \cdots & 0 & 0 \\ \vdots & \vdots & \vdots & & \vdots & \vdots \\ 0 & 0 & 0 & \cdots & 2\cos x & 1 \\ 0 & 0 & 0 & \cdots & 1 & 2\cos x \end{vmatrix}_{n\times n} = \cos nx.$$

第1章习题答案

第 2 章　矩　阵

相比于第 1 章学习过的行列式,矩阵在线性代数理论中所处的地位是不可替代的,它贯穿线性代数的各部分内容,也是经济研究和经济工作中处理线性经济模型的重要工具.矩阵及其相关理论体系广泛应用于现代科技的各个领域,如自然科学、工程技术、社会科学等.本章首先介绍与矩阵相关的一些概念;其次,引入矩阵的加法运算、数乘运算、矩阵乘法以及矩阵的逆运算;最后,作为矩阵计算的应用,介绍求解矩阵方程的一些典型方法和分块矩阵的知识.

2.1　矩阵的概念

2.1.1　引例

引例 1　对于第 1 章中引入的由 n 个未知量的 n 个线性方程构成的 n 元线性方程组,即

$$\begin{cases} a_{11}x_1+a_{12}x_2+\cdots+a_{1n}x_n=b_1, \\ a_{21}x_1+a_{22}x_2+\cdots+a_{2n}x_n=b_2, \\ \qquad\qquad\vdots \\ a_{n1}x_1+a_{n2}x_2+\cdots+a_{nn}x_n=b_n, \end{cases}$$

该方程组的未知量的系数 $a_{ij}(i=1,\cdots,n,j=1,\cdots,n)$ 和常数项 $b_j(j=1,\cdots,n)$ 按原位置构成一数表:

$$\begin{pmatrix} a_{11} & a_{12} & \cdots & a_{1n} & b_1 \\ a_{21} & a_{22} & \cdots & a_{2n} & b_2 \\ \vdots & \vdots & & \vdots & \vdots \\ a_{n1} & a_{n2} & \cdots & a_{nn} & b_n \end{pmatrix}$$

由克莱姆法则(第 5 章)可知,该数表决定着上述方程组是否有解,以及解的具体情况,因此研究这个数表很有必要性.

引例 2　某企业拥有 s 个商场 $A_1,A_2,\cdots,A_s$,且在每个商场同时销售 n 种商品 $B_1,B_2,\cdots,B_n$,那么该企业每个商场每个商品的销售金额可以用一个矩阵

$$\begin{pmatrix} a_{11} & a_{12} & \cdots & a_{1n} \\ a_{21} & a_{22} & \cdots & a_{2n} \\ \vdots & \vdots & & \vdots \\ a_{s1} & a_{s2} & \cdots & a_{sn} \end{pmatrix}$$

来表示,其中 a_{ij} 表示商场 A_i 的商品 B_j 的销售金额.

2.1.2 矩阵的概念

定义 2.1 由 $m\times n$ 个数 $a_{ij}(i=1,\cdots,m,j=1,\cdots,n)$ 排成 m 行 n 列的数表

$$\begin{pmatrix} a_{11} & a_{12} & \cdots & a_{1n} \\ a_{21} & a_{22} & \cdots & a_{2n} \\ \vdots & \vdots & & \vdots \\ a_{m1} & a_{m2} & \cdots & a_{mn} \end{pmatrix}$$

称为 m 行 n 列矩阵,简称 $m\times n$ 矩阵,记为 $\boldsymbol{A}=(a_{ij})_{m\times n}$ 或 $\boldsymbol{A}_{m\times n}$ 或 $\boldsymbol{A}=(a_{ij})$.组成表中的 $m\times n$ 个数,称为矩阵的元素,如 a_{ij} 为矩阵的第 i 行 j 列的一个元素.

关于定义 2.1 的几点说明:

• 由定义可知,矩阵与行列式是两个完全不同的概念.矩阵是一个数表,而行列式是一个数值或表达式.矩阵的行数和列数可以不相等,而行列式的行数和列数必须相等.

• 元素为实数的矩阵称为实矩阵,元素为复数的矩阵称为复矩阵.本书中的矩阵,除特别说明外均是指实矩阵.

对于给定的矩阵,当它们的行数、列数分别相等时,称为同型矩阵,例如:

$$\boldsymbol{A}=\begin{pmatrix} 1 & 2 & 3 \\ 4 & 5 & 6 \end{pmatrix}_{2\times 3},\boldsymbol{B}=\begin{pmatrix} 3 & 2 & 5 \\ 2 & 7 & 6 \end{pmatrix}_{2\times 3}$$

是同型矩阵,而

$$\boldsymbol{A}=\begin{pmatrix} 1 & 2 & 3 \\ 4 & 5 & 6 \end{pmatrix}_{2\times 3},\boldsymbol{B}=\begin{pmatrix} 1 & 2 \\ 3 & 4 \end{pmatrix}_{2\times 2}$$

不是同型矩阵.

在同型矩阵 $\boldsymbol{A}=(a_{ij})_{m\times n}$,$\boldsymbol{B}=(b_{ij})_{m\times n}$ 中,若对应的元素相同,即 $a_{ij}=b_{ij}$,则称矩阵 $\boldsymbol{A}$ 与 $\boldsymbol{B}$ 相等,即:矩阵 $\boldsymbol{A},\boldsymbol{B}$ 相等的充分必要条件为 $\boldsymbol{A},\boldsymbol{B}$ 是同型矩阵,且 $a_{ij}=b_{ij}$.

例 2.1 设 $\boldsymbol{A}=\begin{pmatrix} 1 & 2+x & 3 \\ 4 & 5 & 6z \end{pmatrix}$,$\boldsymbol{B}=\begin{pmatrix} 1 & 2x & 3 \\ y+x & 5 & z-8 \end{pmatrix}$,已知 $\boldsymbol{A}=\boldsymbol{B}$,求 x,y,z.

解 因为 $\boldsymbol{A}=\boldsymbol{B}$,则有 $2+x=2x,y+x=4,6z=z-8$,

所以

$$x=2,y=2,z=-\frac{8}{5}.$$

下面列举几类非常重要的矩阵.

零矩阵:所有元素均为零的矩阵称为零矩阵,记为 $\boldsymbol{0}$.需要特别注意的是,不同型的零矩阵不相等,例如

$$\boldsymbol{0}_{2\times2}=\begin{pmatrix}0&0\\0&0\end{pmatrix},\boldsymbol{0}_{3\times2}=\begin{pmatrix}0&0\\0&0\\0&0\end{pmatrix},\boldsymbol{0}_{3\times3}=\begin{pmatrix}0&0&0\\0&0&0\\0&0&0\end{pmatrix},$$

它们都是零矩阵,但是都不相等.当阶数明确时,零矩阵简记为 $\boldsymbol{0}$.

列矩阵:$n=1$ 的矩阵称为列矩阵,即 $\boldsymbol{A}_{m\times1}=\begin{pmatrix}a_{11}\\a_{21}\\\vdots\\a_{m1}\end{pmatrix}$,也称为列向量.

行矩阵:$m=1$ 的矩阵称为行矩阵,即 $\boldsymbol{A}_{1\times n}=(a_{11},a_{12},\cdots,a_{1n})$,也称为行向量.

方阵:矩阵 $\boldsymbol{A}=\begin{pmatrix}a_{11}&a_{12}&\cdots&a_{1n}\\a_{21}&a_{22}&\cdots&a_{2n}\\\vdots&\vdots&&\vdots\\a_{n1}&a_{n2}&\cdots&a_{nn}\end{pmatrix}$称为方阵.

对角矩阵:若一个方阵满足条件当 $i\neq j$ 时,$a_{ij}=0$, 即非主对角线元素均为零,则称该矩阵为对角矩阵,例如

$$\boldsymbol{\Lambda}=\begin{pmatrix}\lambda_1&0&\cdots&0\\0&\lambda_2&\cdots&0\\\vdots&\vdots&&\vdots\\0&0&\cdots&\lambda_n\end{pmatrix},$$

简记为 $\boldsymbol{\Lambda}=\mathrm{diag}(\lambda_1,\lambda_2,\cdots,\lambda_n)$.

上三角矩阵:若一个方阵满足条件当 $i>j$ 时,$a_{ij}=0$,则称该矩阵为上三角矩阵,例如

$$\boldsymbol{A}=\begin{pmatrix}a_{11}&a_{12}&\cdots&a_{1n}\\0&a_{22}&\cdots&a_{2n}\\\vdots&\vdots&&\vdots\\0&0&\cdots&a_{nn}\end{pmatrix}.$$

下三角形矩阵:若一个方阵满足条件当 $i<j$ 时,$a_{ij}=0$,则称该矩阵为下三角矩阵,例如

$$\boldsymbol{A}=\begin{pmatrix}a_{11}&0&\cdots&0\\a_{21}&a_{22}&\cdots&0\\\vdots&\vdots&&\vdots\\a_{n1}&a_{n2}&\cdots&a_{nn}\end{pmatrix}.$$

单位矩阵：若对角矩阵主对角线上的元素均为1，则称该矩阵为单位矩阵，即当 $i\neq j$ 时，$a_{ij}=0$，当 $i=j$ 时，$a_{ij}=1$. 例如 n 阶单位矩阵为

$$\boldsymbol{E}_{n\times n}=\begin{pmatrix}1&0&\cdots&0\\0&1&\cdots&0\\\vdots&\vdots&&\vdots\\0&0&\cdots&1\end{pmatrix}_{n\times n}.$$

习题 2.1

1. 阐述行列式与矩阵的区别与联系.

2. 计算下列矩阵的行列式.

(1) $\boldsymbol{A}=\begin{pmatrix}a_{11}&a_{12}&\cdots&a_{1n}\\a_{21}&a_{22}&\cdots&a_{2n}\\\vdots&\vdots&&\vdots\\a_{n1}&a_{n2}&\cdots&a_{nn}\end{pmatrix}$,

(2) $\boldsymbol{A}=\begin{pmatrix}a_{11}&0&\cdots&0\\a_{21}&a_{22}&\cdots&0\\\vdots&\vdots&&\vdots\\a_{n1}&a_{n2}&\cdots&a_{nn}\end{pmatrix}$,

(3) $\boldsymbol{A}=\begin{pmatrix}a_{11}&a_{12}&\cdots&a_{1n}\\0&a_{22}&\cdots&a_{2n}\\\vdots&\vdots&&\vdots\\0&0&\cdots&a_{nn}\end{pmatrix}$.

(4) $\boldsymbol{\Lambda}=\begin{pmatrix}\lambda_1&0&\cdots&0\\0&\lambda_2&\cdots&0\\\vdots&\vdots&&\vdots\\0&0&\cdots&\lambda_n\end{pmatrix}$, $\lambda_1,\lambda_2,\cdots,\lambda_n\neq 0$.

3. 设 $\boldsymbol{A}=\begin{pmatrix}1&2+2x&6\\4&7&4z\end{pmatrix}$，$\boldsymbol{B}=\begin{pmatrix}1&x+4&6\\2y+x&7&3z-8\end{pmatrix}$，已知 $\boldsymbol{A}=\boldsymbol{B}$，求 x,y,z.

2.2 矩阵的运算

2.2.1 矩阵的线性运算

1)矩阵的加法

定义 2.2 如果 $\boldsymbol{A}=(a_{ij})$,$\boldsymbol{B}=(b_{ij})$都是 $m\times n$ 矩阵,则矩阵 $\boldsymbol{A}$ 与 $\boldsymbol{B}$ 的和记为 $\boldsymbol{C}=\boldsymbol{A}+\boldsymbol{B}$,并规定

$$\boldsymbol{A}+\boldsymbol{B}=(a_{ij})_{m\times n}+(b_{ij})_{m\times n}=(a_{ij}+b_{ij})_{m\times n}=\begin{pmatrix} a_{11}+b_{11} & a_{12}+b_{12} & \cdots & a_{1n}+b_{1n} \\ a_{21}+b_{21} & a_{22}+b_{22} & \cdots & a_{2n}+b_{2n} \\ \vdots & \vdots & & \vdots \\ a_{m1}+b_{m1} & a_{m2}+b_{m2} & \cdots & a_{mn}+b_{mn} \end{pmatrix}.$$

注:只有两个矩阵是同型矩阵时,才能进行矩阵的加法运算.两个同型矩阵的和即为两个矩阵对应位置元素相加而得到的新同型矩阵.

称矩阵$(-a_{ij})_{m\times n}$为 $\boldsymbol{A}=(a_{ij})_{m\times n}$的负矩阵,记为$-\boldsymbol{A}$,即

$$-\boldsymbol{A}=\begin{pmatrix} -a_{11} & -a_{12} & \cdots & -a_{1n} \\ -a_{21} & -a_{22} & \cdots & -a_{2n} \\ \vdots & \vdots & & \vdots \\ -a_{m1} & -a_{m2} & \cdots & -a_{mn} \end{pmatrix}.$$

于是,矩阵的减法可定义为:

$$\boldsymbol{A}-\boldsymbol{B}=\boldsymbol{A}+(-\boldsymbol{B})=(a_{ij}-b_{ij})_{m\times n}.$$

设矩阵 $\boldsymbol{A},\boldsymbol{B},\boldsymbol{C},\boldsymbol{0}$ 都是同型矩阵,则矩阵的加法满足下面运算规律:

(1)交换律 $\boldsymbol{A}+\boldsymbol{B}=\boldsymbol{B}+\boldsymbol{A}$

(2)结合律$(\boldsymbol{A}+\boldsymbol{B})+\boldsymbol{C}=\boldsymbol{A}+(\boldsymbol{B}+\boldsymbol{C})$

(3)零矩阵 $\boldsymbol{A}+\boldsymbol{0}=\boldsymbol{A}$

(4)$\boldsymbol{A}+(-\boldsymbol{A})=\boldsymbol{0}$

2)矩阵的数乘

定义 2.3 数 λ 与矩阵 $\boldsymbol{A}=(a_{ij})$的乘积记为 $\lambda\boldsymbol{A}$ 或 $\boldsymbol{A}\lambda$,并规定 $\lambda\boldsymbol{A}=\boldsymbol{A}\lambda=(\lambda a_{ij})$(即用数 λ 乘矩阵中的每一个元素,反之可以提出矩阵中每个元素的公因子)

$$\lambda\boldsymbol{A}=\begin{pmatrix} \lambda a_{11} & \lambda a_{12} & \cdots & \lambda a_{1n} \\ \lambda a_{21} & \lambda a_{22} & \cdots & \lambda a_{2n} \\ \vdots & \vdots & & \vdots \\ \lambda a_{m1} & \lambda a_{m2} & \cdots & \lambda a_{mn} \end{pmatrix}.$$

注:数与矩阵的乘法,数与行列式乘法,两者有所不同.

设矩阵 $\boldsymbol{A},\boldsymbol{B}$ 都是同型矩阵,λ,μ 为常数,则数与矩阵的乘法满足运算规律:

(1)结合律 $(\lambda\mu)\boldsymbol{A}=\lambda(\mu\boldsymbol{A})=\mu(\lambda\boldsymbol{A})$

(2)矩阵对数的分配律 $(\lambda+\mu)\boldsymbol{A}=\lambda\boldsymbol{A}+\mu\boldsymbol{A}$

(3)数对矩阵的分配律 $\lambda(\boldsymbol{A}+\boldsymbol{B})=\lambda\boldsymbol{A}+\lambda\boldsymbol{B}$

矩阵的加法和数乘运算统称为矩阵的线性运算.

例 2.2 设有矩阵

$$\boldsymbol{A}=\begin{pmatrix}2&3&-1\\2&0&7\\-1&0&5\end{pmatrix},\boldsymbol{B}=\begin{pmatrix}1&3&-9\\2&5&10\\-1&1&-1\end{pmatrix},$$

求 $3\boldsymbol{A}-2\boldsymbol{B}$.

解

$$3\boldsymbol{A}=\begin{pmatrix}3\times2&3\times3&3\times(-1)\\3\times2&3\times0&3\times7\\3\times(-1)&3\times0&3\times5\end{pmatrix}=\begin{pmatrix}6&9&-3\\6&0&21\\-3&0&15\end{pmatrix},$$

$$-2\boldsymbol{B}=\begin{pmatrix}-2\times1&-2\times3&-2\times(-9)\\-2\times2&-2\times5&-2\times10\\-2\times(-1)&-2\times1&-2\times(-1)\end{pmatrix}=\begin{pmatrix}-2&-6&18\\-4&-10&-20\\2&-2&2\end{pmatrix},$$

所以

$$3\boldsymbol{A}-2\boldsymbol{B}=\begin{pmatrix}6&9&-3\\6&0&21\\-3&0&15\end{pmatrix}+\begin{pmatrix}-2&-6&18\\-4&-10&-20\\2&-2&2\end{pmatrix}=\begin{pmatrix}4&3&15\\2&-10&1\\-1&-2&17\end{pmatrix}.$$

2.2.2 矩阵的乘法

对于二元线性方程组

$$\begin{cases}x_1=a_{11}y_1+a_{12}y_2,\\x_2=a_{21}y_1+a_{22}y_2,\end{cases}\text{和}\begin{cases}y_1=b_{11}z_1+b_{12}z_2,\\y_2=b_{21}z_1+b_{22}z_2,\end{cases}$$

令

$$\boldsymbol{A}=\begin{pmatrix}a_{11}&a_{12}\\a_{21}&a_{22}\end{pmatrix},\boldsymbol{B}=\begin{pmatrix}b_{11}&b_{12}\\b_{21}&b_{22}\end{pmatrix},\boldsymbol{x}=\begin{pmatrix}x_1\\x_2\end{pmatrix},\boldsymbol{y}=\begin{pmatrix}y_1\\y_2\end{pmatrix},\boldsymbol{z}=\begin{pmatrix}z_1\\z_2\end{pmatrix},$$

则上述二元线性方程组可依次表示为:

$$\boldsymbol{x}=\boldsymbol{A}\boldsymbol{y},\boldsymbol{y}=\boldsymbol{B}\boldsymbol{z},$$

将 $\boldsymbol{y}=\boldsymbol{B}\boldsymbol{z}$ 代入 $\boldsymbol{x}=\boldsymbol{A}\boldsymbol{y}$,可得

$$\boldsymbol{x}=\boldsymbol{A}\boldsymbol{B}\boldsymbol{z}.$$

即

$$\begin{cases}x_1=(a_{11}b_{11}+a_{12}b_{21})z_1+(a_{11}b_{12}+a_{12}b_{22})z_2,\\x_2=(a_{21}b_{11}+a_{22}b_{21})z_1+(a_{21}b_{12}+a_{22}b_{22})z_2,\end{cases}$$

即：

$$\boldsymbol{AB}=\begin{pmatrix}a_{11}b_{11}+a_{12}b_{21} & a_{11}b_{12}+a_{12}b_{22}\\a_{21}b_{11}+a_{22}b_{21} & a_{21}b_{12}+a_{22}b_{22}\end{pmatrix}.$$

若令 $\boldsymbol{AB}=\boldsymbol{C}=\begin{pmatrix}c_{11} & c_{12}\\c_{21} & c_{22}\end{pmatrix}$，比较对应位置的元素发现：

$$c_{11}=a_{11}b_{11}+a_{12}b_{21},c_{12}=a_{11}b_{12}+a_{12}b_{22},$$

$$c_{21}=a_{21}b_{11}+a_{22}b_{21},c_{22}=a_{21}b_{12}+a_{22}b_{22},$$

即 $\boldsymbol{C}$ 的第 1 行第 1 列的元素等于 $\boldsymbol{A}$ 的第 1 行与 $\boldsymbol{B}$ 的第 1 列对应元素的乘积之和，等等.

从这个例子受到启发，引入矩阵的乘法运算：

定义 2.4 设 $\boldsymbol{A}=(a_{ij})_{m\times s}$，$\boldsymbol{B}=(b_{ij})_{s\times n}$，则称 $\boldsymbol{AB}=\boldsymbol{C}=(c_{ij})_{m\times n}$ 为矩阵 $\boldsymbol{A}$ 与 $\boldsymbol{B}$ 的乘积，其中 $c_{ij}=a_{i1}b_{1j}+a_{i2}b_{2j}+\cdots+a_{is}b_{sj}$，$i=1,\cdots,m$，$j=1,\cdots,n$，即矩阵 $\boldsymbol{C}$ 中的元素 c_{ij} 是 A 中第 i 行与 B 中第 j 列对应元素乘积之和.

矩阵的乘法有以下几个要点：

(1)只有左矩阵的列数与右矩阵的行数相同的两个矩阵才能相乘.

(2)乘积矩阵的 (i,j) 元素等于左矩阵第 i 行与右矩阵第 j 列的对应元素的乘积之和.

(3)乘积矩阵的行数等于左矩阵的行数，列数等于右矩阵的列数.

例 2.3 设

$$\boldsymbol{A}=\begin{pmatrix}a_{11} & a_{12} & a_{13}\\a_{21} & a_{22} & a_{23}\end{pmatrix},\boldsymbol{B}=\begin{pmatrix}b_{11} & b_{12}\\b_{21} & b_{22}\\b_{31} & b_{32}\end{pmatrix},$$

求 $\boldsymbol{AB}$.

解

$$\boldsymbol{AB}=\begin{pmatrix}a_{11}b_{11}+a_{12}b_{21}+a_{13}b_{31} & a_{11}b_{12}+a_{12}b_{22}+a_{13}b_{32}\\a_{21}b_{11}+a_{22}b_{21}+a_{23}b_{31} & a_{21}b_{12}+a_{22}b_{22}+a_{23}b_{32}\end{pmatrix}.$$

例 2.4 设

$$\boldsymbol{A}=\begin{pmatrix}1 & -2\\0 & 3\\-1 & 2\end{pmatrix},\boldsymbol{B}=\begin{pmatrix}7 & 8\\9 & 6\end{pmatrix},$$

求 $\boldsymbol{AB}$.

解

$$\boldsymbol{AB}=\begin{pmatrix}1&-2\\0&3\\-1&2\end{pmatrix}\begin{pmatrix}7&8\\9&6\end{pmatrix}=\begin{pmatrix}1\times7+(-2)\times9&1\times8+(-2)\times6\\0\times7+3\times9&0\times8+3\times6\\-1\times7+2\times9&-1\times8+2\times6\end{pmatrix}$$

$$=\begin{pmatrix}-11&-4\\27&18\\11&4\end{pmatrix}.$$

从例 2.4 可以看出，$\boldsymbol{A}$ 与 $\boldsymbol{B}$ 可以做乘法，但是 $\boldsymbol{B}$ 与 $\boldsymbol{A}$ 不能做乘法.这说明矩阵的乘法不适合交换律.即使 $\boldsymbol{A}$ 与 $\boldsymbol{B}$ 可以做乘法，$\boldsymbol{B}$ 与 $\boldsymbol{A}$ 也可以做乘法，但是也有可能 $\boldsymbol{AB}\neq\boldsymbol{BA}$.可见例 2.5、例 2.6.

例 2.5　设

$$\boldsymbol{A}=(1\quad1\quad1),\boldsymbol{B}=\begin{pmatrix}1\\1\\1\end{pmatrix},$$

求 $\boldsymbol{AB}$ 与 $\boldsymbol{BA}$.

解

$$\boldsymbol{AB}=(1\quad1\quad1)\begin{pmatrix}1\\1\\1\end{pmatrix}=(3),$$

$$\boldsymbol{BA}=\begin{pmatrix}1\\1\\1\end{pmatrix}(1\quad1\quad1)=\begin{pmatrix}1&1&1\\1&1&1\\1&1&1\end{pmatrix}.$$

例 2.6　设

$$\boldsymbol{A}=\begin{pmatrix}1&2\\3&4\end{pmatrix},\boldsymbol{B}=\begin{pmatrix}2&1\\2&3\end{pmatrix},$$

求 $\boldsymbol{AB}$ 与 $\boldsymbol{BA}$.

解

$$\boldsymbol{AB}=\begin{pmatrix}6&7\\14&15\end{pmatrix},\boldsymbol{BA}=\begin{pmatrix}5&8\\11&16\end{pmatrix}.$$

注：如果矩阵 $\boldsymbol{A},\boldsymbol{B}$ 满足 $\boldsymbol{AB}=\boldsymbol{BA}$，则称 $\boldsymbol{A}$ 与 $\boldsymbol{B}$ 可交换.例如 $\boldsymbol{AE}=\boldsymbol{EA}=\boldsymbol{A}$.

矩阵与矩阵的乘法满足下列运算规律（假设下面的运算是可行的）：

（1）结合律：$(\boldsymbol{AB})\boldsymbol{C}=\boldsymbol{A}(\boldsymbol{BC})$

证明　设 $\boldsymbol{A}=(a_{ij})_{s\times n},\boldsymbol{B}=(b_{ij})_{n\times m},\boldsymbol{C}=(c_{ij})_{m\times r}$，显然 $(\boldsymbol{AB})\boldsymbol{C}$ 与 $\boldsymbol{A}(\boldsymbol{BC})$ 都是 $s\times r$ 矩阵，则

$$((\boldsymbol{AB})\boldsymbol{C})_{ij}=\sum_{l=1}^{m}(\boldsymbol{AB})_{il}c_{lj}=\sum_{l=1}^{m}\left(\sum_{k=1}^{n}a_{ik}b_{kl}\right)c_{lj}=\sum_{l=1}^{m}\left(\sum_{k=1}^{n}a_{ik}b_{kl}c_{lj}\right),$$

$$(\boldsymbol{A}(\boldsymbol{BC}))_{ij}=\sum_{k=1}^{n}a_{ik}(\boldsymbol{BC})_{kj}=\sum_{k=1}^{n}a_{ik}\left(\sum_{l=1}^{m}b_{kl}c_{lj}\right)=\sum_{k=1}^{n}\left(\sum_{l=1}^{m}a_{ik}b_{kl}c_{lj}\right)=\sum_{l=1}^{m}\left(\sum_{k=1}^{n}a_{ik}b_{kl}c_{lj}\right).$$

因此

$$((\boldsymbol{AB})\boldsymbol{C})_{ij}=(\boldsymbol{A}(\boldsymbol{BC}))_{ij},i=1,\cdots,s,j=1,\cdots,r,$$

从而有 $(\boldsymbol{AB})\boldsymbol{C}=\boldsymbol{A}(\boldsymbol{BC})$.

(2)分配律:$\boldsymbol{A}(\boldsymbol{B}+\boldsymbol{C})=\boldsymbol{AB}+\boldsymbol{AC}$(左分配)

$$(\boldsymbol{B}+\boldsymbol{C})\boldsymbol{A}=\boldsymbol{BA}+\boldsymbol{CA}\text{(右分配)}$$

证明 设 $\boldsymbol{A}=(a_{ij})_{s\times n},\boldsymbol{B}=(b_{ij})_{n\times m},\boldsymbol{C}=(c_{ij})_{n\times m}$,则 $\boldsymbol{A}(\boldsymbol{B}+\boldsymbol{C})=(\boldsymbol{A}_{s\times n}(\boldsymbol{B}_{n\times m}+\boldsymbol{C}_{n\times m}))_{s\times m}$,$\boldsymbol{AB}+\boldsymbol{AC}=(\boldsymbol{A}_{s\times n}\boldsymbol{B}_{n\times m}+\boldsymbol{A}_{s\times n}\boldsymbol{C}_{n\times m})_{s\times m}$,所以矩阵 $\boldsymbol{A}(\boldsymbol{B}+\boldsymbol{C})$,$\boldsymbol{AB}+\boldsymbol{AC}$ 为同型矩阵.

下面证对应的元素分别相等.又

$$(\boldsymbol{A}(\boldsymbol{B}+\boldsymbol{C}))_{ij}=\sum_{l=1}^{n}\boldsymbol{A}_{il}(\boldsymbol{B}+\boldsymbol{C})_{lj}=\sum_{l=1}^{n}\boldsymbol{A}_{il}\boldsymbol{B}_{lj}+\sum_{l=1}^{n}\boldsymbol{A}_{il}\boldsymbol{C}_{lj}=(\boldsymbol{AB})_{ij}+(\boldsymbol{AC})_{ij}.$$

所以,左分配律成立.对于右分配律,可相应地证明.

(3)结合律:$\lambda(\boldsymbol{AB})=(\lambda\boldsymbol{A})\boldsymbol{B}=\boldsymbol{A}(\lambda\boldsymbol{B})$

在矩阵理论中,零矩阵是很特殊的,我们知道 $\boldsymbol{0}+\boldsymbol{A}=\boldsymbol{A}+\boldsymbol{0}$,$\boldsymbol{0A}=\boldsymbol{0}$,$\boldsymbol{A0}=\boldsymbol{0}$(注意这里的 $\boldsymbol{0}$ 矩阵不一定是同一个矩阵).在数的乘法中,当 $ab=0$ 时,可推出 $a=0$ 或 $b=0$,但在矩阵乘法中,这种规律是不成立的.

例 2.7 设

$$\boldsymbol{A}=\begin{pmatrix}0&1\\0&1\end{pmatrix},\boldsymbol{B}=\begin{pmatrix}1&1\\0&0\end{pmatrix},$$

求 $\boldsymbol{AB}$.

解

$$\boldsymbol{AB}=\begin{pmatrix}0&1\\0&1\end{pmatrix}\begin{pmatrix}1&1\\0&0\end{pmatrix}=\begin{pmatrix}0&0\\0&0\end{pmatrix},$$

注:尽管该题中所给出的矩阵满足 $\boldsymbol{AB}=\boldsymbol{0}$,但确有 $\boldsymbol{A}\neq\boldsymbol{0}$,$\boldsymbol{B}\neq\boldsymbol{0}$.

若 $\boldsymbol{A}\neq\boldsymbol{0}$,$\boldsymbol{B}\neq\boldsymbol{0}$,但 $\boldsymbol{AB}=\boldsymbol{0}$,则称 $\boldsymbol{A}$ 是 $\boldsymbol{B}$ 的左零因子.相应地,称 $\boldsymbol{B}$ 是 $\boldsymbol{A}$ 的右零因子.

例 2.8 设

$$\boldsymbol{A}=\begin{pmatrix}1&2\\0&0\end{pmatrix},\boldsymbol{B}=\begin{pmatrix}0&1\\0&2\end{pmatrix},\boldsymbol{C}=\begin{pmatrix}-2&1\\1&2\end{pmatrix},$$

求 $\boldsymbol{AB}$,$\boldsymbol{AC}$.

解

$$\boldsymbol{AB}=\begin{pmatrix}1&2\\0&0\end{pmatrix}\begin{pmatrix}0&1\\0&2\end{pmatrix}=\begin{pmatrix}0&5\\0&0\end{pmatrix},$$

$$\boldsymbol{AC}=\begin{pmatrix}1&2\\0&0\end{pmatrix}\begin{pmatrix}-2&1\\1&2\end{pmatrix}=\begin{pmatrix}0&5\\0&0\end{pmatrix}.$$

从例 2.8 看到,$\boldsymbol{AB}=\boldsymbol{AC}$ 且 $\boldsymbol{A}\neq\boldsymbol{0}$,$\boldsymbol{B}\neq\boldsymbol{C}$,这说明矩阵的乘法不适合消去律.

定义 2.5 矩阵的方幂:设 $\boldsymbol{A}$ 为方阵,定义 $\boldsymbol{A}^1=\boldsymbol{A}$,$\boldsymbol{A}^{k+1}=\boldsymbol{A}^k\boldsymbol{A}$,则 $\boldsymbol{A}^k\boldsymbol{A}^l=\boldsymbol{A}^{k+l}$,$(\boldsymbol{A}^k)^l=\boldsymbol{A}^{kl}$,注意这里的 k,l 为任意正整数.

由于矩阵的乘法不满足交换律,所以对于同阶方阵 $\boldsymbol{A}$ 和 $\boldsymbol{B}$,一般来说

$$(\boldsymbol{AB})^k\neq\boldsymbol{A}^k\boldsymbol{B}^k.$$

但是,如果方阵 $\boldsymbol{A}$ 与 $\boldsymbol{B}$ 可交换,即 $\boldsymbol{AB}=\boldsymbol{BA}$,则

$$(\boldsymbol{AB})^k=\boldsymbol{A}^k\boldsymbol{B}^k.$$

进一步地,若 $\boldsymbol{A},\boldsymbol{B}$ 可交换,则 $\boldsymbol{A}^k,\boldsymbol{B}^l$ 可交换,故二项式公式成立,即

$$(\boldsymbol{A}+\boldsymbol{B})^n=C_n^0\boldsymbol{A}^n\boldsymbol{B}^0+C_n^1\boldsymbol{A}^{n-1}\boldsymbol{B}+\cdots+C_n^n\boldsymbol{A}^0\boldsymbol{B}^n.$$

其中 $\boldsymbol{A}^0=\boldsymbol{B}^0=\boldsymbol{E}$.

注:可以利用二项式公式计算矩阵 $\boldsymbol{A}^n$,其思路是把矩阵 $\boldsymbol{A}$ 分成对角矩阵和其余部分,然后再利用二项公式进行求解.

例 2.9 设 $\boldsymbol{A}$ 是任意 n 阶矩阵,而 $\boldsymbol{E}$ 是 n 阶单位矩阵,证明:

$$(\boldsymbol{E}-\boldsymbol{A})(\boldsymbol{E}+\boldsymbol{A}+\boldsymbol{A}^2+\cdots+\boldsymbol{A}^{m-1})=\boldsymbol{E}-\boldsymbol{A}^m.$$

证明

$$\begin{aligned}&(\boldsymbol{E}-\boldsymbol{A})(\boldsymbol{E}+\boldsymbol{A}+\boldsymbol{A}^2+\cdots+\boldsymbol{A}^{m-1})\\&=\boldsymbol{E}+\boldsymbol{EA}+\boldsymbol{EA}^2+\cdots+\boldsymbol{EA}^{m-1}-\boldsymbol{AE}-\boldsymbol{AA}-\boldsymbol{AA}^2-\cdots-\boldsymbol{AA}^{m-1}\\&=\boldsymbol{E}-\boldsymbol{A}^m.\end{aligned}$$

例 2.10 计算 $\boldsymbol{C}^n=\begin{pmatrix}1&1&0\\0&1&0\\0&0&1\end{pmatrix}^n$.

解 设 $\boldsymbol{C}=\boldsymbol{E}+\boldsymbol{A}$,其中

$$\boldsymbol{E}=\begin{pmatrix}1&0&0\\0&1&0\\0&0&1\end{pmatrix},\boldsymbol{A}=\begin{pmatrix}0&1&0\\0&0&0\\0&0&0\end{pmatrix},$$

由题意可知 $\boldsymbol{AE}=\boldsymbol{EA}$,且 $\boldsymbol{A}^k=\boldsymbol{0}$,$k\geqslant2$,由二项式公式可得:

$$\boldsymbol{C}^n=C_n^0\boldsymbol{E}^n+C_n^1\boldsymbol{E}^{n-1}\boldsymbol{A}=\boldsymbol{E}+n\boldsymbol{A}=\begin{pmatrix}1&n&0\\0&1&0\\0&0&1\end{pmatrix}.$$

注:计算矩阵 $\boldsymbol{A}^n$,一般有两种方法.一种是数学归纳法,比较简单;另一种方法是把矩阵 $\boldsymbol{A}$ 分成对角矩阵和其余部分,然后再利用二项公式进行求解.该方法技巧性较强.

例 2.11 设

$$\boldsymbol{A}=\begin{pmatrix}a&0&0\\0&b&0\\0&0&c\end{pmatrix},$$

求 $\boldsymbol{A}^4$.

解

$$A^2=\begin{pmatrix}a&0&0\\0&b&0\\0&0&c\end{pmatrix}\begin{pmatrix}a&0&0\\0&b&0\\0&0&c\end{pmatrix}=\begin{pmatrix}a^2&0&0\\0&b^2&0\\0&0&c^2\end{pmatrix},$$

$$A^4=\begin{pmatrix}a^2&0&0\\0&b^2&0\\0&0&c^2\end{pmatrix}\begin{pmatrix}a^2&0&0\\0&b^2&0\\0&0&c^2\end{pmatrix}=\begin{pmatrix}a^4&0&0\\0&b^4&0\\0&0&c^4\end{pmatrix}.$$

注:利用数学归纳法,对任意正整数 n,可以得到:

$$\begin{pmatrix}a&0&0\\0&b&0\\0&0&c\end{pmatrix}^n=\begin{pmatrix}a^n&0&0\\0&b^n&0\\0&0&c^n\end{pmatrix}.$$

可进一步将该结论推广到任意阶对角矩阵,即:

$$\begin{pmatrix}a_1&0&\cdots&0\\0&a_2&\cdots&0\\\vdots&\vdots&&\vdots\\0&0&\cdots&a_m\end{pmatrix}^n=\begin{pmatrix}a_1^n&0&\cdots&0\\0&a_2^n&\cdots&0\\\vdots&\vdots&&\vdots\\0&0&\cdots&a_m^n\end{pmatrix}.$$

例 2.12 求与 $\boldsymbol{B}=\begin{pmatrix}1&0&0\\0&2&0\\0&0&3\end{pmatrix}$可交换的矩阵.

解 设 $\boldsymbol{A}=(a_{ij})_{3\times3}$,要使 $\boldsymbol{AB}=\boldsymbol{BA}$,即

$$\boldsymbol{AB}=\begin{pmatrix}a_{11}&2a_{12}&3a_{13}\\a_{21}&2a_{22}&3a_{23}\\a_{31}&2a_{32}&3a_{33}\end{pmatrix}=\begin{pmatrix}a_{11}&a_{12}&a_{13}\\2a_{21}&2a_{22}&2a_{23}\\3a_{31}&3a_{32}&3a_{33}\end{pmatrix}=\boldsymbol{BA},$$

必有 $a_{12}=a_{13}=a_{21}=a_{23}=a_{31}=a_{32}=0$,而 a_{11},a_{22},a_{33}可为任意实数.
所以可得

$$\boldsymbol{A}=\begin{pmatrix}a_{11}&0&0\\0&a_{22}&0\\0&0&a_{33}\end{pmatrix},$$

其中 a_{11},a_{22},a_{33}可为任意实数.

定义 2.6 设 $f(x)=a_0x^m+a_1x^{m-1}+\cdots+a_{m-1}x+a_m,(a_0\neq0)$为 m 次多项式,$\boldsymbol{A}$ 为 n 阶方阵,则

$$f(\boldsymbol{A})=a_0\boldsymbol{A}^m+a_1\boldsymbol{A}^{m-1}+\cdots+a_{m-1}\boldsymbol{A}+a_m\boldsymbol{E},(a_0\neq0)$$

仍为一个 n 阶方阵,称$f(\boldsymbol{A})$为方阵 $\boldsymbol{A}$ 的多项式,其中 $\boldsymbol{E}$ 为 n 阶单位矩阵.

例 2.13　设 $f(x)=x^3-7x^2+13x-5$，

$$A=\begin{pmatrix}5&2&-3\\1&3&-1\\2&2&-1\end{pmatrix},$$

求 $f(\boldsymbol{A})$.

解

$$\boldsymbol{A}^2=\begin{pmatrix}5&2&-3\\1&3&-1\\2&2&-1\end{pmatrix}\begin{pmatrix}5&2&-3\\1&3&-1\\2&2&-1\end{pmatrix}=\begin{pmatrix}21&10&-14\\6&9&-5\\10&8&-7\end{pmatrix},$$

$$\boldsymbol{A}^3=\boldsymbol{A}^2\boldsymbol{A}=\begin{pmatrix}21&10&-14\\6&9&-5\\10&8&-7\end{pmatrix}\begin{pmatrix}5&2&-3\\1&3&-1\\2&2&-1\end{pmatrix}=\begin{pmatrix}87&44&-59\\29&29&-22\\44&30&-31\end{pmatrix},$$

$$f(\boldsymbol{A})=\boldsymbol{A}^3-7\boldsymbol{A}^2+13\boldsymbol{A}-5\boldsymbol{E}$$

$$=\begin{pmatrix}87&44&-59\\29&29&-22\\44&30&-31\end{pmatrix}-7\begin{pmatrix}21&10&-14\\6&9&-5\\10&8&-7\end{pmatrix}+13\begin{pmatrix}5&2&-3\\1&3&-1\\2&2&-1\end{pmatrix}-5\begin{pmatrix}1&0&0\\0&1&0\\0&0&1\end{pmatrix}$$

$$=\begin{pmatrix}87&44&-59\\29&29&-22\\44&30&-31\end{pmatrix}-\begin{pmatrix}147&70&-98\\42&63&-35\\70&56&-49\end{pmatrix}+\begin{pmatrix}65&26&-39\\13&39&-13\\26&26&-13\end{pmatrix}-\begin{pmatrix}5&0&0\\0&5&0\\0&0&5\end{pmatrix}$$

$$=\begin{pmatrix}0&0&0\\0&0&0\\0&0&0\end{pmatrix}.$$

2.2.3　矩阵的转置

定义 2.7　把矩阵 $\boldsymbol{A}$ 的行(列)换成同序数的列(行)而得到的新矩阵，称为 $\boldsymbol{A}$ 的转置矩阵，记为 $\boldsymbol{A}^{\mathrm{T}}$. 即

$$\boldsymbol{A}=\begin{pmatrix}a_{11}&a_{12}\\a_{21}&a_{22}\\a_{31}&a_{32}\end{pmatrix},$$

则

$$\boldsymbol{A}^{\mathrm{T}}=\begin{pmatrix}a_{11}&a_{21}&a_{31}\\a_{12}&a_{22}&a_{32}\end{pmatrix}.$$

注：一般地，$\boldsymbol{A}^{\mathrm{T}}\neq\boldsymbol{A}$.

矩阵的转置满足下面运算规律：

(1) $(\boldsymbol{A}^{\mathrm{T}})^{\mathrm{T}}=\boldsymbol{A}$

(2) $(\boldsymbol{A}+\boldsymbol{B})^{\mathrm{T}}=\boldsymbol{A}^{\mathrm{T}}+\boldsymbol{B}^{\mathrm{T}}$

(3) $(\lambda\boldsymbol{A})^{\mathrm{T}}=\lambda\boldsymbol{A}^{\mathrm{T}}$

(4) $(\boldsymbol{AB})^{\mathrm{T}}=\boldsymbol{B}^{\mathrm{T}}\boldsymbol{A}^{\mathrm{T}}$

对于运算规律(1),(2),(3)的证明比较简单,留给读者自己证明,我们仅证明运算规律(4).

证明 设 $\boldsymbol{A}=(a_{ij})_{m\times s}$,$\boldsymbol{B}=(b_{ij})_{s\times n}$,$\boldsymbol{AB}=\boldsymbol{C}=(c_{ij})_{m\times n}$,$\boldsymbol{B}^{\mathrm{T}}\boldsymbol{A}^{\mathrm{T}}=\boldsymbol{D}=(d_{ij})_{n\times m}$.
要证 $\boldsymbol{C}^{\mathrm{T}}=\boldsymbol{D}$,只须证:(1)$\boldsymbol{C}^{\mathrm{T}}$ 与 $\boldsymbol{D}$ 为同型矩阵,显然.(2)对于元素相等,即 $c_{ji}=d_{ij}$.

又因为 c_{ji} 为 $\boldsymbol{A}$ 中第 j 行与 $\boldsymbol{B}$ 中第 i 列对应元素乘积之和,即

$$c_{ji}=a_{j1}b_{1i}+a_{j2}b_{2i}+\cdots+a_{js}b_{si},$$

同理 d_{ij} 为 $\boldsymbol{B}^{\mathrm{T}}$ 中第 i 行与 $\boldsymbol{A}^{\mathrm{T}}$ 中第 j 列对应元素乘积之和.即 d_{ij} 为 $\boldsymbol{B}$ 中第 i 列与 $\boldsymbol{A}$ 中第 j 行对应元素乘积之和,即

$$d_{ij}=b_{1i}a_{j1}+b_{2i}a_{j2}+\cdots+b_{si}a_{js},$$

显然,$c_{ji}=d_{ij}$,则有

$$(\boldsymbol{AB})^{\mathrm{T}}=\boldsymbol{B}^{\mathrm{T}}\boldsymbol{A}^{\mathrm{T}}.$$

例 2.14 已知

$$\boldsymbol{A}=\begin{pmatrix}2&0&1\\1&3&2\\2&5&1\end{pmatrix},\boldsymbol{B}=\begin{pmatrix}1&7\\4&2\\2&1\end{pmatrix},$$

求$(\boldsymbol{AB})^{\mathrm{T}}$.

解

$$\boldsymbol{AB}=\begin{pmatrix}2&0&1\\1&3&2\\2&5&1\end{pmatrix}\begin{pmatrix}1&7\\4&2\\2&1\end{pmatrix}=\begin{pmatrix}4&15\\17&15\\24&25\end{pmatrix}.$$

所以

$$(\boldsymbol{AB})^{\mathrm{T}}=\begin{pmatrix}4&15\\17&15\\24&25\end{pmatrix}^{\mathrm{T}}=\begin{pmatrix}4&17&24\\15&15&25\end{pmatrix}.$$

定义 2.8 设 $\boldsymbol{A}$ 为 n 阶方阵,如果 $\boldsymbol{A}^{\mathrm{T}}=\boldsymbol{A}$,即

$$\boldsymbol{A}=\begin{pmatrix}a_{11}&a_{12}&a_{13}\\a_{21}&a_{22}&a_{23}\\a_{31}&a_{32}&a_{33}\end{pmatrix}=\boldsymbol{A}^{\mathrm{T}}=\begin{pmatrix}a_{11}&a_{21}&a_{31}\\a_{12}&a_{22}&a_{32}\\a_{13}&a_{23}&a_{33}\end{pmatrix},$$

则称矩阵 $\boldsymbol{A}$ 为对称矩阵.如果满足 $\boldsymbol{A}^{\mathrm{T}}=-\boldsymbol{A}$,即

$$-\boldsymbol{A}=-\begin{pmatrix}a_{11}&a_{12}&a_{13}\\a_{21}&a_{22}&a_{23}\\a_{31}&a_{32}&a_{33}\end{pmatrix}=\boldsymbol{A}^{\mathrm{T}}=\begin{pmatrix}a_{11}&a_{21}&a_{31}\\a_{12}&a_{22}&a_{32}\\a_{13}&a_{23}&a_{33}\end{pmatrix},$$

则称矩阵 $\boldsymbol{A}$ 为反对称矩阵.

例如，$\begin{pmatrix}0&-1\\-1&0\end{pmatrix}$，$\begin{pmatrix}8&6&1\\6&9&0\\1&0&5\end{pmatrix}$均为对称矩阵，而$\begin{pmatrix}0&2&4\\-2&0&-1\\-4&1&0\end{pmatrix}$就是反对称矩阵.

2.2.4　共轭矩阵

定义 2.9　设矩阵 $\boldsymbol{A}=(a_{ij})$ 是复矩阵，$\bar{a}_{ji}$ 是 a_{ij} 的共轭复数，则矩阵 $\overline{\boldsymbol{A}}=(\bar{a}_{ji})$ 称为是矩阵 $\boldsymbol{A}=(a_{ij})$ 的共轭矩阵.

共轭矩阵满足下列运算规律：

(1) $\overline{\boldsymbol{A}+\boldsymbol{B}}=\overline{\boldsymbol{A}}+\overline{\boldsymbol{B}}$

(2) $\overline{\boldsymbol{AB}}=\overline{\boldsymbol{A}}\cdot\overline{\boldsymbol{B}}$

(3) $\overline{\lambda\boldsymbol{A}}=\bar{\lambda}\cdot\overline{\boldsymbol{A}}$

(4) $\overline{\boldsymbol{A}^{\mathrm{T}}}=(\overline{\boldsymbol{A}})^{\mathrm{T}}$

注：关于共轭矩阵的知识，本书只在 6.3 节讲解实对称矩阵的相似对角化时会用到，其余地方均不涉及.

习题 2.2

1. 计算下列各题：

(1) $\begin{pmatrix}0&2&4\\-2&0&-1\\-4&1&0\end{pmatrix}+\begin{pmatrix}2&3&4\\-2&4&-5\\4&7&-3\end{pmatrix}$；　(2) $\begin{pmatrix}4&3&4\\1&-2&-1\\5&7&2\end{pmatrix}\begin{pmatrix}7&5\\2&2\\1&4\end{pmatrix}$；

(3) $\begin{pmatrix}1&2&4\\2&6&9\\3&4&1\end{pmatrix}\begin{pmatrix}3&2&4\\-2&2&-1\\-4&1&0\end{pmatrix}$；　(4) $\begin{pmatrix}1&2&3\\4&5&6\end{pmatrix}\begin{pmatrix}4&2&4\\-2&3&-1\\-4&1&2\end{pmatrix}$.

2. 设

$$\boldsymbol{A}=\begin{pmatrix}5&6&4\\2&3&-7\\-4&2&0\end{pmatrix},\boldsymbol{B}=\begin{pmatrix}2&2&4\\-1&-2&3\\-1&6&4\end{pmatrix},$$

求 $3\boldsymbol{AB}-2\boldsymbol{A}$，$\boldsymbol{AB}^{\mathrm{T}}$.

3.设

$$A=\begin{pmatrix}1&2&1&2\\2&1&2&1\\1&2&3&4\end{pmatrix},B=\begin{pmatrix}4&3&2&1\\-2&1&-2&1\\0&-1&0&-1\end{pmatrix},$$

且满足$(2\boldsymbol{A}-\boldsymbol{X})+2(\boldsymbol{B}-\boldsymbol{X})=\boldsymbol{0}$,求$\boldsymbol{X}$.

4.计算$\begin{pmatrix}\lambda_1&0&0\\0&\lambda_2&0\\0&0&\lambda_3\end{pmatrix}^n$.

5.设$\boldsymbol{A}=\begin{pmatrix}2&4&6\\3&6&9\\1&2&3\end{pmatrix}$,求$\boldsymbol{A}^n$.提示$\boldsymbol{A}=\begin{pmatrix}2\\3\\1\end{pmatrix}(1\quad 2\quad 3)$.

6.设$\boldsymbol{A}=\begin{pmatrix}1&3\\0&2\end{pmatrix}$,求$\boldsymbol{A}^n$.

7.已知$\boldsymbol{\alpha}=(1,2,3)^{\mathrm{T}}$,$\boldsymbol{\beta}=\left(1,\frac{1}{2},\frac{1}{3}\right)^{\mathrm{T}}$.设$\boldsymbol{A}=\boldsymbol{\alpha\beta}^{\mathrm{T}}$,其中$\boldsymbol{\beta}^{\mathrm{T}}$为$\boldsymbol{\beta}$的转置矩阵,求$\boldsymbol{A}^n$.

8.设$\boldsymbol{\alpha}=(1,0,-1)^{\mathrm{T}}$,矩阵$\boldsymbol{A}=\boldsymbol{\alpha\alpha}^{\mathrm{T}}$,$n$为正整数,求$|a\boldsymbol{E}-\boldsymbol{A}^n|$.

9.设$\boldsymbol{A}=\begin{pmatrix}0&-1&0\\1&0&0\\0&0&1\end{pmatrix}$,$\boldsymbol{B}=\boldsymbol{P}^{-1}\boldsymbol{AP}$,其中$\boldsymbol{P}$为3阶可逆矩阵,求$\boldsymbol{B}^{2004}-2\boldsymbol{A}^2$.

10.设$\boldsymbol{A}=\begin{pmatrix}a_1&0&\cdots&0\\0&a_2&\cdots&0\\\vdots&\vdots&&\vdots\\0&0&\cdots&a_n\end{pmatrix}$,其中$a_i\neq a_j(i\neq j)$.证明与$\boldsymbol{A}$可交换的矩阵只能是对角矩阵.

11.证明下列等式:

(1)$(\boldsymbol{A}+\boldsymbol{E})^2=\boldsymbol{A}^2+2\boldsymbol{A}+\boldsymbol{E}$, (2)$(\boldsymbol{A}+\boldsymbol{E})(\boldsymbol{A}-\boldsymbol{E})=(\boldsymbol{A}-\boldsymbol{E})(\boldsymbol{A}+\boldsymbol{E})$.

12.设$\boldsymbol{A}$是n阶反对称矩阵,$\boldsymbol{B}$是n阶对称矩阵,证明:

(1)$\boldsymbol{AB}-\boldsymbol{BA}$为对称矩阵;

(2)$\boldsymbol{AB}+\boldsymbol{BA}$是$n$阶反对称矩阵;

(3)$\boldsymbol{AB}$是反对称矩阵的充要条件是$\boldsymbol{AB}=\boldsymbol{BA}$.

13.设$\boldsymbol{A}$,$\boldsymbol{B}$为n阶方阵,且$\boldsymbol{A}$为对称矩阵,证明:$\boldsymbol{B}^{\mathrm{T}}\boldsymbol{AB}$为对称矩阵.

14.已知$\boldsymbol{AP}=\boldsymbol{PB}$,其中$\boldsymbol{B}=\begin{pmatrix}1&0&0\\0&0&0\\0&0&-1\end{pmatrix}$,$\boldsymbol{P}=\begin{pmatrix}1&0&0\\2&-1&0\\2&1&1\end{pmatrix}$,求$\boldsymbol{A}$,$\boldsymbol{A}^5$.

2.3　方阵的行列式及其逆矩阵

2.3.1　方阵的行列式

定义 2.10　由 n 阶方阵 $\boldsymbol{A}$ 的元素位置不变所构成的行列式,称为方阵 $\boldsymbol{A}$ 的行列式,记为 $|\boldsymbol{A}|$ 或 $\det \boldsymbol{A}$.

注意方阵与行列式是两个不同的概念,虽然 n 阶方阵与 n 阶行列式都是 n^2 个数按一定方式排列的数表,但行列式是这些数按照一定的运算法则所确定的一个数,而矩阵仅是一个数表.

方阵的行列式满足下列运算规律($\boldsymbol{A}$,$\boldsymbol{B}$ 均为 n 阶方阵):

(1) $|\boldsymbol{A}^T|=|\boldsymbol{A}|$

(2) $|\lambda\boldsymbol{A}|=\lambda^n|\boldsymbol{A}|$(常见的错误 $|\lambda\boldsymbol{A}|=\lambda|\boldsymbol{A}|$)

(3) $|\boldsymbol{AB}|=|\boldsymbol{A}||\boldsymbol{B}|=|\boldsymbol{BA}|$(虽然 $\boldsymbol{AB}\neq\boldsymbol{BA}$)

定理 2.1　设 $\boldsymbol{A}=(a_{ij})_{n\times n}$,$\boldsymbol{B}=(b_{ij})_{n\times n}$,则

$$|\boldsymbol{AB}|=|\boldsymbol{A}||\boldsymbol{B}|=|\boldsymbol{BA}|.$$

证明:为了出现 $|\boldsymbol{A}||\boldsymbol{B}|$,我们联想到第 1 章讲到方块行列式的性质:

$$\begin{vmatrix}\boldsymbol{A} & \boldsymbol{0}\\ \boldsymbol{C} & \boldsymbol{B}\end{vmatrix}=|\boldsymbol{A}||\boldsymbol{B}|.$$

其中 $\boldsymbol{C}$ 是一个任意的 $n\times n$ 矩阵.为了方便阐述,我们取 $\boldsymbol{C}=-\boldsymbol{E}$. 为了出现 $|\boldsymbol{AB}|$,类似于上述公式,应出现 $\begin{vmatrix}\boldsymbol{0} & \boldsymbol{AB}\\ -\boldsymbol{E} & \boldsymbol{B}\end{vmatrix}$.于是采用下述证明方法.

一方面,有 $\begin{vmatrix}\boldsymbol{A} & \boldsymbol{0}\\ -\boldsymbol{E} & \boldsymbol{B}\end{vmatrix}=|\boldsymbol{A}||\boldsymbol{B}|$.另一方面,又有

$$\begin{vmatrix}\boldsymbol{A} & \boldsymbol{0}\\ -\boldsymbol{E} & \boldsymbol{B}\end{vmatrix}=\begin{vmatrix}a_{11} & a_{12} & \cdots & a_{1n} & 0 & 0 & \cdots & 0\\ a_{21} & a_{22} & \cdots & a_{2n} & 0 & 0 & \cdots & 0\\ \vdots & \vdots & & \vdots & \vdots & \vdots & & \vdots\\ a_{n1} & a_{n2} & \cdots & a_{nn} & 0 & 0 & \cdots & 0\\ -1 & 0 & \cdots & 0 & b_{11} & b_{12} & \cdots & b_{1n}\\ 0 & -1 & \cdots & 0 & b_{21} & b_{22} & \cdots & b_{2n}\\ \vdots & \vdots & & \vdots & \vdots & \vdots & & \vdots\\ 0 & 0 & \cdots & -1 & b_{n1} & b_{n2} & \cdots & b_{nn}\end{vmatrix}$$

$$
\xlongequal[\begin{subarray}{c} r_1+a_{11}r_{n+1} \\ r_1+a_{12}r_{n+2} \\ \vdots \\ r_1+a_{1n}r_{n+n} \end{subarray}]{}
\begin{vmatrix}
0 & 0 & \cdots & 0 & \sum_{k=1}^{n} a_{1k}b_{k1} & \sum_{k=1}^{n} a_{1k}b_{k2} & \cdots & \sum_{k=1}^{n} a_{1k}b_{kn} \\
a_{21} & a_{22} & \cdots & a_{2n} & 0 & 0 & \cdots & 0 \\
\vdots & \vdots & & \vdots & \vdots & \vdots & & \vdots \\
a_{n1} & a_{n2} & \cdots & a_{nn} & 0 & 0 & \cdots & 0 \\
-1 & 0 & \cdots & 0 & b_{11} & b_{12} & \cdots & b_{1n} \\
0 & -1 & \cdots & 0 & b_{21} & b_{22} & \cdots & b_{2n} \\
\vdots & \vdots & & \vdots & \vdots & \vdots & & \vdots \\
0 & 0 & \cdots & -1 & b_{n1} & b_{n2} & \cdots & b_{nn}
\end{vmatrix}
$$

$$
\xlongequal[\begin{subarray}{c} r_2+a_{21}r_{n+1} \\ r_2+a_{22}r_{n+2} \\ \vdots \\ r_2+a_{2n}r_{n+n} \end{subarray}]{}
\begin{vmatrix}
0 & 0 & \cdots & 0 & \sum_{k=1}^{n} a_{1k}b_{k1} & \sum_{k=1}^{n} a_{1k}b_{k2} & \cdots & \sum_{k=1}^{n} a_{1k}b_{kn} \\
0 & 0 & \cdots & 0 & \sum_{k=1}^{n} a_{2k}b_{k1} & \sum_{k=1}^{n} a_{2k}b_{k2} & \cdots & \sum_{k=1}^{n} a_{2k}b_{kn} \\
\vdots & \vdots & & \vdots & \vdots & \vdots & & \vdots \\
a_{n1} & a_{n2} & \cdots & a_{nn} & 0 & 0 & \cdots & 0 \\
-1 & 0 & \cdots & 0 & b_{11} & b_{12} & \cdots & b_{1n} \\
0 & -1 & \cdots & 0 & b_{21} & b_{22} & \cdots & b_{2n} \\
\vdots & \vdots & & \vdots & \vdots & \vdots & & \vdots \\
0 & 0 & \cdots & -1 & b_{n1} & b_{n2} & \cdots & b_{nn}
\end{vmatrix}
$$

$$\vdots$$

$$
\xlongequal[\begin{subarray}{c} r_n+a_{n1}r_{n+1} \\ r_n+a_{n2}r_{n+2} \\ \vdots \\ r_n+a_{nn}r_{n+n} \end{subarray}]{}
\begin{vmatrix}
0 & 0 & \cdots & 0 & \sum_{k=1}^{n} a_{1k}b_{k1} & \sum_{k=1}^{n} a_{1k}b_{k2} & \cdots & \sum_{k=1}^{n} a_{1k}b_{kn} \\
0 & 0 & \cdots & 0 & \sum_{k=1}^{n} a_{2k}b_{k1} & \sum_{k=1}^{n} a_{2k}b_{k2} & \cdots & \sum_{k=1}^{n} a_{2k}b_{kn} \\
\vdots & \vdots & & \vdots & \vdots & \vdots & & \vdots \\
0 & 0 & \cdots & 0 & \sum_{k=1}^{n} a_{nk}b_{k1} & \sum_{k=1}^{n} a_{nk}b_{k2} & \cdots & \sum_{k=1}^{n} a_{nk}b_{kn} \\
-1 & 0 & \cdots & 0 & b_{11} & b_{12} & \cdots & b_{1n} \\
0 & -1 & \cdots & 0 & b_{21} & b_{22} & \cdots & b_{2n} \\
\vdots & \vdots & & \vdots & \vdots & \vdots & & \vdots \\
0 & 0 & \cdots & -1 & b_{n1} & b_{n2} & \cdots & b_{nn}
\end{vmatrix}
$$

$$
= \begin{vmatrix} \boldsymbol{0} & \boldsymbol{AB} \\ -\boldsymbol{E} & \boldsymbol{B} \end{vmatrix} = (-1)^n \begin{vmatrix} -\boldsymbol{E} & \boldsymbol{B} \\ \boldsymbol{0} & \boldsymbol{AB} \end{vmatrix} = (-1)^n \, |-\boldsymbol{E}| \, |\boldsymbol{AB}| = (-1)^{2n} |\boldsymbol{AB}| = |\boldsymbol{AB}|.
$$

因此有：

$$|AB| = |A||B|.$$

进一步，用数学归纳法，定理 2.1 可以推广到多个 n 阶矩阵相乘的情形：

$$|A_1A_2\cdots A_s| = |A_1||A_2|\cdots|A_s|.$$

注：当 $A_{m\times n}, B_{n\times m}$ 且 $m\neq n$ 时，$|AB| = |BA|$ 一般不成立.

例 2.15　设矩阵 $A_{1\times 2}=(1,2), B_{2\times 1}=\begin{pmatrix}4\\3\end{pmatrix}$，求 $|AB|$，$|BA|$.

解

$$|AB| = \left|(1\quad 2)\begin{pmatrix}4\\3\end{pmatrix}\right| = |(10)| = 10,$$

$$|BA| = \left|\begin{pmatrix}4\\3\end{pmatrix}(1\quad 2)\right| = \left|\begin{pmatrix}4 & 8\\3 & 6\end{pmatrix}\right| = 0.$$

所以，当 $A_{m\times n}, B_{n\times m}$ 且 $m\neq n$ 时，$|AB| = |BA|$ 一般不成立.

2.3.2　可逆矩阵

在实数理论中，我们知道：$3\cdot 3^{-1}=3^{-1}\cdot 3=1$，在矩阵理论中有没有类似的关系呢？即对于给定的矩阵 A，是否存在矩阵 B，使得 $AB=BA=E$. 如果这样的矩阵 B 存在，如何求得呢？下面我们讨论这个问题.

定义 2.11　对于 n 阶方阵 A，如果存在一个 n 阶方阵 B 使 $AB=BA=E$，则称 A 是可逆的，并称矩阵 B 为矩阵 A 的逆，记为 $B=A^{-1}$.

从矩阵逆的定义，我们需要讨论下面一些问题：

(1) 方阵是否均有逆，如果不是，那么矩阵可逆的条件是什么？

(2) 方阵的逆若存在，是否唯一？方阵的逆有何性质呢？

(3) 如何求可逆矩阵的逆矩阵？

定理 2.2　如果矩阵 A 可逆，那么 A 的逆矩阵是唯一的.

证明　设矩阵 B, C 都是矩阵 A 的逆矩阵，由矩阵的定义可知，

$$AB=BA=E, AC=CA=E.$$

进一步地

$$B=BE=B(AC)=(BA)C=EC=C,$$

所以可逆矩阵 A 的逆矩阵是唯一的.

由逆阵的定义可得下面的性质：

性质 1　若矩阵 A 可逆，则逆矩阵 A^{-1} 也可逆，且有 $(A^{-1})^{-1}=A$.

性质 2　若矩阵 A 可逆，实数 $\lambda\neq 0$，则矩阵 λA 也可逆，且有 $(\lambda A)^{-1}=\frac{1}{\lambda}A^{-1}$.

证明 $(\lambda\boldsymbol{A})\left(\frac{1}{\lambda}\boldsymbol{A}^{-1}\right)=\lambda\cdot\frac{1}{\lambda}\boldsymbol{A}\boldsymbol{A}^{-1}=\boldsymbol{E}$,

所以有$(\lambda\boldsymbol{A})^{-1}=\frac{1}{\lambda}\boldsymbol{A}^{-1}$.

性质 3 若矩阵 $\boldsymbol{A},\boldsymbol{B}$ 是同阶可逆矩阵,则 $\boldsymbol{AB}$ 可逆,且有$(\boldsymbol{AB})^{-1}=\boldsymbol{B}^{-1}\boldsymbol{A}^{-1}$.

证明 $(\boldsymbol{AB})(\boldsymbol{B}^{-1}\boldsymbol{A}^{-1})=\boldsymbol{ABB}^{-1}\boldsymbol{A}^{-1}=\boldsymbol{A}(\boldsymbol{BB}^{-1})\boldsymbol{A}^{-1}=\boldsymbol{AEA}^{-1}=\boldsymbol{AA}^{-1}=\boldsymbol{E}$,

$$(\boldsymbol{B}^{-1}\boldsymbol{A}^{-1})(\boldsymbol{AB})=\boldsymbol{B}^{-1}\boldsymbol{A}^{-1}\boldsymbol{AB}=\boldsymbol{B}^{-1}(\boldsymbol{A}^{-1}\boldsymbol{A})\boldsymbol{B}=\boldsymbol{B}^{-1}\boldsymbol{EB}=\boldsymbol{B}^{-1}\boldsymbol{B}=\boldsymbol{E}.$$

故有$(\boldsymbol{AB})^{-1}=\boldsymbol{B}^{-1}\boldsymbol{A}^{-1}$.

性质 4 若矩阵 $\boldsymbol{A}$ 可逆,则转置矩阵 $\boldsymbol{A}^{\mathrm{T}}$ 也可逆,且有$(\boldsymbol{A}^{\mathrm{T}})^{-1}=(\boldsymbol{A}^{-1})^{\mathrm{T}}$.

证明 $(\boldsymbol{A}^{\mathrm{T}})(\boldsymbol{A}^{-1})^{\mathrm{T}}=(\boldsymbol{A}^{-1}\boldsymbol{A})^{\mathrm{T}}=\boldsymbol{E}^{\mathrm{T}}=\boldsymbol{E}$.

所以$(\boldsymbol{A}^{\mathrm{T}})^{-1}=(\boldsymbol{A}^{-1})^{\mathrm{T}}$.

性质 5 若矩阵 $\boldsymbol{A}$ 可逆,则 $|\boldsymbol{A}^{-1}|=|\boldsymbol{A}|^{-1}$.

证明 由 $\boldsymbol{AA}^{-1}=\boldsymbol{A}^{-1}\boldsymbol{A}=\boldsymbol{E}$, 两端同时取行列式可得:

$$|\boldsymbol{AA}^{-1}|=|\boldsymbol{A}|\,|\boldsymbol{A}^{-1}|=|\boldsymbol{E}|=1,$$

于是, $|\boldsymbol{A}^{-1}|=|\boldsymbol{A}|^{-1}$.

下面给出矩阵可逆的充分必要条件和求矩阵逆的方法.首先给出伴随矩阵的定义.

定义 2.12 对于任意的 n 阶方阵

$$\boldsymbol{A}=\begin{pmatrix} a_{11} & a_{12} & \cdots & a_{1n} \\ a_{21} & a_{22} & \cdots & a_{2n} \\ \vdots & \vdots & & \vdots \\ a_{n1} & a_{n2} & \cdots & a_{nn} \end{pmatrix},$$

由方阵 A 中各元素的代数余子式所组成的新的 n 阶矩阵

$$\boldsymbol{A}^*=\begin{pmatrix} A_{11} & A_{21} & \cdots & A_{n1} \\ A_{12} & A_{22} & \cdots & A_{n2} \\ \vdots & \vdots & & \vdots \\ A_{1n} & A_{2n} & \cdots & A_{nn} \end{pmatrix},$$

称为矩阵 $\boldsymbol{A}$ 的伴随阵.

注:矩阵 $\boldsymbol{A}$ 中第 i 行元素的代数余子式在 A^* 中的第 i 列,即

$$\boldsymbol{A}^*=\begin{pmatrix} A_{11} & A_{21} & \cdots & A_{n1} \\ A_{12} & A_{22} & \cdots & A_{n2} \\ \vdots & \vdots & & \vdots \\ A_{1n} & A_{2n} & \cdots & A_{nn} \end{pmatrix}=\begin{pmatrix} A_{11} & A_{12} & \cdots & A_{1n} \\ A_{21} & A_{22} & \cdots & A_{2n} \\ \vdots & \vdots & & \vdots \\ A_{n1} & A_{n2} & \cdots & A_{nn} \end{pmatrix}^{\mathrm{T}},$$

即伴随矩阵 $\boldsymbol{A}^*$ 是将 $\boldsymbol{A}$ 中每个元素都替换为对应的代数余子式后再转置得到的.

对于 $|\boldsymbol{A}|$ 中元素 a_{ij}的代数余子式,由第 1 章的行列式的知识

$$a_{i1}A_{j1}+a_{i2}A_{j2}+\cdots+a_{in}A_{jn}=\begin{cases}|\boldsymbol{A}|,i=j,\\0,i\neq j,\end{cases}$$

和

$$a_{1i}A_{1j}+a_{2i}A_{2j}+\cdots+a_{ni}A_{nj}=\begin{cases}|\boldsymbol{A}|,i=j,\\0,i\neq j,\end{cases}$$

可得:

$$\boldsymbol{AA}^*=\boldsymbol{A}^*\boldsymbol{A}=\begin{pmatrix}a_{11}&a_{12}&\cdots&a_{1n}\\a_{21}&a_{22}&\cdots&a_{2n}\\\vdots&\vdots&&\vdots\\a_{n1}&a_{n2}&\cdots&a_{nn}\end{pmatrix}\begin{pmatrix}A_{11}&A_{21}&\cdots&A_{n1}\\A_{12}&A_{22}&\cdots&A_{n2}\\\vdots&\vdots&&\vdots\\A_{1n}&A_{2n}&\cdots&A_{nn}\end{pmatrix}$$

$$=\begin{pmatrix}|\boldsymbol{A}|&0&\cdots&0\\0&|\boldsymbol{A}|&\cdots&0\\\vdots&\vdots&&\vdots\\0&0&\cdots&|\boldsymbol{A}|\end{pmatrix}=|\boldsymbol{A}|\boldsymbol{E}.$$

定理 2.3 方阵 $\boldsymbol{A}$ 可逆的充分必要条件为其行列式 $|\boldsymbol{A}|\neq0$,且有

$$\boldsymbol{A}^{-1}=\frac{1}{|\boldsymbol{A}|}\boldsymbol{A}^*.$$

证明 必要性:若方阵 $\boldsymbol{A}$ 可逆时,由定义知 $\boldsymbol{AA}^{-1}=\boldsymbol{E}\Rightarrow|\boldsymbol{A}||\boldsymbol{A}^{-1}|=1\Rightarrow|\boldsymbol{A}|\neq0$.

从上式还可得到 $|\boldsymbol{A}^{-1}|=\dfrac{1}{|\boldsymbol{A}|}=|\boldsymbol{A}|^{-1}$.

充分性:由于

$$\boldsymbol{AA}^*=\boldsymbol{A}^*\boldsymbol{A}=|\boldsymbol{A}|\boldsymbol{E},$$

且 $|\boldsymbol{A}|\neq0$, 则有

$$\boldsymbol{A}\frac{\boldsymbol{A}^*}{|\boldsymbol{A}|}=\frac{\boldsymbol{A}^*}{|\boldsymbol{A}|}\boldsymbol{A}=\boldsymbol{E},$$

由定义知 $\boldsymbol{A}$ 可逆,且有 $\boldsymbol{A}^{-1}=\dfrac{1}{|\boldsymbol{A}|}\boldsymbol{A}^*$.

推论 1 若 $\boldsymbol{AB}=\boldsymbol{E}$ 或 $\boldsymbol{BA}=\boldsymbol{E}$,则 $\boldsymbol{B}=\boldsymbol{A}^{-1}$.

证明 由

$$\boldsymbol{AB}=\boldsymbol{E}\Rightarrow|\boldsymbol{A}||\boldsymbol{B}|=1\Rightarrow|\boldsymbol{A}|\neq0,$$

所以矩阵 $\boldsymbol{A}$ 可逆;

$$\boldsymbol{B}=\boldsymbol{EB}=\boldsymbol{A}^{-1}\boldsymbol{A}\cdot\boldsymbol{B}=\boldsymbol{A}^{-1}\cdot\boldsymbol{AB}=\boldsymbol{A}^{-1}.$$

关于定理 2.3 及其推论的几点说明.

(1)定理 2.3 不仅给出了矩阵可逆的判定条件,而且提供了一种利用伴随矩阵求矩阵逆的方法.只是对于高阶矩阵而言,该方法比较麻烦,故通常采用别的方法求解.

(2)由于$AA^*=A^*A=|A|E$,则伴随矩阵的行列式为:$|A^*|=|A|^{n-1}$.

(3)当$|A|\neq 0$时,称A为非奇异矩阵,否则称A为奇异矩阵.

(4)定理2.3的推论说明,要判定矩阵A是否可逆,不需要再根据定义2.11那样去验证$AB=E$和$BA=E$,只需验证其中一个等式成立即可.

当$|A|\neq 0$时,我们可以定义矩阵的负方幂:

定义2.13 当矩阵的行列式$|A|\neq 0$时,$A^0=E,A^{-k}=(A^{-1})^k$,k为正整数.于是当A可逆时,对任意方阵的整数幂有意义:$A^{k+l}=A^kA^l,(A^K)^l=A^{kl}$.

例2.16 设A,B分别是m阶、n阶可逆矩阵,求矩阵X使得$AXB=C_{m\times n}$.

解 因为A,B分别是m阶、n阶可逆矩阵,所以A,B的逆矩阵都是存在的.又因为$AXB=C_{m\times n}$,两端同时左乘A的逆,右乘B的逆,可得:

$$A^{-1}AXBB^{-1}=A^{-1}CB^{-1}$$

即

$$X=A^{-1}CB^{-1}.$$

例2.17 设n阶矩阵A可逆,证明A^*可逆,并求$|A^*|$及$(A^*)^{-1}$.

证明 因为n阶矩阵A可逆,可知$|A|\neq 0$,又

$$AA^*=|A|E\Rightarrow|A||A^*|=|A|^n\neq 0\Rightarrow|A^*|\neq 0,$$

由定理2.3可得A^*可逆,且$|A^*|=|A|^{n-1}$.由上式还可得到:

$$\frac{1}{|A|}A\cdot A^*=E\Rightarrow(A^*)^{-1}=\frac{1}{|A|}A.$$

例2.18 设A,B均为n阶可逆方阵,证明:

(1)$(AB)^*=B^*A^*$;

(2)$(A^*)^*=|A|^{n-2}A$.

证明 (1)因$(AB)(AB)^*=|AB|E$,

故

$$(AB)^*=|AB|\cdot(AB)^{-1}=|A||B|\cdot B^{-1}A^{-1},$$

$$=|A||B|\cdot\frac{1}{|B|}B^*\cdot\frac{1}{|A|}A^*=B^*A^*.$$

(2)因$A^*(A^*)^*=|A^*|E$,

$$(A^*)^*=|A^*|(A^*)^{-1}=|A|^{n-1}\cdot\frac{1}{|A|}A=|A|^{n-2}A.$$

例2.19 设

$$A=\begin{pmatrix}a&b\\c&d\end{pmatrix},$$

且$ad-bc\neq 0$,求A^{-1}.

解 因为$ad-bc\neq 0$,所以$|A|\neq 0$,故A可逆,所以

$$A^{-1}=\frac{1}{|A|}A^{*}=\frac{1}{|A|}\begin{pmatrix} d & -b \\ -c & a \end{pmatrix}.$$

例 2.20 求方阵 $A=\begin{pmatrix} 1 & 2 & 3 \\ 2 & 2 & 1 \\ 3 & 4 & 3 \end{pmatrix}$ 的逆阵.

解 因 $|A|=2\neq 0$，A 的逆存在.

$$A_{11}=2, A_{21}=6, A_{31}=-4,$$
$$A_{12}=-3, A_{22}=-6, A_{32}=5,$$
$$A_{13}=2, A_{23}=2, A_{33}=-2,$$

$$A^{-1}=\frac{1}{|A|}A^{*}=\frac{1}{2}\begin{pmatrix} 2 & 6 & -4 \\ -3 & -6 & 5 \\ 2 & 2 & -2 \end{pmatrix}.$$

例 2.21 已知矩阵 A，B 可交换，且矩阵 A 可逆，证明：A^{-1} 与 B 也可交换.

证明 由矩阵 A，B 可交换可得，$AB=BA$. 又因为矩阵 A 可逆，则等式两端同时左乘矩阵 A 的逆得到：

$$A^{-1}AB=A^{-1}BA \Rightarrow B=A^{-1}BA,$$

则

$$BA^{-1}=A^{-1}BAA^{-1} \Rightarrow BA^{-1}=A^{-1}B.$$

即 A^{-1} 与 B 也可交换.

例 2.22 如果矩阵 A 满足 $A^2=A$，证明：矩阵 $A+E$ 可逆，并求 $(A+E)^{-1}$.

证明 该类题型主要解题思路：构造等式 $(A+E)\cdot ?=E$，有了这个等式，既能说明矩阵 $A+E$ 可逆，又能得到矩阵 $A+E$ 的逆.

$$A^2=A \Rightarrow A^2+A=2A$$
$$\Rightarrow A(A+E)=2A \Rightarrow \frac{1}{2}A(A+E)=A$$
$$\Rightarrow \frac{1}{2}A(A+E)+E=A+E$$
$$\Rightarrow E=(A+E)-\frac{1}{2}A(A+E)$$
$$\Rightarrow E=(A+E)\left(E-\frac{1}{2}A\right)$$

所以 $A+E$ 可逆，且 $(A+E)^{-1}=E-\frac{1}{2}A$.

例 2.23 设矩阵 A，B 为 n 阶方阵，$|A|=2$，$|B|=-3$，求 $|3A^{*}B^{-1}|$.

解 因为 $A^{*}=|A|A^{-1}$，将其代入所求式子中，可得：$|3A^{*}B^{-1}|=|3|A|A^{-1}B^{-1}|$，利用矩阵行列式的性质：$|\lambda A|=\lambda^{n}|A|$，$|A^{-1}|=|A|^{-1}$，可得：

$$|3A^*B^{-1}|=|3|A|A^{-1}B^{-1}|=6^n|A^{-1}||B^{-1}|=6^n|A|^{-1}|B|^{-1}=-6^{n-1}.$$

习题 2.3

1.已知 $\boldsymbol{A},\boldsymbol{B}$ 是 n 阶方阵,则下列结论中正确的是(　　).

A.$\boldsymbol{AB}\neq 0\Leftrightarrow \boldsymbol{A}\neq 0$ 且 $\boldsymbol{B}\neq 0$　　B.$|\boldsymbol{A}|=0\Leftrightarrow \boldsymbol{A}=0$

C.$|\boldsymbol{AB}|=0\Leftrightarrow|\boldsymbol{A}|=0$ 或 $|\boldsymbol{B}|=0$　　D.$\boldsymbol{A}=\boldsymbol{E}\Leftrightarrow|\boldsymbol{A}|=1$.

2.设 $\boldsymbol{A}=\begin{pmatrix}2&1\\-1&2\end{pmatrix}$,矩阵 $\boldsymbol{B}$ 满足 $\boldsymbol{BA}=\boldsymbol{B}+2\boldsymbol{E}$,求 $|\boldsymbol{B}|$.

3.设 $\boldsymbol{A},\boldsymbol{B}$ 是三阶方阵,且满足 $\boldsymbol{A}^2\boldsymbol{B}-\boldsymbol{A}-\boldsymbol{B}=\boldsymbol{E}$,若 $\boldsymbol{A}=\begin{pmatrix}1&0&1\\0&2&0\\-2&0&1\end{pmatrix}$,求 $|\boldsymbol{B}|$.

4.设 $\alpha_1,\alpha_2,\alpha_3$ 均为三维列向量,记矩阵

$$\boldsymbol{A}=(\alpha_1,\alpha_2,\alpha_3),\boldsymbol{B}=(\alpha_1+\alpha_2+\alpha_3,\alpha_1+2\alpha_2+4\alpha_3,\alpha_1+3\alpha_2+9\alpha_3),$$

假设 $|\boldsymbol{A}|=1$,求 $|\boldsymbol{B}|$.

5.设 $\boldsymbol{A}=\begin{pmatrix}1&2&1\\1&0&1\end{pmatrix}$,$\boldsymbol{B}=\begin{pmatrix}1&2\\1&1\\1&1\end{pmatrix}$,求 $|\boldsymbol{AB}|$,$|\boldsymbol{BA}|$.

6.设 $\boldsymbol{A}$ 为三阶方阵,$|\boldsymbol{A}|=3$,求 $|(3\boldsymbol{A})^{-1}-6\boldsymbol{A}^*|$.

7.设 $\boldsymbol{A}$ 为三阶方阵,$\boldsymbol{A}^*$ 为 $\boldsymbol{A}$ 的伴随矩阵,且 $|\boldsymbol{A}|=2$,求 $\left|\left(\frac{1}{2}\boldsymbol{A}\right)^{-1}-3\boldsymbol{A}^*\right|$.

8. 设 n 阶方阵 $\boldsymbol{A}$ 满足关系式 $\boldsymbol{A}^3+8\boldsymbol{A}^2+5\boldsymbol{A}-7\boldsymbol{E}=\boldsymbol{0}$,证明 $2\boldsymbol{A}-3\boldsymbol{E}$ 可逆,并求其逆.

9.设 n 阶方阵 $\boldsymbol{A}$ 满足 $3\boldsymbol{A}^3-7\boldsymbol{A}^2+4\boldsymbol{A}-11\boldsymbol{E}=\boldsymbol{0}$,证明 $4\boldsymbol{A}+3\boldsymbol{E}$ 可逆,并求其逆.

10.设矩阵 $\boldsymbol{A}=\begin{pmatrix}1&-1\\2&3\end{pmatrix}$,$\boldsymbol{B}=\boldsymbol{A}^2-3\boldsymbol{A}+2\boldsymbol{E}$,求矩阵 $\boldsymbol{B}$ 的逆.

11.设 $\boldsymbol{A}=\begin{pmatrix}0&a&b\\a&0&c\\b&c&0\end{pmatrix}$,$\boldsymbol{B}=\begin{pmatrix}0&0&0\\0&k&0\\0&0&l\end{pmatrix}$,$\boldsymbol{E}=\begin{pmatrix}1&0&0\\0&1&0\\0&0&1\end{pmatrix}$,其中 $k>0,l>0$,当矩阵 $\boldsymbol{AB}+\boldsymbol{E}$ 为可逆矩阵时,应当满足什么条件?

12.设矩阵 $\boldsymbol{A},\boldsymbol{B},\boldsymbol{A}+\boldsymbol{B}$ 均可逆,证明:$\boldsymbol{A}^{-1}+\boldsymbol{B}^{-1}$ 也可逆,并求其逆矩阵.

13.设 $\boldsymbol{A}$ 为 n 阶可逆矩阵,证明:$(\boldsymbol{A}^*)^*=|\boldsymbol{A}|^{n-2}\boldsymbol{A}$,并求出 $|(\boldsymbol{A}^*)^*|$.

2.4　矩阵方程

在实际应用中,经常需要求解一些简单的、常见的矩阵方程,如 $\boldsymbol{AX}=\boldsymbol{B}$,$\boldsymbol{XA}=\boldsymbol{B}$,$\boldsymbol{AXB}=\boldsymbol{C}$. 利用矩阵乘法的运算规律和逆矩阵的运算性质,通过在方程两边左乘或右乘相应矩阵的逆

矩阵,可求出其解分别为:

$$X=A^{-1}B, X=BA^{-1}, X=A^{-1}CB^{-1}.$$

而其他形式的矩阵方程,则可以通过矩阵的有关运算性质转化为标准矩阵方程后进行求解.

对于形式较为简单的矩阵方程,一般的求解步骤是:

(1)根据矩阵运算规律对矩阵方程化简整理.

(2)根据矩阵运算定义代入计算.

例 2.24 设 A,B 为三阶矩阵,且满足 $A^{-1}BA=6A+BA$,若

$$A=\begin{pmatrix} 1/3 & 0 & 0 \\ 0 & 1/4 & 0 \\ 0 & 0 & 1/7 \end{pmatrix},$$

求 B.

解 在等式 $A^{-1}BA=6A+BA$ 两端右乘矩阵 A 的逆,可得

$$A^{-1}B=6E+B,$$

将上式进行整理可得 $(A^{-1}-E)B=6E$.

又因为矩阵 $A^{-1}=\begin{pmatrix} 3 & 0 & 0 \\ 0 & 4 & 0 \\ 0 & 0 & 7 \end{pmatrix}$,则

$$A^{-1}-E=\begin{pmatrix} 2 & 0 & 0 \\ 0 & 3 & 0 \\ 0 & 0 & 6 \end{pmatrix}, \ |A^{-1}-E|=36\neq 0,$$

所以矩阵 $A^{-1}-E$ 可逆,则可求出矩阵 B 为:

$$B=6\,(A^{-1}-E)^{-1}=6\begin{pmatrix} 1/2 & 0 & 0 \\ 0 & 1/3 & 0 \\ 0 & 0 & 1/6 \end{pmatrix}=\begin{pmatrix} 3 & 0 & 0 \\ 0 & 2 & 0 \\ 0 & 0 & 1 \end{pmatrix}.$$

例 2.25 设矩阵 A,B 满足 $A^{*}BA=2BA-8E$,若 $A=\begin{pmatrix} 1 & 0 & 0 \\ 0 & -2 & 0 \\ 0 & 0 & 1 \end{pmatrix}$,求矩阵 B.

解 分析:这类题型一般先求出 B 的表达式.

利用 $AA^{*}=A^{*}A=|A|E$,在已知等式 $A^{*}BA=2BA-8E$ 的两端,左乘 A,右乘 A^{*},

$$AA^{*}BAA^{*}=2ABAA^{*}-8AA^{*},$$

将 $AA^{*}=A^{*}A=|A|E$ 代入上式可得:

$$|A|^{2}B=2AB|A|-8|A|E.$$

并注意 $|A|=-2$,上式可变为:$B=-AB+4E$,将其变形为

$$(A+E)B=4E,$$

又$\boldsymbol{A}=\begin{pmatrix}1&0&0\\0&-2&0\\0&0&1\end{pmatrix}$,则$\boldsymbol{A}+\boldsymbol{E}=\begin{pmatrix}2&0&0\\0&-1&0\\0&0&2\end{pmatrix}$,且$|\boldsymbol{A}+\boldsymbol{E}|=-4\neq0$,故矩阵$\boldsymbol{A}+\boldsymbol{E}$可逆,则

$$\boldsymbol{B}=4(\boldsymbol{A}+\boldsymbol{E})^{-1}=\begin{pmatrix}2&0&0\\0&-4&0\\0&0&2\end{pmatrix}.$$

例 2.26 设$\boldsymbol{A},\boldsymbol{B}$均为三阶方阵,且满足$\boldsymbol{A}^2=\boldsymbol{A}$,$2\boldsymbol{A}-\boldsymbol{B}=\boldsymbol{E}+\boldsymbol{A}\boldsymbol{B}$.

(1)证明矩阵$\boldsymbol{A}-\boldsymbol{B}$可逆,并求出它的逆.

(2)若$\boldsymbol{A}=\begin{pmatrix}1&0&0\\0&3&-1\\0&6&-2\end{pmatrix}$,求矩阵$\boldsymbol{B}$.

解 (1)由等式$2\boldsymbol{A}-\boldsymbol{B}=\boldsymbol{E}+\boldsymbol{A}\boldsymbol{B}$可得,$\boldsymbol{A}-\boldsymbol{B}+\boldsymbol{A}-\boldsymbol{A}\boldsymbol{B}=\boldsymbol{E}$,将$\boldsymbol{A}^2=\boldsymbol{A}$代入可得:

$$\boldsymbol{A}-\boldsymbol{B}+\boldsymbol{A}^2-\boldsymbol{A}\boldsymbol{B}=\boldsymbol{E},$$

即$(\boldsymbol{A}-\boldsymbol{B})(\boldsymbol{A}+\boldsymbol{E})=\boldsymbol{E}$.

所以矩阵$\boldsymbol{A}-\boldsymbol{B}$可逆,且其逆为$(\boldsymbol{A}-\boldsymbol{B})^{-1}=\boldsymbol{A}+\boldsymbol{E}$.

(2)因为$(\boldsymbol{A}-\boldsymbol{B})^{-1}=\boldsymbol{A}+\boldsymbol{E}$,所以$\boldsymbol{A}-\boldsymbol{B}=(\boldsymbol{A}+\boldsymbol{E})^{-1}\Rightarrow\boldsymbol{B}=\boldsymbol{A}-(\boldsymbol{A}+\boldsymbol{E})^{-1}$,

又

$$(\boldsymbol{A}+\boldsymbol{E})^{-1}=\begin{pmatrix}2&0&0\\0&4&-1\\0&6&-1\end{pmatrix}^{-1}=\frac{1}{2}\begin{pmatrix}1&0&0\\0&-1&1\\0&-6&4\end{pmatrix}.$$

所以

$$\boldsymbol{B}=\boldsymbol{A}-(\boldsymbol{A}+\boldsymbol{E})^{-1}=\begin{pmatrix}1&0&0\\0&3&-1\\0&6&-2\end{pmatrix}-\frac{1}{2}\begin{pmatrix}1&0&0\\0&-1&1\\0&-6&4\end{pmatrix}=\frac{1}{2}\begin{pmatrix}1&0&0\\0&7&-3\\0&18&-8\end{pmatrix}.$$

习题 2.4

1.解下列矩阵方程:

(1)$\begin{pmatrix}3&5\\1&2\end{pmatrix}\boldsymbol{X}=\begin{pmatrix}4&-1&2\\3&0&-1\end{pmatrix}$;

(2)$\boldsymbol{X}\begin{pmatrix}1&0&5\\1&1&2\\1&2&5\end{pmatrix}=\begin{pmatrix}1&1&2\\0&0&6\end{pmatrix}$;

(3)$\begin{pmatrix}0&1&0\\1&0&0\\0&0&1\end{pmatrix}\boldsymbol{X}\begin{pmatrix}1&0&0\\0&0&2\\0&1&0\end{pmatrix}=\begin{pmatrix}1&-4&3\\2&0&-1\\1&-2&0\end{pmatrix}$;

(4) $\begin{pmatrix}4&2&3\\1&1&0\\-1&2&3\end{pmatrix}X=\begin{pmatrix}4&2&3\\1&1&0\\-1&2&3\end{pmatrix}+2X$;

(5) $\begin{pmatrix}2&1&2\\3&2&2\\1&2&3\end{pmatrix}X\begin{pmatrix}2&1\\5&3\end{pmatrix}=\begin{pmatrix}2&1\\1&0\\0&1\end{pmatrix}$.

2.已知 $A=\begin{pmatrix}1&1&-1\\0&1&1\\0&0&-1\end{pmatrix}$,且 $A^2-AB=E$,其中 E 是三阶单位矩阵,求矩阵 B.

3.设 A,B 均为三阶方阵,且满足 $A^{-1}BA=6A+AB$,其中

$$A=\begin{pmatrix}2&0&0\\0&4&0\\0&0&7\end{pmatrix},$$

求矩阵 B.

4.设 A,B 均为三阶方阵,且满足 $A+B=AB$,求

(1)证明 $A-E$ 可逆;

(2)若 $B=\begin{pmatrix}1&-3&0\\2&1&0\\0&0&2\end{pmatrix}$,求矩阵 A.

5.已知矩阵 A 的伴随矩阵为

$$A^*=\begin{pmatrix}1&0&0&0\\0&1&0&0\\1&0&1&0\\0&-3&0&8\end{pmatrix},$$

且满足 $ABA^{-1}=BA^{-1}+3E$,求矩阵 B.

6.设矩阵 $A=\begin{pmatrix}1&1&-1\\-1&1&1\\1&-1&1\end{pmatrix}$,矩阵 X 满足 $A^*X=A^{-1}+2X$,其中 A^* 为矩阵 A 的伴随矩阵,求矩阵 X.

7.设矩阵 $A=\begin{pmatrix}1&2&0&0\\1&3&0&0\\0&0&0&2\\0&0&-1&0\end{pmatrix}$,矩阵 B 满足 $\left[\left(\frac{1}{2}A\right)^*\right]^{-1}BA^{-1}=2AB+12E$,求矩阵 B.

8.求解矩阵方程 $AX+E=A^2+X$,其中 $A=\begin{pmatrix}1&0&0\\0&2&0\\1&6&1\end{pmatrix}$.

9.设$\boldsymbol{A}=\begin{pmatrix}1 & a\\ 1 & 0\end{pmatrix}$,$\boldsymbol{B}=\begin{pmatrix}0 & 1\\ 1 & b\end{pmatrix}$,当$a$,$b$为何值时,存在矩阵$\boldsymbol{C}$使得$\boldsymbol{AC}-\boldsymbol{CA}=\boldsymbol{B}$,并求所有矩阵$\boldsymbol{C}$.

10.设$\boldsymbol{A}$可逆,且$\boldsymbol{A}^*\boldsymbol{B}=\boldsymbol{A}^{-1}+\boldsymbol{B}$.

(1)证明矩阵$\boldsymbol{B}$可逆;

(2)若$\boldsymbol{A}=\begin{pmatrix}2 & 6 & 0\\ 0 & 2 & 6\\ 0 & 0 & 2\end{pmatrix}$,求矩阵$\boldsymbol{B}$.

2.5 分块矩阵

对于一些大型稀疏矩阵,其零元素排列通常有一定的规律,此时常采用分块方式将大型稀疏矩阵的运算简化为小型矩阵的运算.本节首先介绍分块矩阵的定义及其划分方法,然后给出分块矩阵的性质及使用原则,并通过一些算例来说明将矩阵先分块再运算的优势.

2.5.1 分块矩阵的概念及其运算

定义 2.14 将矩阵$\boldsymbol{A}$用若干条纵线和横线分成许多个小矩阵,每个小矩阵称为$\boldsymbol{A}$的子块.以子块为元素的矩阵称为$\boldsymbol{A}$的分块矩阵.

例如,对于给定的矩阵

$$\boldsymbol{A}=\begin{pmatrix}a_{11} & a_{12} & a_{13} & a_{14}\\ a_{21} & a_{22} & a_{23} & a_{24}\\ a_{31} & a_{32} & a_{33} & a_{34}\end{pmatrix},$$

可将矩阵$\boldsymbol{A}$划分为如下分块矩阵:

$$\boldsymbol{A}=\begin{pmatrix}a_{11} & a_{12} & a_{13} & a_{14}\\ a_{21} & a_{22} & a_{23} & a_{24}\\ a_{31} & a_{32} & a_{33} & a_{34}\end{pmatrix}=\begin{pmatrix}A_{11} & A_{12}\\ A_{21} & A_{22}\end{pmatrix},$$

其中,$\boldsymbol{A}_{11}=(a_{11} \quad a_{12})$,$\boldsymbol{A}_{12}=(a_{13} \quad a_{14})$,$\boldsymbol{A}_{21}=\begin{pmatrix}a_{21} & a_{22}\\ a_{31} & a_{32}\end{pmatrix}$,$\boldsymbol{A}_{22}=\begin{pmatrix}a_{23} & a_{24}\\ a_{33} & a_{34}\end{pmatrix}$为分块矩$\boldsymbol{A}$的子块阵.

根据其特点及其不同的需要,可将矩阵进行不同形式的分块.如上述矩阵$\boldsymbol{A}$还可以按如下方式分块,即

$$\boldsymbol{A}=\begin{pmatrix}a_{11} & a_{12} & a_{13} & a_{14}\\ a_{21} & a_{22} & a_{23} & a_{24}\\ a_{31} & a_{32} & a_{33} & a_{34}\end{pmatrix}=(\boldsymbol{A}_1 \quad \boldsymbol{A}_2 \quad \boldsymbol{A}_3 \quad \boldsymbol{A}_4),$$

其中 $\boldsymbol{A}_1=\begin{pmatrix}a_{11}\\a_{21}\\a_{31}\end{pmatrix},\boldsymbol{A}_2=\begin{pmatrix}a_{12}\\a_{22}\\a_{32}\end{pmatrix},\boldsymbol{A}_3=\begin{pmatrix}a_{13}\\a_{23}\\a_{33}\end{pmatrix},\boldsymbol{A}_4=\begin{pmatrix}a_{14}\\a_{24}\\a_{34}\end{pmatrix}$ 为分块矩 $\boldsymbol{A}$ 的子块阵.

在对分块矩阵进行某些运算时,可先将每个子块当作分块矩阵的元素,然后按矩阵的运算法则对每个子块进行相应的运算,但在进行分块时,应注意以下三点:

(1)在计算 $\boldsymbol{A}\pm\boldsymbol{B}$ 时,$\boldsymbol{A}$ 和 $\boldsymbol{B}$ 的分块方式必须相同,以保证它们对应的子块是同型的.

(2)在计算 $\boldsymbol{AB}$ 时,对 $\boldsymbol{A}$ 的列的分块方式与 $\boldsymbol{B}$ 的行的分块方式必须一致,以保证它们对应的子块能够相乘计算.

(3)在求 $\boldsymbol{A}^{\mathrm{T}}$ 时,要先将子块作为分块矩阵的元素,然后分块矩阵转置,最后再将各子块转置.

分块矩阵的运算:

(1)加法:设 $\boldsymbol{A}=(a_{ij})_{m\times n},\boldsymbol{B}=(b_{ij})_{m\times n}$,用同样的分法把 $\boldsymbol{A},\boldsymbol{B}$ 分块为:

$$\boldsymbol{A}=(\boldsymbol{A}_{\alpha\beta})_{s\times l},\boldsymbol{B}=(\boldsymbol{B}_{\alpha\beta})_{s\times l},$$

则

$$\boldsymbol{A}+\boldsymbol{B}=(\boldsymbol{A}_{\alpha\beta}+\boldsymbol{B}_{\alpha\beta})_{s\times l}.$$

(2)数与分块矩阵的乘法:

$$\lambda\boldsymbol{A}=\lambda(\boldsymbol{A}_{\alpha\beta})_{s\times l}=(\lambda\boldsymbol{A}_{\alpha\beta})_{s\times l}.$$

(3)分块矩阵与分块矩阵的乘法:为了使 $\boldsymbol{A}$ 的子块与 $\boldsymbol{B}$ 的子块能相乘,分块时必须要求 $\boldsymbol{A}$ 矩阵列数的分法与 $\boldsymbol{B}$ 矩阵行数的分法一致.

设 $\boldsymbol{A}=(a_{ij})_{m\times l}=(\boldsymbol{A}_{\alpha\beta})_{s\times t},\boldsymbol{B}=(b_{ij})_{l\times n}=(\boldsymbol{B}_{\beta\times\gamma})_{t\times k}$,其分块为:

$$\boldsymbol{A}=\begin{pmatrix}\boldsymbol{A}_{11}&\boldsymbol{A}_{12}&\cdots&\boldsymbol{A}_{1t}\\\boldsymbol{A}_{21}&\boldsymbol{A}_{22}&\cdots&\boldsymbol{A}_{2t}\\\vdots&\vdots&&\vdots\\\boldsymbol{A}_{s1}&\boldsymbol{A}_{s2}&\cdots&\boldsymbol{A}_{st}\end{pmatrix},\boldsymbol{B}=\begin{pmatrix}\boldsymbol{B}_{11}&\boldsymbol{B}_{12}&\cdots&\boldsymbol{B}_{1k}\\\boldsymbol{B}_{21}&\boldsymbol{B}_{22}&\cdots&\boldsymbol{B}_{2k}\\\vdots&\vdots&&\vdots\\\boldsymbol{B}_{t1}&\boldsymbol{B}_{t2}&\cdots&\boldsymbol{B}_{tk}\end{pmatrix},$$

其中 $\boldsymbol{A}_{i1},\boldsymbol{A}_{i2},\cdots,\boldsymbol{A}_{it}(i=1,2,\cdots,s)$ 的列数分别等于 $\boldsymbol{B}_{1j},\boldsymbol{B}_{2j},\cdots,\boldsymbol{B}_{tj}(j=1,2,\cdots,k)$ 的行数,则

$$\boldsymbol{AB}=(c_{\alpha\gamma})_{s\times k}=\begin{pmatrix}\boldsymbol{C}_{11}&\boldsymbol{C}_{12}&\cdots&\boldsymbol{C}_{1k}\\\boldsymbol{C}_{21}&\boldsymbol{C}_{22}&\cdots&\boldsymbol{C}_{2k}\\\vdots&\vdots&&\vdots\\\boldsymbol{C}_{s1}&\boldsymbol{C}_{s2}&\cdots&\boldsymbol{C}_{sk}\end{pmatrix},$$

其中 $c_{\alpha\gamma}=\sum\limits_{\beta=1}^{t}\boldsymbol{A}_{\alpha\beta}\boldsymbol{B}_{\beta\gamma}$.

例 2.27 设矩阵

$$A=\begin{pmatrix}1&0&0&0\\0&1&0&0\\-1&2&1&0\\1&1&0&1\end{pmatrix}_{4\times4},B=\begin{pmatrix}1&0&1&0\\-1&2&0&1\\-1&0&4&1\\-1&-1&2&0\end{pmatrix}_{4\times4},$$

求 $\boldsymbol{AB}$.

解 根据矩阵的特点进行分块,然后利用分块矩阵乘法进行计算.因此将矩阵 $\boldsymbol{A},\boldsymbol{B}$ 分别划分为如下分块矩阵:

$$\boldsymbol{A}=\begin{pmatrix}1&0&0&0\\0&1&0&0\\-1&2&1&0\\1&1&0&1\end{pmatrix}=\begin{pmatrix}\boldsymbol{E}&0\\\boldsymbol{A}_1&\boldsymbol{E}\end{pmatrix},\boldsymbol{B}=\begin{pmatrix}1&0&1&0\\-1&2&0&1\\-1&0&4&1\\-1&-1&2&0\end{pmatrix}=\begin{pmatrix}\boldsymbol{B}_{11}&\boldsymbol{E}\\\boldsymbol{B}_{21}&\boldsymbol{B}_{22}\end{pmatrix},$$

其中

$$\boldsymbol{A}_1=\begin{pmatrix}-1&2\\1&1\end{pmatrix},\boldsymbol{E}=\begin{pmatrix}1&0\\0&1\end{pmatrix},\boldsymbol{B}_{11}=\begin{pmatrix}1&0\\-1&2\end{pmatrix},\boldsymbol{B}_{21}=\begin{pmatrix}-1&0\\-1&-1\end{pmatrix},\boldsymbol{B}_{22}=\begin{pmatrix}4&1\\2&0\end{pmatrix}.$$

利用分块矩阵的乘法,可得

$$\boldsymbol{AB}=\begin{pmatrix}\boldsymbol{E}&\boldsymbol{0}\\\boldsymbol{A}_1&\boldsymbol{E}\end{pmatrix}\begin{pmatrix}\boldsymbol{B}_{11}&\boldsymbol{E}\\\boldsymbol{B}_{21}&\boldsymbol{B}_{22}\end{pmatrix}=\begin{pmatrix}\boldsymbol{B}_{11}&\boldsymbol{E}\\\boldsymbol{A}_1\boldsymbol{B}_{11}+\boldsymbol{B}_{21}&\boldsymbol{A}_1+\boldsymbol{B}_{22}\end{pmatrix},$$

又因为

$$\boldsymbol{A}_1\boldsymbol{B}_{11}+\boldsymbol{B}_{21}=\begin{pmatrix}-1&2\\1&1\end{pmatrix}\begin{pmatrix}1&0\\-1&2\end{pmatrix}+\begin{pmatrix}-1&0\\-1&-1\end{pmatrix}=\begin{pmatrix}-4&4\\-1&1\end{pmatrix},$$

$$\boldsymbol{A}_1+\boldsymbol{B}_{22}=\begin{pmatrix}-1&2\\1&1\end{pmatrix}+\begin{pmatrix}4&1\\2&0\end{pmatrix}=\begin{pmatrix}3&3\\3&1\end{pmatrix}.$$

因此

$$\boldsymbol{AB}=\begin{pmatrix}\boldsymbol{B}_{11}&\boldsymbol{E}\\\boldsymbol{A}_1\boldsymbol{B}_{11}+\boldsymbol{B}_{21}&\boldsymbol{A}_1+\boldsymbol{B}_{22}\end{pmatrix}=\begin{pmatrix}1&0&1&0\\-1&2&0&1\\-4&4&3&3\\-1&1&3&1\end{pmatrix}.$$

注:从本例可以看出,在做矩阵相乘时,把矩阵拆分为分块矩阵的乘法并不比矩阵直接相乘简单,反而有可能更复杂.

(4)分块矩阵的转置:把分块矩阵的列换成同序数的行即得到其转置.

2.5.2　特殊分块矩阵的行列式

(1)设

$$A=\begin{pmatrix}A_{11} & \boldsymbol{0} & \cdots & \boldsymbol{0}\\ \boldsymbol{0} & A_{22} & \cdots & \boldsymbol{0}\\ \vdots & \vdots & & \vdots\\ \boldsymbol{0} & \boldsymbol{0} & \cdots & A_{nn}\end{pmatrix},$$

其中 A_{ii} 均为方阵,但不一定同阶,则 $|A| = |A_{11}|\,|A_{22}|\cdots|A_{nn}|$.

注意:

$$\det\begin{pmatrix}A & \boldsymbol{0}\\ \boldsymbol{0} & B\end{pmatrix}=\det\begin{pmatrix}A & \boldsymbol{0}\\ \boldsymbol{0} & E\end{pmatrix}\cdot\det\begin{pmatrix}E & \boldsymbol{0}\\ \boldsymbol{0} & B\end{pmatrix}=\det A\ \det B.$$

(2)设

$$A=\begin{pmatrix}A_{11} & \boldsymbol{0} & \cdots & \boldsymbol{0}\\ \boldsymbol{0} & A_{22} & \cdots & \boldsymbol{0}\\ \vdots & \vdots & & \vdots\\ \boldsymbol{0} & \boldsymbol{0} & \cdots & A_{nn}\end{pmatrix},$$

其中 A_{ii} 均为方阵,但不一定同阶,若 $|A_{ii}|\neq 0$,$(i=1,\cdots,n)$,则 A 可逆,且逆为:

$$A^{-1}=\begin{pmatrix}A_{11}^{-1} & \boldsymbol{0} & \cdots & \boldsymbol{0}\\ \boldsymbol{0} & A_{22}^{-1} & \cdots & \boldsymbol{0}\\ \vdots & \vdots & & \vdots\\ \boldsymbol{0} & \boldsymbol{0} & \cdots & A_{nn}^{-1}\end{pmatrix}.$$

例 2.28　设

$$A=\begin{pmatrix}3 & 0 & 0 & 0 & 0\\ 0 & 5 & 3 & 0 & 0\\ 0 & 2 & 1 & 0 & 0\\ 0 & 0 & 0 & 2 & 5\\ 0 & 0 & 0 & 1 & 2\end{pmatrix},$$

求 $|A^3|$,A^{-1}.

解　根据矩阵特点对矩阵进行分块,进而利用分块对角阵的性质进行计算.

$$A=\begin{pmatrix}3 & 0 & 0 & 0 & 0\\ 0 & 5 & 3 & 0 & 0\\ 0 & 2 & 1 & 0 & 0\\ 0 & 0 & 0 & 2 & 5\\ 0 & 0 & 0 & 1 & 2\end{pmatrix}=\begin{pmatrix}A_1 & \boldsymbol{0} & \boldsymbol{0}\\ \boldsymbol{0} & A_2 & \boldsymbol{0}\\ \boldsymbol{0} & \boldsymbol{0} & A_3\end{pmatrix},$$

其中 $A_1=(3)$,$A_2=\begin{pmatrix}5 & 3\\ 2 & 1\end{pmatrix}$,$A_3=\begin{pmatrix}2 & 5\\ 1 & 2\end{pmatrix}$.

通过简单计算可得，$|A_1|=3$，$|A_2|=-1$，$|A_3|=-1$. 又利用 $A^{-1}=\dfrac{A^*}{|A|}$，进行计算得到：

$$A_1^{-1}=\left(\frac{1}{3}\right),A_2^{-1}=\begin{pmatrix}-1&3\\2&-5\end{pmatrix},A_3^{-1}=\begin{pmatrix}-2&5\\1&-2\end{pmatrix}.$$

所以

$$|A^3|=|A|^3=(|A_1||A_2||A_3|)^3=(3\times(-1)\times(-1))^3=27,$$

$$A^{-1}=\begin{pmatrix}A_1^{-1}&\boldsymbol{0}&\boldsymbol{0}\\\boldsymbol{0}&A_2^{-1}&\boldsymbol{0}\\\boldsymbol{0}&\boldsymbol{0}&A_3^{-1}\end{pmatrix}=\begin{pmatrix}\frac{1}{3}&0&0&0&0\\0&-1&3&0&0\\0&2&-5&0&0\\0&0&0&-2&5\\0&0&0&1&-2\end{pmatrix}.$$

例 2.29 设 $D=\begin{pmatrix}A&\boldsymbol{0}\\C&B\end{pmatrix}$，其中 A,B 分别是 k 阶和 r 阶可逆矩阵，C 是 $r\times k$ 矩阵，$\boldsymbol{0}$ 是 $k\times r$ 零矩阵. 求 D^{-1}.

解 分析：根据要求，假设给出 D^{-1} 的形式，然后利用逆矩阵的定义和分块矩阵的性质、乘法计算，求解相应的矩阵方程.

设

$$D^{-1}=\begin{pmatrix}X_{11}&X_{12}\\X_{21}&X_{22}\end{pmatrix},$$

其中 $X_{11},X_{12},X_{21},X_{22}$ 分别为 $k\times k,k\times r,r\times k,r\times r$ 阶矩阵.

由逆矩阵的定义可知

$$DD^{-1}=\begin{pmatrix}A&\boldsymbol{0}\\C&B\end{pmatrix}\begin{pmatrix}X_{11}&X_{12}\\X_{21}&X_{22}\end{pmatrix}=\begin{pmatrix}E_k&\boldsymbol{0}\\\boldsymbol{0}&E_r\end{pmatrix},$$

根据分块矩阵的乘法，可得

$$\begin{cases}AX_{11}=E_k,\\AX_{12}=\boldsymbol{0},\\CX_{11}+BX_{21}=\boldsymbol{0},\\CX_{12}+BX_{22}=E_r.\end{cases}$$

该矩阵方程组的解为：

$$X_{11}=A^{-1},X_{12}=\boldsymbol{0},X_{21}=-B^{-1}CA^{-1},X_{22}=B^{-1}.$$

所以得到

$$D^{-1}=\begin{pmatrix}A^{-1}&\boldsymbol{0}\\-B^{-1}CA^{-1}&B^{-1}\end{pmatrix}.$$

例 2.30 设 n 阶方阵

$$\boldsymbol{A}=\begin{pmatrix} 0 & a_1 & 0 & \cdots & 0 \\ 0 & 0 & a_2 & \cdots & 0 \\ \vdots & \vdots & \vdots & & \vdots \\ 0 & 0 & 0 & \cdots & a_{n-1} \\ a_n & 0 & 0 & \cdots & 0 \end{pmatrix},$$

其中 $a_i\neq 0, i=1,2,\cdots,n$,求 $\boldsymbol{A}$ 的逆矩阵.

解

$$\boldsymbol{A}=\begin{pmatrix} 0 & a_1 & 0 & \cdots & 0 \\ 0 & 0 & a_2 & \cdots & 0 \\ \vdots & \vdots & \vdots & & \vdots \\ 0 & 0 & 0 & \cdots & a_{n-1} \\ a_n & 0 & 0 & \cdots & 0 \end{pmatrix}=\begin{pmatrix} \boldsymbol{0} & \boldsymbol{B} \\ \boldsymbol{C} & \boldsymbol{0} \end{pmatrix},$$

其中 $\boldsymbol{C}=(a_n)$,$\boldsymbol{B}=\begin{pmatrix} a_1 & 0 & \cdots & 0 \\ 0 & a_2 & \cdots & 0 \\ \vdots & \vdots & & \vdots \\ 0 & 0 & \cdots & a_{n-1} \end{pmatrix}$.由逆矩阵的知识可得:

$$\boldsymbol{C}^{-1}=\left(\frac{1}{a_n}\right),\boldsymbol{B}^{-1}=\begin{pmatrix} \frac{1}{a_1} & 0 & \cdots & 0 \\ 0 & \frac{1}{a_2} & \cdots & 0 \\ \vdots & \vdots & & \vdots \\ 0 & 0 & \cdots & \frac{1}{a_{n-1}} \end{pmatrix},\boldsymbol{A}^{-1}=\begin{pmatrix} \boldsymbol{0} & \boldsymbol{B} \\ \boldsymbol{C} & \boldsymbol{0} \end{pmatrix}^{-1}=\begin{pmatrix} \boldsymbol{0} & \boldsymbol{C}^{-1} \\ \boldsymbol{B}^{-1} & \boldsymbol{0} \end{pmatrix},$$

所以

$$\boldsymbol{A}^{-1}=\begin{pmatrix} \boldsymbol{0} & \boldsymbol{C}^{-1} \\ \boldsymbol{B}^{-1} & \boldsymbol{0} \end{pmatrix}=\begin{pmatrix} 0 & 0 & \cdots & 0 & \frac{1}{a_n} \\ \frac{1}{a_1} & 0 & \cdots & 0 & 0 \\ 0 & \frac{1}{a_2} & \cdots & 0 & 0 \\ \vdots & \vdots & & \vdots & \vdots \\ 0 & 0 & \cdots & \frac{1}{a_{n-1}} & 0 \end{pmatrix}.$$

习题 2.5

1. 计算下列各题：

(1) $\begin{pmatrix} 2 & 1 & 1 & 0 \\ 6 & 3 & 0 & 1 \\ 0 & 0 & 4 & -2 \\ 0 & 0 & 0 & 3 \end{pmatrix}\begin{pmatrix} 4 & -1 & 0 & 0 \\ -3 & 2 & 0 & 0 \\ 0 & 0 & 4 & 1 \\ 0 & 0 & 7 & 5 \end{pmatrix}$；(2) $\begin{pmatrix} 3 & 2 & 0 & 0 \\ 5 & 3 & 0 & 0 \\ 0 & 0 & 1 & -2 \\ 0 & 0 & 0 & 1 \end{pmatrix}^3$.

2. 求下列矩阵的逆矩阵：

(1) $\begin{pmatrix} 3 & 2 & 0 & 0 \\ 5 & 8 & 0 & 0 \\ 0 & 0 & 3 & -2 \\ 0 & 0 & 4 & 1 \end{pmatrix}$；(2) $\begin{pmatrix} 0 & 0 & 0 & 1 & 2 \\ 0 & 0 & 0 & 3 & 5 \\ 1 & 1 & 0 & 0 & 0 \\ 0 & 1 & 1 & 0 & 0 \\ 2 & 0 & 2 & 0 & 0 \end{pmatrix}$.

3. 设 $\boldsymbol{A}=\begin{pmatrix} 3 & 1 & 0 & 0 \\ 0 & 3 & 0 & 0 \\ 0 & 0 & 3 & 9 \\ 0 & 0 & 1 & 3 \end{pmatrix}$，求 $|\boldsymbol{A}^8|$，$\boldsymbol{A}^4$，$\boldsymbol{A}^n$.

4. 设 $\boldsymbol{A}$ 为 3×3 矩阵，$|\boldsymbol{A}|=-2$，把 $\boldsymbol{A}$ 按列分块为 $\boldsymbol{A}=(\boldsymbol{A}_1,\boldsymbol{A}_2,\boldsymbol{A}_3)$，其中 $\boldsymbol{A}_j(j=1,2,3)$ 为 $\boldsymbol{A}$ 的第 j 列.求：(1) $|(\boldsymbol{A}_1,2\boldsymbol{A}_2,3\boldsymbol{A}_3)|$；(2) $|(\boldsymbol{A}_3-3\boldsymbol{A}_1,2\boldsymbol{A}_2,3\boldsymbol{A}_1)|$.

5. 设 $\boldsymbol{A}_1,\boldsymbol{A}_2,\cdots,\boldsymbol{A}_n$ 都可逆，求矩阵 $\boldsymbol{A}$ 的逆矩阵，其中

$$\boldsymbol{A}=\begin{pmatrix} \boldsymbol{0} & \cdots & \boldsymbol{0} & \boldsymbol{A}_1 \\ \boldsymbol{0} & \cdots & \boldsymbol{A}_2 & \boldsymbol{0} \\ \vdots & & \vdots & \vdots \\ \boldsymbol{A}_n & \cdots & \boldsymbol{0} & \boldsymbol{0} \end{pmatrix}.$$

6. 设 $\boldsymbol{A},\boldsymbol{B}$ 分别为 n 阶和 m 阶可逆矩阵.求下列分块矩阵的逆矩阵：

(1) $\begin{pmatrix} \boldsymbol{0} & \boldsymbol{A} \\ \boldsymbol{B} & \boldsymbol{C} \end{pmatrix}$；(2) $\begin{pmatrix} \boldsymbol{A} & \boldsymbol{C} \\ \boldsymbol{0} & \boldsymbol{B} \end{pmatrix}$；(3) $\begin{pmatrix} \boldsymbol{A} & \boldsymbol{0} \\ \boldsymbol{C} & \boldsymbol{B} \end{pmatrix}$；(4) $\begin{pmatrix} \boldsymbol{C} & \boldsymbol{A} \\ \boldsymbol{B} & \boldsymbol{0} \end{pmatrix}$.

第2章习题答案

第 3 章 矩阵的初等变换及其应用

第 2 章中，在利用伴随矩阵求一个矩阵的逆矩阵时，会遇到行列式的计算量陡增的情况，例如在求解一个五阶矩阵的逆矩阵时，则要计算 25 个四阶矩阵和 1 个五阶矩阵的行列式.面对这些不可避免的困难时，在实际应用中通常采用矩阵的初等变换法来解决此类问题.

矩阵的初等变换是矩阵理论中一种重要的运算，它可以用于简化矩阵的形式，进而解决求矩阵的秩，求矩阵的逆，求解线性方程组等众多与线性代数相关的问题.本章首先引入初等变换和初等矩阵的定义和性质，其次介绍如何使用初等变换简化矩阵的形式，求矩阵的逆和秩，以及线性方程组有解的判别定理.

3.1 初等变换与初等矩阵

3.1.1 矩阵的初等变换

引例 1 求解如下线性方程组

$$\begin{cases}2x_1-x_2-x_3+x_4=2,\\x_1+x_2-2x_3+x_4=4,\\4x_1-6x_2+2x_3-2x_4=4,\\3x_1+6x_2-9x_3+7x_4=9,\end{cases}\tag{3.1}$$

解 分析：用消元法求解该方程组.

将线性方程组(3.1)中第 1、2 个方程的位置互换，同时第 3 个方程除以 2 得到：

$$\begin{cases}x_1+x_2-2x_3+x_4=4,\\2x_1-x_2-x_3+x_4=2,\\2x_1-3x_2+x_3-x_4=2,\\3x_1+6x_2-9x_3+7x_4=9,\end{cases}\tag{3.2}$$

第 3 个方程的−1 倍加到第 2 个方程，同时第 1 个方程的−2 倍加到第 3 个方程，第 1 个方程的−3 倍加到第 4 个方程，得到：

$$\begin{cases}x_1+x_2-2x_3+x_4=4,\\2x_2-2x_3+2x_4=0,\\-5x_2+5x_3-3x_4=-6,\\3x_2-3x_3+4x_4=-3,\end{cases}\tag{3.3}$$

将方程组(3.3)的第 2 个方程同时乘以$\frac{1}{2}$倍，再将第 2 个方程的 5 倍加到第 3 个方程，最后再将第 2 个方程的−3 倍加到第 4 个方程得到：

$$\begin{cases}x_1+x_2-2x_3+x_4=4,\\x_2-x_3+x_4=0,\\2x_4=-6,\\x_4=-3,\end{cases}\tag{3.4}$$

将方程组(3.4)第 3 和第 4 个方程互换，然后再将第 3 个方程的−2 倍加到第 4 个方程得到：

$$\begin{cases}x_1+x_2-2x_3+x_4=4,\\x_2-x_3+x_4=0,\\x_4=-3,\\0=0,\end{cases}\tag{3.5}$$

将方程组(3.5)第 3 个方程的−1 倍加到第 1 个方程和第 2 个方程，同时再将第 2 个方程的−1 倍加到第 1 个方程，得到：

$$\begin{cases}x_1-x_3=4,\\x_2-x_3=3,\\x_4=-3,\\0=0,\end{cases}\text{或}\begin{cases}x_1=x_3+4,\\x_2=x_3+3,\\x_4=-3,\end{cases}\tag{3.6}$$

其中 x_3 可任意取值，令 $x_3=c$，则方程组的解为：

$$x=\begin{pmatrix}x_1\\x_2\\x_3\\x_4\end{pmatrix}=\begin{pmatrix}c+4\\c+3\\c\\-3\end{pmatrix}=c\begin{pmatrix}1\\1\\1\\0\end{pmatrix}+\begin{pmatrix}4\\3\\0\\-3\end{pmatrix},$$

其中 c 为任意常数.

上述求解方程组的方法称为高斯消元法，该方法常需要对线性方程组进行同解变形，即：

(1)交换两个方程的位置；

(2)用一个非零常数乘以某一个方程；

(3)将某个方程乘以一个常数后加到另外一个方程上.

若利用矩阵的乘法将线性方程组用矩阵的形式表示，则上述求解过程实质上就是对线性方程组的增广矩阵进行的行变换，这种行变换就是矩阵的初等行变换.下面给出初等行变换的定义.

定义 3.1　矩阵的下列三种变换称为矩阵的初等行变换：

(1)交换矩阵的两行(交换 i,j 两行，记作 $r_i \leftrightarrow r_j$)；

(2)以一个非零的常数 k 倍乘以矩阵的某一行(第 i 行乘以 k，记作 kr_i 或 $k\times r_i$)；

(3)把矩阵的某一行的 k 倍加到另一行(第 j 行乘以 k 加到第 i 行，记作 r_i+kr_j).

把定义中的“行”换成“列”，即得矩阵得初等列变换的定义(相应把记号中 r 换成 c).初等行变换与初等列变换统称为初等变换.

注：初等变换的逆变换仍是初等变换，且变换类型相同.

例如：变换 $r_i \leftrightarrow r_j$ 的逆变换即为其本身，变换 $k\times r_i$ 的逆变换为 $\dfrac{1}{k}\times r_i$，变换 r_i+kr_j 的逆变换为 r_i-kr_j.

定义 3.2　如果矩阵 $\boldsymbol{A}$ 经过有限次初等变换变成 $\boldsymbol{B}$，则称矩阵 $\boldsymbol{A}$ 与 $\boldsymbol{B}$ 等价，记作 $\boldsymbol{A}\sim\boldsymbol{B}$.

矩阵之间的等价关系具有下列基本性质：

(1)反身性：矩阵与其自身是等价的，即 $\boldsymbol{A}\sim\boldsymbol{A}$.

(2)对称性：若 $\boldsymbol{A}\sim\boldsymbol{B}$，则有 $\boldsymbol{B}\sim\boldsymbol{A}$.

(3)传递性：若 $\boldsymbol{A}\sim\boldsymbol{B}$，$\boldsymbol{B}\sim\boldsymbol{C}$，则有 $\boldsymbol{A}\sim\boldsymbol{C}$.

利用定义 3.1 和定义 3.2，线性方程组(3.1)的高斯消元法过程可用对其增广矩阵实施的初等行变换描述，具体过程如下：

$$\boldsymbol{B}=(\boldsymbol{A},b)=\begin{pmatrix}2&-1&-1&1&2\\1&1&-2&1&4\\4&-6&2&-2&4\\3&6&-9&7&9\end{pmatrix}\xrightarrow[r_3\div 2]{r_1\leftrightarrow r_2}\begin{pmatrix}1&1&-2&1&4\\2&-1&-1&1&2\\2&-3&1&-1&2\\3&6&-9&7&9\end{pmatrix}$$

$$\xrightarrow[r_4-3r_1]{\substack{r_2-r_3\\ r_3-2r_1}}\begin{pmatrix}1&1&-2&1&4\\0&2&-2&2&0\\0&-5&5&-3&-6\\0&3&-3&4&-3\end{pmatrix}\xrightarrow[r_4-3r_2]{\substack{r_2\div 2\\ r_3+5r_2}}\begin{pmatrix}1&1&-2&1&4\\0&1&-1&1&0\\0&0&0&2&-6\\0&0&0&1&-3\end{pmatrix}$$

$$\xrightarrow{\substack{r_3\leftrightarrow r_4\\ r_4-2r_3}}\begin{pmatrix}1&1&-2&1&4\\0&1&-1&1&0\\0&0&0&1&-3\\0&0&0&0&0\end{pmatrix}\xrightarrow[r_1-r_2]{\substack{r_1-r_3\\ r_2-r_3}}\begin{pmatrix}1&0&-1&0&4\\0&1&-1&0&3\\0&0&0&1&-3\\0&0&0&0&0\end{pmatrix},$$

以上矩阵依次对应于线性方程组(3.1)~(3.6).

因此，初等行变换是同解变换，即原增广矩阵所对应的线性方程组与新增广矩阵(经过有限次初等行变换得到)所对应的线性方程组是同解的.由于初等列变换会改变对应的线性方程组中未知数的位置,从而导致解的位置发生改变,所以,在实际计算时通常用初等行变换求解线性方程组,很少使用初等列变换.

一般地,对 $\boldsymbol{A}_{m\times n}$ 实施有限次的初等行变换,可将其约化为如下形式的矩阵

$$\begin{pmatrix} c_{11} & c_{12} & \cdots & c_{1r} & c_{1,r+1} & \cdots & c_{1n} \\ 0 & c_{22} & \cdots & c_{2r} & c_{2,r+1} & \cdots & c_{2n} \\ \vdots & \vdots & & \vdots & \vdots & & \vdots \\ 0 & 0 & \cdots & c_{rr} & c_{r,r+1} & \cdots & c_{rn} \\ 0 & 0 & \cdots & 0 & 0 & \cdots & 0 \\ \vdots & \vdots & & \vdots & \vdots & & \vdots \\ 0 & 0 & \cdots & 0 & 0 & \cdots & 0 \end{pmatrix},$$

称之为行阶梯形矩阵.它具有如下特点:

(1)每个阶梯只占一行.

(2)任一非零行(即元素不全为零的行)的第一个非零元素的列标一定不小于行标,且第一个非零元素的列标都大于它上面的非零行的第一个非零元素的列标.

(3)元素全为零的行(如果存在)必位于矩阵的最下面几行.

例如,下列矩阵

$$\boldsymbol{A}=\begin{pmatrix} 1 & 3 & 4 \\ 0 & 3 & 3 \\ 0 & 0 & 3 \end{pmatrix},\boldsymbol{B}=\begin{pmatrix} 3 & 5 & 2 & -1 & -1 \\ 0 & 0 & 1 & 0 & 5 \\ 0 & 0 & 0 & 0 & 4 \end{pmatrix},$$

$$\boldsymbol{C}=\begin{pmatrix} 2 & 3 & 4 & -2 \\ 0 & 0 & 0 & 1 \\ 0 & 0 & 0 & 0 \\ 0 & 0 & 0 & 0 \end{pmatrix},\boldsymbol{D}=\begin{pmatrix} 1 & 0 & 3 & -3 & 1 \\ 0 & 0 & -2 & 1 & -2 \\ 0 & 0 & 0 & 2 & -1 \\ 0 & 0 & 0 & 0 & 0 \end{pmatrix},$$

均为行阶梯形矩阵.

若对行阶梯形矩阵再实施有限次的初等行变换,可以将其进一步约化为如下的矩阵,即

$$\begin{pmatrix} 1 & 0 & \cdots & 0 & b_{1,r+1} & \cdots & b_{1n} \\ 0 & 1 & \cdots & 0 & b_{2,r+1} & \cdots & b_{2n} \\ \vdots & \vdots & & \vdots & \vdots & & \vdots \\ 0 & 0 & \cdots & 1 & b_{r,r+1} & \cdots & b_{rn} \\ 0 & 0 & \cdots & 0 & 0 & \cdots & 0 \\ \vdots & \vdots & & \vdots & \vdots & & \vdots \\ 0 & 0 & \cdots & 0 & 0 & \cdots & 0 \end{pmatrix}$$

称为行最简阶梯形.它的特点是:每一非零行的第 1 个非零元素全为 1,且它所在的列中其余元素全为零.

例如,下列矩阵

$$A=\begin{pmatrix}1&0&0\\0&1&0\\0&0&1\end{pmatrix},B=\begin{pmatrix}1&5&0&-1&0\\0&0&1&0&0\\0&0&0&0&1\end{pmatrix},$$

$$C=\begin{pmatrix}1&3&4&0\\0&0&0&1\\0&0&0&0\\0&0&0&0\end{pmatrix},D=\begin{pmatrix}1&2&0&0&1\\0&0&1&0&-2\\0&0&0&1&-1\\0&0&0&0&0\end{pmatrix},$$

均为行最简阶梯形.

对于任一给定的矩阵 $A_{m\times n}$ 实施有限次的初等行变换,可将其约化为行阶梯形以及行最简阶梯形,进一步地,若继续对行最简阶梯形实施有限次初等列变换,则可将矩阵 $A_{m\times n}$ 化为最简单形式,即

$$\begin{pmatrix}1&0&\cdots&0&0&\cdots&0\\0&1&\cdots&0&0&\cdots&0\\\vdots&\vdots&&\vdots&\vdots&&\vdots\\0&0&\cdots&1&0&\cdots&0\\0&0&\cdots&0&0&\cdots&0\\\vdots&\vdots&&\vdots&\vdots&&\vdots\\0&0&\cdots&0&0&\cdots&0\end{pmatrix}$$

称为矩阵 $A_{m\times n}$ 的标准形.

注:对任一矩阵 $A_{m\times n}$ 实施初等行变换,可将其化为行阶梯形矩阵,如果进一步初等行变换,可将其化为行最简阶梯形矩阵.如果需要将矩阵 $A_{m\times n}$ 化为其标准形,则需要进一步进行初等列变换.

定理 3.1　任一矩阵 $A_{m\times n}=(a_{ij})_{m\times n}$ 经过有限次初等变换(先用初等行变换将矩阵 $A_{m\times n}$ 化为行最简阶梯形,再用初等列变换将其化为标准形),可将其约化为标准形.即矩阵 $A_{m\times n}$ 可约化为如下标准形:

$$D=\begin{pmatrix}1&\cdots&0&0&\cdots&0\\\vdots&&\vdots&\vdots&&\vdots\\0&\cdots&1&0&\cdots&0\\0&\cdots&0&0&\cdots&0\\\vdots&&\vdots&\vdots&&\vdots\\0&\cdots&0&0&\cdots&0\end{pmatrix}=\begin{pmatrix}E_r&O_{r\times(n-r)}\\O_{(m-r)\times r}&O_{(m-r)\times(n-r)}\end{pmatrix}.$$

证明　如果所有的 a_{ij} 都等于零,则 A 已经是 D 的形式($r=0$).如果至少有一个元素不等于零,不妨假设 $a_{11}\neq 0$(否则总可以通过第一种初等变换,使左上角元素不为零),以 $-a_{i1}/a_{11}$ 乘以第 1 行加至第 i 行($i=2,\cdots,m$),以 $-a_{1j}/a_{11}$ 乘所得矩阵的第 1 列加至第 j 列($j=2,\cdots,$

n)，然后以 $1/a_{11}$ 乘以第一行，于是矩阵 $\boldsymbol{A}$ 化为

$$\begin{pmatrix} E_1 & \boldsymbol{0}_{1\times(n-1)} \\ \boldsymbol{0}_{(m-1)\times 1} & B_{(m-1)\times(n-1)} \end{pmatrix},$$

如果 $\boldsymbol{B}=0$，则 $\boldsymbol{A}$ 已化为 $\boldsymbol{D}$ 的形式，否则按上述方法继续对矩阵 $\boldsymbol{B}$ 进行相应的初等行变换和初等列变换，可得结论.

推论 1 任一矩阵 $\boldsymbol{A}_{m\times n}=(a_{ij})_{m\times n}$ 经过有限次初等行变换，可将其约化为阶梯形矩阵，进而化为行最简阶梯形矩阵.

推论 2 如果 $\boldsymbol{A}_{n\times n}=(a_{ij})_{n\times n}$ 为可逆矩阵，则矩阵 $\boldsymbol{A}$ 经过有限次初等变换可化为单位矩阵 $\boldsymbol{E}_n$，即 $\boldsymbol{A}_{n\times n}\sim\boldsymbol{E}_n$.

例 3.1 将矩阵 $\boldsymbol{A}=\begin{pmatrix} 2 & 1 & 2 & 3 \\ 4 & 1 & 3 & 5 \\ 2 & 0 & 1 & 2 \end{pmatrix}$ 化为标准形.

解 首先对矩阵 $\boldsymbol{A}$ 实施初等行变换，即

$$\boldsymbol{A}=\begin{pmatrix} 2 & 1 & 2 & 3 \\ 4 & 1 & 3 & 5 \\ 2 & 0 & 1 & 2 \end{pmatrix}\xrightarrow[r_3-r_1]{r_2-2r_1}\begin{pmatrix} 2 & 1 & 2 & 3 \\ 0 & -1 & -1 & -1 \\ 0 & -1 & -1 & -1 \end{pmatrix}\xrightarrow[r_3+r_2]{r_2\div(-1)}\begin{pmatrix} 2 & 1 & 2 & 3 \\ 0 & 1 & 1 & 1 \\ 0 & 0 & 0 & 0 \end{pmatrix}=\boldsymbol{B},$$

$\boldsymbol{B}$ 为行阶梯形矩阵.继续对 $\boldsymbol{B}$ 进行初等行变换，可得行最简阶梯形矩阵 $\boldsymbol{C}$，

$$\boldsymbol{B}=\begin{pmatrix} 2 & 1 & 2 & 3 \\ 0 & 1 & 1 & 1 \\ 0 & 0 & 0 & 0 \end{pmatrix}\xrightarrow[r_1\times\frac{1}{2}]{r_1-r_2}\begin{pmatrix} 1 & 0 & \frac{1}{2} & 1 \\ 0 & 1 & 1 & 1 \\ 0 & 0 & 0 & 0 \end{pmatrix}=\boldsymbol{C},$$

继续对 $\boldsymbol{C}$ 进行初等列变换，可得标准形矩阵 $\boldsymbol{D}$，

$$\boldsymbol{C}=\begin{pmatrix} 1 & 0 & \frac{1}{2} & 1 \\ 0 & 1 & 1 & 1 \\ 0 & 0 & 0 & 0 \end{pmatrix}\xrightarrow[\substack{c_3-c_2 \\ c_4-c_2}]{\substack{c_3-\frac{1}{2}c_1 \\ c_4-c_1}}\begin{pmatrix} 1 & 0 & 0 & 0 \\ 0 & 1 & 0 & 0 \\ 0 & 0 & 0 & 0 \end{pmatrix}=\boldsymbol{D}.$$

3.1.2 初等矩阵

定义 3.3 由单位矩阵 $\boldsymbol{E}$ 经过一次初等变换得到的矩阵称为初等矩阵.三种初等变换分别对应着三种初等矩阵.

(1)第一种初等矩阵:互换单位矩阵 $\boldsymbol{E}$ 的第 i 行与第 j 行(或第 i 列与第 j 列)可以得到第一种初等矩阵，记为 $\boldsymbol{E}(i,j)$，即

$$
E(i,j)=\begin{pmatrix}
1 & \cdots & 0 & 0 & 0 & \cdots & 0 & 0 & 0 & \cdots & 0 \\
\vdots & & \vdots & \vdots & \vdots & & \vdots & \vdots & \vdots & & \vdots \\
0 & \cdots & 1 & 0 & 0 & \cdots & 0 & 0 & 0 & \cdots & 0 \\
0 & \cdots & 0 & 0 & 0 & \cdots & 0 & 1 & 0 & \cdots & 0 \\
0 & \cdots & 0 & 0 & 1 & \cdots & 0 & 0 & 0 & \cdots & 0 \\
\vdots & & \vdots & \vdots & \vdots & & \vdots & \vdots & \vdots & & \vdots \\
0 & \cdots & 0 & 0 & 0 & \cdots & 1 & 0 & 0 & \cdots & 0 \\
0 & \cdots & 0 & 1 & 0 & \cdots & 0 & 0 & 0 & \cdots & 0 \\
0 & \cdots & 0 & 0 & 0 & \cdots & 0 & 0 & 1 & \cdots & 0 \\
\vdots & & \vdots & \vdots & \vdots & & \vdots & \vdots & \vdots & & \vdots \\
0 & \cdots & 0 & 0 & 0 & \cdots & 0 & 0 & 0 & \cdots & 1
\end{pmatrix}
\begin{matrix} \\ \\ i\text{ 行} \\ \\ \\ \\ \\ \\ j\text{ 行} \\ \\ \\ \end{matrix}.
$$

用 m 阶初等矩阵 $\boldsymbol{E}(i,j)$ 左乘 $\boldsymbol{A}_{m\times n}=(a_{ij})_{m\times n}$，得到

$$
E(i,j)\begin{pmatrix}
a_{11} & \cdots & a_{1,i-1} & a_{1i} & a_{1,i+1} & \cdots & a_{1,j-1} & a_{1j} & a_{1,j+1} & \cdots & a_{1n} \\
\vdots & & \vdots & \vdots & \vdots & & \vdots & \vdots & \vdots & & \vdots \\
a_{i-1,1} & \cdots & a_{i-1,i-1} & a_{i-1,i} & a_{i-1,i+1} & \cdots & a_{i-1,j-1} & a_{i-1,j} & a_{i-1,j+1} & \cdots & a_{i-1,n} \\
a_{i,1} & \cdots & a_{i,i-1} & a_{i,i} & a_{i,i+1} & \cdots & a_{i,j-1} & a_{i,j} & a_{i,j+1} & \cdots & a_{i,n} \\
a_{i+1,1} & \cdots & a_{i+1,i-1} & a_{i+1,i} & a_{i+1,i+1} & \cdots & a_{i+1,j-1} & a_{i+1,j} & a_{i+1,j+1} & \cdots & a_{i+1,n} \\
\vdots & & \vdots & \vdots & \vdots & & \vdots & \vdots & \vdots & & \vdots \\
a_{j-1,1} & \cdots & a_{j-1,i-1} & a_{j-1,i} & a_{j-1,i+1} & \cdots & a_{j-1,j-1} & a_{j-1,j} & a_{j-1,j+1} & \cdots & a_{j-1,n} \\
a_{j,1} & \cdots & a_{j,i-1} & a_{j,i} & a_{j,i+1} & \cdots & a_{j,j-1} & a_{j,j} & a_{j,j+1} & \cdots & a_{j,n} \\
a_{j+1,1} & \cdots & a_{j+1,i-1} & a_{j+1,i} & a_{j+1,i+1} & \cdots & a_{j+1,j-1} & a_{j+1,j} & a_{j+1,j+1} & \cdots & a_{j+1,n} \\
\vdots & & \vdots & \vdots & \vdots & & \vdots & \vdots & \vdots & & \vdots \\
a_{m,1} & \cdots & a_{m,i-1} & a_{m,i} & a_{m,i+1} & \cdots & a_{m,j-1} & a_{m,j} & a_{m,j+1} & \cdots & a_{m,n}
\end{pmatrix}
\begin{matrix} \\ \\ i\text{ 行} \\ \\ \\ \\ \\ j\text{ 行} \\ \\ \\ \\ \end{matrix}.
$$

$$=\begin{pmatrix} a_{11} & \cdots & a_{1,i-1} & a_{1i} & a_{1,i+1} & \cdots & a_{1,j-1} & a_{1j} & a_{1,j+1} & \cdots & a_{1n} \\ \vdots & & \vdots & \vdots & \vdots & & \vdots & \vdots & \vdots & & \vdots \\ a_{i-1,1} & \cdots & a_{i-1,i-1} & a_{i-1,i} & a_{i-1,i+1} & \cdots & a_{i-1,j-1} & a_{i-1,j} & a_{i-1,j+1} & \cdots & a_{i-1,n} \\ a_{j,1} & \cdots & a_{j,i-1} & a_{j,i} & a_{j,i+1} & \cdots & a_{j,j-1} & a_{j,j} & a_{j,j+1} & \cdots & a_{j,n} \\ a_{i+1,1} & \cdots & a_{i+1,i-1} & a_{i+1,i} & a_{i+1,i+1} & \cdots & a_{i+1,j-1} & a_{i+1,j} & a_{i+1,j+1} & \cdots & a_{i+1,n} \\ \vdots & & \vdots & \vdots & \vdots & & \vdots & \vdots & \vdots & & \vdots \\ a_{j-1,1} & \cdots & a_{j-1,i-1} & a_{j-1,i} & a_{j-1,i+1} & \cdots & a_{j-1,j-1} & a_{j-1,j} & a_{j-1,j+1} & \cdots & a_{j-1,n} \\ a_{i,1} & \cdots & a_{i,i-1} & a_{i,i} & a_{i,i+1} & \cdots & a_{i,j-1} & a_{i,j} & a_{i,j+1} & \cdots & a_{i,n} \\ a_{j+1,1} & \cdots & a_{j+1,i-1} & a_{j+1,i} & a_{j+1,i+1} & \cdots & a_{j+1,j-1} & a_{j+1,j} & a_{j+1,j+1} & \cdots & a_{j+1,n} \\ \vdots & & \vdots & \vdots & \vdots & & \vdots & \vdots & \vdots & & \vdots \\ a_{m,1} & \cdots & a_{m,i-1} & a_{m,i} & a_{m,i+1} & \cdots & a_{m,j-1} & a_{m,j} & a_{m,j+1} & \cdots & a_{m,n} \end{pmatrix} \begin{matrix} \\ \\ \\ i\text{ 行} \\ \\ \\ \\ \\ j\text{ 行} \\ \\ \\ \end{matrix}.$$

从上面可看出，用 m 阶初等矩阵 $\boldsymbol{E}(i,j)$ 左乘 $\boldsymbol{A}_{m\times n}=(a_{ij})_{m\times n}$，相当于对矩阵 $\boldsymbol{A}_{m\times n}=(a_{ij})_{m\times n}$实施了一次初等行变换，把矩阵 $\boldsymbol{A}$ 的第 i 行与第 j 行对调($r_i\leftrightarrow r_j$).类似的，用 n 阶初等矩阵 $\boldsymbol{E}(i,j)$ 右乘 $\boldsymbol{A}_{m\times n}=(a_{ij})_{m\times n}$，相当于对矩阵 $\boldsymbol{A}$ 实施了一次初等列变换，把矩阵 $\boldsymbol{A}$ 的第 i 列与第 j 列对调($c_i\leftrightarrow c_j$).

(2)第二种初等矩阵：将单位矩阵 $\boldsymbol{E}$ 的第 i 行(或第 i 列)乘以非零常数 k 可以得到第二种初等矩阵，记为 $\boldsymbol{E}(i(k))$，即

$$\boldsymbol{E}(i(k))=\begin{pmatrix} 1 & \cdots & 0 & \cdots & 0 \\ \vdots & & \vdots & & \vdots \\ 0 & \cdots & k & \cdots & 0 \\ \vdots & & \vdots & & \vdots \\ 0 & \cdots & 0 & \cdots & 1 \end{pmatrix} i\text{ 行}.$$

用初等矩阵 $\boldsymbol{E}(i(k))$左乘矩阵 $\boldsymbol{A}_{m\times n}=(a_{ij})_{m\times n}$，可得

$$E(i(k))=\begin{pmatrix} 1 & \cdots & 0 & \cdots & 0 \\ \vdots & & \vdots & & \vdots \\ 0 & \cdots & k & \cdots & 0 \\ \vdots & & \vdots & & \vdots \\ 0 & \cdots & 0 & \cdots & 1 \end{pmatrix}\begin{pmatrix} a_{11} & \cdots & a_{1i} & \cdots & a_{1n} \\ \vdots & & \vdots & & \vdots \\ a_{i1} & \cdots & a_{ii} & \cdots & a_{in} \\ \vdots & & \vdots & & \vdots \\ a_{m1} & \cdots & a_{mi} & \cdots & a_{mn} \end{pmatrix} i\text{ 行},$$

$$=\begin{pmatrix} a_{11} & \cdots & a_{1i} & \cdots & a_{1n} \\ \vdots & & \vdots & & \vdots \\ ka_{i1} & \cdots & ka_{ii} & \cdots & ka_{in} \\ \vdots & & \vdots & & \vdots \\ a_{m1} & \cdots & a_{mi} & \cdots & a_{mn} \end{pmatrix} i\text{ 行}.$$

用初等矩阵 $\boldsymbol{E}(i(k))$左乘矩阵 $\boldsymbol{A}_{m\times n}=(a_{ij})_{m\times n}$，相当于对矩阵 $\boldsymbol{A}_{m\times n}=(a_{ij})_{m\times n}$实施了一次

初等行变换,把矩阵 $\boldsymbol{A}$ 的第 i 行对应元素都乘以非零常数 $k(k\times r_i)$.类似的,用初等矩阵 $\boldsymbol{E}(i(k))$ 右乘矩阵 $\boldsymbol{A}_{m\times n}=(a_{ij})_{m\times n}$,相当于对矩阵 $\boldsymbol{A}$ 实施了一次初等列变换,把矩阵 $\boldsymbol{A}$ 的第 i 列对应元素都乘以非零常数 $k(k\times c_i)$.

(3)第三种初等矩阵:将单位矩阵 $\boldsymbol{E}$ 的第 j 行(或第 i 列)乘以非零常数 k 加到第 i 行(或第 j 列)的对应元素上,可以得到第三种初等矩阵,记为 $\boldsymbol{E}(ij(k))$,即

$$E(ij(k))=\begin{pmatrix}1&\cdots&0&\cdots&0&\cdots&0\\ \vdots&&\vdots&&\vdots&&\vdots\\ 0&\cdots&1&\cdots&k&\cdots&0\\ \vdots&&\vdots&&\vdots&&\vdots\\ 0&\cdots&0&\cdots&1&\cdots&0\\ \vdots&&\vdots&&\vdots&&\vdots\\ 0&\cdots&0&\cdots&0&\cdots&1\end{pmatrix}\begin{matrix}\\ \\ i\text{ 行}\\ \\ j\text{ 行}\\ \\ \\ \end{matrix}.$$

用初等矩阵 $\boldsymbol{E}(ij(k))$ 左乘矩阵 $\boldsymbol{A}_{m\times n}=(a_{ij})_{m\times n}$,可得

$$E(ij(k))=\begin{pmatrix}1&\cdots&0&\cdots&0&\cdots&0\\ \vdots&&\vdots&&\vdots&&\vdots\\ 0&\cdots&1&\cdots&k&\cdots&0\\ \vdots&&\vdots&&\vdots&&\vdots\\ 0&\cdots&0&\cdots&1&\cdots&0\\ \vdots&&\vdots&&\vdots&&\vdots\\ 0&\cdots&0&\cdots&0&\cdots&1\end{pmatrix}\begin{pmatrix}a_{11}&\cdots&a_{1i}&\cdots&a_{1j}&\cdots&a_{1n}\\ \vdots&&\vdots&&\vdots&&\vdots\\ a_{i1}&\cdots&a_{ii}&\cdots&a_{ij}&\cdots&a_{in}\\ \vdots&&\vdots&&\vdots&&\vdots\\ a_{j1}&\cdots&a_{ji}&\cdots&a_{jj}&\cdots&a_{jn}\\ \vdots&&\vdots&&\vdots&&\vdots\\ a_{m1}&\cdots&a_{mi}&\cdots&a_{mj}&\cdots&a_{mn}\end{pmatrix}\begin{matrix}\\ \\ i\text{ 行}\\ \\ j\text{ 行}\\ \\ \\ \end{matrix}.$$

$$=\begin{pmatrix}a_{11}&\cdots&a_{1i}&\cdots&a_{1j}&\cdots&a_{1n}\\ \vdots&&\vdots&&\vdots&&\vdots\\ a_{i1}+ka_{j1}&\cdots&a_{ii}+ka_{ji}&\cdots&a_{ij}+ka_{jj}&\cdots&a_{in}+ka_{jn}\\ \vdots&&\vdots&&\vdots&&\vdots\\ a_{j1}&\cdots&a_{ji}&\cdots&a_{jj}&\cdots&a_{jn}\\ \vdots&&\vdots&&\vdots&&\vdots\\ a_{m1}&\cdots&a_{mi}&\cdots&a_{mj}&\cdots&a_{mn}\end{pmatrix}\begin{matrix}\\ \\ i\text{ 行}\\ \\ j\text{ 行}\\ \\ \\ \end{matrix}.$$

用初等矩阵 $\boldsymbol{E}(ij(k))$ 左乘矩阵 $\boldsymbol{A}_{m\times n}=(a_{ij})_{m\times n}$,相当于对矩阵 $\boldsymbol{A}$ 实施了一次初等行变换,把矩阵 $\boldsymbol{A}$ 的第 j 行对应元素都乘以非零常数 k 加至第 i 行对应元素上.类似的,用初等矩阵 $\boldsymbol{E}(ij(k))$ 右乘矩阵 $\boldsymbol{A}_{m\times n}=(a_{ij})_{m\times n}$,相当于对矩阵 $\boldsymbol{A}$ 实施了一次初等列变换,把矩阵 $\boldsymbol{A}$ 的第 i 列对应元素都乘以非零常数 k 加至第 j 列对应元素上.

初等变换与初等矩阵建立起对应关系后,可以得到如下关于初等矩阵的结论.

定理 3.2　设 $\boldsymbol{A}$ 是一个 $m\times n$ 矩阵,对 $\boldsymbol{A}$ 实施一次初等行变换,相当于在 $\boldsymbol{A}$ 的左边乘以相应的 m 阶初等矩阵;对 $\boldsymbol{A}$ 实施一次初等列变换,相当于在 $\boldsymbol{A}$ 的右边乘以相应的 n 阶初等矩

阵.简称为左乘变行,右乘变列.

例如,对矩阵 $\boldsymbol{A}$ 实施一次初等行变换

$$\boldsymbol{A}=\begin{pmatrix} a_{11} & a_{12} & a_{13} & a_{14} \\ a_{21} & a_{22} & a_{23} & a_{24} \\ a_{31} & a_{32} & a_{33} & a_{34} \end{pmatrix} \xrightarrow{r_1 \leftrightarrow r_3} \begin{pmatrix} a_{31} & a_{32} & a_{33} & a_{34} \\ a_{21} & a_{22} & a_{23} & a_{24} \\ a_{11} & a_{12} & a_{13} & a_{14} \end{pmatrix},$$

相应地等价于:

$$\boldsymbol{E}(1,3)\boldsymbol{A}=\begin{pmatrix} 0 & 0 & 1 \\ 0 & 1 & 0 \\ 1 & 0 & 0 \end{pmatrix}\begin{pmatrix} a_{11} & a_{12} & a_{13} & a_{14} \\ a_{21} & a_{22} & a_{23} & a_{24} \\ a_{31} & a_{32} & a_{33} & a_{34} \end{pmatrix}=\begin{pmatrix} a_{31} & a_{32} & a_{33} & a_{34} \\ a_{21} & a_{22} & a_{23} & a_{24} \\ a_{11} & a_{12} & a_{13} & a_{14} \end{pmatrix}.$$

对矩阵 $\boldsymbol{A}$ 实施一次初等行变换

$$\boldsymbol{A}=\begin{pmatrix} a_{11} & a_{12} & a_{13} & a_{14} \\ a_{21} & a_{22} & a_{23} & a_{24} \\ a_{31} & a_{32} & a_{33} & a_{34} \end{pmatrix} \xrightarrow{r_1 + kr_3} \begin{pmatrix} a_{11}+ka_{31} & a_{12}+a_{32} & a_{13}+ka_{33} & a_{14}+ka_{34} \\ a_{21} & a_{22} & a_{23} & a_{24} \\ a_{31} & a_{32} & a_{33} & a_{34} \end{pmatrix},$$

相应地等价于:

$$\boldsymbol{E}(13(k))\boldsymbol{A}=\begin{pmatrix} 1 & 0 & k \\ 0 & 1 & 0 \\ 0 & 0 & 1 \end{pmatrix}\begin{pmatrix} a_{11} & a_{12} & a_{13} & a_{14} \\ a_{21} & a_{22} & a_{23} & a_{24} \\ a_{31} & a_{32} & a_{33} & a_{34} \end{pmatrix}$$

$$=\begin{pmatrix} a_{11}+ka_{31} & a_{12}+a_{32} & a_{13}+ka_{33} & a_{14}+ka_{34} \\ a_{21} & a_{22} & a_{23} & a_{24} \\ a_{31} & a_{32} & a_{33} & a_{34} \end{pmatrix}.$$

对矩阵 $\boldsymbol{A}$ 实施一次初等列变换

$$\boldsymbol{A}=\begin{pmatrix} a_{11} & a_{12} & a_{13} & a_{14} \\ a_{21} & a_{22} & a_{23} & a_{24} \\ a_{31} & a_{32} & a_{33} & a_{34} \end{pmatrix} \xrightarrow{c_1 + kc_3} \begin{pmatrix} a_{11}+ka_{13} & a_{12} & a_{13} & a_{14} \\ a_{21}+ka_{23} & a_{22} & a_{23} & a_{24} \\ a_{31}+ka_{33} & a_{32} & a_{33} & a_{34} \end{pmatrix},$$

相应地等价于:

$$\boldsymbol{AE}(31(k))=\begin{pmatrix} a_{11} & a_{12} & a_{13} & a_{14} \\ a_{21} & a_{22} & a_{23} & a_{24} \\ a_{31} & a_{32} & a_{33} & a_{34} \end{pmatrix}\begin{pmatrix} 1 & 0 & 0 & 0 \\ 0 & 1 & 0 & 0 \\ k & 0 & 1 & 0 \\ 0 & 0 & 0 & 1 \end{pmatrix}$$

$$=\begin{pmatrix} a_{11}+ka_{13} & a_{12} & a_{13} & a_{14} \\ a_{21}+ka_{23} & a_{22} & a_{23} & a_{24} \\ a_{31}+ka_{33} & a_{32} & a_{33} & a_{34} \end{pmatrix}.$$

为进一步加深理解,见下面的例题.

例 3.2　设矩阵 $\boldsymbol{A}=\begin{pmatrix}3&0&1\\1&-1&2\\0&1&1\end{pmatrix}$ 和初等矩阵

$$\boldsymbol{E}(1,2)=\begin{pmatrix}0&1&0\\1&0&0\\0&0&1\end{pmatrix},\boldsymbol{E}(1,2(6))=\begin{pmatrix}1&6&0\\0&1&0\\0&0&1\end{pmatrix},\boldsymbol{E}(2(6))=\begin{pmatrix}1&0&0\\0&6&0\\0&0&1\end{pmatrix},$$

分别用三种初等矩阵左乘矩阵 $\boldsymbol{A}$.

解　分别用三种初等矩阵左乘矩阵 $\boldsymbol{A}$.

$$\boldsymbol{E}(1,2)\boldsymbol{A}=\begin{pmatrix}0&1&0\\1&0&0\\0&0&1\end{pmatrix}\begin{pmatrix}3&0&1\\1&-1&2\\0&1&1\end{pmatrix}=\begin{pmatrix}1&-1&2\\3&0&1\\0&1&1\end{pmatrix},$$

上式表明，用 $E(1,2)$ 左乘 $\boldsymbol{A}$ 相当于交换矩阵 $\boldsymbol{A}$ 的第 1 行和第 2 行的元素.

$$\boldsymbol{E}(1,2(6))\boldsymbol{A}=\begin{pmatrix}1&6&0\\0&1&0\\0&0&1\end{pmatrix}\begin{pmatrix}3&0&1\\1&-1&2\\0&1&1\end{pmatrix}=\begin{pmatrix}9&-6&13\\1&-1&2\\0&1&1\end{pmatrix},$$

上式表明，用 $\boldsymbol{E}(1,2(6))$ 左乘 $\boldsymbol{A}$ 相当于把矩阵 $\boldsymbol{A}$ 的第 2 行对应元素乘以 6 后加至第一行对应元素上.

$$\boldsymbol{E}(2(6))\boldsymbol{A}=\begin{pmatrix}1&0&0\\0&6&0\\0&0&1\end{pmatrix}\begin{pmatrix}3&0&1\\1&-1&2\\0&1&1\end{pmatrix}=\begin{pmatrix}3&0&1\\6&-6&12\\0&1&1\end{pmatrix},$$

上式表明，用 $\boldsymbol{E}(2(6))$ 左乘 $\boldsymbol{A}$ 相当于把矩阵 $\boldsymbol{A}$ 的第 2 行对应元素分别乘以 6.

例 3.3　设矩阵 $\boldsymbol{A}=\begin{pmatrix}1&2&3\\4&5&6\\7&8&9\end{pmatrix},\boldsymbol{P}=\begin{pmatrix}0&0&1\\0&1&0\\1&0&0\end{pmatrix},\boldsymbol{Q}=\begin{pmatrix}1&0&0\\0&0&1\\0&1&0\end{pmatrix}$，求 $\boldsymbol{P}^{20}\boldsymbol{A}\boldsymbol{Q}^{21}$.

解　分析 $\boldsymbol{P}=\boldsymbol{E}(1,3),\boldsymbol{Q}=\boldsymbol{E}(2,3)$ 均为初等矩阵，用 $\boldsymbol{P}=\boldsymbol{E}(1,3)$ 左乘矩阵 $\boldsymbol{A}$ 相当于把 $\boldsymbol{A}$ 的第 1 行、第 3 行交换，故 $\boldsymbol{P}^{20}\boldsymbol{A}=\boldsymbol{E}(1,3)^{20}\boldsymbol{A}$ 相当于把 $\boldsymbol{A}$ 的第 1 行、第 3 行交换 20 次，结果仍为 $\boldsymbol{A}$. 同理可分析，右乘矩阵 $\boldsymbol{Q}$.

$$\boldsymbol{P}^{20}\boldsymbol{A}\boldsymbol{Q}^{21}=\begin{pmatrix}0&0&1\\0&1&0\\1&0&0\end{pmatrix}^{20}\begin{pmatrix}1&2&3\\4&5&6\\7&8&9\end{pmatrix}\begin{pmatrix}1&0&0\\0&0&1\\0&1&0\end{pmatrix}^{21}$$

$$=\begin{pmatrix}1&2&3\\4&5&6\\7&8&9\end{pmatrix}\begin{pmatrix}1&0&0\\0&0&1\\0&1&0\end{pmatrix}^{21}=\begin{pmatrix}1&3&2\\4&6&5\\7&9&8\end{pmatrix}.$$

例 3.4　设矩阵 $\boldsymbol{A}$ 为三阶矩阵，将 $\boldsymbol{A}$ 的第 2 行加到第 1 行得 $\boldsymbol{B}$，再将 $\boldsymbol{B}$ 的第 1 列的 -1 倍

加到第 2 列得矩阵 $\boldsymbol{C}$,记矩阵 $\boldsymbol{P}=\begin{pmatrix}1&1&0\\0&1&0\\0&0&1\end{pmatrix}$,求矩阵 $\boldsymbol{C}$.

解 第 2 行加到第 1 行的初等矩阵为 $\boldsymbol{P}$,由题意可知,将 $\boldsymbol{A}$ 的第 2 行加到第 1 行得 $\boldsymbol{B}$,则有 $\boldsymbol{B}=\boldsymbol{PA}$.

第 1 列的−1 倍加到第 2 列的初等矩阵为:

$$Q=\begin{pmatrix}1&-1&0\\0&1&0\\0&0&1\end{pmatrix},$$

由题意可知,再将 $\boldsymbol{B}$ 的第 1 列的−1 倍加到第 2 列得矩阵 $\boldsymbol{C}$,即

$$\boldsymbol{C}=\boldsymbol{BQ}=\boldsymbol{PAQ}.$$

又因为

$$\boldsymbol{PQ}=\begin{pmatrix}1&1&0\\0&1&0\\0&0&1\end{pmatrix}\begin{pmatrix}1&-1&0\\0&1&0\\0&0&1\end{pmatrix}=\begin{pmatrix}1&0&0\\0&1&0\\0&0&1\end{pmatrix}=\boldsymbol{E}_3,$$

所以可得:

$$\boldsymbol{P}^{-1}=\boldsymbol{Q}=\begin{pmatrix}1&-1&0\\0&1&0\\0&0&1\end{pmatrix}.$$

综上可得:$C=\boldsymbol{PAP}^{-1}$.

例 3.5 用初等行变换把矩阵 $\boldsymbol{A}=\begin{pmatrix}0&1&7&8\\1&3&3&8\\-2&-5&1&-8\end{pmatrix}$ 化为阶梯形矩阵 $\boldsymbol{B}$,并求初等矩阵 $\boldsymbol{P}_1,\boldsymbol{P}_2,\boldsymbol{P}_3$,使得 $\boldsymbol{P}_3\boldsymbol{P}_2\boldsymbol{P}_1\boldsymbol{A}=\boldsymbol{B}$ 成立.

解

$$\boldsymbol{A}=\begin{pmatrix}0&1&7&8\\1&3&3&8\\-2&-5&1&-8\end{pmatrix}\xrightarrow{r_1\leftrightarrow r_2}\begin{pmatrix}1&3&3&8\\0&1&7&8\\-2&-5&1&-8\end{pmatrix}$$

$$\xrightarrow{r_3+2r_1}\begin{pmatrix}1&3&3&8\\0&1&7&8\\0&1&7&8\end{pmatrix}\xrightarrow{r_3-r_2}\begin{pmatrix}1&3&3&8\\0&1&7&8\\0&0&0&0\end{pmatrix}=\boldsymbol{B}.$$

由初等变换与初等矩阵的对应,可得到 3 个初等矩阵:

$$\boldsymbol{P}_1=\begin{pmatrix}0&1&0\\1&0&0\\0&0&1\end{pmatrix},\boldsymbol{P}_2=\begin{pmatrix}1&0&0\\0&1&0\\2&0&1\end{pmatrix},\boldsymbol{P}_3=\begin{pmatrix}1&0&0\\0&1&0\\0&-1&1\end{pmatrix}.$$

满足：

$$P_3P_2P_1A=B.$$

因此，根据定理 3.2 可将矩阵 A 与 B 的等价关系用初等矩阵的乘法表示出来.

定义 3.4　设 A 与 B 是两个 $m\times n$ 阶矩阵，若存在 m 阶可逆矩阵 P 和 n 阶可逆矩阵 Q，使得

$$B=PAQ,$$

则称矩阵 A 与 B 等价.

定理 3.3　两个 $m\times n$ 矩阵 A 与 B 等价的充分必要条件是：存在 m 阶初等矩阵 P_1，$P_2,\cdots,P_r$ 及 n 阶初等矩阵 $Q_1,Q_2,\cdots,Q_l$，使得

$$P_1,P_2,\cdots,P_rAQ_1,Q_2,\cdots,Q_l=B.$$

证明　必要性 设两个 $m\times n$ 矩阵 A 与 B 等价，由矩阵等价的定义可知，矩阵 A 经过有限次初等变换变成 B. 由定理 3.2 可知，对矩阵做初等行变换，相当于对矩阵左乘初等矩阵. 即存在 m 阶初等矩阵 $P_1,P_2,\cdots,P_r$ 及 n 阶初等矩阵 $Q_1,Q_2,\cdots,Q_l$，使得

$$P_1,P_2,\cdots,P_rAQ_1,Q_2,\cdots,Q_l=B.$$

充分性 若存在 m 阶初等矩阵 $P_1,P_2,\cdots,P_r$ 及 n 阶初等矩阵 $Q_1,Q_2,\cdots,Q_l$，使得

$$P_1,P_2,\cdots,P_rAQ_1,Q_2,\cdots,Q_l=B$$

成立. 又因为定理 3.2 可知，左乘初等矩阵相当于对矩阵 A 作一次初等行变换，右乘初等矩阵相当于对矩阵 A 作一次初等列变换. 即矩阵 B 是由矩阵 A 经过 r 次的初等行变换和 l 次的初等列变换所得，故矩阵 A 与矩阵 B 等价.

对于三种初等矩阵 $E(ij)$，$E(i(k))$，$E(ij(k))$，满足下列基本性质：

(1) $|E(ij)|=-1$，$|E(i(k))|=k$，$|E(ij(k))|=1$.

(2) $E(ij)^{-1}=E(ij)$，$E(i(k))^{-1}=E\left(i\left(\frac{1}{k}\right)\right)$，$E(ij(k))^{-1}=E(ij(-k))$.

(3) 若 $|A|=a$，则 $|E(ij)A|=-a$，$|E(i(k))A|=ka$，$|E(ij(k))A|=a$.

定理 3.4　初等矩阵均可逆，而且初等矩阵的逆矩阵仍为同类型的初等矩阵.

3.1.3　求逆矩阵的初等变换法

在第 2 章中，我们给出了如何利用伴随矩阵求可逆矩阵的逆矩阵，但对于高阶可逆矩阵而言，使用伴随矩阵求矩阵的逆的计算量非常大，在实际计算时很少使用. 下面介绍一种较为简洁有效的方法——初等变换法.

定理 3.5　n 阶矩阵 A 可逆的充分必要条件是 A 可以表示成有限个初等矩阵的乘积，即

$$A=P_1P_2\cdots P_r,$$

其中 $P_1,P_2,\cdots,P_r$ 均为初等矩阵.

证明　充分性 若 $A=P_1P_2\cdots P_r$，因为 $P_1,P_2,\cdots,P_r$ 均为初等矩阵，所以两端取行列式可得：

$$|\boldsymbol{A}| = |\boldsymbol{P}_1\boldsymbol{P}_2\cdots\boldsymbol{P}_r| = |\boldsymbol{P}_1|\ |\boldsymbol{P}_2|\cdots|\boldsymbol{P}_r| \neq 0,$$

即 $\boldsymbol{A}$ 为可逆矩阵.

必要性　设矩阵 $\boldsymbol{A}$ 可逆,则由定理 3.1 的推论 2 可知,$\boldsymbol{A}$ 可以经过有限次初等变换化为单位矩阵 $\boldsymbol{E}$,即存在初等矩阵 $\boldsymbol{P}_1,\boldsymbol{P}_2,\cdots,\boldsymbol{P}_t,\boldsymbol{Q}_1,\boldsymbol{Q}_2,\cdots,\boldsymbol{Q}_l$,使得

$$\boldsymbol{P}_t\cdots\boldsymbol{P}_2\boldsymbol{P}_1\boldsymbol{A}\boldsymbol{Q}_1\boldsymbol{Q}_2\cdots\boldsymbol{Q}_l=\boldsymbol{E},$$

又因为初等矩阵是可逆的,所以得到

$$\boldsymbol{A}=\boldsymbol{P}_1^{-1}\boldsymbol{P}_2^{-1}\cdots\boldsymbol{P}_t^{-1}\boldsymbol{E}\boldsymbol{Q}_l^{-1}\cdots\boldsymbol{Q}_2^{-1}\boldsymbol{Q}_1^{-1}=\boldsymbol{P}_1^{-1}\boldsymbol{P}_2^{-1}\cdots\boldsymbol{P}_t^{-1}\boldsymbol{Q}_l^{-1}\cdots\boldsymbol{Q}_2^{-1}\boldsymbol{Q}_1^{-1},$$

即矩阵 $\boldsymbol{A}$ 可表示为若干初等矩阵的乘积.定理证明完毕.

若矩阵 $\boldsymbol{A}$ 可逆,由定理 3.5 可知,存在有限个初等矩阵 $\boldsymbol{P}_1,\boldsymbol{P}_2,\cdots,\boldsymbol{P}_r$ 使得

$$\boldsymbol{A}=\boldsymbol{P}_1\boldsymbol{P}_2\cdots\boldsymbol{P}_r=\boldsymbol{P}_1\boldsymbol{P}_2\cdots\boldsymbol{P}_rE.$$

又因为初等矩阵可逆,可知 $\boldsymbol{A}^{-1}=\boldsymbol{P}_r^{-1}\cdots\boldsymbol{P}_2^{-1}\boldsymbol{P}_1^{-1}$,即

$$\boldsymbol{P}_r^{-1}\cdots\boldsymbol{P}_2^{-1}\boldsymbol{P}_1^{-1}\boldsymbol{E}=\boldsymbol{A}^{-1},\tag{3.7}$$

又因为 $\boldsymbol{A}^{-1}\boldsymbol{A}=\boldsymbol{P}_r^{-1}\cdots\boldsymbol{P}_2^{-1}\boldsymbol{P}_1^{-1}\boldsymbol{P}_1\boldsymbol{P}_2\cdots\boldsymbol{P}_r=\boldsymbol{E}$,即

$$\boldsymbol{P}_r^{-1}\cdots\boldsymbol{P}_2^{-1}\boldsymbol{P}_1^{-1}\boldsymbol{A}=\boldsymbol{E},\tag{3.8}$$

联合(3.7)和(3.8),不难发现

$$\boldsymbol{P}_r^{-1}\cdots\boldsymbol{P}_2^{-1}\boldsymbol{P}_1^{-1}(\boldsymbol{A},\boldsymbol{E})=(\boldsymbol{E},\boldsymbol{A}^{-1}),\tag{3.9}$$

其中$(\boldsymbol{A},\boldsymbol{E})$是一个 $n\times2n$ 的矩阵.

由式(3.9)可见,若矩阵 $\boldsymbol{A}$ 经过一系列初等行变换变为单位矩阵 $\boldsymbol{E}$,则单位矩阵 $\boldsymbol{E}$ 经过同样的初等行变换变为 $\boldsymbol{A}^{-1}$,其过程可表示为:

$$(\boldsymbol{A},\boldsymbol{E})\xrightarrow{\text{初等行变换}}(\boldsymbol{E},\boldsymbol{A}^{-1}).$$

类似地,也可构造 $2n\times n$ 矩阵$\begin{pmatrix}\boldsymbol{A}\\\boldsymbol{E}\end{pmatrix}$,然后对其实施初等列变换,将矩阵 $\boldsymbol{A}$ 化为单位矩阵 $\boldsymbol{E}$ 时,则上述初等列变换同样也把单位矩阵 $\boldsymbol{E}$ 化为 $\boldsymbol{A}^{-1}$,即

$$\begin{pmatrix}\boldsymbol{A}\\\boldsymbol{E}\end{pmatrix}\xrightarrow{\text{初等列变换}}\begin{pmatrix}\boldsymbol{E}\\\boldsymbol{A}^{-1}\end{pmatrix},$$

这就是求矩阵逆的初等变换法.

例 3.6　设 $\boldsymbol{A}=\begin{pmatrix}1&2&3\\2&2&1\\3&4&3\end{pmatrix}$,求 $\boldsymbol{A}^{-1}$.

解　$$(\boldsymbol{A},\boldsymbol{E})=\begin{pmatrix}1&2&3&1&0&0\\2&2&1&0&1&0\\3&4&3&0&0&1\end{pmatrix}\xrightarrow[r_3-3r_1]{r_2-2r_1}\begin{pmatrix}1&2&3&1&0&0\\0&-2&-5&-2&1&0\\0&-2&-6&-3&0&1\end{pmatrix}$$

$$\xrightarrow[r_3-r_2]{r_1+r_2}\begin{pmatrix}1&0&-2&-1&1&0\\0&-2&-5&-2&1&0\\0&0&-1&-1&-1&1\end{pmatrix}\xrightarrow[r_1-2r_3]{r_2-5r_3}\begin{pmatrix}1&0&0&1&3&-2\\0&-2&0&3&6&-5\\0&0&-1&-1&-1&1\end{pmatrix}$$

$$\xrightarrow[r_3\div(-1)]{r_2\div(-2)}\begin{pmatrix}1&0&0&1&3&-2\\0&1&0&-\frac{3}{2}&-3&\frac{5}{2}\\0&0&1&1&1&-1\end{pmatrix},$$

所以

$$A^{-1}=\begin{pmatrix}1&3&-2\\-\frac{3}{2}&-3&\frac{5}{2}\\1&1&-1\end{pmatrix}.$$

例 3.7　设 $A=\begin{pmatrix}1&0&1\\2&1&0\\-3&2&-5\end{pmatrix}$，求 $(E-A)^{-1}$.

解　$E-A=\begin{pmatrix}0&0&-1\\-2&0&0\\3&-2&6\end{pmatrix}$，

$$(E-A,E)=\begin{pmatrix}0&0&-1&1&0&0\\-2&0&0&0&1&0\\3&-2&6&0&0&1\end{pmatrix}\xrightarrow{r_1\leftrightarrow r_2}\begin{pmatrix}-2&0&0&0&1&0\\0&0&-1&1&0&0\\3&-2&6&0&0&1\end{pmatrix},$$

$$\xrightarrow[r_2\leftrightarrow r_3]{r_1\div(-2)}\begin{pmatrix}1&0&0&0&-\frac{1}{2}&0\\3&-2&6&0&0&1\\0&0&-1&1&0&0\end{pmatrix}\xrightarrow{r_2-3r_1}\begin{pmatrix}1&0&0&0&-\frac{1}{2}&0\\0&-2&6&0&\frac{3}{2}&1\\0&0&-1&1&0&0\end{pmatrix},$$

$$\xrightarrow[r_3\div(-1)]{r_2\div(-2)}\begin{pmatrix}1&0&0&0&-\frac{1}{2}&0\\0&1&-3&0&-\frac{3}{4}&-\frac{1}{2}\\0&0&1&-1&0&0\end{pmatrix}\xrightarrow{r_2+3r_3}\begin{pmatrix}1&0&0&0&-\frac{1}{2}&0\\0&1&0&-3&-\frac{3}{4}&-\frac{1}{2}\\0&0&1&-1&0&0\end{pmatrix},$$

所以

$$(E-A)^{-1}=\begin{pmatrix}0&-\frac{1}{2}&0\\-3&-\frac{3}{4}&-\frac{1}{2}\\-1&0&0\end{pmatrix}.$$

3.1.4　用初等变换法求解矩阵方程

设矩阵 A 可逆，则求矩阵方程 $AX=B$ 等价于求矩阵 $X=A^{-1}B$ 为此，可采用类似初等行变换求矩阵逆的方法，构造矩阵$(\boldsymbol{A},\boldsymbol{B})$，对其实施初等行变换将矩阵$\boldsymbol{A}$化为单位矩阵$\boldsymbol{E}$，则上述初等行变换同时也将其中的矩阵$\boldsymbol{B}$化为矩阵$\boldsymbol{A}^{-1}\boldsymbol{B}$，即

$$(\boldsymbol{A},\boldsymbol{B})\xrightarrow{\text{初等行变换}}(\boldsymbol{E},\boldsymbol{A}^{-1}\boldsymbol{B}).$$

这样就给出了初等行变换求解矩阵方程$\boldsymbol{AX}=\boldsymbol{B}$的方法.

同理，求解矩阵方程$\boldsymbol{XA}=\boldsymbol{B}$，等价于计算矩阵$\boldsymbol{X}=\boldsymbol{BA}^{-1}$，同样可以利用初等列变换求出矩阵$\boldsymbol{BA}^{-1}$，即

$$\begin{pmatrix}\boldsymbol{A}\\\boldsymbol{B}\end{pmatrix}\xrightarrow{\text{初等列变换}}\begin{pmatrix}\boldsymbol{E}\\\boldsymbol{BA}^{-1}\end{pmatrix}.$$

例 3.8 求矩阵$\boldsymbol{X}$，使得$\boldsymbol{AX}=\boldsymbol{B}$，其中$\boldsymbol{A}=\begin{pmatrix}1&2&3\\2&2&1\\3&4&3\end{pmatrix}$，$\boldsymbol{B}=\begin{pmatrix}2&5\\3&1\\4&3\end{pmatrix}$.

解 若$\boldsymbol{A}$可逆，则$\boldsymbol{X}=\boldsymbol{A}^{-1}\boldsymbol{B}$.

$$(\boldsymbol{A},\boldsymbol{B})=\begin{pmatrix}1&2&3&2&5\\2&2&1&3&1\\3&4&3&4&3\end{pmatrix}\xrightarrow[r_3-3r_1]{r_2-2r_1}\begin{pmatrix}1&2&3&2&5\\0&-2&-5&-1&-9\\0&-2&-6&-2&-12\end{pmatrix}$$

$$\xrightarrow[r_3-r_2]{r_1+r_2}\begin{pmatrix}1&0&-2&1&4\\0&-2&-5&-1&-9\\0&0&-1&-1&-3\end{pmatrix}\xrightarrow[r_2-5r_3]{r_1-2r_3}\begin{pmatrix}1&0&0&3&2\\0&-2&0&4&6\\0&0&-1&-1&-3\end{pmatrix}$$

$$\xrightarrow[r_3\div(-1)]{r_2\div(-2)}\begin{pmatrix}1&0&0&3&2\\0&1&0&-2&-3\\0&0&1&1&3\end{pmatrix},$$

所以

$$\boldsymbol{X}=\boldsymbol{A}^{-1}\boldsymbol{B}=\begin{pmatrix}3&2\\-2&-3\\1&3\end{pmatrix}.$$

例 3.9 求矩阵方程$\boldsymbol{AX}=\boldsymbol{A}+\boldsymbol{X}$，其中$\boldsymbol{A}=\begin{pmatrix}2&2&0\\2&1&3\\0&1&0\end{pmatrix}$.

解 因为$\boldsymbol{AX}=\boldsymbol{A}+\boldsymbol{X}$，则$\boldsymbol{X}=(\boldsymbol{A}-\boldsymbol{E})^{-1}\boldsymbol{A}$，

所以

$$(\boldsymbol{A}-\boldsymbol{E},\boldsymbol{A})=\begin{pmatrix}1&2&0&2&2&0\\2&0&3&2&1&3\\0&1&-1&0&1&0\end{pmatrix}\xrightarrow[r_2\leftrightarrow r_3]{r_2-2r_1}\begin{pmatrix}1&2&0&2&2&0\\0&1&-1&0&1&0\\0&-4&3&-2&-3&3\end{pmatrix}$$

$$\xrightarrow[r_3\div(-1)]{r_3+4r_2}\begin{pmatrix}1&2&0&2&2&0\\0&1&-1&0&1&0\\0&0&1&2&-1&-3\end{pmatrix}\xrightarrow[r_2+r_3]{}\begin{pmatrix}1&2&0&2&2&0\\0&1&0&2&0&-3\\0&0&1&2&-1&-3\end{pmatrix}$$

$$\xrightarrow{r_1-2r_2}\begin{pmatrix}1&0&0&-2&2&6\\0&1&0&2&0&-3\\0&0&1&2&-1&-3\end{pmatrix},$$

故

$$\boldsymbol{X}=(\boldsymbol{A}-\boldsymbol{E})^{-1}\boldsymbol{A}=\begin{pmatrix}-2&2&6\\2&0&-3\\2&-1&-3\end{pmatrix}.$$

习题 3.1

1.用初等行变换,将下列矩阵化为行阶梯形和行最简阶梯形.

(1) $\begin{pmatrix}1&2&3\\2&0&-3\\3&-4&3\end{pmatrix}$;　　(2) $\begin{pmatrix}1&-1&3&0\\-2&3&4&2\\5&-2&4&6\end{pmatrix}$;

(3) $\begin{pmatrix}1&-2&1&3\\2&-2&1&2\\4&-5&3&8\\2&3&4&5\end{pmatrix}$;　　(4) $\begin{pmatrix}2&1&-1&-2&3\\0&2&1&1&4\\2&3&1&-6&5\\4&5&3&-2&3\end{pmatrix}$.

2.把下列矩阵化为标准形矩阵.

(1) $\begin{pmatrix}1&-1&3\\3&2&-1\\3&-4&3\end{pmatrix}$;　　(2) $\begin{pmatrix}1&0&2&-1\\0&2&2&1\\3&0&4&-3\end{pmatrix}$;

(3) $\begin{pmatrix}1&-1&3&-4&5\\2&-3&5&4&1\\7&4&3&-2&0\\3&-3&4&2&1\end{pmatrix}$;　　(4) $\begin{pmatrix}2&3&1&-4&7\\1&2&0&-2&-4\\3&-2&7&-2&0\\2&-3&7&4&3\end{pmatrix}$.

3.计算下列矩阵:

(1) $\begin{pmatrix}1&0&0\\0&1&0\\0&2&1\end{pmatrix}\begin{pmatrix}1&2&3\\2&3&4\\3&4&5\end{pmatrix}\begin{pmatrix}0&0&1\\0&1&0\\1&0&0\end{pmatrix}$;

(2) $\begin{pmatrix}1&0&0\\0&1&0\\0&2&1\end{pmatrix}^{10}\begin{pmatrix}1&2&3\\2&3&4\\3&4&5\end{pmatrix}\begin{pmatrix}0&0&1\\0&1&0\\1&0&0\end{pmatrix}^{10}$;

(3) $\begin{pmatrix}1&0&0\\0&3&0\\0&0&1\end{pmatrix}^{20}\begin{pmatrix}1&2&3\\2&3&4\\3&4&5\end{pmatrix}\begin{pmatrix}0&0&1\\0&1&0\\1&0&0\end{pmatrix}^{10}$.

4.用初等变换法判断下列矩阵是否可逆,如果可逆,求其逆矩阵.

(1) $\begin{pmatrix} 1 & 2 & 3 \\ 2 & 3 & 4 \\ 3 & 4 & 6 \end{pmatrix}$;　　(2) $\begin{pmatrix} 2 & 2 & -1 \\ 1 & -2 & 4 \\ 5 & 8 & 2 \end{pmatrix}$;

(3) $\begin{pmatrix} 1 & 2 & -1 \\ 3 & 4 & -2 \\ 5 & 4 & 1 \end{pmatrix}$;　　(4) $\begin{pmatrix} 3 & -2 & 1 & -1 \\ 0 & 2 & 2 & 1 \\ 1 & -2 & -3 & -2 \\ 0 & 1 & 2 & 1 \end{pmatrix}$.

5.利用初等变换求解下列矩阵方程:

(1)设 $\boldsymbol{A}=\begin{pmatrix} 4 & 1 & -2 \\ 2 & 2 & 1 \\ 3 & 1 & -1 \end{pmatrix}$, $\boldsymbol{B}=\begin{pmatrix} 1 & -3 \\ 2 & 2 \\ 3 & -1 \end{pmatrix}$,求 $\boldsymbol{X}$ 使得 $\boldsymbol{AX}=\boldsymbol{B}$ 成立.

(2)设 $\boldsymbol{A}=\begin{pmatrix} 4 & 1 & -2 \\ 2 & 2 & 1 \\ 3 & 1 & -1 \end{pmatrix}$, $\boldsymbol{B}=\begin{pmatrix} 1 & 2 & 3 \\ 2 & -3 & 1 \end{pmatrix}$,求 $\boldsymbol{X}$ 使得 $\boldsymbol{XA}=\boldsymbol{B}$ 成立.

(3)设 $\begin{pmatrix} 0 & 1 & 0 \\ 1 & 0 & 0 \\ 0 & 0 & -1 \end{pmatrix}\boldsymbol{X}\begin{pmatrix} 1 & 0 & 0 \\ -2 & 1 & 0 \\ 0 & 0 & 1 \end{pmatrix}=\begin{pmatrix} 1 & -4 & 3 \\ 2 & 0 & -1 \\ 0 & -2 & 1 \end{pmatrix}$,求 $\boldsymbol{X}$.

6.设矩阵 $\boldsymbol{A}=\begin{pmatrix} 1 & 0 & 0 \\ 1 & 1 & 0 \\ 1 & 1 & 1 \end{pmatrix}$, $\boldsymbol{B}=\begin{pmatrix} 0 & 1 & 1 \\ 1 & 0 & 1 \\ 1 & 1 & 0 \end{pmatrix}$,求矩阵 $\boldsymbol{X}$ 使得

$$\boldsymbol{AXA}+\boldsymbol{BXB}=\boldsymbol{AXB}+\boldsymbol{BXA}+\boldsymbol{E}$$

成立,其中 $\boldsymbol{E}$ 为 3 阶单位矩阵.

7.将可逆矩阵 $\boldsymbol{A}=\begin{pmatrix} 1 & 2 & 0 \\ -1 & 1 & 1 \\ 3 & -2 & 0 \end{pmatrix}$ 分解为初等矩阵的乘积.

8.求矩阵 $\boldsymbol{A}=\begin{pmatrix} 1 & 1 & \cdots & 1 \\ 0 & 1 & \cdots & 1 \\ \vdots & \vdots & & \vdots \\ 0 & 0 & \cdots & 1 \end{pmatrix}$ 的逆矩阵.

9.设 $\boldsymbol{A}=\begin{pmatrix} 1 & 2 & 3 \\ 2 & 1 & 2 \\ 3 & 3 & 5 \\ 1 & -1 & -1 \\ 4 & 2 & 4 \end{pmatrix}$,求可逆矩阵 $\boldsymbol{P},\boldsymbol{Q}$,使 $\boldsymbol{PAQ}$ 为矩阵 $\boldsymbol{A}$ 的等价标准形.

3.2　矩阵的秩

3.2.1　矩阵秩的概念

矩阵秩是讨论向量组的线性相关性、线性方程组解的存在性等问题(见第 4 章)的重要工具.本节首先利用行列式来定义矩阵的秩,然后给出利用初等变换求矩阵的秩的方法.

定义 3.5　设 $\boldsymbol{A}$ 为 $m\times n$ 阶矩阵,在 $\boldsymbol{A}$ 中任取 k 行 k 列($k\leqslant\min\{m,n\}$),选取位于这些行、列交叉位置的 k^2 个元素,不改变它们在 $\boldsymbol{A}$ 中所处的位置次序而得到的 k 阶行列式,称为矩阵 $\boldsymbol{A}$ 的 k 阶子式.

注:由排列组合的知识可知,$m\times n$ 阶矩阵 $\boldsymbol{A}$ 的 k 阶子式共有 $C_m^k C_n^k$ 个.

定义 3.6　设 $\boldsymbol{A}$ 为 $m\times n$ 阶矩阵,如果存在 $\boldsymbol{A}$ 的 r 阶子式不为零,而任何 $r+1$ 阶子式全为零,则称数 r 为矩阵 $\boldsymbol{A}$ 的秩,记为 $r(\boldsymbol{A})$ 或者 $R(\boldsymbol{A})$,并规定零矩阵的秩等于零.

设 $\boldsymbol{A}$ 为 n 阶矩阵,如果 $|\boldsymbol{A}|\neq0$(即 $\boldsymbol{A}$ 可逆),则 $R(\boldsymbol{A})=n$,称 $\boldsymbol{A}$ 为满秩矩阵,否则就称其为降秩矩阵.

显然,矩阵的秩具有下列性质:

(1)若矩阵 $\boldsymbol{A}$ 中有某个 s 阶子式不为零,则 $R(A)\geqslant s$.

(2)若矩阵 $\boldsymbol{A}$ 中所有 t 阶子式全为零,则 $R(A)<t$.

(3)若矩阵 $\boldsymbol{A}$ 为 $m\times n$ 矩阵,则 $0\leqslant R(A)<\min\{m,n\}$.

(4)$R(\boldsymbol{A})=R(\boldsymbol{A}^{\mathrm{T}})$.

例 3.10　求矩阵 $\boldsymbol{A}=\begin{pmatrix}1&2&3\\2&3&-5\\4&7&1\end{pmatrix}$的秩.

解　在 $\boldsymbol{A}$ 中,有 $\begin{vmatrix}1&2\\2&3\end{vmatrix}=-1\neq0$,又 $\boldsymbol{A}$ 的三阶子式只有一个 $|\boldsymbol{A}|=\begin{vmatrix}1&2&3\\2&3&-5\\4&7&1\end{vmatrix}$,

因为

$$|\boldsymbol{A}|=\begin{vmatrix}1&2&3\\2&3&-5\\4&7&1\end{vmatrix}=\begin{vmatrix}1&2&3\\0&-1&-11\\0&-1&-11\end{vmatrix}=0,$$

所以 $R(\boldsymbol{A})=2$.

例 3.11　求矩阵 $\boldsymbol{A}=\begin{pmatrix}2&-1&0&3&-2\\0&3&1&-2&5\\0&0&0&4&-3\\0&0&0&0&0\end{pmatrix}$的秩.

解 因为矩阵是一个行阶梯形矩阵,其非零行只有三行,故可知 $\boldsymbol{A}$ 的所有四阶子式全为零.此外,又存在 $\boldsymbol{A}$ 中的一个三阶子式:

$$\begin{vmatrix} 2 & 0 & 3 \\ 0 & 1 & -2 \\ 0 & 0 & 4 \end{vmatrix} = 8 \neq 0,$$

所以 $R(\boldsymbol{A})=3$.

由上面的例子可知,利用定义计算矩阵的秩,需要由高阶到低阶考虑矩阵的各阶子式.当矩阵的行数和列数较高时,按定义计算矩阵的秩将变得非常麻烦.由于行阶梯形矩阵的秩很容易判断,而任意矩阵都可以经过有限次初等行变换化为行阶梯形矩阵,因此可考虑借助初等变换法求矩阵的秩.然而,这里最大的问题是,矩阵通过初等变换是否改变其秩呢?

3.2.2 初等变换求矩阵的秩

由行阶梯形矩阵的特点可知,它的秩等于阶梯上非零行个数,即阶梯数.那矩阵通过初等变换是否改变其秩呢?下面的定理回答了这个问题.

定理 3.6 初等变换不改变矩阵的秩,即如果 $\boldsymbol{A} \sim \boldsymbol{B}$,则有 $R(\boldsymbol{A})=R(\boldsymbol{B})$.

证明 只需证明 $R(\boldsymbol{A})=R(\boldsymbol{B})$,其中矩阵 $\boldsymbol{B}$ 是由矩阵 $\boldsymbol{A}$ 经过一次初等行变换得到.设 $R(\boldsymbol{A})=r$,即矩阵 $\boldsymbol{A}$ 中有一个不为零的 r 阶子式,记作 $\boldsymbol{A}_r$.根据行列式的性质和初等变换的定义可知,在矩阵 $\boldsymbol{B}$ 中也能找到相应的 r 阶子式 $\boldsymbol{B}_r$,而同时满足初等矩阵 $\boldsymbol{PA}_r=\boldsymbol{B}_r$,由行列式的知识可得:

$$|\boldsymbol{PA}_r| = |\boldsymbol{P}|\,|\boldsymbol{A}_r| = |\boldsymbol{B}_r| \neq 0,$$

所以有

$$R(\boldsymbol{A})=r \leqslant R(\boldsymbol{B}),\text{即 } r=R(\boldsymbol{A}) \leqslant R(\boldsymbol{B}),$$

由于初等变换都是可逆的,同理可得 $R(\boldsymbol{A}) \geqslant R(\boldsymbol{B})$,

因此有

$$R(\boldsymbol{A})=R(\boldsymbol{B}).$$

根据这个定理,我们得到利用初等变换求矩阵秩的方法:用初等行变换把矩阵变成行阶梯形矩阵,行阶梯形矩阵中非零行的行数就是该矩阵的秩.

例 3.12 求矩阵 $\boldsymbol{A}=\begin{pmatrix} 1 & 0 & 0 & 1 \\ 1 & 2 & 0 & -1 \\ 3 & -1 & 0 & 4 \\ 1 & 4 & 5 & 1 \end{pmatrix}$的秩.

解

$$A=\begin{pmatrix}1&0&0&1\\1&2&0&-1\\3&-1&0&4\\1&4&5&1\end{pmatrix}\xrightarrow[\substack{r_3-3r_1\\r_4-r_1}]{r_2-r_1}\begin{pmatrix}1&0&0&1\\0&2&0&-2\\0&-1&0&1\\0&4&5&0\end{pmatrix}$$

$$\xrightarrow[\substack{r_4-2r_2\\r_2\div 2}]{r_3+\frac{1}{2}r_2}\begin{pmatrix}1&0&0&1\\0&1&0&-1\\0&0&0&0\\0&0&5&4\end{pmatrix}\xrightarrow{r_3\leftrightarrow r_4}\begin{pmatrix}1&0&0&1\\0&1&0&-1\\0&0&5&4\\0&0&0&0\end{pmatrix}.$$

所以 $R(\boldsymbol{A})=3$.

例 3.13　设 $\boldsymbol{A}=\begin{pmatrix}3&2&0&5&0\\3&-2&3&6&-1\\2&0&1&5&-3\\1&6&-4&-1&4\end{pmatrix}$，求矩阵 $\boldsymbol{A}$ 的秩，并求出 $\boldsymbol{A}$ 的一个最高阶非零子式.

解　对 $\boldsymbol{A}$ 作初等变换，变成行阶梯形矩阵：

$$A=\begin{pmatrix}3&2&0&5&0\\3&-2&3&6&-1\\2&0&1&5&-3\\1&6&-4&-1&4\end{pmatrix}\xrightarrow[r_2-r_4]{r_1\leftrightarrow r_4}\begin{pmatrix}1&6&-4&-1&4\\0&-4&3&1&-1\\2&0&1&5&-3\\3&2&0&5&0\end{pmatrix}$$

$$\xrightarrow[r_4-3r_1]{r_3-2r_1}\begin{pmatrix}1&6&-4&-1&4\\0&-4&3&1&-1\\0&-12&9&7&-11\\0&-16&12&8&-12\end{pmatrix}\xrightarrow[\substack{r_4-4r_2\\r_4-r_3}]{r_3-3r_2}\begin{pmatrix}1&6&-4&-1&4\\0&-4&3&1&-1\\0&0&0&4&-8\\0&0&0&0&0\end{pmatrix},$$

所以 $R(\boldsymbol{A})=3$.

再求矩阵 $\boldsymbol{A}$ 的一个最高阶非零子式，由 $R(\boldsymbol{A})=3$ 可知，$\boldsymbol{A}$ 的最高阶非零子式为 3 阶. 而矩阵 $\boldsymbol{A}$ 的三阶子式共有 $C_4^3C_5^3=40$ 个. 根据对矩阵 $\boldsymbol{A}$ 实行初等行变换最后的结果，易知由第 1、2、3 行与第 1、2、4 列组成的三阶子式就是所求矩阵 $\boldsymbol{A}$ 的一个最高阶非零子式，即

$$\begin{vmatrix}3&2&5\\3&-2&6\\2&0&5\end{vmatrix}=\begin{vmatrix}3&2&5\\6&0&11\\2&0&5\end{vmatrix}=-2\begin{vmatrix}6&11\\2&5\end{vmatrix}=-16\neq 0.$$

例 3.14　设

$$A=\begin{pmatrix}1&-1&1&2\\3&\lambda&-1&2\\5&3&\mu&6\end{pmatrix},$$

(1)若 $R(\boldsymbol{A})=2$,求 λ,μ 的值.(2)若 $R(\boldsymbol{A})=3$,求 λ,μ 的值.

解 利用初等行变换将矩阵约化为行阶梯形矩阵,当矩阵的秩为 $R(\boldsymbol{A})=2$ 时,故阶梯数也为 2. 当矩阵的秩为 $R(\boldsymbol{A})=3$ 时,故阶梯数也为 3.

首先对矩阵作初等行变换,可得到:

$$\boldsymbol{A}=\begin{pmatrix}1&-1&1&2\\3&\lambda&-1&2\\5&3&\mu&6\end{pmatrix}\xrightarrow[r_3-5r_1]{r_2-3r_1}\begin{pmatrix}1&-1&1&2\\0&\lambda+3&-4&-4\\0&8&\mu-5&-4\end{pmatrix},$$

$$\xrightarrow[c_2\leftrightarrow c_4]{r_3-r_2}\begin{pmatrix}1&2&1&-1\\0&-4&-4&\lambda+3\\0&0&\mu-1&5-\lambda\end{pmatrix}.$$

(1)当矩阵的秩 $R(\boldsymbol{A})=2$ 时,有 $\mu-1=0,5-\lambda=0$,即 $\mu=1,\lambda=5$.

(2)当矩阵的秩 $R(\boldsymbol{A})=3$ 时,有 $\mu-1\neq0$ 或者 $5-\lambda\neq0$,即 $\mu\neq1$ 或 $\lambda\neq5$.

例 3.15 设

$$\boldsymbol{A}=\begin{pmatrix}\lambda-1&2&-a\\1&\lambda&-a\\-a&2&\lambda-1\end{pmatrix},$$

若 $R(\boldsymbol{A})=1$,求 λ,a 的值.

解 分析 利用初等行变换将矩阵约化为行阶梯形矩阵,当矩阵的秩为 $R(\boldsymbol{A})=1$,故阶梯数也为 1.

首先对矩阵作初等行变换,可得到:

$$\boldsymbol{A}=\begin{pmatrix}\lambda-1&2&-a\\1&\lambda&-a\\-a&2&\lambda-1\end{pmatrix}\xrightarrow[r_2+(1-\lambda)r_1]{r_1\leftrightarrow r_2}\begin{pmatrix}1&\lambda&-a\\0&2+(1-\lambda)\lambda&-2a+a\lambda\\-a&2&\lambda-1\end{pmatrix},$$

$$\xrightarrow[r_3+ar_1]{}\begin{pmatrix}1&\lambda&-a\\0&2+(1-\lambda)\lambda&-2a+a\lambda\\0&2+a\lambda&\lambda-1-a^2\end{pmatrix}.$$

因为矩阵的秩为 $R(\boldsymbol{A})=1$,故阶梯数也为 1,所以

$$\begin{cases}2+(1-\lambda)\lambda=0,\\-2a+a\lambda=0,\\2+a\lambda=0,\\\lambda-1-a^2=0,\end{cases}$$

由 $\begin{cases}-2a+a\lambda=0,\\2+a\lambda=0,\end{cases}$ 可得:$\lambda=2,a=-1$.

同时发现 $\lambda=2,a=-1$ 同样满足方程组中另外两式,即当 $\lambda=2,a=-1$ 时,矩阵的秩为 $R(\boldsymbol{A})=1$.

例 3.16　设 $\boldsymbol{A}$ 为 n 阶可逆矩阵,$\boldsymbol{B}$ 为 $n\times m$ 矩阵,证明:$\boldsymbol{A}$ 与 $\boldsymbol{B}$ 乘积的秩等于 $\boldsymbol{B}$ 的秩,即

$$R(\boldsymbol{AB})=R(\boldsymbol{B}).$$

证明　因为 $\boldsymbol{A}$ 为 n 阶可逆矩阵,所以 $\boldsymbol{A}$ 可表示成一系列初等矩阵的乘积,即

$$\boldsymbol{A}=\boldsymbol{P}_1\boldsymbol{P}_2\cdots\boldsymbol{P}_s,$$

其中 $\boldsymbol{P}_1,\boldsymbol{P}_2,\cdots,\boldsymbol{P}_s$ 均为初等矩阵.将 $\boldsymbol{A}=\boldsymbol{P}_1\boldsymbol{P}_2\cdots\boldsymbol{P}_s$ 代入 $\boldsymbol{AB}$ 可得:

$$\boldsymbol{AB}=\boldsymbol{P}_1\boldsymbol{P}_2\cdots\boldsymbol{P}_s\boldsymbol{B},$$

上式表明矩阵 $\boldsymbol{AB}$ 是 $\boldsymbol{B}$ 经过 s 次初等行变换后得到的,因此其秩相等,即

$$R(\boldsymbol{AB})=R(\boldsymbol{B}).$$

习题 3.2

1.求下列矩阵的秩,并求出一个最高阶非零子式:

(1) $\begin{pmatrix}3&-1&1&2\\1&-1&-2&1\\5&3&4&6\end{pmatrix}$;　　(2) $\begin{pmatrix}3&2&-1&-3&-2\\2&-1&3&1&-3\\7&0&5&-2&-8\end{pmatrix}$;

(3) $\begin{pmatrix}1&2&3&4&5\\2&3&4&5&6\\3&4&5&6&7\\4&5&6&7&8\end{pmatrix}$;　　(4) $\begin{pmatrix}1&-1&2&4&3\\3&0&-1&-5&6\\2&2&-3&6&3\\1&1&3&7&4\end{pmatrix}$.

2.已知矩阵 A 的秩为 $R(A)=3$,求 a 的值,其中

$$\boldsymbol{A}=\begin{pmatrix}1&1&2&a&3\\2&2&3&1&4\\1&0&1&1&5\\2&3&5&5&4\end{pmatrix}.$$

3.对于 λ 的不同取值,讨论矩阵 $\boldsymbol{A}$ 的秩,其中

(1) $\begin{pmatrix}3&0&1\\1&\lambda&0\\5&4&1\end{pmatrix}$;　　(2) $\begin{pmatrix}1&\lambda&-1&2\\2&-1&\lambda&5\\1&10&-6&1\end{pmatrix}$;

(3) $\begin{pmatrix}2&-1&3\\1&-3&4\\-1&2&\lambda\end{pmatrix}$;　　(4) $\begin{pmatrix}\lambda&1&1\\1&\lambda&1\\1&1&\lambda\end{pmatrix}$.

4.设 $\boldsymbol{A}$ 是 4×3 矩阵,且 $\boldsymbol{A}$ 的秩为 $R(\boldsymbol{A})=2$,而 $\boldsymbol{B}=\begin{pmatrix}1&0&2\\0&2&0\\-1&0&3\end{pmatrix}$,求 $R(\boldsymbol{AB})$.

5.设矩阵 $\boldsymbol{A}$ 是秩为 $R(\boldsymbol{A})=1$ 的 n 阶方阵,证明:

$$(1)\boldsymbol{A}=\begin{pmatrix}a_1\\a_2\\\vdots\\a_n\end{pmatrix}(b_1,b_2,\cdots,b_n);\qquad (2)\boldsymbol{A}^2=k\boldsymbol{A}.$$

6.设矩阵 $\boldsymbol{A}$ 是 2 阶方阵,且矩阵 $\boldsymbol{A}^2=\boldsymbol{E},\boldsymbol{A}\neq\pm\boldsymbol{E}$,证明:$R(\boldsymbol{A}+\boldsymbol{E})=1,R(\boldsymbol{A}-\boldsymbol{E})=1$.

7.设 n 阶方阵 A,B 满足 $A^2=A,B^2=B$,且 $E-A-B$ 可逆,证明:$R(A)=R(B)$.

3.3　线性方程组有解判别定理

本节讨论如何利用矩阵的秩来判别线性方程组 $Ax=b$ 解的存在性问题,并给出其相应的解的表达式.

设含有 n 个未知数 $x_1,x_2,\cdots,x_n$ 的 m 个线性方程所组成的方程组为:

$$\begin{cases}a_{11}x_1+a_{12}x_2+\cdots+a_{1n}x_n=b_1,\\a_{21}x_1+a_{22}x_2+\cdots+a_{2n}x_n=b_2,\\\cdots\cdots\\a_{m1}x_1+a_{m2}x_2+\cdots+a_{mn}x_n=b_m.\end{cases}\tag{3.10}$$

令

$$\boldsymbol{A}=\begin{pmatrix}a_{11}&a_{12}&\cdots&a_{1n}\\a_{21}&a_{22}&\cdots&a_{2n}\\\vdots&\vdots&&\vdots\\a_{m1}&a_{nm2}&\cdots&a_{mn}\end{pmatrix},\boldsymbol{x}=\begin{pmatrix}x_1\\x_2\\\vdots\\x_n\end{pmatrix},\boldsymbol{b}=\begin{pmatrix}b_1\\b_2\\\vdots\\b_m\end{pmatrix},\boldsymbol{B}=(\boldsymbol{A},\boldsymbol{b}),$$

其中 $\boldsymbol{A},\boldsymbol{B}$ 分别为线性方程组(3.10)的系数矩阵和增广矩阵,则线性方程组(3.10)可简写为矩阵形式:

$$\boldsymbol{Ax}=\boldsymbol{b}.\tag{3.11}$$

进一步,若 $\boldsymbol{b}\neq\boldsymbol{0}$,则称线性方程组(3.11)为非齐次线性方程组.称 $\boldsymbol{Ax}=\boldsymbol{0}$ 为对应于线性方程组(3.11)的齐次线性方程组.

对于线性方程组(3.10)或(3.11),最关键的问题是如何判断其是否有解.如果有解,有多少组解?如何求解?针对这些问题,我们有如下结论.

定理 3.7　对于线性方程组 $\boldsymbol{Ax}=\boldsymbol{b}$,当系数矩阵 $\boldsymbol{A}$ 和增广矩阵 $\boldsymbol{B}$ 的秩满足如下条件时,有

(1)当 $R(\boldsymbol{A})\neq R(\boldsymbol{B})$ 时,线性方程组无解.

(2)当 $R(\boldsymbol{A})=R(\boldsymbol{B})=n$ 时,线性方程组有唯一解.

(3)当 $R(\boldsymbol{A})=R(\boldsymbol{B})=r<n$ 时,线性方程组有无穷多组解.

证明　分析 利用初等行变换将增广矩阵约化为行最简形,然后根据增广矩阵和系数矩

阵的秩判断线性方程组解的情况.

为了论述方便,不妨假设增广矩阵 $\boldsymbol{B}=(\boldsymbol{A},\boldsymbol{b})$ 的行最简形为:

$$\boldsymbol{B}\sim\begin{pmatrix}1&0&\cdots&0&c_{1,r+1}&\cdots&c_{1n}&d_1\\0&1&\cdots&0&c_{2,r+1}&\cdots&c_{2n}&d_2\\\vdots&\vdots&&\vdots&\vdots&&\vdots&\vdots\\0&0&\cdots&1&c_{r,r+1}&\cdots&c_{rn}&d_r\\0&0&\cdots&0&0&\cdots&0&d_{r+1}\\0&0&\cdots&0&0&\cdots&0&0\\\vdots&\vdots&&\vdots&\vdots&&\vdots&\vdots\\0&0&\cdots&0&0&\cdots&0&0\end{pmatrix},$$

(1)若 $R(\boldsymbol{A})\neq R(\boldsymbol{B})$ 时,即 $d_{r+1}\neq 0$,此时第 $r+1$ 行元素对应线性方程 $0x_1+0x_2+\cdots+0x_n=d_{r+1}=0$,矛盾,故线性方程组(3.11)无解.

(2)当 $R(\boldsymbol{A})=R(\boldsymbol{B})=n$ 时,增广矩阵 $\boldsymbol{B}=(\boldsymbol{A},\boldsymbol{b})$ 的行最简形为:

$$\boldsymbol{B}\sim\begin{pmatrix}1&0&\cdots&0&d_1\\0&1&\cdots&0&d_2\\\vdots&\vdots&&\vdots&\vdots\\0&0&\cdots&1&d_n\end{pmatrix},$$

此时,线性方程组(3.11)有唯一解

$$\boldsymbol{x}=\begin{pmatrix}x_1\\x_2\\\vdots\\x_n\end{pmatrix}=\begin{pmatrix}d_1\\d_2\\\vdots\\d_n\end{pmatrix}.$$

(3)当 $R(\boldsymbol{A})=R(\boldsymbol{B})=r<n$ 时,增广矩阵 $\boldsymbol{B}=(\boldsymbol{A},\boldsymbol{b})$ 的行最简形为:

$$\boldsymbol{B}\sim\begin{pmatrix}1&0&\cdots&0&c_{1,r+1}&\cdots&c_{1n}&d_1\\0&1&\cdots&0&c_{2,r+1}&\cdots&c_{2n}&d_2\\\vdots&\vdots&&\vdots&\vdots&&\vdots&\vdots\\0&0&\cdots&1&c_{r,r+1}&\cdots&c_{rn}&d_r\\0&0&\cdots&0&0&\cdots&0&0\\0&0&\cdots&0&0&\cdots&0&0\\\vdots&\vdots&&\vdots&\vdots&&\vdots&\vdots\\0&0&\cdots&0&0&\cdots&0&0\end{pmatrix}.$$

与 $\boldsymbol{Ax}=\boldsymbol{b}$ 同解的线性方程组为:

$$\begin{cases}x_1 \qquad +c_{1,r+1}x_{r+1}+\cdots+c_{1n}x_n=d_1, \\ \quad x_2 \qquad +c_{2,r+1}x_{r+1}+\cdots+c_{2n}x_n=d_2, \\ \qquad \ddots \quad \vdots \\ \qquad\quad x_r+c_{r,r+1}x_{r+1}+\cdots+c_{rn}x_n=d_r,\end{cases}$$

即

$$\begin{cases}x_1=d_1-c_{1,r+1}x_{r+1}-\cdots-c_{1n}x_n, \\ x_2=d_2-c_{2,r+1}x_{r+1}-\cdots-c_{2n}x_n, \\ \quad\vdots \\ x_r=d_r-c_{r,r+1}x_{r+1}-\cdots-c_{rn}x_n.\end{cases} \tag{3.12}$$

显然,线性方程组(3.11)与线性方程组(3.12)同解.

在线性方程组(3.12)中,任意选定 $x_{r+1},x_{r+2},\cdots,x_n$ 的一组值,可以唯一确定 $x_1,x_2,\cdots,x_r$ 的值,从而得到线性方程组(3.11)的一个解.我们称 $x_{r+1},x_{r+2},\cdots,x_n$ 为自由未知量,自由未知量可以取任意实数.

令自由未知量 $x_{r+1}=k_1,x_{r+2}=k_2,\cdots,x_n=k_{n-r}$,得到线性方程组(3.12)的一组解.因此,线性方程组(3.11)有无穷多组解,其解为:

$$\begin{cases}x_1=d_1-c_{1,r+1}k_1-\cdots-c_{1n}k_{n-r}, \\ x_2=d_2-c_{2,r+1}k_1-\cdots-c_{2n}k_{n-r}, \\ \quad\vdots \\ x_r=d_r-c_{r,r+1}k_1-\cdots-c_{rn}k_{n-r}, \\ x_{r+1}=k_1, \\ \quad\vdots \\ x_n=k_{n-r}.\end{cases}$$

也可写为:

$$x=\begin{pmatrix}x_1\\ \vdots\\ x_r\\ x_{r+1}\\ \vdots\\ x_n\end{pmatrix}=\begin{pmatrix}d_1-c_{1,r+1}k_1-\cdots-c_{1n}k_{n-r}\\ \vdots\\ d_r-c_{r,r+1}k_1-\cdots-c_{rn}k_{n-r}\\ k_1\\ \vdots\\ k_{n-r}\end{pmatrix}=\begin{pmatrix}d_1\\ \vdots\\ d_r\\ 0\\ \vdots\\ 0\end{pmatrix}+k_1\begin{pmatrix}-c_{1,r+1}\\ \vdots\\ -c_{r,r+1}\\ 1\\ \vdots\\ 0\end{pmatrix}+\cdots+k_{n-r}\begin{pmatrix}-c_{1,n}\\ \vdots\\ -c_{r,n}\\ 0\\ \vdots\\ 1\end{pmatrix},$$

其中 $k_1,k_2,\cdots,k_{n-r}$ 为任意实数.

例 3.17 求解线性方程组:

$$\begin{cases} x_1+x_2+3x_3=6, \\ 2x_1-x_2+x_3=5, \\ 3x_1+2x_2-2x_3=-3, \\ 4x_1+3x_2+x_3=3. \end{cases}$$

解　对线性方程组的增广矩阵 $\boldsymbol{B}=(\boldsymbol{A},\boldsymbol{b})$ 实施初等行变换，并将其约化为行最简阶梯形：

$$B=\begin{pmatrix} 1 & 1 & 3 & 6 \\ 2 & -1 & 1 & 5 \\ 3 & 2 & -2 & -3 \\ 4 & 3 & 1 & 3 \end{pmatrix} \xrightarrow[r_4-4r_1]{\substack{r_2-2r_1 \\ r_3-3r_1}} \begin{pmatrix} 1 & 1 & 3 & 6 \\ 0 & -3 & -5 & -7 \\ 0 & -1 & -11 & -21 \\ 0 & -1 & -11 & -21 \end{pmatrix}$$

$$\xrightarrow[\substack{r_4-r_3 \\ r_2\div 28 \\ r_3\div(-1)}]{\substack{r_1+r_3 \\ r_2-3r_3}} \begin{pmatrix} 1 & 0 & -8 & -15 \\ 0 & 0 & 1 & 2 \\ 0 & 1 & 11 & 21 \\ 0 & 0 & 0 & 0 \end{pmatrix} \xrightarrow[r_2-11r_3]{\substack{r_2\leftrightarrow r_3 \\ r_1+8r_3}} \begin{pmatrix} 1 & 0 & 0 & 1 \\ 0 & 1 & 0 & -1 \\ 0 & 0 & 1 & 2 \\ 0 & 0 & 0 & 0 \end{pmatrix}.$$

显然，$R(\boldsymbol{B})=R(\boldsymbol{A},\boldsymbol{b})=R(\boldsymbol{A})=3$，故此方程组有唯一解.原方程组与下列方程组同解：

$$\begin{cases} x_1=1, \\ x_2=-1, \\ x_3=2, \end{cases}$$

即解为：

$$\boldsymbol{x}=\begin{pmatrix} x_1 \\ x_2 \\ x_3 \end{pmatrix}=\begin{pmatrix} 1 \\ -1 \\ 2 \end{pmatrix}.$$

例 3.18　讨论参数 a,b 取何值时，线性方程组 $\begin{cases} x_1+ax_2+x_3=3, \\ x_1+2ax_2+x_3=4, \\ x_1+x_2+bx_3=4, \end{cases}$

(1) 有唯一解；(2) 有无穷多解；(3) 无解.

解　对线性方程组的增广矩阵 $\boldsymbol{B}=(\boldsymbol{A},\boldsymbol{b})$ 实施初等行变换，并将其约化为行最简阶梯形，

$$(\boldsymbol{A},\boldsymbol{b})=\begin{pmatrix} 1 & a & 1 & 3 \\ 1 & 2a & 1 & 4 \\ 1 & 1 & b & 4 \end{pmatrix} \sim \begin{pmatrix} 1 & a & 1 & 3 \\ 0 & a & 0 & 1 \\ 0 & 1-a & b-1 & 1 \end{pmatrix} \sim \begin{pmatrix} 1 & a & 1 & 3 \\ 0 & a & 0 & 1 \\ 0 & 1 & b-1 & 2 \end{pmatrix}$$

$$\sim \begin{pmatrix} 1 & a & 1 & 3 \\ 0 & 1 & b-1 & 2 \\ 0 & a & 0 & 1 \end{pmatrix} \sim \begin{pmatrix} 1 & a & 1 & 3 \\ 0 & 1 & b-1 & 2 \\ 0 & 0 & a-ab & 1-2a \end{pmatrix}$$

(1)唯一解:$R(\boldsymbol{A})=R(\boldsymbol{A},\boldsymbol{b})=3$, 可得: $a\neq 0$ 且 $b\neq 1$;

(2)无穷多解:$R(\boldsymbol{A})=R(\boldsymbol{A},\boldsymbol{b})<3$,可得: $a=\dfrac{1}{2}$且 $b=1$;

(3)无解:$R(\boldsymbol{A})\neq R(\boldsymbol{A},\boldsymbol{b})$, 可得: $a\neq\dfrac{1}{2}$且 $b=1$ 或 $a=0$.

例 3.19 讨论 λ 为何值时,非齐次线性方程组$\begin{cases}x_1+x_2+\lambda x_3=\lambda^2,\\x_1+\lambda x_2+x_3=\lambda,\\\lambda x_1+x_2+x_3=1.\end{cases}$

(1)有唯一解;(2)有无穷多解;(3)无解.

解 对线性方程组的增广矩阵 $\boldsymbol{B}=(\boldsymbol{A},\boldsymbol{b})$实施初等行变换,并将其约化为行最简阶梯形.

$$(A,b)=\begin{pmatrix}\lambda&1&1&1\\1&\lambda&1&\lambda\\1&1&\lambda&\lambda^2\end{pmatrix}\xrightarrow[r_3-\lambda r_1]{\substack{r_1\leftrightarrow r_3\\r_2-r_1}}\begin{pmatrix}1&1&\lambda&\lambda^2\\0&\lambda-1&1-\lambda&\lambda-\lambda^2\\0&1-\lambda&1-\lambda^2&1-\lambda^3\end{pmatrix}$$

$$\xrightarrow{r_3+r_2}\begin{pmatrix}1&1&\lambda&\lambda^2\\0&\lambda-1&1-\lambda&\lambda-\lambda^2\\0&0&(2+\lambda)(1-\lambda)&(1+\lambda)^2(1-\lambda)\end{pmatrix}.$$

(1)唯一解:$R(\boldsymbol{A})=R(\boldsymbol{A},\boldsymbol{b})=3$, 可得:$\lambda\neq 1$ 且 $\lambda\neq -2$.

(2)无穷多解:$R(\boldsymbol{A})=R(\boldsymbol{A},\boldsymbol{b})<3$, 可得:$\lambda=1$.

(3)无解:$R(\boldsymbol{A})\neq R(\boldsymbol{A},\boldsymbol{b})$, 可得:$\lambda=-2$.

习题 3.3

1.用初等变换法求解下列齐次线性方程组:

(1)$\begin{cases}x_1+2x_2-x_3=0,\\2x_1+4x_2+7x_3=0.\end{cases}$ (2)$\begin{cases}x_1+2x_2-3x_3=0,\\2x_1+5x_2+2x_3=0,\\3x_1-x_2-x_3=0.\end{cases}$

(3)$\begin{cases}x_1+x_2+2x_3-x_4=0,\\2x_1+x_2+x_3-x_4=0,\\2x_1-2x_2+x_3+2x_4=0.\end{cases}$ (4)$\begin{cases}x_1+2x_2+x_3-x_4=0,\\3x_1+6x_2-x_3-3x_4=0,\\5x_1+10x_2+x_3-5x_4=0.\end{cases}$

2.用初等变换法求解下列非齐次线性方程组:

(1)$\begin{cases}4x_1+2x_2-3x_3=2,\\3x_1-x_2+2x_3=10,\\11x_1-3x_2-x_3=8.\end{cases}$ (2)$\begin{cases}2x_1+3x_2-3x_3=4,\\2x_1-2x_2+4x_3=5,\\3x_1-8x_2-2x_3=13,\\4x_1-x_2+9x_3=-6.\end{cases}$

(3) $\begin{cases} x_1+x_2+2x_3-3x_4=0, \\ 2x_1+x_2-6x_3+3x_4=-2, \\ 3x_1+10x_2+4x_3-7x_4=3, \\ x_1-x_2+6x_3-x_4=-2. \end{cases}$　　(4) $\begin{cases} x_1-2x_2+3x_3-4x_4=-4, \\ x_2-x_3+x_4=-3, \\ x_1+3x_2-3x_4=1, \\ -7x_2+3x_3+x_4=-3. \end{cases}$

3. 给定如下线性方程组：

$$\begin{cases} x_1+x_2+x_3+x_4=0, \\ x_2+2x_3+2x_4=1, \\ -x_2+(a-3)x_3-2x_4=b, \\ 3x_1+2x_2+x_3+ax_4=-1. \end{cases}$$

当 a,b 取何值时，线性方程组无解、有唯一解、有无穷多组解？在有解时，求出其解.

4. λ 取何值时，下列非齐次线性方程组有唯一解、无解、无穷多组解？在无穷多组解时，求出其解.

(1) $\begin{cases} \lambda x_1+x_2+x_3=1, \\ x_1+\lambda x_2+x_3=\lambda, \\ x_1+x_2+\lambda x_3=\lambda^2. \end{cases}$　　(2) $\begin{cases} -2x_1+x_2+x_3=-2, \\ x_1-2x_2+x_3=\lambda, \\ x_1+x_2-2x_3=\lambda^2. \end{cases}$

5. 设 $\boldsymbol{BA}=\boldsymbol{0}$，其中 $\boldsymbol{A}$ 是 3 阶非零矩阵，$\boldsymbol{B}=\begin{pmatrix} 1 & 2 & 0 \\ 2 & 0 & -4 \\ -1 & t & 5 \\ 1 & 0 & -2 \end{pmatrix}$，求 t 的值.

第3章习题答案

第 4 章　向量组的线性相关性

在第 3 章中，我们利用向量表示了线性方程组的解的形式，特别是当线性方程组有无穷多解时，用向量表示解的结构会显得更加清晰. 本章首先给出与向量相关的一些概念，并引入向量的线性运算，通过引入向量组的线性组合、线性表示等概念，建立向量组的线性组合与线性方程组解之间的关系. 其次，从线性组合、线性相关（无关）出发，讨论向量组中线性无关向量的个数，从而引出向量组的极大线性无关组和向量组秩的概念.

4.1　向量及其线性运算

4.1.1　向量的概念及运算

根据解析几何可知，刻画数轴上的点，只需一个数即可. 要刻画平面上的点的位置，须用 2 个有序数 (x,y) 来确定，即平面上点的坐标. 要刻画空间中某点的位置，要用 3 个数所组成的数组 (x,y,z) 来确定；反过来，给定的有序数组，也能确定平面、空间点的位置.

要刻画椭球体的位置，需用 6 个数所组成的数组来确定，椭球体的中心需 3 个数，长、中、短半轴需用 3 个数，我们可写成有序数组 (x_0,y_0,z_0,a,b,c). 反过来，我们给定了有序数组 (x_0,y_0,z_0,a,b,c)，并设 (x_0,y_0,z_0) 表示椭球的中心，(a,b,c) 表椭球的长、中、短半轴，则椭球的位置及形状也确定了. 事实上，其方程可写为 $\frac{(x-x_0)^2}{a^2}+\frac{(y-y_0)^2}{b^2}+\frac{(z-z_0)^2}{c^2}=1$.

又如 n 元方程 $a_1x_1+a_2x_2+\cdots+a_nx_n=a$，可用 $n+1$ 个有序数 $(a_1,a_2,\cdots,a_n,a)$ 来刻画. 从上面这些例子可看到，有序数组是非常有用的，把它从实际例子中抽象出来就得到 n 维向量的概念.

定义 4.1　n 个有序数所组成的数组 $(a_1,a_2,\cdots,a_n)=\alpha$ 称为 n 维行向量或行矩阵，称向量 $\boldsymbol{\alpha}=\begin{pmatrix}a_1\\a_2\\\vdots\\a_n\end{pmatrix}$ 为 n 维列向量或称为列矩阵. $\boldsymbol{a}_i$ 称为向量 $\boldsymbol{\alpha}$ 的第 i 个分量，分量全为实数的向量称实向量，分量为复数的向量称为复向量.

注：n 维行向量或列向量统称向量，作为向量时它们是一样的，但作为矩阵时，它们是不同的.

当 $n=2,3$ 时，向量就是几何向量，有直观的几何意义，当 $n>3$ 时就没有直观的几何意义. 不过我们仍用向量这一术语，一方面是因为它包含通常的向量，另一方面是因为它与通常的向量有许多相同的性质.

零向量：向量中的每个分量均为 0. 注意不同维数的 $\boldsymbol{0}$ 向量是不同的.

如 $\boldsymbol{0}_3=\begin{pmatrix}0\\0\\0\end{pmatrix}$，$\boldsymbol{0}_4=\begin{pmatrix}0\\0\\0\\0\end{pmatrix}$都是零向量，但是它们不相等，不是同一个零向量.

负向量：向量 $-\boldsymbol{\alpha}=(-a_1,-a_2,\cdots,-a_n)$ 称为向量 $\boldsymbol{\alpha}=(a_1,a_2,\cdots,a_n)$ 的负向量.

向量的相等：设有两向量 $\boldsymbol{\alpha}=(a_1,a_2,\cdots,a_n)$，$\boldsymbol{\beta}=(b_1,b_2,\cdots,b_n)$ 都是 n 维向量，则向量 $\boldsymbol{\alpha},\boldsymbol{\beta}$ 相等的充分必要条件为其向量的对应分量相等，即 $a_i=b_i$，$i=1,2,\cdots,n$.

定义 4.2　设 $\boldsymbol{\alpha}=(a_1,a_2,\cdots,a_n)$，$\boldsymbol{\beta}=(b_1,b_2,\cdots,b_n)$ 都是 n 维向量，λ 为实数，规定向量的加法为：

(1) $\boldsymbol{\alpha}+\boldsymbol{\beta}=(a_1,a_2,\cdots,a_n)+(b_1,b_2,\cdots,b_n)=(a_1+b_1,a_2+b_2,\cdots,a_n+b_n)$.

向量的数乘为：

(2) $\lambda\boldsymbol{\alpha}=(\lambda a_1,\lambda a_2,\cdots,\lambda a_n)$.

一般把向量的加法（减法）及向量与数的乘法称为向量的线性运算，线性运算满足下面 8 条运算规律（其中 α,β,γ 都是 n 维向量，$\lambda,\mu\in\mathbf{R}$）：

(1) $\boldsymbol{\alpha}+\boldsymbol{\beta}=\boldsymbol{\beta}+\boldsymbol{\alpha}$,

(2) $(\boldsymbol{\alpha}+\boldsymbol{\beta})+\boldsymbol{\gamma}=\boldsymbol{\alpha}+(\boldsymbol{\beta}+\boldsymbol{\gamma})$,

(3) $\boldsymbol{\alpha}+\boldsymbol{0}=\boldsymbol{\alpha}$,

(4) $\boldsymbol{\alpha}+(-\boldsymbol{\alpha})=\boldsymbol{0}$,

(5) $1\cdot\boldsymbol{\alpha}=\boldsymbol{\alpha}$,

(6) $\lambda(\mu\boldsymbol{\alpha})=(\lambda\mu)\boldsymbol{\alpha}$,

(7) $\lambda(\boldsymbol{\alpha}+\boldsymbol{\beta})=\lambda\boldsymbol{\alpha}+\lambda\boldsymbol{\beta}$,

(8) $(\lambda+\mu)\boldsymbol{\alpha}=\lambda\boldsymbol{\alpha}+\mu\boldsymbol{\alpha}$.

例 4.1　已知 $\boldsymbol{\alpha}=\begin{pmatrix}2\\1\\2\\-2\end{pmatrix}$，$\boldsymbol{\beta}=\begin{pmatrix}3\\2\\-1\\-5\end{pmatrix}$，若 $5\boldsymbol{\alpha}-3\boldsymbol{\gamma}=2\boldsymbol{\beta}$，求向量 $\boldsymbol{\gamma}$.

解　根据向量的线性运算法则且由于 $5\boldsymbol{\alpha}-3\boldsymbol{\gamma}=2\boldsymbol{\beta}$，可得：

$$\boldsymbol{\gamma}=\frac{1}{3}(5\boldsymbol{\alpha}-2\boldsymbol{\beta}),$$

将 $\boldsymbol{\alpha},\boldsymbol{\beta}$ 代入上式可得:

$$\boldsymbol{\gamma}=\frac{1}{3}(5\boldsymbol{\alpha}-2\boldsymbol{\beta})=\frac{1}{3}\left(5\begin{pmatrix}2\\1\\2\\-2\end{pmatrix}-2\begin{pmatrix}3\\2\\-1\\-5\end{pmatrix}\right)=\frac{1}{3}\begin{pmatrix}4\\1\\12\\0\end{pmatrix}.$$

4.1.2 向量的内积

定义 4.3 设有向量 $\boldsymbol{\alpha}=(a_1,a_2,\cdots,a_n),\boldsymbol{\beta}=(b_1,b_2,\cdots,b_n)$,令

$$[\boldsymbol{\alpha},\boldsymbol{\beta}]=a_1b_1+a_2b_2+\cdots+a_nb_n=\boldsymbol{\alpha\beta}^{\mathrm{T}},$$

称 $[\boldsymbol{\alpha},\boldsymbol{\beta}]$ 为向量 $\boldsymbol{\alpha}$ 与 $\boldsymbol{\beta}$ 的内积.

例 4.2 计算下列向量的内积 $[\boldsymbol{x},\boldsymbol{y}]$,其中

$$(1)\boldsymbol{x}=\begin{pmatrix}1\\2\\-1\end{pmatrix},\boldsymbol{y}=\begin{pmatrix}2\\0\\3\end{pmatrix};\qquad(2)\boldsymbol{x}=\begin{pmatrix}-2\\-3\\0\\3\end{pmatrix},\boldsymbol{y}=\begin{pmatrix}3\\4\\5\\6\end{pmatrix}.$$

解 (1) $[\boldsymbol{x},\boldsymbol{y}]=\begin{pmatrix}1\\2\\-1\end{pmatrix}^{\mathrm{T}}\begin{pmatrix}2\\0\\3\end{pmatrix}=1\times2+2\times0+(-1)\times3=-1,$

(2) $[\boldsymbol{x},\boldsymbol{y}]=\begin{pmatrix}-2\\-3\\0\\3\end{pmatrix}^{\mathrm{T}}\begin{pmatrix}3\\4\\5\\6\end{pmatrix}=(-2)\times3+(-3)\times4+0\times5+3\times6=0.$

向量内积具有下列性质:

(1) $[\boldsymbol{\alpha},\boldsymbol{\beta}]=[\boldsymbol{\beta},\boldsymbol{\alpha}]$;

(2) $[\lambda\boldsymbol{\alpha},\boldsymbol{\beta}]=\lambda[\boldsymbol{\alpha},\boldsymbol{\beta}]$;

(3) $[\boldsymbol{\alpha}+\boldsymbol{\beta},\boldsymbol{\gamma}]=[\boldsymbol{\alpha},\boldsymbol{\gamma}]+[\boldsymbol{\beta},\boldsymbol{\gamma}]$.

这些性质直接用定义可验证.内积实际上是解析几何中数量积的推广,为了进一步研究 n 维向量,我们引入 n 维向量的长度的概念.

定义 4.4 令 $\|\boldsymbol{\alpha}\|=\sqrt{[\boldsymbol{\alpha},\boldsymbol{\alpha}]}=\sqrt{a_1^2+a_2^2+\cdots+a_n^2}$,则 $\|\boldsymbol{\alpha}\|$ 称为 n 维向量 $\boldsymbol{\alpha}$ 的长度或模或范数.当 $\|\boldsymbol{\alpha}\|=1$ 时称 $\boldsymbol{\alpha}$ 为单位向量.

向量的模具有下述性质:

(1)非负性: $\|\boldsymbol{\alpha}\|\geqslant0$,当且仅当 $\boldsymbol{\alpha}=0$ 时, $\|\boldsymbol{\alpha}\|=0$.

(2)齐次性: $\|\lambda\boldsymbol{\alpha}\|=|\lambda|\cdot\|\boldsymbol{\alpha}\|$.

(3)三角不等式: $\|\boldsymbol{\alpha}+\boldsymbol{\beta}\|\leqslant\|\boldsymbol{\alpha}\|+\|\boldsymbol{\beta}\|$.

证明　对于性质(1)、(2)的证明比较简单，留给读者作为练习，这里仅证明性质(3).

$$\begin{aligned}\|\boldsymbol{\alpha}+\boldsymbol{\beta}\|^2&=[\boldsymbol{\alpha}+\boldsymbol{\beta},\boldsymbol{\alpha}+\boldsymbol{\beta}]=[\boldsymbol{\alpha}+\boldsymbol{\beta},\boldsymbol{\alpha}]+[\boldsymbol{\alpha}+\boldsymbol{\beta},\boldsymbol{\beta}]\\&=[\boldsymbol{\alpha},\boldsymbol{\alpha}]+2[\boldsymbol{\alpha},\boldsymbol{\beta}]+[\boldsymbol{\beta},\boldsymbol{\beta}]\leqslant\|\boldsymbol{\alpha}\|^2+2\|\boldsymbol{\alpha}\|\cdot\|\boldsymbol{\beta}\|+\|\boldsymbol{\beta}\|^2\\&=(\|\boldsymbol{\alpha}\|+\|\boldsymbol{\beta}\|)^2.\end{aligned}$$

从而 $\|\boldsymbol{\alpha}+\boldsymbol{\beta}\|\leqslant\|\boldsymbol{\alpha}\|+\|\boldsymbol{\beta}\|$. 证明过程中用到了柯西不等式：$|[\boldsymbol{\alpha},\boldsymbol{\beta}]|\leqslant\|\boldsymbol{\alpha}\|\cdot\|\boldsymbol{\beta}\|$，即

$$|a_1b_1+a_2b_2+\cdots+a_nb_n|\leqslant\sqrt{a_1^2+a_2^2+\cdots+a_n^2}\cdot\sqrt{b_1^2+b_2^2+\cdots+b_n^2}.$$

关于柯西不等式的证明：

设 $\boldsymbol{\beta}\neq\boldsymbol{0}$(当 $\boldsymbol{\beta}=\boldsymbol{0}$ 时，显然成立)，t 为任意实数，$\boldsymbol{\gamma}=\boldsymbol{\alpha}+t\boldsymbol{\beta}$，

则

$$[\boldsymbol{\gamma},\boldsymbol{\gamma}]=[\boldsymbol{\alpha}+t\boldsymbol{\beta},\boldsymbol{\alpha}+t\boldsymbol{\beta}]\geqslant0,$$

即

$$[\boldsymbol{\alpha},\boldsymbol{\alpha}]+2t[\boldsymbol{\alpha},\boldsymbol{\beta}]+[\boldsymbol{\beta},\boldsymbol{\beta}]t^2\geqslant0.$$

由于 $\boldsymbol{\beta}\neq0$，取 $t=-\dfrac{[\boldsymbol{\alpha},\boldsymbol{\beta}]}{[\boldsymbol{\beta},\boldsymbol{\beta}]}$，代入上式有

$$[\boldsymbol{\alpha},\boldsymbol{\alpha}]-2\frac{[\boldsymbol{\alpha},\boldsymbol{\beta}]}{[\boldsymbol{\beta},\boldsymbol{\beta}]}\cdot[\boldsymbol{\alpha},\boldsymbol{\beta}]+[\boldsymbol{\beta},\boldsymbol{\beta}]\cdot\frac{[\boldsymbol{\alpha},\boldsymbol{\beta}]^2}{[\boldsymbol{\beta},\boldsymbol{\beta}]^2}\geqslant0,$$

通过计算可得

$$[\boldsymbol{\alpha},\boldsymbol{\alpha}]-\frac{[\boldsymbol{\alpha},\boldsymbol{\beta}]^2}{[\boldsymbol{\beta},\boldsymbol{\beta}]}\geqslant0,$$

即

$$[\boldsymbol{\alpha},\boldsymbol{\beta}]^2\leqslant[\boldsymbol{\alpha},\boldsymbol{\alpha}][\boldsymbol{\beta},\boldsymbol{\beta}].$$

习题 4.1

1. 设 $\boldsymbol{\beta}=\begin{pmatrix}1\\a\\0\\2\end{pmatrix}$，$\boldsymbol{\alpha}=\begin{pmatrix}-1\\2\\b\\c\end{pmatrix}$，求 a,b,c 为何值时，$\boldsymbol{\alpha}+\boldsymbol{\beta}=\boldsymbol{0}$.

2. 设 $\boldsymbol{\alpha}_1=\begin{pmatrix}2\\5\\1\\3\end{pmatrix}$，$\boldsymbol{\alpha}_2=\begin{pmatrix}10\\1\\5\\10\end{pmatrix}$，$\boldsymbol{\alpha}_3=\begin{pmatrix}4\\1\\-1\\1\end{pmatrix}$，且满足 $3(\boldsymbol{\alpha}_1-\boldsymbol{\beta})+2(\boldsymbol{\alpha}_2+\boldsymbol{\beta})=5(\boldsymbol{\alpha}_3+\boldsymbol{\beta})$，求 $\boldsymbol{\beta}$.

3. 设 $\boldsymbol{\alpha}$ 为三维列向量，若 $\boldsymbol{\alpha}\boldsymbol{\alpha}^{\mathrm{T}}=\begin{pmatrix}1&-1&1\\-1&1&-1\\1&-1&1\end{pmatrix}$，求 $\boldsymbol{\alpha}^{\mathrm{T}}\boldsymbol{\alpha}$.

4. 设 $\boldsymbol{\alpha}_1=\begin{pmatrix}1\\5\\2\\3\end{pmatrix},\boldsymbol{\alpha}_2=\begin{pmatrix}10\\4\\3\\7\end{pmatrix}$,求(1) $[\boldsymbol{\alpha}_1,\boldsymbol{\alpha}_2]$,(2) $\|\boldsymbol{\alpha}_1\|$, $\|\boldsymbol{\alpha}_2\|$,(3) $[\boldsymbol{\alpha}_1+\boldsymbol{\alpha}_2,\boldsymbol{\alpha}_1-2\boldsymbol{\alpha}_2]$.

5. 设向量 $\boldsymbol{\alpha}_1=\begin{pmatrix}5\\-1\\3\\2\\4\end{pmatrix},\boldsymbol{\alpha}_2=\begin{pmatrix}3\\1\\-2\\2\\1\end{pmatrix}$,求向量 $\boldsymbol{\beta}$ 满足 $3\boldsymbol{\alpha}_1+\boldsymbol{\beta}=4\boldsymbol{\alpha}_2$.

4.2 向量组的线性相关和线性无关

4.2.1 向量组的线性组合

两个向量之间最简单的关系是成比例,即是说,存在 k,使得 $\boldsymbol{\alpha}=k\boldsymbol{\beta}$ 成立,在多个向量之间成比例的关系表现为线性组合.

定义 4.5 对于向量组 $\boldsymbol{\alpha},\boldsymbol{\alpha}_1,\boldsymbol{\alpha}_2,\cdots,\boldsymbol{\alpha}_m$,如果存在一组数 $\lambda_1,\lambda_2,\cdots,\lambda_m$ 使

$$\boldsymbol{\alpha}=\lambda_1\boldsymbol{\alpha}_1+\lambda_2\boldsymbol{\alpha}_2+\cdots+\lambda_m\boldsymbol{\alpha}_m$$

成立,则说向量 $\boldsymbol{\alpha}$ 是向量组 $\boldsymbol{\alpha}_1,\boldsymbol{\alpha}_2,\cdots,\boldsymbol{\alpha}_m$ 的线性组合,或者说 $\boldsymbol{\alpha}$ 可由 $\boldsymbol{\alpha}_1,\boldsymbol{\alpha}_2,\cdots,\boldsymbol{\alpha}_m$ 线性表示.

例如,取三维单位坐标向量组 $\boldsymbol{\varepsilon}_1=\begin{pmatrix}1\\0\\0\end{pmatrix},\boldsymbol{\varepsilon}_2=\begin{pmatrix}0\\1\\0\end{pmatrix},\boldsymbol{\varepsilon}_3=\begin{pmatrix}0\\0\\1\end{pmatrix}$,则任意向量 $\boldsymbol{\alpha}=\begin{pmatrix}k_1\\k_2\\k_3\end{pmatrix}$ 均可表示为它们的线性组合 $\boldsymbol{\alpha}=k_1\boldsymbol{\varepsilon}_1+k_2\boldsymbol{\varepsilon}_2+k_3\boldsymbol{\varepsilon}_3$,但 $\boldsymbol{\varepsilon}_1,\boldsymbol{\varepsilon}_2,\boldsymbol{\varepsilon}_3$ 三个向量中任意向量均不能表示为其余两个向量的线性组合.

例 4.3 如果向量 $\boldsymbol{\beta}=\begin{pmatrix}1\\0\\k\\2\end{pmatrix}$ 能由向量组

$$\boldsymbol{\alpha}_1=\begin{pmatrix}1\\3\\0\\5\end{pmatrix},\boldsymbol{\alpha}_2=\begin{pmatrix}1\\2\\1\\4\end{pmatrix},\boldsymbol{\alpha}_3=\begin{pmatrix}1\\1\\2\\3\end{pmatrix},\boldsymbol{\alpha}_4=\begin{pmatrix}1\\-3\\6\\-1\end{pmatrix}$$

线性表示,求 k.

解　分析:向量 $\boldsymbol{\beta}$ 若能由向量组 $\boldsymbol{\alpha}_1,\boldsymbol{\alpha}_2,\boldsymbol{\alpha}_3,\boldsymbol{\alpha}_4$ 线性表示,由定义可知,存在一组数 x_1, x_2,x_3,x_4 使

$$\boldsymbol{\alpha}_1x_1+\boldsymbol{\alpha}_2x_2+\boldsymbol{\alpha}_3x_3+\boldsymbol{\alpha}_4x_4=\boldsymbol{\beta}$$

成立,即线性方程组

$$\boldsymbol{\alpha}_1x_1+\boldsymbol{\alpha}_2x_2+\boldsymbol{\alpha}_3x_3+\boldsymbol{\alpha}_4x_4=\boldsymbol{\beta}$$

有解,即 $R(\boldsymbol{\alpha}_1,\boldsymbol{\alpha}_2,\boldsymbol{\alpha}_3,\boldsymbol{\alpha}_4)=R(\boldsymbol{\alpha}_1,\boldsymbol{\alpha}_2,\boldsymbol{\alpha}_3,\boldsymbol{\alpha}_4,\boldsymbol{\beta})$.

对矩阵$(\boldsymbol{\alpha}_1,\boldsymbol{\alpha}_2,\boldsymbol{\alpha}_3,\boldsymbol{\alpha}_4,\boldsymbol{\beta})$实施初等行变换可得:

$$(\boldsymbol{\alpha}_1,\boldsymbol{\alpha}_2,\boldsymbol{\alpha}_3,\boldsymbol{\alpha}_4,\boldsymbol{\beta})=\begin{pmatrix}1&1&1&1&1\\3&2&1&-3&0\\0&1&2&6&k\\5&4&3&-1&2\end{pmatrix}\xrightarrow[r_4-5r_1]{r_2-3r_1}\begin{pmatrix}1&1&1&1&1\\0&-1&-2&-6&-3\\0&1&2&6&k\\0&-1&-2&-6&-3\end{pmatrix}$$

$$\xrightarrow[r_4-r_2]{r_3+r_2}\begin{pmatrix}1&1&1&1&1\\0&-1&-2&-6&-3\\0&0&0&0&k-3\\0&0&0&0&0\end{pmatrix}.$$

由此可知,$R(\boldsymbol{\alpha}_1,\boldsymbol{\alpha}_2,\boldsymbol{\alpha}_3,\boldsymbol{\alpha}_4)=2$,因为向量 $\boldsymbol{\beta}$ 能由向量组 $\boldsymbol{\alpha}_1,\boldsymbol{\alpha}_2,\boldsymbol{\alpha}_3,\boldsymbol{\alpha}_4$ 线性表示,所以由

$$R(\boldsymbol{\alpha}_1,\boldsymbol{\alpha}_2,\boldsymbol{\alpha}_3,\boldsymbol{\alpha}_4)=R(\boldsymbol{\alpha}_1,\boldsymbol{\alpha}_2,\boldsymbol{\alpha}_3,\boldsymbol{\alpha}_4,\boldsymbol{\beta})=2,$$

可得 $k=3$.

例 4.4　判断向量 $\boldsymbol{\beta}_1=\begin{pmatrix}4\\3\\-1\\11\end{pmatrix},\boldsymbol{\beta}_2=\begin{pmatrix}4\\3\\0\\11\end{pmatrix}$是否各为向量组 $\boldsymbol{\alpha}_1=\begin{pmatrix}1\\2\\-1\\5\end{pmatrix},\boldsymbol{\alpha}_2=\begin{pmatrix}2\\-1\\1\\1\end{pmatrix}$的线性组合,若是,写出表达式.

解　向量 $\boldsymbol{\beta}_1$ 如能由向量组 $\boldsymbol{\alpha}_1,\boldsymbol{\alpha}_2$ 线性表示,则线性方程组

$$\boldsymbol{\alpha}_1x_1+\boldsymbol{\alpha}_2x_2=\boldsymbol{\beta}_1$$

有解,即是说 $R(\boldsymbol{\alpha}_1,\boldsymbol{\alpha}_2)=R(\boldsymbol{\alpha}_1,\boldsymbol{\alpha}_2,\boldsymbol{\beta})$.

对增广矩阵$(\boldsymbol{\alpha}_1,\boldsymbol{\alpha}_2,\boldsymbol{\beta}_1)$作初等行变换可得:

$$(\boldsymbol{\alpha}_1,\boldsymbol{\alpha}_2,\boldsymbol{\beta}_1)=\begin{pmatrix}1&2&4\\2&-1&3\\-1&1&-1\\5&1&11\end{pmatrix}\to\begin{pmatrix}1&2&4\\0&-5&5\\0&3&3\\0&-9&-9\end{pmatrix}\to\begin{pmatrix}1&2&4\\0&1&1\\0&0&0\\0&0&0\end{pmatrix}\to\begin{pmatrix}1&0&2\\0&1&1\\0&0&0\\0&0&0\end{pmatrix}.$$

从上式可知,$R(\boldsymbol{\alpha}_1,\boldsymbol{\alpha}_2)=R(\boldsymbol{\alpha}_1,\boldsymbol{\alpha}_2,\boldsymbol{\beta}_1)=2$.因此向量 $\boldsymbol{\beta}_1$ 能由向量组 $\boldsymbol{\alpha}_1,\boldsymbol{\alpha}_2$ 线性表示,且由阶梯形矩阵可知,线性方程组的解为 $x_1=2,x_2=1$,
所以得到

$$\boldsymbol{\beta}_1=2\boldsymbol{\alpha}_1+\boldsymbol{\alpha}_2.$$

类似地,对增广矩阵$(\boldsymbol{\alpha}_1,\boldsymbol{\alpha}_2,\boldsymbol{\beta}_2)$作初等行变换可得:

$$(\boldsymbol{\alpha}_1,\boldsymbol{\alpha}_2,\boldsymbol{\beta}_2)=\begin{pmatrix}1&2&4\\2&-1&3\\-1&1&0\\5&1&11\end{pmatrix}\to\begin{pmatrix}1&2&4\\0&-5&5\\0&3&4\\0&-9&-9\end{pmatrix}\to\begin{pmatrix}1&2&4\\0&1&1\\0&0&1\\0&0&0\end{pmatrix}.$$

从上式可知,$R(\boldsymbol{\alpha}_1,\boldsymbol{\alpha}_2)=2\neq R(\boldsymbol{\alpha}_1,\boldsymbol{\alpha}_2,\boldsymbol{\beta}_2)=3$.因此向量$\boldsymbol{\beta}_2$不能由向量组$\boldsymbol{\alpha}_1,\boldsymbol{\alpha}_2$线性表示.

例 4.5 设$\boldsymbol{\alpha}_1,\boldsymbol{\alpha}_2,\cdots,\boldsymbol{\alpha}_r,\boldsymbol{\beta}$都是$n$维向量,$\boldsymbol{\beta}$可由$\boldsymbol{\alpha}_1,\boldsymbol{\alpha}_2,\cdots,\boldsymbol{\alpha}_r$线性表示,但是$\boldsymbol{\beta}$不能由$\boldsymbol{\alpha}_1,\boldsymbol{\alpha}_2,\cdots,\boldsymbol{\alpha}_{r-1}$线性表示,证明$\boldsymbol{\alpha}_r$可由$\boldsymbol{\alpha}_1,\boldsymbol{\alpha}_2,\cdots,\boldsymbol{\alpha}_{r-1},\boldsymbol{\beta}$线性表示.

证明 因为$\boldsymbol{\beta}$可由$\boldsymbol{\alpha}_1,\boldsymbol{\alpha}_2,\cdots,\boldsymbol{\alpha}_r$线性表示,则存在一组数$\lambda_1,\lambda_2,\cdots,\lambda_{r-1},\lambda_r$使得

$$\boldsymbol{\beta}=\lambda_1\boldsymbol{\alpha}_1+\lambda_2\boldsymbol{\alpha}_2+\cdots+\lambda_{r-1}\boldsymbol{\alpha}_{r-1}+\lambda_r\boldsymbol{\alpha}_r$$

成立.又因为$\boldsymbol{\beta}$不能由$\boldsymbol{\alpha}_1,\boldsymbol{\alpha}_2,\cdots,\boldsymbol{\alpha}_{r-1}$线性表示,可得

$$\lambda_r\neq 0,$$

否则与$\boldsymbol{\beta}$不能由$\boldsymbol{\alpha}_1,\boldsymbol{\alpha}_2,\cdots,\boldsymbol{\alpha}_{r-1}$线性表示相矛盾,故有

$$\boldsymbol{\alpha}_r=\frac{1}{\lambda_r}(\boldsymbol{\beta}-\lambda_1\boldsymbol{\alpha}_1-\lambda_2\boldsymbol{\alpha}_2-\cdots-\lambda_{r-1}\boldsymbol{\alpha}_{r-1}),$$

即$\boldsymbol{\alpha}_r$可由$\boldsymbol{\alpha}_1,\boldsymbol{\alpha}_2,\cdots,\boldsymbol{\alpha}_{r-1},\boldsymbol{\beta}$线性表示.

一般地,向量$\boldsymbol{\beta}$要能由向量组$\boldsymbol{\alpha}_1,\boldsymbol{\alpha}_2,\cdots,\boldsymbol{\alpha}_r$线性表示,即线性方程组

$$\boldsymbol{\alpha}_1x_1+\boldsymbol{\alpha}_2x_2+\cdots+\boldsymbol{\alpha}_rx_r=\boldsymbol{\beta}$$

有解,即$R(\boldsymbol{\alpha}_1,\boldsymbol{\alpha}_2,\cdots,\boldsymbol{\alpha}_r)=R(\boldsymbol{\alpha}_1,\boldsymbol{\alpha}_2,\cdots,\boldsymbol{\alpha}_r,\boldsymbol{\beta})$.因此,有下面的定理.

定理 4.1 向量$\boldsymbol{\beta}$能由向量组$\boldsymbol{\alpha}_1,\boldsymbol{\alpha}_2,\cdots,\boldsymbol{\alpha}_r$线性表示的充分必要条件是线性方程组

$$\boldsymbol{\alpha}_1x_1+\boldsymbol{\alpha}_2x_2+\cdots+\boldsymbol{\alpha}_rx_r=\boldsymbol{\beta}$$

有解,或者$R(\boldsymbol{\alpha}_1,\boldsymbol{\alpha}_2,\cdots,\boldsymbol{\alpha}_r)=R(\boldsymbol{\alpha}_1,\boldsymbol{\alpha}_2,\cdots,\boldsymbol{\alpha}_r,\boldsymbol{\beta})$.

证明 必要性 设向量$\boldsymbol{\beta}$能由向量组$\boldsymbol{\alpha}_1,\boldsymbol{\alpha}_2,\cdots,\boldsymbol{\alpha}_r$线性表示,即存在一组数$x_1,x_2,\cdots,x_r$满足

$$\boldsymbol{\alpha}_1x_1+\boldsymbol{\alpha}_2x_2+\cdots+\boldsymbol{\alpha}_rx_r=\boldsymbol{\beta}.$$

所以线性方程组

$$\boldsymbol{\alpha}_1x_1+\boldsymbol{\alpha}_2x_2+\cdots+\boldsymbol{\alpha}_rx_r=\boldsymbol{\beta}$$

有解,或者

$$R(\boldsymbol{\alpha}_1,\boldsymbol{\alpha}_2,\cdots,\boldsymbol{\alpha}_r)=R(\boldsymbol{\alpha}_1,\boldsymbol{\alpha}_2,\cdots,\boldsymbol{\alpha}_r,\boldsymbol{\beta}).$$

充分性 设线性方程组

$$\boldsymbol{\alpha}_1x_1+\boldsymbol{\alpha}_2x_2+\cdots+\boldsymbol{\alpha}_rx_r=\boldsymbol{\beta}$$

有解,或者

$$R(\boldsymbol{\alpha}_1,\boldsymbol{\alpha}_2,\cdots,\boldsymbol{\alpha}_r)=R(\boldsymbol{\alpha}_1,\boldsymbol{\alpha}_2,\cdots,\boldsymbol{\alpha}_r,\boldsymbol{\beta}).$$

不妨设其解为$x_1,x_2,\cdots,x_r$,且满足

$$\boldsymbol{\alpha}_1 x_1+\boldsymbol{\alpha}_2 x_2+\cdots+\boldsymbol{\alpha}_r x_r=\boldsymbol{\beta},$$

即向量 $\boldsymbol{\beta}$ 能由向量组 $\boldsymbol{\alpha}_1,\boldsymbol{\alpha}_2,\cdots,\boldsymbol{\alpha}_r$ 线性表示.

定理 4.2　(1)向量 $\boldsymbol{\beta}$ 不能由向量组 $\boldsymbol{\alpha}_1,\boldsymbol{\alpha}_2,\cdots,\boldsymbol{\alpha}_r$ 线性表示的充分必要条件是线性方程组

$$\boldsymbol{\alpha}_1 x_1+\boldsymbol{\alpha}_2 x_2+\cdots+\boldsymbol{\alpha}_r x_r=\boldsymbol{\beta}$$

无解,或者 $R(\boldsymbol{\alpha}_1,\boldsymbol{\alpha}_2,\cdots,\boldsymbol{\alpha}_r)\neq R(\boldsymbol{\alpha}_1,\boldsymbol{\alpha}_2,\cdots,\boldsymbol{\alpha}_r,\boldsymbol{\beta})$.

(2)向量 $\boldsymbol{\beta}$ 能由向量组 $\boldsymbol{\alpha}_1,\boldsymbol{\alpha}_2,\cdots,\boldsymbol{\alpha}_r$ 唯一线性表示的充分必要条件是线性方程组

$$\boldsymbol{\alpha}_1 x_1+\boldsymbol{\alpha}_2 x_2+\cdots+\boldsymbol{\alpha}_r x_r=\boldsymbol{\beta}$$

有唯一解,或者 $R(\boldsymbol{\alpha}_1,\boldsymbol{\alpha}_2,\cdots,\boldsymbol{\alpha}_r)=R(\boldsymbol{\alpha}_1,\boldsymbol{\alpha}_2,\cdots,\boldsymbol{\alpha}_r,\boldsymbol{\beta})=r$.

(3)向量 $\boldsymbol{\beta}$ 能由向量组 $\boldsymbol{\alpha}_1,\boldsymbol{\alpha}_2,\cdots,\boldsymbol{\alpha}_r$ 线性表示且表示方法不唯一的充分必要条件是线性方程组

$$\boldsymbol{\alpha}_1 x_1+\boldsymbol{\alpha}_2 x_2+\cdots+\boldsymbol{\alpha}_r x_r=\boldsymbol{\beta}$$

有无穷多解,或者 $R(\boldsymbol{\alpha}_1,\boldsymbol{\alpha}_2,\cdots,\boldsymbol{\alpha}_r)=R(\boldsymbol{\alpha}_1,\boldsymbol{\alpha}_2,\cdots,\boldsymbol{\alpha}_r,\boldsymbol{\beta})<r$.

前面讨论了一个向量能否用向量组线性表示的情形,进而将其转化为线性方程组解的问题.事实上,向量组和向量组之间也同样有线性表示的说法,下面给出具体定义.

定义 4.6　设两个向量组 $\boldsymbol{\alpha}_1,\boldsymbol{\alpha}_2,\cdots,\boldsymbol{\alpha}_m$ 与 $\boldsymbol{\beta}_1,\boldsymbol{\beta}_2,\cdots,\boldsymbol{\beta}_r$,如果向量组 $\boldsymbol{\beta}_1,\boldsymbol{\beta}_2,\cdots,\boldsymbol{\beta}_r$ 中的任一向量 $\boldsymbol{\beta}_i(i=1,2,\cdots,r)$ 都可由向量组 $\boldsymbol{\alpha}_1,\boldsymbol{\alpha}_2,\cdots,\boldsymbol{\alpha}_m$ 线性表示,则称向量组 $\boldsymbol{\beta}_1,\boldsymbol{\beta}_2,\cdots,\boldsymbol{\beta}_r$ 可以由向量组 $\boldsymbol{\alpha}_1,\boldsymbol{\alpha}_2,\cdots,\boldsymbol{\alpha}_m$ 线性表示.

例 4.6　已知向量 $\boldsymbol{\alpha}_1,\boldsymbol{\alpha}_2,\boldsymbol{\alpha}_3$ 分别可由 $\boldsymbol{\beta}_1,\boldsymbol{\beta}_2,\boldsymbol{\beta}_3$ 线性表示,即

$$\begin{cases}\boldsymbol{\alpha}_1=\boldsymbol{\beta}_1-\boldsymbol{\beta}_2+\boldsymbol{\beta}_3,\\ \boldsymbol{\alpha}_2=\boldsymbol{\beta}_1+\boldsymbol{\beta}_2-\boldsymbol{\beta}_3,\\ \boldsymbol{\alpha}_3=-\boldsymbol{\beta}_1+\boldsymbol{\beta}_2+\boldsymbol{\beta}_3.\end{cases}$$

试求 $\boldsymbol{\beta}_1,\boldsymbol{\beta}_2,\boldsymbol{\beta}_3$ 分别用 $\boldsymbol{\alpha}_1,\boldsymbol{\alpha}_2,\boldsymbol{\alpha}_3$ 线性表示.

解　由题意可知,有

$$(\boldsymbol{\alpha}_1,\boldsymbol{\alpha}_2,\boldsymbol{\alpha}_3)=(\boldsymbol{\beta}_1,\boldsymbol{\beta}_2,\boldsymbol{\beta}_3)\begin{pmatrix}1&1&-1\\-1&1&1\\1&-1&1\end{pmatrix},$$

又因为

$$\left|\begin{pmatrix}1&1&-1\\-1&1&1\\1&-1&1\end{pmatrix}\right|=4\neq 0,$$

所以,有

$$(\boldsymbol{\beta}_1,\boldsymbol{\beta}_2,\boldsymbol{\beta}_3)=(\boldsymbol{\alpha}_1,\boldsymbol{\alpha}_2,\boldsymbol{\alpha}_3)\begin{pmatrix}1&1&-1\\-1&1&1\\1&-1&1\end{pmatrix}^{-1}=(\boldsymbol{\alpha}_1,\boldsymbol{\alpha}_2,\boldsymbol{\alpha}_3)\frac{1}{2}\begin{pmatrix}1&0&1\\1&1&0\\0&1&1\end{pmatrix},$$

故可得：

$$(\boldsymbol{\beta}_1,\boldsymbol{\beta}_2,\boldsymbol{\beta}_3)=\frac{1}{2}(\boldsymbol{\alpha}_1,\boldsymbol{\alpha}_2,\boldsymbol{\alpha}_3)\begin{pmatrix}1&0&1\\1&1&0\\0&1&1\end{pmatrix},$$

即

$$\boldsymbol{\beta}_1=\frac{1}{2}\boldsymbol{\alpha}_1+\frac{1}{2}\boldsymbol{\alpha}_2,\boldsymbol{\beta}_2=\frac{1}{2}\boldsymbol{\alpha}_2+\frac{1}{2}\boldsymbol{\alpha}_3,\boldsymbol{\beta}_3=\frac{1}{2}\boldsymbol{\alpha}_1+\frac{1}{2}\boldsymbol{\alpha}_3.$$

注：一组向量 $\boldsymbol{\alpha}_1,\boldsymbol{\alpha}_2,\cdots,\boldsymbol{\alpha}_m$ 能由另一组向量 $\boldsymbol{\beta}_1,\boldsymbol{\beta}_2,\cdots,\boldsymbol{\beta}_r$ 线性表示.等价于存在矩阵 $\boldsymbol{C}$ 满足：

$$(\boldsymbol{\alpha}_1,\boldsymbol{\alpha}_2,\cdots,\boldsymbol{\alpha}_m)=(\boldsymbol{\beta}_1,\boldsymbol{\beta}_2,\cdots,\boldsymbol{\beta}_r)\boldsymbol{C}.$$

也等价于矩阵方程$(\boldsymbol{\beta}_1,\boldsymbol{\beta}_2,\cdots,\boldsymbol{\beta}_r)\boldsymbol{X}=(\boldsymbol{\alpha}_1,\boldsymbol{\alpha}_2,\cdots,\boldsymbol{\alpha}_m)$有解.或者

$$R(\boldsymbol{\beta}_1,\boldsymbol{\beta}_2,\cdots,\boldsymbol{\beta}_r)=R(\boldsymbol{\beta}_1,\boldsymbol{\beta}_2,\cdots,\boldsymbol{\beta}_r,\boldsymbol{\alpha}_1,\boldsymbol{\alpha}_2,\cdots,\boldsymbol{\alpha}_m).$$

例 4.7 已知两个向量组分别为：

$$\boldsymbol{\alpha}_1=\begin{pmatrix}0\\1\\2\\3\end{pmatrix},\boldsymbol{\alpha}_2=\begin{pmatrix}3\\0\\1\\2\end{pmatrix},\boldsymbol{\alpha}_3=\begin{pmatrix}2\\3\\0\\1\end{pmatrix},\boldsymbol{\beta}_1=\begin{pmatrix}2\\1\\1\\2\end{pmatrix},\boldsymbol{\beta}_2=\begin{pmatrix}0\\-2\\1\\1\end{pmatrix},\boldsymbol{\beta}_3=\begin{pmatrix}4\\4\\1\\3\end{pmatrix},$$

证明：向量组 $\boldsymbol{\beta}_1,\boldsymbol{\beta}_2,\boldsymbol{\beta}_3$ 能由向量组 $\boldsymbol{\alpha}_1,\boldsymbol{\alpha}_2,\boldsymbol{\alpha}_3$ 线性表示，但是向量组 $\boldsymbol{\alpha}_1,\boldsymbol{\alpha}_2,\boldsymbol{\alpha}_3$ 不能由向量组 $\boldsymbol{\beta}_1,\boldsymbol{\beta}_2,\boldsymbol{\beta}_3$ 线性表示.

证明 令 $\boldsymbol{A}=(\boldsymbol{\alpha}_1,\boldsymbol{\alpha}_2,\boldsymbol{\alpha}_3)$，$B=(\boldsymbol{\beta}_1,\boldsymbol{\beta}_2,\boldsymbol{\beta}_3)$，对矩阵$(\boldsymbol{A},\boldsymbol{B})$实施初等行变换，得

$$(\boldsymbol{A},\boldsymbol{B})=\begin{pmatrix}0&3&2&2&0&4\\1&0&3&1&-2&4\\2&1&0&1&1&1\\3&2&1&2&1&3\end{pmatrix}\rightarrow\begin{pmatrix}1&0&3&1&-2&4\\0&1&-6&-1&5&-7\\0&0&4&1&-3&5\\0&0&0&0&0&0\end{pmatrix},$$

由上式可知 $R(\boldsymbol{A})=R(\boldsymbol{A},\boldsymbol{B})=3$，即向量组 $\boldsymbol{\beta}_1,\boldsymbol{\beta}_2,\boldsymbol{\beta}_3$ 能由向量组 $\boldsymbol{\alpha}_1,\boldsymbol{\alpha}_2,\boldsymbol{\alpha}_3$ 线性表示.同理，

$$(\boldsymbol{B},\boldsymbol{A})=\begin{pmatrix}2&0&4&0&3&2\\1&-2&4&1&0&3\\1&1&1&2&1&0\\2&1&3&3&2&1\end{pmatrix}\rightarrow\begin{pmatrix}1&1&1&2&1&0\\0&-1&1&-1&0&1\\0&0&0&-2&1&0\\0&0&0&0&0&0\end{pmatrix},$$

由上式可知 $R(\boldsymbol{B})=2\neq R(\boldsymbol{B},\boldsymbol{A})=3$，所以向量组 $\boldsymbol{\alpha}_1,\boldsymbol{\alpha}_2,\boldsymbol{\alpha}_3$ 不能由向量组 $\boldsymbol{\beta}_1,\boldsymbol{\beta}_2,\boldsymbol{\beta}_3$ 线性表示.

定义 4.7 如果向量组 $\boldsymbol{\alpha}_1,\boldsymbol{\alpha}_2,\cdots,\boldsymbol{\alpha}_m$ 与 $\boldsymbol{\beta}_1,\boldsymbol{\beta}_2,\cdots,\boldsymbol{\beta}_r$ 可以互相线性表示，则称向量组 $\boldsymbol{\alpha}_1,\boldsymbol{\alpha}_2,\cdots,\boldsymbol{\alpha}_m$ 与 $\boldsymbol{\beta}_1,\boldsymbol{\beta}_2,\cdots,\boldsymbol{\beta}_r$ 等价.

注：向量组的等价与矩阵的等价是完全不同的两个概念.

不难发现，两个向量组的等价具有如下性质：

(1)反身性:任何向量组 $\boldsymbol{\alpha}_1,\boldsymbol{\alpha}_2,\cdots,\boldsymbol{\alpha}_m$ 与它自身等价.

(2)对称性:如果向量组 $\boldsymbol{\alpha}_1,\boldsymbol{\alpha}_2,\cdots,\boldsymbol{\alpha}_m$ 与向量组 $\boldsymbol{\beta}_1,\boldsymbol{\beta}_2,\cdots,\boldsymbol{\beta}_r$ 等价,那么向量组 $\boldsymbol{\beta}_1,\boldsymbol{\beta}_2,\cdots,\boldsymbol{\beta}_r$ 也与向量组 $\boldsymbol{\alpha}_1,\boldsymbol{\alpha}_2,\cdots,\boldsymbol{\alpha}_m$ 等价.

(3)传递性:如果向量组 $\boldsymbol{\alpha}_1,\boldsymbol{\alpha}_2,\cdots,\boldsymbol{\alpha}_m$ 与向量组 $\boldsymbol{\beta}_1,\boldsymbol{\beta}_2,\cdots,\boldsymbol{\beta}_r$ 等价,而向量组 $\boldsymbol{\beta}_1,\boldsymbol{\beta}_2,\cdots,\boldsymbol{\beta}_r$ 又与向量组 $\boldsymbol{\mu}_1,\boldsymbol{\mu}_2,\cdots,\boldsymbol{\mu}_s$ 等价,那么向量组 $\boldsymbol{\alpha}_1,\boldsymbol{\alpha}_2,\cdots,\boldsymbol{\alpha}_m$ 也与向量组 $\boldsymbol{\mu}_1,\boldsymbol{\mu}_2,\cdots,\boldsymbol{\mu}_s$ 等价.

例 4.8　已知向量组 $(\boldsymbol{\alpha}_1,\boldsymbol{\alpha}_2)=\begin{pmatrix}-1&2\\0&1\\3&-4\\1&-3\end{pmatrix}$, $(\boldsymbol{\beta}_1,\boldsymbol{\beta}_2)=\begin{pmatrix}-3&8\\-1&3\\7&-18\\4&-11\end{pmatrix}$,证明:向量组 $(\boldsymbol{\alpha}_1,\boldsymbol{\alpha}_2)$ 与向量组 $(\boldsymbol{\beta}_1,\boldsymbol{\beta}_2)$ 等价.

证明　分析:将向量组等价的问题转化为线性方程组解的问题.向量组 $(\boldsymbol{\alpha}_1,\boldsymbol{\alpha}_2)$ 能由向量组 $(\boldsymbol{\beta}_1,\boldsymbol{\beta}_2)$ 线性表示,即 $R(\boldsymbol{\beta}_1,\boldsymbol{\beta}_2)=R(\boldsymbol{\beta}_1,\boldsymbol{\beta}_2,\boldsymbol{\alpha}_1,\boldsymbol{\alpha}_2)$,向量组 $(\boldsymbol{\beta}_1,\boldsymbol{\beta}_2)$ 能由向量组 $(\boldsymbol{\alpha}_1,\boldsymbol{\alpha}_2)$ 线性表示,即 $R(\boldsymbol{\alpha}_1,\boldsymbol{\alpha}_2)=R(\boldsymbol{\alpha}_1,\boldsymbol{\alpha}_2,\boldsymbol{\beta}_1,\boldsymbol{\beta}_2)$.

将增广矩阵 $(\boldsymbol{\alpha}_1,\boldsymbol{\alpha}_2,\boldsymbol{\beta}_1,\boldsymbol{\beta}_2)$ 进行初等行变换,可得:

$$(\boldsymbol{\alpha}_1,\boldsymbol{\alpha}_2,\boldsymbol{\beta}_1,\boldsymbol{\beta}_2)=\begin{pmatrix}-1&2&-3&8\\0&1&-1&3\\3&-4&7&-18\\1&-3&4&-11\end{pmatrix}\xrightarrow[r_4+r_1]{r_3+3r_1}\begin{pmatrix}-1&2&-3&8\\0&1&-1&3\\0&2&-2&6\\0&-1&1&-3\end{pmatrix}$$

$$\xrightarrow[r_4+r_2]{r_3-2r_2}\begin{pmatrix}-1&2&-3&8\\0&1&-1&3\\0&0&0&0\\0&0&0&0\end{pmatrix}\xrightarrow[r_1\times(-1)]{r_1-2r_2}\begin{pmatrix}1&0&1&-2\\0&1&-1&3\\0&0&0&0\\0&0&0&0\end{pmatrix}.$$

从上式可得,$R(\boldsymbol{\alpha}_1,\boldsymbol{\alpha}_2)=R(\boldsymbol{\beta}_1,\boldsymbol{\beta}_2)=R(\boldsymbol{\alpha}_1,\boldsymbol{\alpha}_2,\boldsymbol{\beta}_1,\boldsymbol{\beta}_2)=R(\boldsymbol{\beta}_1,\boldsymbol{\beta}_2,\boldsymbol{\alpha}_1,\boldsymbol{\alpha}_2)$.

所以向量组 $(\boldsymbol{\alpha}_1,\boldsymbol{\alpha}_2)$ 与向量组 $(\boldsymbol{\beta}_1,\boldsymbol{\beta}_2)$ 可以互相表示,即向量组 $(\boldsymbol{\alpha}_1,\boldsymbol{\alpha}_2)$ 与向量组 $(\boldsymbol{\beta}_1,\boldsymbol{\beta}_2)$ 等价.

4.2.2　向量组的线性相关性

上一小节讨论了一个向量能否由另一个向量组线性表示的问题.从另一个角度看,若向量 $\boldsymbol{\beta}$ 能由向量组 $\boldsymbol{\alpha}_1,\boldsymbol{\alpha}_2,\cdots,\boldsymbol{\alpha}_m$ 线性表示,则只要掌握了向量组 $\boldsymbol{\alpha}_1,\boldsymbol{\alpha}_2,\cdots,\boldsymbol{\alpha}_m$ 的信息,也就掌握了向量 $\boldsymbol{\beta}$ 的信息.因此,研究一个向量组时,我们同样关心是否有向量能够被向量组中其余向量所线性表示的问题.给出一组向量(同维向量组的集合),这组向量中有没有向量是其余向量的线性组合是向量组的一种重要性质,称为向量组的线性相关性.

定义 4.8　若向量组中某一向量是其余向量的线性组合,则称这组向量线性相关,否则就不线性相关,称为线性无关.

线性无关的定义也可以用另一种等价的说法给出.

定义 4.9 设有 n 维向量组 $\boldsymbol{\alpha}_1,\boldsymbol{\alpha}_2,\cdots,\boldsymbol{\alpha}_m$，如果存在一组不全为零的数 $\lambda_1,\lambda_2,\cdots,\lambda_m$ 满足

$$\lambda_1\boldsymbol{\alpha}_1+\lambda_2\boldsymbol{\alpha}_2+\cdots+\lambda_m\boldsymbol{\alpha}_m=\boldsymbol{0},$$

则称向量组 $\boldsymbol{\alpha}_1,\boldsymbol{\alpha}_2,\cdots,\boldsymbol{\alpha}_m$ 线性相关，否则称为线性无关.

注：所谓线性无关，即只有当 $\lambda_1=\lambda_2=\cdots=\lambda_m=0$ 时，才有

$$\lambda_1\boldsymbol{\alpha}_1+\lambda_2\boldsymbol{\alpha}_2+\cdots+\lambda_m\boldsymbol{\alpha}_m=\boldsymbol{0},$$

或者当

$$\lambda_1\boldsymbol{\alpha}_1+\lambda_2\boldsymbol{\alpha}_2+\cdots+\lambda_m\boldsymbol{\alpha}_m=\boldsymbol{0}$$

成立时，必有

$$\lambda_1=\lambda_2=\cdots=\lambda_m=0.$$

实际上，线性相关的两种定义形式是等价的，并有下面结论：

定理 4.3 向量组 $\boldsymbol{\alpha}_1,\boldsymbol{\alpha}_2,\cdots,\boldsymbol{\alpha}_m(m\geqslant 2)$ 线性相关的充分必要条件为向量组中至少有一个向量能由其余 $m-1$ 个向量线性表示.

或：向量组 $\boldsymbol{\alpha}_1,\boldsymbol{\alpha}_2,\cdots,\boldsymbol{\alpha}_m(m\geqslant 2)$ 线性无关的充分必要条件为向量组中任何一个向量不能由其余 $m-1$ 个向量线性表示.

证明 必要性：设向量组 $\boldsymbol{\alpha}_1,\boldsymbol{\alpha}_2,\cdots,\boldsymbol{\alpha}_m$ 线性相关，即存在 m 个不全为零的数 $k_1,k_2,\cdots,k_m$ 满足

$$k_1\boldsymbol{\alpha}_1+k_2\boldsymbol{\alpha}_2+\cdots+k_m\boldsymbol{\alpha}_m=\boldsymbol{0},$$

因为 $k_1,k_2,\cdots,k_m$ 中至少有 1 个不全为零，不妨假设 $k_m\neq 0$，于是

$$\boldsymbol{\alpha}_m=-\frac{k_1}{k_m}\boldsymbol{\alpha}_1-\frac{k_2}{k_m}\boldsymbol{\alpha}_2-\cdots-\frac{k_{m-1}}{k_m}\boldsymbol{\alpha}_{m-1},$$

即 $\boldsymbol{\alpha}_m$ 能由其余 $m-1$ 个向量线性表示.

充分性：设向量组 $\boldsymbol{\alpha}_1,\boldsymbol{\alpha}_2,\cdots,\boldsymbol{\alpha}_m(m\geqslant 2)$ 中有一个向量能由其余向量线性表示，不妨假设 $\boldsymbol{\alpha}_m$ 能由其余 $m-1$ 个向量线性表示，即存在数 $k_1,k_2,\cdots,k_{m-1}$ 使得

$$\boldsymbol{\alpha}_m=k_1\boldsymbol{\alpha}_1+k_2\boldsymbol{\alpha}_2+\cdots+k_{m-1}\boldsymbol{\alpha}_{m-1},$$

即

$$k_1\boldsymbol{\alpha}_1+k_2\boldsymbol{\alpha}_2+\cdots+k_{m-1}\boldsymbol{\alpha}_{m-1}-\boldsymbol{\alpha}_m=\boldsymbol{0},$$

因为 $k_1,k_2,\cdots,k_{m-1},-1$ 不全为零，所以向量组 $\boldsymbol{\alpha}_1,\boldsymbol{\alpha}_2,\cdots,\boldsymbol{\alpha}_m$ 线性相关.

例 4.9 设向量组 $\boldsymbol{\alpha}_1,\boldsymbol{\alpha}_2,\cdots,\boldsymbol{\alpha}_m$ 线性无关，而向量组 $\boldsymbol{\alpha}_1,\boldsymbol{\alpha}_2,\cdots,\boldsymbol{\alpha}_m,\boldsymbol{\beta}$ 线性相关，证明向量 $\boldsymbol{\beta}$ 一定能由向量组 $\boldsymbol{\alpha}_1,\boldsymbol{\alpha}_2,\cdots,\boldsymbol{\alpha}_m$ 线性表示且表示式唯一.

证明 因为向量组 $\boldsymbol{\alpha}_1,\boldsymbol{\alpha}_2,\cdots,\boldsymbol{\alpha}_m,\boldsymbol{\beta}$ 线性相关，所以存在 $m+1$ 个不全为零的数 $k_1,k_2,\cdots,k_{m-1},k_m,k$ 满足

$$k_1\boldsymbol{\alpha}_1+k_2\boldsymbol{\alpha}_2+\cdots+k_{m-1}\boldsymbol{\alpha}_{m-1}+k_m\boldsymbol{\alpha}_m+k\boldsymbol{\beta}=\boldsymbol{0}.$$

如果 $k=0$，则 $k_1,k_2,\cdots,k_{m-1},k_m$ 不全为零，且有

$$k_1\boldsymbol{\alpha}_1+k_2\boldsymbol{\alpha}_2+\cdots+k_{m-1}\boldsymbol{\alpha}_{m-1}+k_m\boldsymbol{\alpha}_m=\boldsymbol{0},$$

于是向量组 $\boldsymbol{\alpha}_1,\boldsymbol{\alpha}_2,\cdots,\boldsymbol{\alpha}_m$ 线性相关，这与已知矛盾，因此，$k\neq 0$，从而有

$$\boldsymbol{\beta}=-\frac{k_1}{k}\boldsymbol{\alpha}_1-\frac{k_2}{k}\boldsymbol{\alpha}_2-\cdots-\frac{k_{m-1}}{k}\boldsymbol{\alpha}_{m-1}-\frac{k_m}{k}\boldsymbol{\alpha}_m.$$

再证明唯一性.设 $\boldsymbol{\beta}$ 有两个表达式：

$$\boldsymbol{\beta}=\lambda_1\boldsymbol{\alpha}_1+\lambda_2\boldsymbol{\alpha}_2+\cdots+\lambda_{m-1}\boldsymbol{\alpha}_{m-1}+\lambda_m\boldsymbol{\alpha}_m,$$

与

$$\boldsymbol{\beta}=\mu_1\boldsymbol{\alpha}_1+\mu_2\boldsymbol{\alpha}_2+\cdots+\mu_{m-1}\boldsymbol{\alpha}_{m-1}+\mu_m\boldsymbol{\alpha}_m.$$

两式相减可得

$$(\lambda_1-\mu_1)\boldsymbol{\alpha}_1+(\lambda_2-\mu_2)\boldsymbol{\alpha}_2+\cdots+(\lambda_{m-1}-\mu_{m-1})\boldsymbol{\alpha}_{m-1}+(\lambda_m-\mu_m)\boldsymbol{\alpha}_m=\boldsymbol{0}.$$

因为向量组 $\boldsymbol{\alpha}_1,\boldsymbol{\alpha}_2,\cdots,\boldsymbol{\alpha}_m$ 线性无关，所以有 $\lambda_i-\mu_i=0$，因此

$$\lambda_i=\mu_i,i=1,2,\cdots,m.$$

所以唯一性也得证.

根据定义 4.9，容易证明如下定理成立.

定理 4.4　向量组 $\boldsymbol{\alpha}_1=\begin{pmatrix}a_{11}\\a_{21}\\\vdots\\a_{n1}\end{pmatrix},\boldsymbol{\alpha}_2=\begin{pmatrix}a_{12}\\a_{22}\\\vdots\\a_{n2}\end{pmatrix},\cdots,\boldsymbol{\alpha}_m=\begin{pmatrix}a_{1m}\\a_{2m}\\\vdots\\a_{nm}\end{pmatrix}$线性相关的充分必要条件为存在一组不全为零的数 $\lambda_1,\lambda_2,\cdots,\lambda_m$，使

$$\lambda_1\boldsymbol{\alpha}_1+\lambda_2\boldsymbol{\alpha}_2+\cdots+\lambda_m\boldsymbol{\alpha}_m=\boldsymbol{0}$$

成立.也等价于齐次线性方程组

$$\begin{cases}\lambda_1a_{11}+\lambda_2a_{12}+\cdots+\lambda_ma_{1m}=0,\\\lambda_1a_{21}+\lambda_2a_{22}+\cdots+\lambda_ma_{2m}=0,\\\quad\vdots\\\lambda_1a_{n1}+\lambda_2a_{n2}+\cdots+\lambda_ma_{nm}=0,\end{cases}$$

有非零解.

定理 4.5　向量组 $\boldsymbol{\alpha}_1=\begin{pmatrix}a_{11}\\a_{21}\\\vdots\\a_{n1}\end{pmatrix},\boldsymbol{\alpha}_2=\begin{pmatrix}a_{12}\\a_{22}\\\vdots\\a_{n2}\end{pmatrix},\cdots,\boldsymbol{\alpha}_m=\begin{pmatrix}a_{1m}\\a_{2m}\\\vdots\\a_{nm}\end{pmatrix}$线性无关等价于不存在一组不全为零的数 $\lambda_1,\lambda_2,\cdots,\lambda_m$ 使

$$\lambda_1\boldsymbol{\alpha}_1+\lambda_2\boldsymbol{\alpha}_2+\cdots+\lambda_m\boldsymbol{\alpha}_m=\boldsymbol{0}$$

成立.也等价于齐次线性方程组

$$\begin{cases}\lambda_1 a_{11}+\lambda_2 a_{12}+\cdots+\lambda_m a_{1m}=0,\\ \lambda_1 a_{21}+\lambda_2 a_{22}+\cdots+\lambda_m a_{2m}=0,\\ \quad\vdots \\ \lambda_1 a_{n1}+\lambda_2 a_{n2}+\cdots+\lambda_m a_{nm}=0,\end{cases}$$

只有零解.

例 4.10 讨论向量组

$$\boldsymbol{\alpha}_1=(1,a,a^2,a^3)^{\mathrm{T}},\boldsymbol{\alpha}_2=(1,b,b^2,b^3)^{\mathrm{T}},\boldsymbol{\alpha}_3=(1,c,c^2,c^3)^{\mathrm{T}},\boldsymbol{\alpha}_4=(1,d,d^2,d^3)^{\mathrm{T}}$$

的线性相关性,其中 a,b,c,d 为互不相等的实数.

解 设存在 x_1,x_2,x_3,x_4 满足 $x_1\boldsymbol{\alpha}_1+x_2\boldsymbol{\alpha}_2+x_3\boldsymbol{\alpha}_3+x_4\boldsymbol{\alpha}_4=\boldsymbol{0}$,即

$$\begin{cases}x_1+x_2+x_3+x_4=0,\\ ax_1+bx_2+cx_3+dx_4=0,\\ a^2x_1+b^2x_2+c^2x_3+d^2x_4=0,\\ a^3x_1+b^3x_2+c^3x_3+d^3x_4=0.\end{cases}$$

该方程组的系数行列式为范德蒙行列式且不等于 0,方程组有唯一解零解,所以向量组 $\boldsymbol{\alpha}_1,\boldsymbol{\alpha}_2,\boldsymbol{\alpha}_3,\boldsymbol{\alpha}_4$ 线性无关.

定理 4.6 当向量组的个数与维数一致时,向量组线性相关的充分必要条件是由向量组所形成的矩阵的行列式等于零.

证明 设 n 维向量组 $\boldsymbol{\alpha}_1=\begin{pmatrix}a_{11}\\a_{21}\\\vdots\\a_{n1}\end{pmatrix},\boldsymbol{\alpha}_2=\begin{pmatrix}a_{12}\\a_{22}\\\vdots\\a_{n2}\end{pmatrix},\cdots,\boldsymbol{\alpha}_n=\begin{pmatrix}a_{1n}\\a_{2n}\\\vdots\\a_{nn}\end{pmatrix}$ 和一组数 $\lambda_1,\lambda_2,\cdots,\lambda_n$,

满足

$$\lambda_1\boldsymbol{\alpha}_1+\lambda_2\boldsymbol{\alpha}_2+\cdots+\lambda_n\boldsymbol{\alpha}_n=\boldsymbol{0},$$

或者

$$\begin{cases}\lambda_1 a_{11}+\lambda_2 a_{12}+\cdots+\lambda_n a_{1n}=0,\\ \lambda_1 a_{21}+\lambda_2 a_{22}+\cdots+\lambda_n a_{2n}=0,\\ \quad\vdots \\ \lambda_1 a_{n1}+\lambda_2 a_{n2}+\cdots+\lambda_n a_{nn}=0.\end{cases}$$

向量组线性相关充分必要条件为齐次方程组有非零解.而齐次方程组有非零解的充分必要条件为齐次线性方程组的系数矩阵的行列式为零.定理得证.

例 4.11 判断向量组 $\boldsymbol{\alpha}_1=(3,1,0)^{\mathrm{T}},\boldsymbol{\alpha}_2=(1,-1,2)^{\mathrm{T}},\boldsymbol{\alpha}_3=(1,3,-4)^{\mathrm{T}}$ 的线性相关性.

解 设存在 x_1,x_2,x_3 满足 $x_1\boldsymbol{\alpha}_1+x_2\boldsymbol{\alpha}_2+x_3\boldsymbol{\alpha}_3=\boldsymbol{0}$,即

$$\begin{cases}3x_1+x_2+x_3=0,\\x_1-x_2+3x_3=0,\\\quad 2x_2-4x_3=0,\end{cases}$$

系数矩阵 $\boldsymbol{A}$ 的行列式为

$$|\boldsymbol{A}|=\begin{vmatrix}3&1&1\\1&-1&3\\0&2&-4\end{vmatrix}=0,$$

故上述线性方程组有非零解，所以向量组 $\boldsymbol{\alpha}_1,\boldsymbol{\alpha}_2,\boldsymbol{\alpha}_3$ 线性相关.

定理 4.7　若向量组 $\boldsymbol{\alpha}_1,\boldsymbol{\alpha}_2,\cdots,\boldsymbol{\alpha}_r$ 线性相关，则向量组 $\boldsymbol{\alpha}_1,\boldsymbol{\alpha}_2,\cdots,\boldsymbol{\alpha}_r,\boldsymbol{\alpha}_{r+1},\cdots,\boldsymbol{\alpha}_m$ 也线性相关.(部分相关必整体相关，或相关组增加向量仍相关)

证明　因为向量组 $\boldsymbol{\alpha}_1,\boldsymbol{\alpha}_2,\cdots,\boldsymbol{\alpha}_r$ 线性相关，所以存在 r 个不全为零的数 $k_1,k_2,\cdots,k_{r-1},k_r$，使得

$$k_1\boldsymbol{\alpha}_1+k_2\boldsymbol{\alpha}_2+\cdots+k_{r-1}\boldsymbol{\alpha}_{r-1}+k_r\boldsymbol{\alpha}_r=\boldsymbol{0},$$

进一步有 $k_1\boldsymbol{\alpha}_1+k_2\boldsymbol{\alpha}_2+\cdots+k_{r-1}\boldsymbol{\alpha}_{r-1}+k_r\boldsymbol{\alpha}_r+0\boldsymbol{\alpha}_{r+1}+\cdots+0\boldsymbol{\alpha}_m=0$ 成立.

不妨设 $k_1\neq0$，则存在 m 个不全为零的数 $k_1,k_2,\cdots,k_{r-1},k_r,0,\cdots,0$，使得

$$k_1\boldsymbol{\alpha}_1+k_2\boldsymbol{\alpha}_2+\cdots+k_{r-1}\boldsymbol{\alpha}_{r-1}+k_r\boldsymbol{\alpha}_r+0\boldsymbol{\alpha}_{r+1}+\cdots+0\boldsymbol{\alpha}_m=\boldsymbol{0}.$$

即向量组 $\boldsymbol{\alpha}_1,\boldsymbol{\alpha}_2,\cdots,\boldsymbol{\alpha}_r,\boldsymbol{\alpha}_{r+1},\cdots,\boldsymbol{\alpha}_m$ 也线性相关.

推论 1　含有 $\boldsymbol{0}$ 向量的向量组必线性相关.

推论 2　若向量组 $\boldsymbol{\alpha}_1,\boldsymbol{\alpha}_2,\cdots,\boldsymbol{\alpha}_r,\boldsymbol{\alpha}_{r+1},\cdots,\boldsymbol{\alpha}_m$ 线性无关，则向量组 $\boldsymbol{\alpha}_1,\boldsymbol{\alpha}_2,\cdots,\boldsymbol{\alpha}_r$ 也线性无关.(线性无关组减少向量仍线性无关，或整体线性无关必部分线性无关.)

证明　用反证法证明.假设向量组 $\boldsymbol{\alpha}_1,\boldsymbol{\alpha}_2,\cdots,\boldsymbol{\alpha}_r$ 也线性相关，即存在 r 个不全为零的数 $k_1,k_2,\cdots,k_{r-1},k_r$，使得

$$k_1\boldsymbol{\alpha}_1+k_2\boldsymbol{\alpha}_2+\cdots+k_{r-1}\boldsymbol{\alpha}_{r-1}+k_r\boldsymbol{\alpha}_r=\boldsymbol{0},$$

进一步地，有

$$k_1\boldsymbol{\alpha}_1+k_2\boldsymbol{\alpha}_2+\cdots+k_{r-1}\boldsymbol{\alpha}_{r-1}+k_r\boldsymbol{\alpha}_r+0\boldsymbol{\alpha}_{r+1}+\cdots+0\boldsymbol{\alpha}_m=\boldsymbol{0}$$

成立，且 $k_1,k_2,\cdots,k_{r-1},k_r$ 中至少有一个不为零.所以有 $\boldsymbol{\alpha}_1,\boldsymbol{\alpha}_2,\cdots,\boldsymbol{\alpha}_r,\boldsymbol{\alpha}_{r+1},\cdots,\boldsymbol{\alpha}_m$ 线性相关，这与已知题意相矛盾，故假设不成立，即向量组 $\boldsymbol{\alpha}_1,\boldsymbol{\alpha}_2,\cdots,\boldsymbol{\alpha}_r$ 也线性无关.

定理 4.8　设有两个向量组：

$$\boldsymbol{\alpha}_i=(a_{1i},a_{2i},\cdots,a_{ri})^{\mathrm{T}},\boldsymbol{\beta}_i=(a_{1i},a_{2i},\cdots,a_{ri},a_{r+1,i})^{\mathrm{T}},i=1,2,\cdots,m,$$

若 r 维向量组 $\boldsymbol{\alpha}_1,\boldsymbol{\alpha}_2,\cdots,\boldsymbol{\alpha}_m$ 线性无关，则 $r+1$ 维向量组 $\boldsymbol{\beta}_1,\boldsymbol{\beta}_2,\cdots,\boldsymbol{\beta}_m$ 亦线性无关.(线性无关组增加分量仍线性无关)

证明　用反证法.

假设 $\boldsymbol{\beta}_1,\boldsymbol{\beta}_2,\cdots,\boldsymbol{\beta}_m$ 线性相关，则存在不全为零的数 $k_1,k_2,\cdots,k_m$ 使

$$k_1\boldsymbol{\beta}_1+k_2\boldsymbol{\beta}_2+\cdots+k_m\boldsymbol{\beta}_m=\boldsymbol{0},$$

即

$$\begin{cases}k_1a_{11}+k_2a_{12}+\cdots+k_ma_{1m}=0,\\k_1a_{21}+k_2a_{22}+\cdots+k_ma_{2m}=0,\\\quad\vdots\\k_1a_{r1}+k_2a_{r2}+\cdots+k_ma_{rm}=0,\\k_1a_{r+1,1}+k_2a_{r+1,2}+\cdots+k_ma_{r+1,m}=0.\end{cases}$$

上式说明:对应于 $r+1$ 分量的线性组合为零,显然对前 r 分量也成立.即

$$\begin{cases}k_1a_{11}+k_2a_{12}+\cdots+k_ma_{1m}=0,\\k_1a_{21}+k_2a_{22}+\cdots+k_ma_{2m}=0,\\\quad\vdots\\k_1a_{r1}+k_2a_{r2}+\cdots+k_ma_{rm}=0,\end{cases}$$

即

$$k_1\boldsymbol{\alpha}_1+k_2\boldsymbol{\alpha}_2+\cdots+k_m\boldsymbol{\alpha}_m=\boldsymbol{0},$$

并注意 $k_1,k_2,\cdots,k_m$ 不全为零,即 $\boldsymbol{\alpha}_1,\boldsymbol{\alpha}_2,\cdots,\boldsymbol{\alpha}_m$ 线性相关,与已知矛盾.故假设不成立,即 $r+1$ 维向量组 $\boldsymbol{\beta}_1,\boldsymbol{\beta}_2,\cdots,\boldsymbol{\beta}_m$ 亦线性无关.

定理 4.9 任意 $n+1$ 个 n 维向量线性相关.

证明 由于含有零向量的向量组一定线性相关,因此下面用数归纳法证明不含零向量的情形.

(1)当 $n=1$ 时,设两个非零向量为 $\boldsymbol{\alpha}=(a),\boldsymbol{\beta}=(b)$,显然有

$$(a)-\frac{a}{b}(b)=0,\text{ 即 }\boldsymbol{\alpha}-\frac{a}{b}\boldsymbol{\beta}=0,\text{得证.}$$

(2)假设定理对 n 个 $n-1$ 维向量成立,下证定理对 $n+1$ 个 n 维向量成立.
设 $n+1$ 个 n 维向量为:

$$\boldsymbol{\alpha}_0=\begin{pmatrix}a_{1,0}\\a_{2,0}\\\vdots\\a_{n,0}\end{pmatrix},\boldsymbol{\alpha}_1=\begin{pmatrix}a_{11}\\a_{21}\\\vdots\\a_{n1}\end{pmatrix},\cdots,\boldsymbol{\alpha}_n=\begin{pmatrix}a_{1n}\\a_{2n}\\\vdots\\a_{nn}\end{pmatrix}.$$

因 $\alpha_0\neq0$,不妨设 $a_{1,0}\neq0$,构造 n 个向量:

$$\boldsymbol{\alpha}_1^*=\boldsymbol{\alpha}_1-\frac{a_{11}}{a_{1,0}}\boldsymbol{\alpha}_0=\begin{pmatrix}0\\b_{21}\\\vdots\\b_{n1}\end{pmatrix},\cdots,\boldsymbol{\alpha}_n^*=\boldsymbol{\alpha}_n-\frac{a_{1n}}{a_{1,0}}\boldsymbol{\alpha}_0=\begin{pmatrix}0\\b_{2n}\\\vdots\\b_{nn}\end{pmatrix}.$$

令 $\boldsymbol{\beta}_1=(b_{21},\cdots,b_{n1})^{\mathrm{T}},\cdots,\boldsymbol{\beta}_n=(b_{2n},\cdots,b_{nn})^{\mathrm{T}}$,这是 n 个 $n-1$ 维向量,由假设线性相关,所以,存在不全为零的数 $k_1,\cdots,k_n$ 使

$$k_1\boldsymbol{\beta}_1+\cdots+k_n\boldsymbol{\beta}_n=\boldsymbol{0},$$

从而可得到：

$$k_1\boldsymbol{\alpha}_1^*+\cdots+k_n\boldsymbol{\alpha}_n^*=\boldsymbol{0},$$

即

$$k_1\left(\boldsymbol{\alpha}_1-\frac{a_{11}}{a_{1,0}}\boldsymbol{\alpha}_0\right)+\cdots+k_n\left(\boldsymbol{\alpha}_n-\frac{a_{1n}}{a_{1,0}}\boldsymbol{\alpha}_0\right)=\boldsymbol{0},$$

整理可得：

$$-\frac{1}{a_{1,0}}(a_{11}k_1+\cdots+a_{1n}k_n)\boldsymbol{\alpha}_0+k_1\boldsymbol{\alpha}_1+\cdots+k_n\boldsymbol{\alpha}_n=\boldsymbol{0},$$

又因为 $k_1,\cdots,k_n$ 不全为零，故 $\boldsymbol{\alpha}_0,\boldsymbol{\alpha}_1,\cdots,\boldsymbol{\alpha}_n$ 线性相关，证毕.

例 4.12　判断下列向量组是线性相关还是线性无关.

$$(1)\boldsymbol{\alpha}_1=\begin{pmatrix}2\\1\\-1\end{pmatrix},\boldsymbol{\alpha}_2=\begin{pmatrix}2\\-1\\2\end{pmatrix},\boldsymbol{\alpha}_3=\begin{pmatrix}3\\0\\1\end{pmatrix};\quad(2)\boldsymbol{\alpha}_1=\begin{pmatrix}1\\-2\\3\end{pmatrix},\boldsymbol{\alpha}_2=\begin{pmatrix}0\\2\\-5\end{pmatrix},\boldsymbol{\alpha}_3=\begin{pmatrix}-1\\0\\2\end{pmatrix}.$$

解

$$(1)\boldsymbol{A}=(\boldsymbol{\alpha}_1,\boldsymbol{\alpha}_2,\boldsymbol{\alpha}_3)=\begin{pmatrix}2&2&3\\1&-1&0\\-1&2&1\end{pmatrix}\to\begin{pmatrix}1&-1&0\\0&4&3\\0&1&1\end{pmatrix}\to\begin{pmatrix}1&-1&0\\0&1&1\\0&0&-1\end{pmatrix},$$

从上式可得 $R(\boldsymbol{A})=R(\boldsymbol{\alpha}_1,\boldsymbol{\alpha}_2,\boldsymbol{\alpha}_3)=3$，

故齐次线性方程组 $k_1\boldsymbol{\alpha}_1+k_2\boldsymbol{\alpha}_2+k_3\boldsymbol{\alpha}_3=\boldsymbol{0}$，即

$$\begin{cases}2k_1+2k_2+3k_3=0,\\k_1-k_2=0,\\-k_1+2k_2+k_3=0,\end{cases}$$

只有零解，从而向量组 $\boldsymbol{\alpha}_1,\boldsymbol{\alpha}_2,\boldsymbol{\alpha}_3$ 线性无关.

$$(2)\boldsymbol{A}=(\boldsymbol{\alpha}_1,\boldsymbol{\alpha}_2,\boldsymbol{\alpha}_3)=\begin{pmatrix}1&0&-1\\-2&2&0\\3&-5&2\end{pmatrix}\to\begin{pmatrix}1&0&-1\\0&2&-2\\0&-5&5\end{pmatrix}\to\begin{pmatrix}1&0&-1\\0&1&-1\\0&0&0\end{pmatrix},$$

从上式可得 $R(\boldsymbol{A})=R(\boldsymbol{\alpha}_1,\boldsymbol{\alpha}_2,\boldsymbol{\alpha}_3)=2<3$.

故齐次线性方程组

$$k_1\boldsymbol{\alpha}_1+k_2\boldsymbol{\alpha}_2+k_3\boldsymbol{\alpha}_3=\boldsymbol{0},$$

即

$$\begin{cases}k_1-k_3=0,\\-2k_1+2k_2=0,\\3k_1-5k_2+2k_3=0,\end{cases}$$

有非零解，从而向量组 $\boldsymbol{\alpha}_1,\boldsymbol{\alpha}_2,\boldsymbol{\alpha}_3$ 线性相关.

例 4.13　确定 k 值，使向量组

$$\boldsymbol{\alpha}_1=\begin{pmatrix}1\\2\\-1\\2\end{pmatrix},\boldsymbol{\alpha}_2=\begin{pmatrix}2\\-1\\3\\4\end{pmatrix},\boldsymbol{\alpha}_3=\begin{pmatrix}3\\1\\2\\k\end{pmatrix},\boldsymbol{\alpha}_4=\begin{pmatrix}1\\2\\-2\\2\end{pmatrix}$$

线性相关.

解 要使向量组 $\boldsymbol{\alpha}_1,\boldsymbol{\alpha}_2,\boldsymbol{\alpha}_3,\boldsymbol{\alpha}_4$ 线性相关,即齐次线性方程组

$$k_1\boldsymbol{\alpha}_1+k_2\boldsymbol{\alpha}_2+k_3\boldsymbol{\alpha}_3+k_4\boldsymbol{\alpha}_4=\boldsymbol{0}$$

有非零解,或者 $R(\boldsymbol{\alpha}_1,\boldsymbol{\alpha}_2,\boldsymbol{\alpha}_3,\boldsymbol{\alpha}_4)<4$.

$$(\boldsymbol{\alpha}_1,\boldsymbol{\alpha}_2,\boldsymbol{\alpha}_3,\boldsymbol{\alpha}_4)=\begin{pmatrix}1&2&3&1\\2&-1&1&2\\-1&3&2&-2\\2&4&k&2\end{pmatrix}\to\begin{pmatrix}1&2&3&1\\0&-5&5&0\\0&5&5&-1\\0&0&k-6&0\end{pmatrix}\to\begin{pmatrix}1&2&3&1\\0&1&-1&0\\0&0&10&-1\\0&0&k-6&0\end{pmatrix}$$

因为向量组 $\boldsymbol{\alpha}_1,\boldsymbol{\alpha}_2,\boldsymbol{\alpha}_3,\boldsymbol{\alpha}_4$ 线性相关,即 $R(\boldsymbol{\alpha}_1,\boldsymbol{\alpha}_2,\boldsymbol{\alpha}_3,\boldsymbol{\alpha}_4)<4$,故 $k=6$.

例 4.14 已知 $\boldsymbol{A}=\begin{pmatrix}1&2&-2\\2&1&2\\3&0&4\end{pmatrix}$,向量 $\boldsymbol{\alpha}=\begin{pmatrix}a\\1\\1\end{pmatrix}$,若 $\boldsymbol{A\alpha}$ 与 $\boldsymbol{\alpha}$ 线性相关,求常数 a.

解 因为

$$\boldsymbol{A\alpha}=\begin{pmatrix}1&2&-2\\2&1&2\\3&0&4\end{pmatrix}\begin{pmatrix}a\\1\\1\end{pmatrix}=\begin{pmatrix}a\\2a+3\\3a+4\end{pmatrix},$$

又 $\boldsymbol{A\alpha}$ 与 $\boldsymbol{\alpha}$ 线性相关,即 $\boldsymbol{A\alpha}=k\boldsymbol{\alpha}$,得到

$$\begin{cases}a=ka,\\2a+3=k,\\3a+4=k,\end{cases}$$

求解该线性方程组可得解为:

$$\begin{cases}k=1,\\a=-1.\end{cases}$$

例 4.15 已知矩阵 $\boldsymbol{A}=\begin{pmatrix}-2&1&3\\1&1&0\\-4&1&t\end{pmatrix}$,3 维向量 $\boldsymbol{\alpha}_1,\boldsymbol{\alpha}_2$ 线性无关,$\boldsymbol{A\alpha}_1,\boldsymbol{A\alpha}_2$ 线性相关,求常数 t.

解 因为 $\boldsymbol{A\alpha}_1,\boldsymbol{A\alpha}_2$ 线性相关,则存在不全为零的常数 k_1,k_2 满足

$$k_1\boldsymbol{A\alpha}_1+k_2\boldsymbol{A\alpha}_2=\boldsymbol{0},$$

即

$$\boldsymbol{A}(k_1\boldsymbol{\alpha}_1+k_2\boldsymbol{\alpha}_2)=\boldsymbol{0}.$$

又由 3 维向量 $\boldsymbol{\alpha}_1,\boldsymbol{\alpha}_2$ 线性无关及 k_1,k_2 不全为零知，$k_1\boldsymbol{\alpha}_1+k_2\boldsymbol{\alpha}_2\neq\boldsymbol{0}$，所以矩阵 $\boldsymbol{A}$ 不可逆；否则，若 $\boldsymbol{A}$ 可逆. 上式两端同乘以 $\boldsymbol{A}^{-1}$ 得 $k_1\boldsymbol{\alpha}_1+k_2\boldsymbol{\alpha}_2=0$，矛盾.
从而有

$$|\boldsymbol{A}|=\begin{vmatrix}-2&1&3\\1&1&0\\-4&1&t\end{vmatrix}=\begin{vmatrix}0&3&3\\1&1&0\\0&5&t\end{vmatrix}=-\begin{vmatrix}3&3\\5&t\end{vmatrix}=-3t+15=0,$$

所以 $t=5$.

例 4.16　设向量组 $\boldsymbol{\alpha}_1=\begin{pmatrix}2\\1\\1\\1\end{pmatrix},\boldsymbol{\alpha}_2=\begin{pmatrix}2\\1\\a\\a\end{pmatrix},\boldsymbol{\alpha}_3=\begin{pmatrix}3\\2\\1\\a\end{pmatrix},\boldsymbol{\alpha}_4=\begin{pmatrix}4\\3\\2\\1\end{pmatrix}$ 线性相关，且 $a\neq1$，求常数 a.

解　因为向量组 $\boldsymbol{\alpha}_1=\begin{pmatrix}2\\1\\1\\1\end{pmatrix},\boldsymbol{\alpha}_2=\begin{pmatrix}2\\1\\a\\a\end{pmatrix},\boldsymbol{\alpha}_3=\begin{pmatrix}3\\2\\1\\a\end{pmatrix},\boldsymbol{\alpha}_4=\begin{pmatrix}4\\3\\2\\1\end{pmatrix}$ 线性相关，所以齐次线性方程组有非零解. 即

$$k_1\boldsymbol{\alpha}_1+k_2\boldsymbol{\alpha}_2+k_3\boldsymbol{\alpha}_3+k_4\boldsymbol{\alpha}_4=\boldsymbol{0},$$

或

$$\begin{cases}2k_1+2k_2+3k_3+4k_4=0,\\k_1+k_2+2k_3+3k_4=0,\\k_1+ak_2+k_3+2k_4=0,\\k_1+ak_2+ak_3+k_4=0\end{cases}$$

有非零解. 等价于该齐次线性方程组有非零解，其行列式为零，其秩小于 4. 所以有

$$\begin{vmatrix}2&2&3&4\\1&1&2&3\\1&a&1&2\\1&a&a&1\end{vmatrix}\xlongequal[r_3-r_1]{r_4-r_3\atop r_1-2r_2}\begin{vmatrix}0&0&-1&-2\\1&1&2&3\\0&a-1&-1&-1\\0&0&a-1&-1\end{vmatrix}=-\begin{vmatrix}0&-1&-2\\a-1&-1&-1\\0&a-1&-1\end{vmatrix}$$

$$=(a-1)\begin{vmatrix}-1&-2\\a-1&-1\end{vmatrix}=(a-1)(2a-1)=0,$$

所以得到 $a=1,a=\dfrac{1}{2}$. 但题设要求 $a\neq1$，所以 $a=\dfrac{1}{2}$.

例 4.17　设 $\boldsymbol{A}$ 是 n 阶矩阵，$\boldsymbol{\alpha}_1,\boldsymbol{\alpha}_2,\boldsymbol{\alpha}_3,(3\leqslant n)$ 是 n 维列向量，且 $\boldsymbol{\alpha}_3\neq\boldsymbol{0}$. 如果

$$\boldsymbol{A\alpha}_1=\boldsymbol{\alpha}_1+\boldsymbol{\alpha}_2,\boldsymbol{A\alpha}_2=\boldsymbol{\alpha}_2+\boldsymbol{\alpha}_3,\boldsymbol{A\alpha}_3=\boldsymbol{\alpha}_3,$$

证明：向量组 $\boldsymbol{\alpha}_1,\boldsymbol{\alpha}_2,\boldsymbol{\alpha}_3$ 线性无关.

证明　设有一组数 k_1,k_2,k_3 满足

$$k_1\boldsymbol{\alpha}_1+k_2\boldsymbol{\alpha}_2+k_3\boldsymbol{\alpha}_3=\boldsymbol{0},$$

由 $\boldsymbol{A}\boldsymbol{\alpha}_1=\boldsymbol{\alpha}_1+\boldsymbol{\alpha}_2,\boldsymbol{A}\boldsymbol{\alpha}_2=\boldsymbol{\alpha}_2+\boldsymbol{\alpha}_3,\boldsymbol{A}\boldsymbol{\alpha}_3=\boldsymbol{\alpha}_3$,可得:

$$(\boldsymbol{A}-\boldsymbol{E})\boldsymbol{\alpha}_1=\boldsymbol{\alpha}_2,(\boldsymbol{A}-\boldsymbol{E})\boldsymbol{\alpha}_2=\boldsymbol{\alpha}_3,(\boldsymbol{A}-\boldsymbol{E})\boldsymbol{\alpha}_3=\boldsymbol{0},$$

以矩阵$(\boldsymbol{A}-\boldsymbol{E})$左乘 $k_1\boldsymbol{\alpha}_1+k_2\boldsymbol{\alpha}_2+k_3\boldsymbol{\alpha}_3=\boldsymbol{0}$ 的两端,得到:

$$k_1\boldsymbol{\alpha}_2+k_2\boldsymbol{\alpha}_3=\boldsymbol{0}.$$

再以矩阵$(\boldsymbol{A}-\boldsymbol{E})$左乘 $k_1\boldsymbol{\alpha}_2+k_2\boldsymbol{\alpha}_3=\boldsymbol{0}$ 的两端,得到:$k_1\boldsymbol{\alpha}_3=\boldsymbol{0}$.

由于 $\boldsymbol{\alpha}_3\neq\boldsymbol{0}$,故由 $k_1\boldsymbol{\alpha}_3=\boldsymbol{0}$ 可得 $k_1=0$.

再将 $k_1=0$ 代入 $k_1\boldsymbol{\alpha}_2+k_2\boldsymbol{\alpha}_3=\boldsymbol{0}$,可得 $k_2=0$.最后再将 $k_1=k_2=0$ 代入

$$k_1\boldsymbol{\alpha}_1+k_2\boldsymbol{\alpha}_2+k_3\boldsymbol{\alpha}_3=\boldsymbol{0},$$

得到

$$k_1=k_2=k_3=0.$$

所以向量组 $\boldsymbol{\alpha}_1,\boldsymbol{\alpha}_2,\boldsymbol{\alpha}_3$ 线性无关.

习题 4.2

1.已知向量组 $\boldsymbol{\beta}=\begin{pmatrix}2\\2\\-6\end{pmatrix},\boldsymbol{\alpha}_1=\begin{pmatrix}1\\2\\3\end{pmatrix},\boldsymbol{\alpha}_2=\begin{pmatrix}0\\2\\3\end{pmatrix},\boldsymbol{\alpha}_3=\begin{pmatrix}0\\0\\3\end{pmatrix}$,将 $\boldsymbol{\beta}$ 用 $\boldsymbol{\alpha}_1,\boldsymbol{\alpha}_2,\boldsymbol{\alpha}_3$ 线性表示.

2.设有向量组 $\boldsymbol{\beta}=\begin{pmatrix}\lambda-3\\-2\\-2\end{pmatrix},\boldsymbol{\alpha}_1=\begin{pmatrix}\lambda\\1\\1\end{pmatrix},\boldsymbol{\alpha}_2=\begin{pmatrix}1\\\lambda\\1\end{pmatrix},\boldsymbol{\alpha}_3=\begin{pmatrix}1\\1\\\lambda\end{pmatrix}$,若 $\boldsymbol{\beta}$ 不能由 $\boldsymbol{\alpha}_1,\boldsymbol{\alpha}_2,\boldsymbol{\alpha}_3$ 线性表示,求 λ 的值.

3.设有向量组

$$\boldsymbol{\alpha}_1=\begin{pmatrix}1\\0\\2\\3\end{pmatrix},\boldsymbol{\alpha}_2=\begin{pmatrix}1\\1\\3\\5\end{pmatrix},\boldsymbol{\alpha}_3=\begin{pmatrix}1\\-1\\a+2\\1\end{pmatrix},\boldsymbol{\alpha}_4=\begin{pmatrix}1\\2\\4\\a+8\end{pmatrix},\boldsymbol{\beta}=\begin{pmatrix}1\\1\\b+3\\5\end{pmatrix},$$

试问:

(1)a,b 为何值时,$\boldsymbol{\beta}$ 不能由 $\boldsymbol{\alpha}_1,\boldsymbol{\alpha}_2,\boldsymbol{\alpha}_3,\boldsymbol{\alpha}_4$ 线性表示?

(2)a,b 为何值时,$\boldsymbol{\beta}$ 能由 $\boldsymbol{\alpha}_1,\boldsymbol{\alpha}_2,\boldsymbol{\alpha}_3,\boldsymbol{\alpha}_4$ 线性表示且表示唯一?

(3)a,b 为何值时,$\boldsymbol{\beta}$ 能由 $\boldsymbol{\alpha}_1,\boldsymbol{\alpha}_2,\boldsymbol{\alpha}_3,\boldsymbol{\alpha}_4$ 线性表示,但表示不唯一?

4.若 $\boldsymbol{\beta}=(0,k,k^2)^{\mathrm{T}}$ 能由 $\boldsymbol{\alpha}_1=(1+k,1,1)^{\mathrm{T}},\boldsymbol{\alpha}_2=(1,1+k,1)^{\mathrm{T}},\boldsymbol{\alpha}_3=(1,1,1+k)^{\mathrm{T}}$ 线性表示且表示唯一,求 k 的值.

5.已知两向量组为 $\boldsymbol{\alpha}_1=\begin{pmatrix}1\\1\\k\end{pmatrix},\boldsymbol{\alpha}_2=\begin{pmatrix}1\\k\\1\end{pmatrix},\boldsymbol{\alpha}_3=\begin{pmatrix}k\\1\\1\end{pmatrix},\boldsymbol{\beta}_1=\begin{pmatrix}1\\1\\k\end{pmatrix},\boldsymbol{\beta}_2=\begin{pmatrix}-2\\k\\4\end{pmatrix},\boldsymbol{\beta}_3=\begin{pmatrix}-2\\k\\k\end{pmatrix}$,

求常数 k，使得向量组 $\boldsymbol{\alpha}_1,\boldsymbol{\alpha}_2,\boldsymbol{\alpha}_3$ 可由向量组 $\boldsymbol{\beta}_1,\boldsymbol{\beta}_2,\boldsymbol{\beta}_3$ 线性表示，但向量组 $\boldsymbol{\beta}_1,\boldsymbol{\beta}_2,\boldsymbol{\beta}_3$ 不能由向量组 $\boldsymbol{\alpha}_1,\boldsymbol{\alpha}_2,\boldsymbol{\alpha}_3$ 线性表示.

6. 当 x 为何值时，下列向量组 $\boldsymbol{\alpha}_1,\boldsymbol{\alpha}_2,\boldsymbol{\alpha}_3$ 线性无关？

$$(1)\boldsymbol{\alpha}_1=\begin{pmatrix}x\\1\\4\\1\end{pmatrix},\boldsymbol{\alpha}_2=\begin{pmatrix}2\\1\\0\\x\end{pmatrix},\boldsymbol{\alpha}_3=\begin{pmatrix}3\\x\\0\\4\end{pmatrix};\quad(2)\boldsymbol{\alpha}_1=\begin{pmatrix}1\\3\\4\\-2\end{pmatrix},\boldsymbol{\alpha}_2=\begin{pmatrix}2\\3\\1\\x\end{pmatrix},\boldsymbol{\alpha}_3=\begin{pmatrix}3\\2\\x\\1\end{pmatrix}.$$

7. 设 $\boldsymbol{\alpha}_1,\boldsymbol{\alpha}_2,\cdots,\boldsymbol{\alpha}_r(r\leqslant n)$ 是一组 n 维列向量，$\boldsymbol{A}$ 是 n 阶矩阵，如果有

$$\boldsymbol{A}\boldsymbol{\alpha}_1=\boldsymbol{\alpha}_2,\boldsymbol{A}\boldsymbol{\alpha}_2=\boldsymbol{\alpha}_3,\cdots,\boldsymbol{A}\boldsymbol{\alpha}_{r-1}=\boldsymbol{\alpha}_r\neq 0,\boldsymbol{A}\boldsymbol{\alpha}_r=\boldsymbol{0},$$

证明向量组 $\boldsymbol{\alpha}_1,\boldsymbol{\alpha}_2,\cdots,\boldsymbol{\alpha}_r$ 线性无关.

8. 设 $\boldsymbol{\alpha}_1,\boldsymbol{\alpha}_2,\cdots,\boldsymbol{\alpha}_r(r\leqslant n)$ 是一组 n 维列向量，$\boldsymbol{A}$ 是 n 阶可逆矩阵，且有

$$\boldsymbol{\alpha}_i^{\mathrm{T}}\boldsymbol{A}^{\mathrm{T}}\boldsymbol{A}\boldsymbol{\alpha}_j=0,(i\neq j),$$

证明向量组 $\boldsymbol{\alpha}_1,\boldsymbol{\alpha}_2,\cdots,\boldsymbol{\alpha}_r$ 线性无关.

9. 设 $\boldsymbol{\alpha}_1,\boldsymbol{\alpha}_2,\cdots,\boldsymbol{\alpha}_{n-1}$ 为 $n-1$ 个线性无关的 n 维列向量，$\boldsymbol{\mu}_1,\boldsymbol{\mu}_2$ 分别是与 $\boldsymbol{\alpha}_1,\boldsymbol{\alpha}_2,\cdots,\boldsymbol{\alpha}_{n-1}$ 均正交的 n 维列向量. 证明 $\boldsymbol{\mu}_1,\boldsymbol{\mu}_2$ 线性相关.

10. 设 $\boldsymbol{A},\boldsymbol{B}$ 是 $m\times n$ 阶矩阵，$\boldsymbol{P}$ 是 m 阶可逆矩阵，若 $\boldsymbol{B}=\boldsymbol{PA}$，证明 $\boldsymbol{B}$ 的任意 k 个列向量与 $\boldsymbol{A}$ 中对应的 k 个列向量有相同的线性相关性.

11. 设向量组 $\boldsymbol{\alpha}_1,\boldsymbol{\alpha}_2,\cdots,\boldsymbol{\alpha}_m(m>1)$ 线性无关，且 $\boldsymbol{\beta}=\boldsymbol{\alpha}_1+\boldsymbol{\alpha}_2+\cdots+\boldsymbol{\alpha}_m$，证明向量组 $\boldsymbol{\beta}-\boldsymbol{\alpha}_1,\boldsymbol{\beta}-\boldsymbol{\alpha}_2,\cdots,\boldsymbol{\beta}-\boldsymbol{\alpha}_m$ 线性无关.

4.3　向量组的极大无关组和向量组的秩

前一节介绍了向量组中向量之间的关系：线性相关性和线性无关性，同时也介绍了向量组与向量组之间的线性表示等关系. 本节将介绍矩阵与向量组之间的对应关系，并借助这种关系，首先引入向量组的极大线性无关组的定义，然后给出向量组秩的定义，并给出相应算例.

为了建立矩阵与向量组之间秩的关系，我们给出下面的定义：

定义 4.10　记 $\boldsymbol{A}=\begin{pmatrix}a_{11}&a_{12}&\cdots&a_{1n}\\a_{21}&a_{22}&\cdots&a_{2n}\\\vdots&\vdots&&\vdots\\a_{m1}&a_{m2}&\cdots&a_{mn}\end{pmatrix}=\begin{pmatrix}\boldsymbol{\alpha}_1\\\boldsymbol{\alpha}_2\\\vdots\\\boldsymbol{\alpha}_m\end{pmatrix}$，则称向量组 $\boldsymbol{\alpha}_1,\boldsymbol{\alpha}_2,\cdots,\boldsymbol{\alpha}_m$ 是矩阵 $\boldsymbol{A}$ 的行向量组，也称矩阵 $\boldsymbol{A}$ 是由行向量组 $\boldsymbol{\alpha}_1,\boldsymbol{\alpha}_2,\cdots,\boldsymbol{\alpha}_m$ 所构成的.

同理，记 $\boldsymbol{A}=\begin{pmatrix}a_{11}&a_{12}&\cdots&a_{1n}\\a_{21}&a_{22}&\cdots&a_{2n}\\\vdots&\vdots&&\vdots\\a_{m1}&a_{m2}&\cdots&a_{mn}\end{pmatrix}=(\boldsymbol{\beta}_1,\boldsymbol{\beta}_2,\cdots,\boldsymbol{\beta}_n)$，则称向量组 $\boldsymbol{\beta}_1,\boldsymbol{\beta}_2,\cdots,\boldsymbol{\beta}_n$ 是矩阵 $\boldsymbol{A}$

的列向量组,也称矩阵 $\boldsymbol{A}$ 由列向量组 $\boldsymbol{\beta}_1,\boldsymbol{\beta}_2,\cdots,\boldsymbol{\beta}_n$ 所构成的.

有了上面的定义,矩阵与向量组就建立了联系,矩阵可看成是由向量组成的,向量组也可组成矩阵.

定义 4.11 设 $\boldsymbol{V}$ 是 n 维向量所组成的向量组,在 $\boldsymbol{V}$ 中选取 r 个向量 $\boldsymbol{\alpha}_1,\boldsymbol{\alpha}_2,\cdots,\boldsymbol{\alpha}_r$,如果满足:

(1) $\boldsymbol{\alpha}_1,\boldsymbol{\alpha}_2,\cdots,\boldsymbol{\alpha}_r$ 线性无关;

(2) $\forall \boldsymbol{\alpha}\in V,\boldsymbol{\alpha}_1,\boldsymbol{\alpha}_2,\cdots,\boldsymbol{\alpha}_r,\boldsymbol{\alpha}$ 线性相关或 $\forall \boldsymbol{\alpha}\in \boldsymbol{V},\boldsymbol{\alpha}$ 可由 $\boldsymbol{\alpha}_1,\boldsymbol{\alpha}_2,\cdots,\boldsymbol{\alpha}_r$ 线性表示;则称向量组 $\boldsymbol{\alpha}_1,\boldsymbol{\alpha}_2,\cdots,\boldsymbol{\alpha}_r$ 为向量组 $\boldsymbol{V}$ 的一个最大(极大)线性无关组,简称最大(极大)无关组.

从极大线性无关组的定义,我们可知极大线性无关组具有如下几点性质:

(1)任意一个向量组与它的极大无关组等价.

(2)极大线性无关组一般不唯一.

如设有向量组:$\boldsymbol{\alpha}_1=(1,2,-1)^{\mathrm{T}},\boldsymbol{\alpha}_2=(2,-3,1)^{\mathrm{T}},\boldsymbol{\alpha}_3=(4,1,-1)^{\mathrm{T}}$,易知 $\boldsymbol{\alpha}_3=2\boldsymbol{\alpha}_1+\boldsymbol{\alpha}_2$. 由于 $\boldsymbol{\alpha}_1,\boldsymbol{\alpha}_2$ 线性无关,且 $\boldsymbol{\alpha}_1,\boldsymbol{\alpha}_2,\boldsymbol{\alpha}_3$ 均可由 $\boldsymbol{\alpha}_1,\boldsymbol{\alpha}_2$ 线性表示,所以 $\boldsymbol{\alpha}_1,\boldsymbol{\alpha}_2$ 为最大无关组. 同理可知 $\boldsymbol{\alpha}_2,\boldsymbol{\alpha}_3$ 与 $\boldsymbol{\alpha}_1,\boldsymbol{\alpha}_3$ 也是 $\boldsymbol{\alpha}_1,\boldsymbol{\alpha}_2,\boldsymbol{\alpha}_3$ 的最大无关组.

又如:设 $\boldsymbol{R}^n$ 是全体 n 维向量所组成的向量组,则 n 维单位坐标向量是 $\boldsymbol{R}^n$ 的一个最大无关组. 事实上,任意 n 个线性无关的 n 维向量均是 R^n 的一个最大无关组.

(3) $\boldsymbol{V}$ 中任意两个最大线性无关组等价、所含向量个数相等.

证明 设 $\boldsymbol{A},\boldsymbol{B}$ 是 $\boldsymbol{V}$ 的两个最大无关组,即 $\boldsymbol{V}\sim\boldsymbol{A},\boldsymbol{V}\sim\boldsymbol{B}$,由等价的传递性知 $\boldsymbol{A}\sim\boldsymbol{B}$.

(4)向量组只要含有非零向量必有最大线性无关组(全由零向量组成的向量组没有最大线性无关组).

例 4.18 求向量组 $\boldsymbol{\alpha}_1=\begin{pmatrix}1\\2\\1\\1\end{pmatrix},\boldsymbol{\alpha}_2=\begin{pmatrix}2\\3\\2\\1\end{pmatrix},\boldsymbol{\alpha}_3=\begin{pmatrix}2\\0\\1\\-1\end{pmatrix},\boldsymbol{\alpha}_4=\begin{pmatrix}2\\7\\3\\4\end{pmatrix}$ 的极大线性无关组.

解 分析:根据向量组极大无关组的定义求解.

设有数 x_1,x_2,x_3,x_4 满足

$$x_1\boldsymbol{\alpha}_1+x_2\boldsymbol{\alpha}_2+x_3\boldsymbol{\alpha}_3+x_4\boldsymbol{\alpha}_4=\boldsymbol{0},$$

对应的齐次线性方程组为:

$$\begin{cases}x_1+2x_2+2x_3+2x_4=0,\\2x_1+3x_2+7x_4=0,\\x_1+2x_2+x_3+3x_4=0,\\x_1+x_2-x_3+4x_4=0.\end{cases}$$

对其系数矩阵进行初等行变换可得:

$$(\boldsymbol{\alpha}_1,\boldsymbol{\alpha}_2,\boldsymbol{\alpha}_3,\boldsymbol{\alpha}_4)=\begin{pmatrix}1&2&2&2\\2&3&0&7\\1&2&1&3\\1&1&-1&4\end{pmatrix}\to\begin{pmatrix}1&2&2&2\\0&-1&-4&3\\0&0&-1&1\\0&-1&-3&2\end{pmatrix}\to\begin{pmatrix}1&2&2&2\\0&-1&-4&3\\0&0&-1&1\\0&0&0&0\end{pmatrix},$$

可知,$R(\boldsymbol{\alpha}_1,\boldsymbol{\alpha}_2,\boldsymbol{\alpha}_3,\boldsymbol{\alpha}_4)=3$,故该齐次线性方程组有非零解,即向量组 $\boldsymbol{\alpha}_1,\boldsymbol{\alpha}_2,\boldsymbol{\alpha}_3,\boldsymbol{\alpha}_4$ 线性相关.

因为 $\boldsymbol{\alpha}_1\neq 0$,故部分组 $\boldsymbol{\alpha}_1$ 是线性无关的,又 $\boldsymbol{\alpha}_1,\boldsymbol{\alpha}_2$ 对应分量不成比例,所以部分组 $\boldsymbol{\alpha}_1,\boldsymbol{\alpha}_2$ 也是线性无关的.对应于齐次线性方程组 $x_1\boldsymbol{\alpha}_1+x_2\boldsymbol{\alpha}_2+x_3\boldsymbol{\alpha}_3=\boldsymbol{0}$,有

$$\begin{cases}x_1+2x_2+2x_3=0,\\2x_1+3x_2=0,\\x_1+2x_2+x_3=0,\\x_1+x_2-x_3=0,\end{cases}$$

利用初等行变换将此线性方程组的系数矩阵约化为阶梯形矩阵,有

$$(\boldsymbol{\alpha}_1,\boldsymbol{\alpha}_2,\boldsymbol{\alpha}_3)=\begin{pmatrix}1&2&2\\2&3&0\\1&2&1\\1&1&-1\end{pmatrix}\to\begin{pmatrix}1&2&2\\0&-1&-4\\0&0&-1\\0&-1&-3\end{pmatrix}\to\begin{pmatrix}1&2&2\\0&-1&-4\\0&0&-1\\0&0&0\end{pmatrix}.$$

从上式可知,$R(\boldsymbol{\alpha}_1,\boldsymbol{\alpha}_2,\boldsymbol{\alpha}_3)=3$,故齐次线性方程组 $x_1\boldsymbol{\alpha}_1+x_2\boldsymbol{\alpha}_2+x_3\boldsymbol{\alpha}_3=\boldsymbol{0}$ 只有零解,即向量组 $\boldsymbol{\alpha}_1,\boldsymbol{\alpha}_2,\boldsymbol{\alpha}_3$ 线性无关.因此,向量组 $\boldsymbol{\alpha}_1,\boldsymbol{\alpha}_2,\boldsymbol{\alpha}_3$ 是向量组 $\boldsymbol{\alpha}_1,\boldsymbol{\alpha}_2,\boldsymbol{\alpha}_3,\boldsymbol{\alpha}_4$ 的一个极大线性无关组.

注:从上面算例可看出,通过逐步添加线性无关向量的方法求向量组的极大无关组的方法较为麻烦.后面将给出较为简便的方法.

定义 4.12　向量组的最大无关组所含向量的个数称为向量组的秩.

注:规定只含零向量的向量组的秩等于零.

例 4.19　向量组 $\boldsymbol{\alpha}_1,\boldsymbol{\alpha}_2,\cdots,\boldsymbol{\alpha}_r$ 线性无关的充分必要条件为 $R(\boldsymbol{\alpha}_1,\boldsymbol{\alpha}_2,\cdots,\boldsymbol{\alpha}_r)=r$.

证明　向量组 $\boldsymbol{\alpha}_1,\boldsymbol{\alpha}_2,\cdots,\boldsymbol{\alpha}_r$ 线性无关必是本身一个最大无关组,故

$$R(\boldsymbol{\alpha}_1,\boldsymbol{\alpha}_2,\cdots,\boldsymbol{\alpha}_r)=r.$$

另一方面,若向量组的秩 $R(\boldsymbol{\alpha}_1,\boldsymbol{\alpha}_2,\cdots,\boldsymbol{\alpha}_r)=r$,由于向量组本身只有 r 个向量,因此 $\boldsymbol{\alpha}_1,\boldsymbol{\alpha}_2,\cdots,\boldsymbol{\alpha}_r$ 必为最大无关组,故 $\boldsymbol{\alpha}_1,\boldsymbol{\alpha}_2,\cdots,\boldsymbol{\alpha}_r$ 线性无关.

例 4.20　已知向量组 $\boldsymbol{\alpha}_1,\boldsymbol{\alpha}_2,\cdots,\boldsymbol{\alpha}_s$ 的秩为 r,则 $\boldsymbol{\alpha}_1,\boldsymbol{\alpha}_2,\cdots,\boldsymbol{\alpha}_s$ 中任意 r 个线性无关的向量都构成它的一个最大线性无关组.

证明　设 $\boldsymbol{\alpha}_{i1},\boldsymbol{\alpha}_{i2},\cdots,\boldsymbol{\alpha}_{ir}$ 是 $\boldsymbol{\alpha}_1,\boldsymbol{\alpha}_2,\cdots,\boldsymbol{\alpha}_s$ 中的 r 个线性无关的向量,由于 $R(\boldsymbol{\alpha}_1,\boldsymbol{\alpha}_2,\cdots,\boldsymbol{\alpha}_s)=r$,即 $\boldsymbol{\alpha}_1,\boldsymbol{\alpha}_2,\cdots,\boldsymbol{\alpha}_s$ 中最多只有 r 个向量线性无关,所以 $\forall\,\boldsymbol{\alpha}_{ir+1}$,必有 $\boldsymbol{\alpha}_{i1},\boldsymbol{\alpha}_{i2},\cdots,\boldsymbol{\alpha}_{ir},\boldsymbol{\alpha}_{ir+1}$ 线性相关,而 $\boldsymbol{\alpha}_{i1},\boldsymbol{\alpha}_{i2},\cdots,\boldsymbol{\alpha}_{ir}$ 线性无关,所以 $\boldsymbol{\alpha}_{i1},\boldsymbol{\alpha}_{i2},\cdots,\boldsymbol{\alpha}_{ir}$ 为最大无关组.

定理 4.10　矩阵 $\boldsymbol{A}$ 的秩等于 $\boldsymbol{A}$ 行向量的秩,也等于 $\boldsymbol{A}$ 列向量的秩.

证明 设

$$A=\begin{pmatrix} a_{11} & \cdots & a_{1r} & a_{1r+1} & \cdots & a_{1n} \\ \vdots & & \vdots & \vdots & & \vdots \\ a_{r1} & \cdots & a_{rr} & a_{rr+1} & \cdots & a_{rn} \\ a_{r+11} & \cdots & a_{r+1r} & a_{r+1r+1} & \cdots & a_{r+1n} \\ \vdots & & \vdots & \vdots & & \vdots \\ a_{m1} & \cdots & \cdots & \cdots & \cdots & a_{mn} \end{pmatrix}=\begin{pmatrix} \boldsymbol{\alpha}_1 \\ \vdots \\ \boldsymbol{\alpha}_r \\ \vdots \\ \boldsymbol{\alpha}_m \end{pmatrix},$$

设 $R(\boldsymbol{A})=r$，下证 $R(\boldsymbol{\alpha}_1,\boldsymbol{\alpha}_2,\cdots,\boldsymbol{\alpha}_m)=r$.

因 $R(\boldsymbol{A})=r$，所以 $\boldsymbol{A}$ 中必有一个 r 阶子式不等于 0，所有 $r+1$ 阶子式全为 0，不妨设位于 $\boldsymbol{A}$ 中左上角的 r 阶子式 D 不等于 0，否则交换行列变到左上角. 即设

$$D=\begin{vmatrix} a_{11} & \cdots & a_{1r} \\ \vdots & & \vdots \\ a_{r1} & \cdots & a_{rr} \end{vmatrix}=\begin{vmatrix} \boldsymbol{\beta}_1 \\ \vdots \\ \boldsymbol{\beta}_r \end{vmatrix}\neq 0.$$

首先，因 $\boldsymbol{\beta}_1,\boldsymbol{\beta}_2,\cdots,\boldsymbol{\beta}_r$ 线性无关，故 $\boldsymbol{\alpha}_1,\boldsymbol{\alpha}_2,\cdots,\boldsymbol{\alpha}_r$ 线性无关（线性无关组增加维数也线性无关）.

其次，证明 $\boldsymbol{\alpha}_1,\boldsymbol{\alpha}_2,\cdots,\boldsymbol{\alpha}_r$ 是最大无关组.

（1）当 $m=r$ 时，$\boldsymbol{\alpha}_1,\boldsymbol{\alpha}_2,\cdots,\boldsymbol{\alpha}_r$ 是最大无关组.

（2）当 $m>r,n=r$ 时，向量组 $\boldsymbol{\alpha}_1,\boldsymbol{\alpha}_2,\cdots,\boldsymbol{\alpha}_r,\boldsymbol{\alpha}_k$ 必线性相关（个数大于维数），故 $\boldsymbol{\alpha}_1,\boldsymbol{\alpha}_2,\cdots,\boldsymbol{\alpha}_r$ 是最大无关组.

（3）当 $m>r,n>r$ 时，作

$$D_j=\begin{vmatrix} a_{11} & \cdots & a_{1r} & a_{1j} \\ \vdots & & \vdots & \vdots \\ a_{r1} & \cdots & a_{rr} & a_{rj} \\ a_{k1} & \cdots & a_{kr} & a_{kj} \end{vmatrix},$$

不论 j 为何值，$D_j=0$. 按第 j 列展开有：$a_{1j}\boldsymbol{A}_1+a_{2j}\boldsymbol{A}_2+\cdots+a_{rj}\boldsymbol{A}_r+a_{kj}D=0$.

特别注意，上式中的 $\boldsymbol{A}_i(i=1,\cdots,r)$ 与 j 无关，解上式得

$$a_{kj}=-\frac{\boldsymbol{A}_1}{D}a_{1j}-\frac{\boldsymbol{A}_2}{D}a_{2j}-\cdots-\frac{\boldsymbol{A}_r}{D}a_{rj},j=1,\cdots,n.$$

特别地：$a_{k1}=-\dfrac{\boldsymbol{A}_1}{D}a_{11}-\dfrac{\boldsymbol{A}_2}{D}a_{21}-\cdots-\dfrac{\boldsymbol{A}_r}{D}a_{r1}$，

$$a_{k2}=-\frac{\boldsymbol{A}_1}{D}a_{12}-\frac{\boldsymbol{A}_2}{D}a_{22}-\cdots-\frac{\boldsymbol{A}_r}{D}a_{r2},$$

……

$$a_{kn}=-\frac{\boldsymbol{A}_1}{D}a_{1n}-\frac{\boldsymbol{A}_2}{D}a_{2n}-\cdots-\frac{\boldsymbol{A}_r}{D}a_{rn}.$$

即有 $\boldsymbol{\alpha}_k=-\frac{A_1}{D}\boldsymbol{\alpha}_1-\frac{A_2}{D}\boldsymbol{\alpha}_2-\cdots-\frac{A_r}{D}\boldsymbol{\alpha}_r$.

从而 $\boldsymbol{\alpha}_1,\boldsymbol{\alpha}_2,\cdots,\boldsymbol{\alpha}_r$ 是最大无关组.证毕.

推论 3　n 个 n 维向量线性无关的充要条件是向量组构成的 n 阶方阵的行列式不等于 0.

例 4.21　求向量组 $\boldsymbol{\alpha}_1=(1,2,3)^{\mathrm{T}},\boldsymbol{\alpha}_2=(0,1,2)^{\mathrm{T}},\boldsymbol{\alpha}_3=(2,5,8)^{\mathrm{T}}$ 的秩及最大无关组.

解　行向量构成的矩阵为 $\boldsymbol{A}=\begin{pmatrix}1&0&2\\2&1&5\\3&2&8\end{pmatrix}$.

因 2 阶子式 $\begin{vmatrix}1&0\\2&1\end{vmatrix}\neq 0$,所以 $\boldsymbol{\alpha}_1,\boldsymbol{\alpha}_2$ 线性无关.

3 阶子式只有一个 $|\boldsymbol{A}|=0$,所以 $\boldsymbol{\alpha}_1,\boldsymbol{\alpha}_2,\boldsymbol{\alpha}_3$ 线性相关,故 $R(\boldsymbol{\alpha}_1,\boldsymbol{\alpha}_2,\boldsymbol{\alpha}_3)=2$,$\boldsymbol{\alpha}_1,\boldsymbol{\alpha}_2$ 为一个最大无关组.

定理 4.10 讨论了矩阵的秩等于列向量组的秩或者等于行向量组的秩,故求向量组的秩是否可以考虑直接通过初等变换求矩阵的秩而得到呢? 即初等变换是否改变向量的线性相关性、线性无关呢? 下面定理给出了相应的证明.

定理 4.11　对矩阵实施初等变换,不改变矩阵列向量组的线性相关性,也不改变其线性组合关系.

证明　设矩阵 $\boldsymbol{A}$ 经过 r 次初等行变换化为矩阵 $\boldsymbol{B}$,即

$$\boldsymbol{A}=(\boldsymbol{\alpha}_1,\boldsymbol{\alpha}_2,\cdots,\boldsymbol{\alpha}_n)\rightarrow\boldsymbol{B}=(\boldsymbol{\beta}_1,\boldsymbol{\beta}_2,\cdots,\boldsymbol{\beta}_n),$$

则存在初等矩阵 $\boldsymbol{p}_1,\boldsymbol{p}_2,\cdots,\boldsymbol{p}_r$,满足

$$\boldsymbol{p}_1\boldsymbol{p}_2\cdots\boldsymbol{p}_r\boldsymbol{A}=\boldsymbol{B}.$$

令 $\boldsymbol{P}=\boldsymbol{p}_1\boldsymbol{p}_2\cdots\boldsymbol{p}_3$,则 P 可逆,并且 $\boldsymbol{PA}=\boldsymbol{B}$,因此有

$$\boldsymbol{P}\boldsymbol{\alpha}_i=\boldsymbol{\beta}_i,i=1,2,\cdots,n.$$

(1)若存在数 $k_1,k_2,\cdots,k_n$ 满足

$$k_1\boldsymbol{\alpha}_1+k_2\boldsymbol{\alpha}_2+\cdots+k_n\boldsymbol{\alpha}_n=\boldsymbol{0},$$

两端左乘 $\boldsymbol{P}$,得到

$$k_1\boldsymbol{P}\boldsymbol{\alpha}_1+k_2\boldsymbol{P}\boldsymbol{\alpha}_2+\cdots+k_n\boldsymbol{P}\boldsymbol{\alpha}_n=k_1\boldsymbol{\beta}_1+k_2\boldsymbol{\beta}_2+\cdots+k_n\boldsymbol{\beta}_n=\boldsymbol{0}.$$

因为初等矩阵 $\boldsymbol{P}$ 可逆,所以线性方程组 $k_1\boldsymbol{\alpha}_1+k_2\boldsymbol{\alpha}_2+\cdots+k_n\boldsymbol{\alpha}_n=\boldsymbol{0}$ 与 $k_1\boldsymbol{\beta}_1+k_2\boldsymbol{\beta}_2+\cdots+k_n\boldsymbol{\beta}_n=\boldsymbol{0}$ 同解.因此,向量组 $\boldsymbol{\alpha}_1,\boldsymbol{\alpha}_2,\cdots,\boldsymbol{\alpha}_n$ 与向量组 $\boldsymbol{\beta}_1,\boldsymbol{\beta}_2,\cdots,\boldsymbol{\beta}_n$ 同时线性相关或者线性无关,也就是说,对矩阵 $\boldsymbol{A}$ 实施初等变换不改变 $\boldsymbol{A}$ 的列向量组的线性相关性.

(2)若矩阵 $\boldsymbol{A}$ 的列向量组 $\boldsymbol{\alpha}_1,\boldsymbol{\alpha}_2,\cdots,\boldsymbol{\alpha}_n$ 之间存在某种线性组合关系,不妨设 $\boldsymbol{\alpha}_n$ 可由 $\boldsymbol{\alpha}_1,\boldsymbol{\alpha}_2,\cdots,\boldsymbol{\alpha}_{n-1}$ 线性表示,即存在一组数 $k_1,k_2,\cdots,k_{n-1}$,满足

$$\boldsymbol{\alpha}_n=k_1\boldsymbol{\alpha}_1+k_2\boldsymbol{\alpha}_2+\cdots+k_{n-1}\boldsymbol{\alpha}_{n-1},$$

从而有

$$k_1\boldsymbol{\alpha}_1+k_2\boldsymbol{\alpha}_2+\cdots+k_{n-1}\boldsymbol{\alpha}_{n-1}-\boldsymbol{\alpha}_n=\boldsymbol{0},$$

上式左乘矩阵 $\boldsymbol{P}$ 并将 $\boldsymbol{P\alpha}_i=\boldsymbol{\beta}_i, i=1,2,\cdots,n$ 代入可得到：

$$k_1\boldsymbol{P\alpha}_1+k_2\boldsymbol{P\alpha}_2+\cdots+k_{n-1}\boldsymbol{P\alpha}_{n-1}-\boldsymbol{P\alpha}_n=k_1\boldsymbol{\beta}_1+k_2\boldsymbol{\beta}_2+\cdots+k_{n-1}\boldsymbol{\beta}_{n-1}-\boldsymbol{\beta}_n=\boldsymbol{0},$$

即

$$\boldsymbol{\beta}_n=k_1\boldsymbol{\beta}_1+k_2\boldsymbol{\beta}_2+\cdots+k_{n-1}\boldsymbol{\beta}_{n-1}.$$

从而 B 的列向量组之间也具有与 A 列向量组之间同样的线性组合关系.

例 4.22 已知向量组 $\boldsymbol{\alpha}_1=(1,-1,2,4)^{\mathrm{T}},\boldsymbol{\alpha}_2=(0,3,1,2)^{\mathrm{T}},\boldsymbol{\alpha}_3=(3,0,7,14)^{\mathrm{T}},\boldsymbol{\alpha}_4=(2,1,5,6)^{\mathrm{T}},\boldsymbol{\alpha}_5=(1,-1,2,0)^{\mathrm{T}}$，讨论向量组的线性相关性及线性组合关系.

解 分析：利用初等变换将矩阵 $\boldsymbol{A}=(\boldsymbol{\alpha}_1,\boldsymbol{\alpha}_2,\boldsymbol{\alpha}_3,\boldsymbol{\alpha}_4,\boldsymbol{\alpha}_5)$ 化为行最简形.

$$(\boldsymbol{\alpha}_1,\boldsymbol{\alpha}_2,\boldsymbol{\alpha}_3,\boldsymbol{\alpha}_4,\boldsymbol{\alpha}_5)=\begin{pmatrix}1&0&3&2&1\\-1&3&0&1&-1\\2&1&7&5&2\\4&2&14&6&0\end{pmatrix}\rightarrow\begin{pmatrix}1&0&3&2&1\\0&3&3&3&0\\0&1&1&4&0\\0&2&2&-2&-4\end{pmatrix}$$

$$\rightarrow\begin{pmatrix}1&0&3&2&1\\0&1&1&1&0\\0&0&0&-4&-4\\0&0&0&0&0\end{pmatrix}\rightarrow\begin{pmatrix}1&0&3&2&1\\0&1&1&1&0\\0&0&0&1&1\\0&0&0&0&0\end{pmatrix}\rightarrow\begin{pmatrix}1&0&3&1&0\\0&1&1&1&0\\0&0&0&1&1\\0&0&0&0&0\end{pmatrix},$$

$$=(\boldsymbol{\beta}_1,\boldsymbol{\beta}_2,\boldsymbol{\beta}_3,\boldsymbol{\beta}_4,\boldsymbol{\beta}_5)=B.$$

作为矩阵 $\boldsymbol{A}$ 的行最简形，$\boldsymbol{B}$ 的列向量之间的线性关系为：

$$\boldsymbol{\beta}_3=3\boldsymbol{\beta}_1+\boldsymbol{\beta}_2,\boldsymbol{\beta}_4=\boldsymbol{\beta}_1+\boldsymbol{\beta}_2+\boldsymbol{\beta}_5.$$

所以 $\boldsymbol{B}$ 的列向量组线性相关.由定理 4.11 可知，矩阵 $\boldsymbol{A}$ 的列向量组 $\boldsymbol{\alpha}_1,\boldsymbol{\alpha}_2,\boldsymbol{\alpha}_3,\boldsymbol{\alpha}_4,\boldsymbol{\alpha}_5$ 也是线性相关的，且有：

$$\boldsymbol{\alpha}_3=3\boldsymbol{\alpha}_1+\boldsymbol{\alpha}_2,\boldsymbol{\alpha}_4=\boldsymbol{\alpha}_1+\boldsymbol{\alpha}_2+\boldsymbol{\alpha}_5.$$

注：在求列向量组的秩时，可先将向量组转化为矩阵，然后利用初等行变换将其约化为行阶梯形矩阵，最后利用定理 4.11 求得向量组的秩.

例 4.23 求向量组

$\boldsymbol{\alpha}_1=(1,-2,-1,0,2)^{\mathrm{T}},\boldsymbol{\alpha}_2=(-2,4,2,6,-6)^{\mathrm{T}},\boldsymbol{\alpha}_3=(2,-1,0,2,3)^{\mathrm{T}},\boldsymbol{\alpha}_4=(3,3,3,3,4)^{\mathrm{T}}$ 的秩.

解 当向量组的个数及维数较大时，往往利用矩阵的初等变换求秩.

$$(\boldsymbol{\alpha}_1,\boldsymbol{\alpha}_2,\boldsymbol{\alpha}_3,\boldsymbol{\alpha}_4)=\begin{pmatrix}1&-2&2&3\\-2&4&-1&3\\-1&2&0&3\\0&6&2&3\\2&-6&3&4\end{pmatrix}\xrightarrow[\substack{r_5-2r_1\\r_2\div 3\\r_3\div 2}]{\substack{r_2+2r_1\\r_3+r_1}}\begin{pmatrix}1&-2&2&3\\0&0&1&3\\0&0&1&3\\0&6&2&3\\0&-2&-1&-2\end{pmatrix}$$

$$\xrightarrow[r_3\leftrightarrow r_4]{\substack{r_3-r_2\\ r_2\leftrightarrow r_5}}\begin{pmatrix}1&-2&2&3\\0&-2&-1&-2\\0&6&2&3\\0&0&1&3\\0&0&0&0\end{pmatrix}\xrightarrow{\substack{r_3+3r_2\\ r_4+r_3}}\begin{pmatrix}1&-2&2&3\\0&-2&-1&-2\\0&0&-1&-3\\0&0&0&0\\0&0&0&0\end{pmatrix},$$

所以

$$R(\boldsymbol{\alpha}_1,\boldsymbol{\alpha}_2,\boldsymbol{\alpha}_3,\boldsymbol{\alpha}_4)=3.$$

例 4.24　已知向量组 $\boldsymbol{\alpha}_1=(1,-1,2,4)^{\mathrm{T}},\boldsymbol{\alpha}_2=(0,3,1,2)^{\mathrm{T}},\boldsymbol{\alpha}_3=(3,0,7,14)^{\mathrm{T}},\boldsymbol{\alpha}_4=(2,1,5,6)^{\mathrm{T}},\boldsymbol{\alpha}_5=(1,-1,2,0)^{\mathrm{T}}$.

(1)说明 $\boldsymbol{\alpha}_1,\boldsymbol{\alpha}_5$ 线性无关；

(2)求包含 $\boldsymbol{\alpha}_1,\boldsymbol{\alpha}_5$ 的一个极大线性无关组，并将其余向量表示成该极大线性无关组的线性组合.

解　(1)由向量 $\boldsymbol{\alpha}_1,\boldsymbol{\alpha}_5$ 的对应分量不成比例知 $\boldsymbol{\alpha}_1,\boldsymbol{\alpha}_5$ 是线性无关的.

(2)将 $\boldsymbol{\alpha}_1,\boldsymbol{\alpha}_2,\boldsymbol{\alpha}_3,\boldsymbol{\alpha}_4,\boldsymbol{\alpha}_5$ 排成矩阵进行初等行变换：

$$(\boldsymbol{\alpha}_1,\boldsymbol{\alpha}_2,\boldsymbol{\alpha}_3,\boldsymbol{\alpha}_4,\boldsymbol{\alpha}_5)=\begin{pmatrix}1&0&3&2&1\\-1&3&0&1&-1\\2&1&7&5&2\\4&2&14&6&0\end{pmatrix}\to\begin{pmatrix}1&0&3&2&1\\0&3&3&3&0\\0&1&1&4&0\\0&2&2&-2&-4\end{pmatrix}$$

$$\to\begin{pmatrix}1&0&3&2&1\\0&1&1&1&0\\0&0&0&-4&-4\\0&0&0&0&0\end{pmatrix}=\boldsymbol{B},$$

因为 $\boldsymbol{B}$ 中有 3 个非零行，所以向量组的秩为 3. 又因包含 $\boldsymbol{\alpha}_1,\boldsymbol{\alpha}_5$ 的非零行的可选 1,2,5 列，所以 $\boldsymbol{\alpha}_1,\boldsymbol{\alpha}_2,\boldsymbol{\alpha}_5$ 是极大线性无关组.

对矩阵 $\boldsymbol{B}$ 继续作行变换化为最简阶梯形，即

$$\boldsymbol{B}\to\begin{pmatrix}1&0&3&2&1\\0&1&1&1&0\\0&0&0&1&1\\0&0&0&0&0\end{pmatrix}\to\begin{pmatrix}1&0&3&1&0\\0&1&1&1&0\\0&0&0&1&1\\0&0&0&0&0\end{pmatrix},$$

可得

$$\boldsymbol{\alpha}_3=3\boldsymbol{\alpha}_1+\boldsymbol{\alpha}_2,\boldsymbol{\alpha}_4=\boldsymbol{\alpha}_1+\boldsymbol{\alpha}_2+\boldsymbol{\alpha}_5.$$

例 4.25　求向量组 $\boldsymbol{\alpha}_1=(1,-2,0,3)^{\mathrm{T}},\boldsymbol{\alpha}_2=(2,-5,-3,6)^{\mathrm{T}},\boldsymbol{\alpha}_3=(0,1,3,0)^{\mathrm{T}},\boldsymbol{\alpha}_4=(2,-1,4,-7)^{\mathrm{T}},\boldsymbol{\alpha}_5=(5,-8,1,2)^{\mathrm{T}}$ 的秩和一个极大线性无关组，并将其余向量表示成该极大线性无关组的线性组合.

解　将 $\boldsymbol{\alpha}_1,\boldsymbol{\alpha}_2,\boldsymbol{\alpha}_3,\boldsymbol{\alpha}_4,\boldsymbol{\alpha}_5$ 排成矩阵进行初等行变换：

$$(\boldsymbol{\alpha}_1,\boldsymbol{\alpha}_2,\boldsymbol{\alpha}_3,\boldsymbol{\alpha}_4,\boldsymbol{\alpha}_5)=\begin{pmatrix}1&2&0&2&5\\-2&-5&1&-1&-8\\0&-3&3&4&1\\3&6&0&-7&2\end{pmatrix}\to\begin{pmatrix}1&2&0&2&5\\0&-1&1&3&2\\0&-3&3&4&1\\0&0&0&-13&-13\end{pmatrix}$$

$$\to\begin{pmatrix}1&2&0&2&5\\0&-1&1&3&2\\0&0&0&-5&-5\\0&0&0&1&1\end{pmatrix}\to\begin{pmatrix}1&2&0&2&5\\0&-1&1&3&2\\0&0&0&1&1\\0&0&0&0&0\end{pmatrix}=\boldsymbol{B}.$$

因为 $\boldsymbol{B}$ 中有 3 个非零行，所以向量组的秩为 3. 又因非零行的第 1 个不等于零的数分别在 1,2,4 列，所以 $\boldsymbol{\alpha}_1,\boldsymbol{\alpha}_2,\boldsymbol{\alpha}_4$ 是极大线性无关组.

对矩阵 $\boldsymbol{B}$ 继续作行变换化为最简阶梯形，即

$$\boldsymbol{B}\to\begin{pmatrix}1&0&2&8&9\\0&1&-1&-3&-2\\0&0&0&1&1\\0&0&0&0&0\end{pmatrix}\to\begin{pmatrix}1&0&2&0&1\\0&1&-1&0&1\\0&0&0&1&1\\0&0&0&0&0\end{pmatrix}$$

可得

$$\boldsymbol{\alpha}_3=2\boldsymbol{\alpha}_1-\boldsymbol{\alpha}_2,\boldsymbol{\alpha}_5=\boldsymbol{\alpha}_1+\boldsymbol{\alpha}_2+\boldsymbol{\alpha}_4.$$

例 4.26 设 $\boldsymbol{A}$ 为 n 阶方阵，则 $R(\boldsymbol{A}^*)=\begin{cases}n, & R(\boldsymbol{A})=n,\\1, & R(\boldsymbol{A})=n-1,\\0, & R(\boldsymbol{A})<n-1.\end{cases}$

证明 因 $\boldsymbol{AA}^*=|\boldsymbol{A}|\boldsymbol{E}$, $|\boldsymbol{A}^*|=|\boldsymbol{A}|^{n-1}$,

当 $R(\boldsymbol{A})=n$ 时, $|\boldsymbol{A}|\neq0\Rightarrow|\boldsymbol{A}^*|\neq0\Rightarrow R(\boldsymbol{A}^*)=n$.

当 $R(\boldsymbol{A})<n-1$ 时，$\boldsymbol{A}(n-1)$ 阶子式全为 0，所以 $\boldsymbol{A}^*=0\Rightarrow R(\boldsymbol{A}^*)=0$.

当 $R(\boldsymbol{A})=n-1$ 时，$\boldsymbol{A}$ 至少有一个$(n-1)$阶子式不为 0，所以 $\boldsymbol{A}^*\neq0\Rightarrow R(\boldsymbol{A}^*)\geqslant1$.

另一方面，$\boldsymbol{AA}^*=|A|\boldsymbol{E}=\boldsymbol{0}\Rightarrow R(\boldsymbol{A})+R(\boldsymbol{A}^*)\leqslant n\Rightarrow R(\boldsymbol{A}^*)\leqslant n-R(\boldsymbol{A})=1$.

故

$$R(\boldsymbol{A}^*)=1.$$

综上所述，可得：

$$R(\boldsymbol{A}^*)=\begin{cases}n, & R(\boldsymbol{A})=n,\\1, & R(\boldsymbol{A})=n-1,\\0, & R(\boldsymbol{A})<n-1.\end{cases}$$

例 4.27 设 $\boldsymbol{A}$ 为 n 阶方阵，且 $\boldsymbol{A}^2=\boldsymbol{A}$，证明 $R(\boldsymbol{A})+R(\boldsymbol{A}-\boldsymbol{E})=n$.

证明 $\boldsymbol{A}^2=\boldsymbol{A}\Rightarrow\boldsymbol{A}(\boldsymbol{A}-\boldsymbol{E})=0\Rightarrow R(\boldsymbol{A})+R(\boldsymbol{A}-\boldsymbol{E})\leqslant n$.

另一方面，$R(\boldsymbol{A})+R(\boldsymbol{A}-\boldsymbol{E})=R(\boldsymbol{A})+R(\boldsymbol{E}-\boldsymbol{A})$（利用 $R(k\boldsymbol{A})=R(\boldsymbol{A}),k\neq0$）

$\geqslant R(\boldsymbol{A}+\boldsymbol{E}-\boldsymbol{A})$（利用 $R(\boldsymbol{A}+\boldsymbol{B})\leqslant R(\boldsymbol{A})+R(\boldsymbol{B})$）

$$=R(\boldsymbol{E})=n,$$

故 $R(\boldsymbol{A})+R(\boldsymbol{A}-\boldsymbol{E})=n$.

习题 4.3

1.设 $\boldsymbol{A}$ 是 $m\times n$ 矩阵,$\boldsymbol{B}$ 是 $n\times m$ 矩阵,则__________.

A.当 $m>n$ 时,必有 $|\boldsymbol{AB}|\neq 0$　　B.当 $m>n$ 时,必有 $|\boldsymbol{AB}|=0$

C.当 $n>m$ 时,必有 $|\boldsymbol{AB}|\neq 0$　　D.当 $n>m$ 时,必有 $|\boldsymbol{AB}|=0$

提示:因 $\boldsymbol{AB}$ 是 $m\times m$ 矩阵,当 $m>n$ 时,

$$R(\boldsymbol{AB})\leqslant \min(R(\boldsymbol{A}),R(\boldsymbol{B}))\leqslant n<m\Rightarrow |\boldsymbol{AB}|=0.$$

2.设四阶矩阵 $\boldsymbol{A}=(\boldsymbol{\alpha},\boldsymbol{\gamma}_2,\boldsymbol{\gamma}_3,\boldsymbol{\gamma}_4)$,$\boldsymbol{B}=(\boldsymbol{\beta},\boldsymbol{\gamma}_2,\boldsymbol{\gamma}_3,\boldsymbol{\gamma}_4)$,$\boldsymbol{\alpha},\boldsymbol{\beta},\boldsymbol{\gamma}_2,\boldsymbol{\gamma}_3,\boldsymbol{\gamma}_4$,为四维列向量,若 $|\boldsymbol{A}|=4$, $|\boldsymbol{B}|=1$,则行列式 $|\boldsymbol{A}+\boldsymbol{B}|=$__________.

提示:$|\boldsymbol{A}+\boldsymbol{B}|=|\boldsymbol{\alpha}+\boldsymbol{\beta},2\boldsymbol{\gamma}_2,2\boldsymbol{\gamma}_3,2\boldsymbol{\gamma}_4|=|\boldsymbol{\alpha},2\boldsymbol{\gamma}_2,2\boldsymbol{\gamma}_3,2\boldsymbol{\gamma}_4|+|\boldsymbol{\beta},2\boldsymbol{\gamma}_2,2\boldsymbol{\gamma}_3,2\boldsymbol{\gamma}_4|$.

3.设 $\boldsymbol{A}$ 为 n 阶方阵,且 $\boldsymbol{A}^2=\boldsymbol{E}$,证明 $R(\boldsymbol{A}+\boldsymbol{E})+R(\boldsymbol{A}-\boldsymbol{E})=n$.

4.设 $\boldsymbol{A}$ 为 n 阶方阵,且 $\boldsymbol{A}^2+\boldsymbol{A}=0$,证明 $R(\boldsymbol{A})+R(\boldsymbol{A}+\boldsymbol{E})=n$.

5.求下列向量组的秩,并分别求其一个极大无关组:

(1) $\boldsymbol{\alpha}_1=\begin{pmatrix}2\\1\\5\end{pmatrix},\boldsymbol{\alpha}_2=\begin{pmatrix}1\\1\\3\end{pmatrix},\boldsymbol{\alpha}_3=\begin{pmatrix}2\\0\\4\end{pmatrix}$;　　(2) $\boldsymbol{\alpha}_1=\begin{pmatrix}1\\2\\1\\0\end{pmatrix},\boldsymbol{\alpha}_2=\begin{pmatrix}4\\1\\0\\2\end{pmatrix},\boldsymbol{\alpha}_3=\begin{pmatrix}1\\-1\\-3\\-6\end{pmatrix},\boldsymbol{\alpha}_4=\begin{pmatrix}0\\-3\\-1\\3\end{pmatrix}$;

(3) $\boldsymbol{\alpha}_1=\begin{pmatrix}2\\1\\4\\-3\end{pmatrix},\boldsymbol{\alpha}_2=\begin{pmatrix}3\\1\\5\\4\end{pmatrix},\boldsymbol{\alpha}_3=\begin{pmatrix}-1\\-2\\-4\\5\end{pmatrix},\boldsymbol{\alpha}_4=\begin{pmatrix}2\\2\\7\\-3\end{pmatrix},\boldsymbol{\alpha}_5=\begin{pmatrix}1\\-2\\-1\\0\end{pmatrix}$.

6.已知向量组 $\boldsymbol{\alpha}_1,\boldsymbol{\alpha}_2,\boldsymbol{\alpha}_3$ 和向量组 $\boldsymbol{\beta}_1,\boldsymbol{\beta}_2,\boldsymbol{\beta}_3$ 分别为:

$$\boldsymbol{\alpha}_1=\begin{pmatrix}0\\1\\1\end{pmatrix},\boldsymbol{\alpha}_2=\begin{pmatrix}1\\2\\1\end{pmatrix},\boldsymbol{\alpha}_3=\begin{pmatrix}1\\0\\-1\end{pmatrix},\boldsymbol{\beta}_1=\begin{pmatrix}1\\1\\0\end{pmatrix},\boldsymbol{\beta}_2=\begin{pmatrix}1\\1\\1\end{pmatrix},\boldsymbol{\beta}_3=\begin{pmatrix}2\\a\\b\end{pmatrix},$$

若它们具有相同的秩,且 $\boldsymbol{\beta}_3$ 可由 $\boldsymbol{\alpha}_1,\boldsymbol{\alpha}_2,\boldsymbol{\alpha}_3$ 线性表示,求 a,b.

7.已知向量组 $\boldsymbol{\alpha}_1,\boldsymbol{\alpha}_2,\boldsymbol{\alpha}_3$ 和向量组 $\boldsymbol{\beta}_1,\boldsymbol{\beta}_2,\boldsymbol{\beta}_3$ 分别为:

$$\boldsymbol{\alpha}_1=\begin{pmatrix}1\\2\\-3\\1\end{pmatrix},\boldsymbol{\alpha}_2=\begin{pmatrix}3\\0\\1\\1\end{pmatrix},\boldsymbol{\alpha}_3=\begin{pmatrix}9\\6\\-7\\5\end{pmatrix},\boldsymbol{\beta}_1=\begin{pmatrix}0\\1\\-1\\1\end{pmatrix},\boldsymbol{\beta}_2=\begin{pmatrix}a\\2\\1\\5\end{pmatrix},\boldsymbol{\beta}_3=\begin{pmatrix}b\\1\\0\\2\end{pmatrix},$$

若它们具有相同的秩,且 $\boldsymbol{\beta}_2$ 可由 $\boldsymbol{\alpha}_1,\boldsymbol{\alpha}_2,\boldsymbol{\alpha}_3$ 线性表示,求 a,b.

8.设向量组 $\boldsymbol{\alpha}_1=\begin{pmatrix}1\\1\\1\\3\end{pmatrix},\boldsymbol{\alpha}_2=\begin{pmatrix}-1\\-3\\5\\1\end{pmatrix},\boldsymbol{\alpha}_3=\begin{pmatrix}3\\2\\-1\\p+2\end{pmatrix},\boldsymbol{\alpha}_4=\begin{pmatrix}-2\\-6\\10\\p\end{pmatrix}$.

(1)p 为何值时,该向量组线性无关?

(2)p 为何值时,该向量组线性相关?并在此时求出它的秩和一个极大线性无关组.

9.设向量组 $\boldsymbol{\alpha}_1=\begin{pmatrix}1+a\\1\\1\\1\end{pmatrix},\boldsymbol{\alpha}_2=\begin{pmatrix}2\\2+a\\2\\2\end{pmatrix},\boldsymbol{\alpha}_3=\begin{pmatrix}3\\3\\3+a\\3\end{pmatrix},\boldsymbol{\alpha}_4=\begin{pmatrix}4\\4\\4\\4+a\end{pmatrix}$.

a 为何值时,该向量组线性相关?并在此时求出它的秩和一个极大线性无关组,并将其余向量用该极大线性无关组线性表示.

4.4 正交向量组

4.4.1 正交向量组及其标准化

4.1 节讨论了向量的内积,由于柯西不等式成立,即 $\left|\dfrac{[\boldsymbol{\alpha},\boldsymbol{\beta}]}{\|\boldsymbol{\alpha}\|\cdot\|\boldsymbol{\beta}\|}\right|\leqslant 1$.因此可以定义两向量的夹角.

定义 4.13 当 $\boldsymbol{\alpha}\neq\boldsymbol{0},\boldsymbol{\beta}\neq\boldsymbol{0}$ 时,$\theta=\arccos\dfrac{[\boldsymbol{\alpha},\boldsymbol{\beta}]}{\|\boldsymbol{\alpha}\|\cdot\|\boldsymbol{\beta}\|}$称向量 $\boldsymbol{\alpha},\boldsymbol{\beta}$ 的夹角,即 $\cos\theta=\dfrac{[\boldsymbol{\alpha},\boldsymbol{\beta}]}{\|\boldsymbol{\alpha}\|\cdot\|\boldsymbol{\beta}\|}$.

定义 4.14 给定向量 $\boldsymbol{\alpha},\boldsymbol{\beta}$,当$[\boldsymbol{\alpha},\boldsymbol{\beta}]=\boldsymbol{\alpha}\boldsymbol{\beta}^{\mathrm{T}}=0$ 时,称向量 $\boldsymbol{\alpha},\boldsymbol{\beta}$ 正交,记为 $\boldsymbol{\alpha}\perp\boldsymbol{\beta}$.

定义 4.15 对于给定的向量组 $\boldsymbol{\alpha}_1,\boldsymbol{\alpha}_2,\cdots,\boldsymbol{\alpha}_r$,若向量组中任何两个向量都正交,则称该向量组为正交向量组.

若一个正交向量组中每一个向量都是单位向量,则称此向量组为正交规范向量组或标准正交向量组.

例如

$$\boldsymbol{e}_1=\begin{pmatrix}1\\0\\0\\0\end{pmatrix},\boldsymbol{e}_2=\begin{pmatrix}0\\1\\0\\0\end{pmatrix},\boldsymbol{e}_3=\begin{pmatrix}0\\0\\1\\0\end{pmatrix},\boldsymbol{e}_4=\begin{pmatrix}0\\0\\0\\1\end{pmatrix}$$

就是一个正交规范向量组或者标准正交向量组.

例 4.28　证明下列向量组为正交向量组：

$$\boldsymbol{\alpha}_1=\begin{pmatrix}1\\0\\1\end{pmatrix},\boldsymbol{\alpha}_2=\begin{pmatrix}1\\-1\\-1\end{pmatrix},\boldsymbol{\alpha}_3=\begin{pmatrix}1\\2\\-1\end{pmatrix}.$$

证明　因为

$$[\boldsymbol{\alpha}_1,\boldsymbol{\alpha}_2]=\begin{pmatrix}1\\0\\1\end{pmatrix}^{\mathrm{T}}\begin{pmatrix}1\\-1\\-1\end{pmatrix}=0,$$

$$[\boldsymbol{\alpha}_2,\boldsymbol{\alpha}_3]=\begin{pmatrix}1\\-1\\-1\end{pmatrix}^{\mathrm{T}}\begin{pmatrix}1\\2\\-1\end{pmatrix}=0,[\boldsymbol{\alpha}_1,\boldsymbol{\alpha}_3]=\begin{pmatrix}1\\0\\1\end{pmatrix}^{\mathrm{T}}\begin{pmatrix}1\\2\\-1\end{pmatrix}=0.$$

所以 $\boldsymbol{\alpha}_1=\begin{pmatrix}1\\0\\1\end{pmatrix},\boldsymbol{\alpha}_2=\begin{pmatrix}1\\-1\\-1\end{pmatrix},\boldsymbol{\alpha}_3=\begin{pmatrix}1\\2\\-1\end{pmatrix}$为正交向量组.

例 4.29　已知 $\boldsymbol{\alpha}_1=\begin{pmatrix}1\\-1\\1\end{pmatrix},\boldsymbol{\alpha}_2=\begin{pmatrix}-2\\0\\2\end{pmatrix}$正交，求一个非零向量 $\boldsymbol{\alpha}_3$，使得 $\boldsymbol{\alpha}_1,\boldsymbol{\alpha}_2,\boldsymbol{\alpha}_3$ 两两正交.

解　分析：通过向量的正交关系建立齐次线性方程组，然后求解此线性方程组即可. 令 $\boldsymbol{\alpha}_3=(x_1,x_2,x_3)^{\mathrm{T}}$，依题意可知 $\boldsymbol{\alpha}_1,\boldsymbol{\alpha}_3$ 正交，$\boldsymbol{\alpha}_2,\boldsymbol{\alpha}_3$ 正交，则可得如下的齐次线性方程组：

$$\begin{pmatrix}1&-1&1\\-2&0&2\end{pmatrix}\begin{pmatrix}x_1\\x_2\\x_3\end{pmatrix}=\begin{pmatrix}0\\0\end{pmatrix},$$

求解该线性方程组可得

$$\begin{cases}x_1=x_3,\\x_2=2x_3,\\x_3=x_3.\end{cases}$$

x_3 为自由未知量，可任意取值，不妨令 $x_3=c$，c 为任意实数，则解为：

$$x=\begin{pmatrix}x_1\\x_2\\x_3\end{pmatrix}=\begin{pmatrix}c\\2c\\c\end{pmatrix}=c\begin{pmatrix}1\\2\\1\end{pmatrix},$$

则 $\boldsymbol{\alpha}_3=\begin{pmatrix}1\\2\\1\end{pmatrix}$为所求的向量.

定理 4.12　若 n 维非零向量组 $\boldsymbol{\alpha}_1,\boldsymbol{\alpha}_2,\cdots,\boldsymbol{\alpha}_r$ 为正交向量组，则 $\boldsymbol{\alpha}_1,\boldsymbol{\alpha}_2,\cdots,\boldsymbol{\alpha}_r$ 为线性无关

向量组.

证明 设 $\boldsymbol{\alpha}_1,\boldsymbol{\alpha}_2,\cdots,\boldsymbol{\alpha}_r$ 是正交向量组,则有 $[\boldsymbol{\alpha}_i,\boldsymbol{\alpha}_j]=0(i\neq j)$,$[\boldsymbol{\alpha}_i,\boldsymbol{\alpha}_i]\neq 0$,设有一组数 $k_1,k_2,\cdots,k_r$ 满足

$$k_1\boldsymbol{\alpha}_1+k_2\boldsymbol{\alpha}_2+\cdots+k_r\boldsymbol{\alpha}_r=\boldsymbol{0},$$

用 $\boldsymbol{\alpha}_i$ 与上式两端的向量作内积,有

$$k_1[\boldsymbol{\alpha}_1,\boldsymbol{\alpha}_i]+k_2[\boldsymbol{\alpha}_2,\boldsymbol{\alpha}_i]+\cdots+k_r[\boldsymbol{\alpha}_r,\boldsymbol{\alpha}_i]=[\boldsymbol{0},\boldsymbol{\alpha}_i],$$

又因为 $\boldsymbol{\alpha}_1,\boldsymbol{\alpha}_2,\cdots,\boldsymbol{\alpha}_r$ 是正交向量组,将 $[\boldsymbol{\alpha}_i,\boldsymbol{\alpha}_j]=0(i\neq j)$,$[\boldsymbol{\alpha}_i,\boldsymbol{\alpha}_i]\neq 0$ 代入上式得到:

$$k_i[\boldsymbol{\alpha}_i,\boldsymbol{\alpha}_i]=0,$$

进而可得:$k_i=0,i=1,2,\cdots,r$,所以正交向量组 $\boldsymbol{\alpha}_1,\boldsymbol{\alpha}_2,\cdots,\boldsymbol{\alpha}_r$ 是线性无关向量组.

下面介绍将一个线性无关的向量组 $\boldsymbol{\alpha}_1,\boldsymbol{\alpha}_2,\cdots,\boldsymbol{\alpha}_r$ 转换为标准正交向量组的方法,即施密特正交化方法,其具体步骤如下:

第一步,正交化向量组,令

$$\boldsymbol{\beta}_1=\boldsymbol{\alpha}_1,$$

$$\boldsymbol{\beta}_2=\boldsymbol{\alpha}_2-\frac{[\boldsymbol{\beta}_1,\boldsymbol{\alpha}_2]}{[\boldsymbol{\beta}_1,\boldsymbol{\beta}_1]}\boldsymbol{\beta}_1,$$

$$\vdots$$

$$\boldsymbol{\beta}_r=\boldsymbol{\alpha}_r-\frac{[\boldsymbol{\beta}_1,\boldsymbol{\alpha}_r]}{[\boldsymbol{\beta}_1,\boldsymbol{\beta}_1]}\boldsymbol{\beta}_1-\frac{[\boldsymbol{\beta}_2,\boldsymbol{\alpha}_r]}{[\boldsymbol{\beta}_2,\boldsymbol{\beta}_2]}\boldsymbol{\beta}_2-\cdots-\frac{[\boldsymbol{\beta}_{r-1},\boldsymbol{\alpha}_r]}{[\boldsymbol{\beta}_{r-1},\boldsymbol{\beta}_{r-1}]}\boldsymbol{\beta}_{r-1}.$$

容易验证,向量组 $\boldsymbol{\beta}_1,\boldsymbol{\beta}_2,\cdots,\boldsymbol{\beta}_r$ 中的向量两两正交.

第二步,单位化正交向量组,将向量组 $\boldsymbol{\beta}_1,\boldsymbol{\beta}_2,\cdots,\boldsymbol{\beta}_r$ 单位化,即

$$\boldsymbol{\mu}_1=\frac{\boldsymbol{\beta}_1}{\|\boldsymbol{\beta}_1\|},\boldsymbol{\mu}_2=\frac{\boldsymbol{\beta}_2}{\|\boldsymbol{\beta}_2\|},\cdots,\boldsymbol{\mu}_r=\frac{\boldsymbol{\beta}_r}{\|\boldsymbol{\beta}_r\|},$$

称向量组 $\boldsymbol{\mu}_1,\boldsymbol{\mu}_2,\cdots,\boldsymbol{\mu}_r$ 为标准正交向量组.

例 4.30 设有向量组

$$\boldsymbol{\alpha}_1=\begin{pmatrix}1\\2\\1\\0\end{pmatrix},\boldsymbol{\alpha}_2=\begin{pmatrix}1\\1\\3\\1\end{pmatrix},\boldsymbol{\alpha}_3=\begin{pmatrix}2\\1\\-2\\3\end{pmatrix},$$

将其化为标准正交向量组.

解

$$\boldsymbol{\beta}_1=\boldsymbol{\alpha}_1=\begin{pmatrix}1\\2\\1\\0\end{pmatrix},$$

$$\boldsymbol{\beta}_2=\boldsymbol{\alpha}_2-\frac{[\boldsymbol{\beta}_1,\boldsymbol{\alpha}_2]}{[\boldsymbol{\beta}_1,\boldsymbol{\beta}_1]}\boldsymbol{\beta}_1=\begin{pmatrix}1\\1\\3\\1\end{pmatrix}-\frac{[\boldsymbol{\beta}_1,\boldsymbol{\alpha}_2]}{[\boldsymbol{\beta}_1,\boldsymbol{\beta}_1]}\begin{pmatrix}1\\2\\1\\0\end{pmatrix}=\begin{pmatrix}1\\1\\3\\1\end{pmatrix}-\frac{6}{6}\begin{pmatrix}1\\2\\1\\0\end{pmatrix}=\begin{pmatrix}0\\-1\\2\\1\end{pmatrix},$$

$$\boldsymbol{\beta}_3=\boldsymbol{\alpha}_3-\frac{[\boldsymbol{\beta}_1,\boldsymbol{\alpha}_3]}{[\boldsymbol{\beta}_1,\boldsymbol{\beta}_1]}\boldsymbol{\beta}_1-\frac{[\boldsymbol{\beta}_2,\boldsymbol{\alpha}_3]}{[\boldsymbol{\beta}_2,\boldsymbol{\beta}_2]}\boldsymbol{\beta}_2=\begin{pmatrix}2\\1\\-2\\3\end{pmatrix}-\frac{2}{6}\begin{pmatrix}1\\2\\1\\0\end{pmatrix}-\frac{-2}{6}\begin{pmatrix}0\\-1\\2\\1\end{pmatrix}=\frac{5}{3}\begin{pmatrix}1\\0\\-1\\2\end{pmatrix}.$$

将向量组 $\boldsymbol{\beta}_1,\boldsymbol{\beta}_2,\boldsymbol{\beta}_3$ 单位化,取

$$\boldsymbol{\mu}_1=\frac{\boldsymbol{\beta}_1}{\|\boldsymbol{\beta}_1\|}=\frac{1}{\sqrt{6}}\begin{pmatrix}1\\2\\1\\0\end{pmatrix},\boldsymbol{\mu}_2=\frac{\boldsymbol{\beta}_2}{\|\boldsymbol{\beta}_2\|}=\frac{1}{\sqrt{6}}\begin{pmatrix}0\\-1\\2\\1\end{pmatrix},\boldsymbol{\mu}_3=\frac{\boldsymbol{\beta}_3}{\|\boldsymbol{\beta}_3\|}=\frac{5}{3\sqrt{6}}\begin{pmatrix}1\\0\\-1\\2\end{pmatrix}.$$

所以,$\boldsymbol{\mu}_1,\boldsymbol{\mu}_2,\boldsymbol{\mu}_3$ 是向量组 $\boldsymbol{\alpha}_1,\boldsymbol{\alpha}_2,\boldsymbol{\alpha}_3$ 的标准正交向量组.

对正交向量组的性质,我们已经了解,那由正交向量组构成的矩阵又有什么性质呢? 下面将给出答案.

4.4.2　正交矩阵

定义 4.16　如果 n 阶方阵 $\boldsymbol{A}$ 满足 $\boldsymbol{A}\boldsymbol{A}^{\mathrm{T}}=\boldsymbol{A}^{\mathrm{T}}\boldsymbol{A}=\boldsymbol{E}$(即 $\boldsymbol{A}^{-1}=\boldsymbol{A}^{\mathrm{T}}$),则称 $\boldsymbol{A}$ 为正交矩阵.

从正交矩阵的定义,我们可知正交矩阵有下面的性质:

性质 1　若 $\boldsymbol{A}$ 为正交矩阵,则 $|\boldsymbol{A}|=\pm1$ 且 $\boldsymbol{A}$ 可逆,其逆为 $\boldsymbol{A}^{-1}=\boldsymbol{A}^{\mathrm{T}}$.

证明　因为 $\boldsymbol{A}$ 为正交矩阵,由正交矩阵的定义可得:

$$\boldsymbol{A}\boldsymbol{A}^{\mathrm{T}}=\boldsymbol{A}^{\mathrm{T}}\boldsymbol{A}=\boldsymbol{E},$$

两边取行列式得到

$$|\boldsymbol{A}\boldsymbol{A}^{\mathrm{T}}|=|\boldsymbol{A}^{\mathrm{T}}|\,|\boldsymbol{A}|=|\boldsymbol{E}|=1,$$

即 $|\boldsymbol{A}|^2=1\neq0$,即 $|\boldsymbol{A}|=\pm1$,所以正交矩阵 $\boldsymbol{A}$ 可逆,其逆为 $\boldsymbol{A}^{-1}=\boldsymbol{A}^{\mathrm{T}}$.

性质 2　正交矩阵的逆矩阵、转置矩阵仍为正交矩阵.

证明　因 $\boldsymbol{A}^{-1}=\boldsymbol{A}^{\mathrm{T}}$,所以 $\boldsymbol{A}^{-1}(\boldsymbol{A}^{-1})^{\mathrm{T}}=\boldsymbol{A}^{\mathrm{T}}(\boldsymbol{A}^{\mathrm{T}})^{\mathrm{T}}=\boldsymbol{A}^{\mathrm{T}}\boldsymbol{A}=\boldsymbol{E}$,故 $\boldsymbol{A}^{-1}$ 为正交矩阵.

性质 3　正交矩阵 $\boldsymbol{A}$ 的伴随矩阵 $\boldsymbol{A}^*$ 仍为正交矩阵.

证明　$\boldsymbol{A}^*(\boldsymbol{A}^*)^{\mathrm{T}}=|\boldsymbol{A}|\boldsymbol{A}^{-1}\cdot(|\boldsymbol{A}|\boldsymbol{A}^{-1})^{\mathrm{T}}=|\boldsymbol{A}|^2\cdot\boldsymbol{A}^{-1}(\boldsymbol{A}^{-1})^{\mathrm{T}}=|\boldsymbol{A}|^2(\boldsymbol{A}^{\mathrm{T}}\boldsymbol{A})^{-1}$,又因为 $\boldsymbol{A}$ 为正交矩阵,可得 $|\boldsymbol{A}|=\pm1$ 和 $\boldsymbol{A}\boldsymbol{A}^{\mathrm{T}}=\boldsymbol{A}^{\mathrm{T}}\boldsymbol{A}=\boldsymbol{E}$,将其代入上式,可得

$$\boldsymbol{A}^*(\boldsymbol{A}^*)^{\mathrm{T}}=\boldsymbol{E}.$$

即正交矩阵 $\boldsymbol{A}$ 的伴随矩阵 $\boldsymbol{A}^*$ 仍为正交矩阵.

性质 4　同阶正交矩阵的积仍为正交矩阵.

证明　设 $\boldsymbol{A},\boldsymbol{B}$ 均为正交矩阵,则 $\boldsymbol{A}\boldsymbol{A}^{\mathrm{T}}=\boldsymbol{E},\boldsymbol{B}\boldsymbol{B}^{\mathrm{T}}=\boldsymbol{E}$,从而有

$$(\boldsymbol{AB})(\boldsymbol{AB})^{\mathrm{T}}=(\boldsymbol{AB})(\boldsymbol{B}^{\mathrm{T}}\boldsymbol{A}^{\mathrm{T}})=\boldsymbol{A}(\boldsymbol{BB}^{\mathrm{T}})\boldsymbol{A}^{\mathrm{T}}=\boldsymbol{AEA}^{\mathrm{T}}=\boldsymbol{E},$$

故 $\boldsymbol{AB}$ 为正交矩阵.

性质 5　正交矩阵不改变向量的内积.

证明　设 $\boldsymbol{A}$ 为 n 阶正交矩阵,则对任意 n 维列向量 $\boldsymbol{\alpha},\boldsymbol{\beta}$ 有

$$[\boldsymbol{A\alpha},\boldsymbol{A\beta}]=(\boldsymbol{A\alpha})^{\mathrm{T}}(\boldsymbol{A\beta})=\boldsymbol{\alpha}^{\mathrm{T}}\boldsymbol{A}^{\mathrm{T}}\boldsymbol{A\beta}=\boldsymbol{\alpha}^{\mathrm{T}}\boldsymbol{\beta}=[\boldsymbol{\alpha},\boldsymbol{\beta}],$$

所以正交矩阵不改变向量的内积.

性质 6　正交矩阵 $\boldsymbol{A}$ 把标准正交向量组变为标准正交向量组.即若列向量 $\boldsymbol{\alpha}_1,\cdots,\boldsymbol{\alpha}_m$ 为标准正交向量组,则 $\boldsymbol{A\alpha}_1,\cdots,\boldsymbol{A\alpha}_m$ 也为标准正交向量组.

证明　设 $\boldsymbol{\alpha}_1,\cdots,\boldsymbol{\alpha}_m$ 为标准正交向量组,则有

$$[\boldsymbol{\alpha}_i,\boldsymbol{\alpha}_j]=\begin{cases}0 & i\neq j,\\ 1 & i=j,\end{cases}(i,j=1,2,\cdots,m).$$

对于任意向量 $\boldsymbol{A\alpha}_i,\boldsymbol{A\alpha}_j,(i,j=1,2,\cdots,m)$ 有

$$[\boldsymbol{A\alpha}_i,\boldsymbol{A\alpha}_j]=(\boldsymbol{A\alpha}_i)^{\mathrm{T}}(\boldsymbol{A\alpha}_j)=\boldsymbol{\alpha}_i^{\mathrm{T}}\boldsymbol{A}^{\mathrm{T}}\boldsymbol{A\alpha}_j=\boldsymbol{\alpha}_i^{\mathrm{T}}\boldsymbol{\alpha}_j=[\boldsymbol{\alpha}_i,\boldsymbol{\alpha}_j]=\begin{cases}0 & i\neq j,\\ 1 & i=j,\end{cases}$$

所以 $\boldsymbol{A\alpha}_1,\cdots,\boldsymbol{A\alpha}_m$ 也为标准正交向量组.即正交矩阵 $\boldsymbol{A}$ 把标准正交向量组变为标准正交向量组.

一般矩阵 $\boldsymbol{A}$ 应满足怎样的条件才是正交矩阵呢？有下面的结论：

定理 4.13　n 阶方阵 $\boldsymbol{A}$ 为正交矩阵的充分必要条件是:矩阵 $\boldsymbol{A}$ 的行向量组是标准正交向量组或 $\boldsymbol{A}$ 的列向量是标准正交向量组.

证明　$\boldsymbol{A}$ 为正交阵$\Leftrightarrow \boldsymbol{AA}^{\mathrm{T}}=\boldsymbol{E}$,

$$\Leftrightarrow \boldsymbol{AA}^{\mathrm{T}}=\begin{pmatrix}\boldsymbol{\alpha}_1\\ \boldsymbol{\alpha}_2\\ \vdots\\ \boldsymbol{\alpha}_n\end{pmatrix}(\boldsymbol{\alpha}_1^{\mathrm{T}},\boldsymbol{\alpha}_2^{\mathrm{T}},\cdots,\boldsymbol{\alpha}_n^{\mathrm{T}})=\begin{pmatrix}\boldsymbol{\alpha}_1\boldsymbol{\alpha}_1^{\mathrm{T}} & \boldsymbol{\alpha}_1\boldsymbol{\alpha}_2^{\mathrm{T}} & \cdots & \boldsymbol{\alpha}_1\boldsymbol{\alpha}_n^{\mathrm{T}}\\ \boldsymbol{\alpha}_2\boldsymbol{\alpha}_1^{\mathrm{T}} & \boldsymbol{\alpha}_2\boldsymbol{\alpha}_2^{\mathrm{T}} & \cdots & \boldsymbol{\alpha}_2\boldsymbol{\alpha}_n^{\mathrm{T}}\\ \vdots & \vdots & \cdots & \vdots\\ \boldsymbol{\alpha}_n\boldsymbol{\alpha}_1^{\mathrm{T}} & \boldsymbol{\alpha}_n\boldsymbol{\alpha}_2^{\mathrm{T}} & \cdots & \boldsymbol{\alpha}_n\boldsymbol{\alpha}_n^{\mathrm{T}}\end{pmatrix}=\boldsymbol{E},$$

$$\Leftrightarrow[\boldsymbol{\alpha}_i,\boldsymbol{\alpha}_j]=0(i\neq j),[\boldsymbol{\alpha}_i,\boldsymbol{\alpha}_i]=1.$$

定理得证.

例 4.31　设 $\boldsymbol{x}$ 为 n 维列向量,满足 $\boldsymbol{x}^{\mathrm{T}}\boldsymbol{x}=1$,则 $\boldsymbol{H}=\boldsymbol{E}-2\boldsymbol{xx}^{\mathrm{T}}$ 为对称矩阵、正交矩阵,且 $Hx=-x$.

证明　$\boldsymbol{H}^{\mathrm{T}}=(\boldsymbol{E}-2\boldsymbol{xx}^{\mathrm{T}})^{\mathrm{T}}=\boldsymbol{E}-2\boldsymbol{xx}^{\mathrm{T}}=\boldsymbol{H}$,

所以矩阵 $\boldsymbol{H}=\boldsymbol{E}-2\boldsymbol{xx}^{\mathrm{T}}$ 为对称矩阵.

$$\begin{aligned}\boldsymbol{HH}^{\mathrm{T}}&=(\boldsymbol{E}-2\boldsymbol{xx}^{\mathrm{T}})(\boldsymbol{E}-2\boldsymbol{xx}^{\mathrm{T}})^{\mathrm{T}}=(\boldsymbol{E}-2\boldsymbol{xx}^{\mathrm{T}})(\boldsymbol{E}-2\boldsymbol{xx}^{\mathrm{T}})\\&=\boldsymbol{E}-4\boldsymbol{xx}^{\mathrm{T}}+4\boldsymbol{xx}^{\mathrm{T}}\cdot\boldsymbol{xx}^{\mathrm{T}}=\boldsymbol{E}-4\boldsymbol{xx}^{\mathrm{T}}+4\boldsymbol{xx}^{\mathrm{T}}=\boldsymbol{E},\end{aligned}$$

所以矩阵 $\boldsymbol{H}=\boldsymbol{E}-2\boldsymbol{xx}^{\mathrm{T}}$ 为正交矩阵.

$$\boldsymbol{Hx}=(\boldsymbol{E}-2\boldsymbol{xx}^{\mathrm{T}})\boldsymbol{x}=\boldsymbol{x}-2\boldsymbol{xx}^{\mathrm{T}}\cdot\boldsymbol{x}=\boldsymbol{x}-2\boldsymbol{x}=-\boldsymbol{x},$$

即 $\boldsymbol{Hx}=-\boldsymbol{x}$.

注：该题中 $\boldsymbol{x}^{\mathrm{T}}\boldsymbol{x}=1$，但 $\boldsymbol{xx}^{\mathrm{T}}$ 为 n 阶矩阵.

习题 4.4

1. 求下列向量间的夹角：

(1) $\boldsymbol{x}=(2,1,3,2)^{\mathrm{T}}, \boldsymbol{y}=(1,2,4,5)^{\mathrm{T}}$；

(2) $\boldsymbol{x}=(2,2,-3,-2)^{\mathrm{T}}, \boldsymbol{y}=(4,-2,1,-5)^{\mathrm{T}}$.

2. 试用施密特正交化方法将下列向量组正交化：

$$(1)\ \boldsymbol{\alpha}_1=\begin{pmatrix}1\\1\\1\end{pmatrix}, \boldsymbol{\alpha}_2=\begin{pmatrix}1\\2\\3\end{pmatrix}, \boldsymbol{\alpha}_3=\begin{pmatrix}1\\4\\9\end{pmatrix};\ (2)\ \boldsymbol{\alpha}_1=\begin{pmatrix}1\\0\\-2\\1\end{pmatrix}, \boldsymbol{\alpha}_2=\begin{pmatrix}1\\-1\\0\\1\end{pmatrix}, \boldsymbol{\alpha}_3=\begin{pmatrix}-1\\1\\1\\0\end{pmatrix}.$$

3. 设 $\boldsymbol{\alpha}_1=(1,1,1)^{\mathrm{T}}$，求非零向量 $\boldsymbol{\alpha}_2,\boldsymbol{\alpha}_3$ 满足 $\boldsymbol{\alpha}_1,\boldsymbol{\alpha}_2,\boldsymbol{\alpha}_3$ 为正交向量组.

4. 已知 $\boldsymbol{\alpha}_1=\begin{pmatrix}1\\0\\-2\\1\end{pmatrix}, \boldsymbol{\alpha}_2=\begin{pmatrix}1\\-1\\0\\1\end{pmatrix}, \boldsymbol{\alpha}_3=\begin{pmatrix}-1\\1\\1\\0\end{pmatrix}$，向量 $\boldsymbol{\beta}$ 与 $\boldsymbol{\alpha}_1,\boldsymbol{\alpha}_2,\boldsymbol{\alpha}_3$ 均正交，求向量 $\boldsymbol{\beta}$.

5. 判断下列矩阵是否为正交矩阵：

$$(1)\begin{pmatrix}2&1&0\\-1&2&1\\3&4&7\end{pmatrix};\qquad (2)\begin{pmatrix}1&0&1&0\\1&0&-1&0\\0&1&0&1\\0&-1&0&1\end{pmatrix},$$

6. 若常数 a,b,c 使得下列矩阵分别为正交矩阵，则求 a,b,c 的值.

$$(1)\begin{pmatrix}a&b\\c&2b\end{pmatrix};\qquad (2)\begin{pmatrix}0&1&1\\a&0&c\\b&2&1\end{pmatrix}.$$

7. 设 $\boldsymbol{A}$ 为正交矩阵，证明矩阵 $-\boldsymbol{A},\boldsymbol{A}^{\mathrm{T}},\boldsymbol{A}^2,\boldsymbol{A}^*$ 均为正交矩阵.

8. 设 $\boldsymbol{A}$ 为实对称矩阵，且满足 $\boldsymbol{A}^2+4\boldsymbol{A}+3\boldsymbol{E}=0$. 证明：矩阵 $\boldsymbol{A}+2\boldsymbol{E}$ 也为正交矩阵.

*4.5　向量空间

4.5.1　向量空间的基本概念

定义 4.17　设 $\mathbf{V}$ 为 n 维向量构成的非空集合，若满足

(1)对向量的加法封闭：$\forall \boldsymbol{\alpha},\boldsymbol{\beta} \in V$，有 $\boldsymbol{\alpha}+\boldsymbol{\beta} \in \mathbf{V}$；

(2)对向量的数乘封闭：$\forall \boldsymbol{\alpha} \in \mathbf{V}, \lambda \in \mathbf{R}$，有 $\lambda\boldsymbol{\alpha} \in \mathbf{V}$；

则称 V 是向量空间.

例如 $\boldsymbol{R}^n = \{n\}$——向量空间.

例如 $\mathbf{V}_1 = \{x=(0,x_2,\cdots x_n \mid x_2,\cdots,x_n \in \mathbf{R}\}$——构成向量空间，但

$\mathbf{V}_2 = \{x=(1,x_2,\cdots x_n \mid x_2,\cdots,x_n \in \mathbf{R}\}$——不构成向量空间.

定义 4.18 设 $\boldsymbol{\alpha}_1,\boldsymbol{\alpha}_2,\cdots,\boldsymbol{\alpha}_m$ 是 n 维向量组，称

$$\mathbf{V}_3 = \{\lambda_1\boldsymbol{\alpha}_1+\lambda_2\boldsymbol{\alpha}_2+\cdots+\lambda_m\boldsymbol{\alpha}_m \mid \lambda_1,\cdots,\lambda_m \in \mathbf{R}\}$$

为向量组 $\boldsymbol{\alpha}_1,\boldsymbol{\alpha}_2,\cdots,\boldsymbol{\alpha}_m$ 生成的向量空间，记为：

$$L(\boldsymbol{\alpha}_1,\cdots,\boldsymbol{\alpha}_m)=\{x=\lambda_1\boldsymbol{\alpha}_1+\lambda_2\boldsymbol{\alpha}_2+\cdots+\lambda_m\boldsymbol{\alpha}_m \mid \lambda_i \in \mathbf{R}\}.$$

定义 4.19 若 $\mathbf{V}_1,\mathbf{V}_2$ 是两个向量空间，且 $\mathbf{V}_1 \subset \mathbf{V}_2$，则称 $\mathbf{V}_1\mathbf{V}_2$ 的子空间.

例 4.32 判断 R^n 中的下列子集哪些是子空间：

(1) $\{(a_1,0,\cdots,0,a_n) \mid a_1,a_n \in \mathbf{R}\}$——是子空间.

(2) $\left\{(a_1,\cdots,a_n) \,\middle|\, \sum_{i=1}^{n} a_i = 0\right\}$——是子空间.

(3) $\left\{(a_1,\cdots,a_n) \,\middle|\, \sum_{i=1}^{n} a_i = 1\right\}$——不是子空间.

4.5.2 向量空间的基与坐标

定义 4.20 如果向量空间 $\mathbf{V}$ 中的 r 个 n 维向量 $\boldsymbol{\alpha}_1,\boldsymbol{\alpha}_2,\cdots,\boldsymbol{\alpha}_r$ 满足：

(1) $\boldsymbol{\alpha}_1,\boldsymbol{\alpha}_2,\cdots,\boldsymbol{\alpha}_r$ 线性无关；

(2) $\forall \boldsymbol{\alpha} \in \mathbf{V}$，$\boldsymbol{\alpha}$ 可由 $\boldsymbol{\alpha}_1,\boldsymbol{\alpha}_2,\cdots,\boldsymbol{\alpha}_r$ 线性表示；

则称向量组 $\boldsymbol{\alpha}_1,\boldsymbol{\alpha}_2,\cdots,\boldsymbol{\alpha}_r$ 为向量空间 $\mathbf{V}$ 的一个基，数 r 称为向量空间的维数，并称 $\mathbf{V}$ 是 r 维空间.

注：(1)定义中把“向量空间”改为“向量组”，上述定义即是最大无关组的定义.

(2)含有非零向量的空间都有基，基只要存在，则不唯一.单独一个零向量可以构成向量空间，它没有基，其维数为 0.

(3) r 维向量空间中任意 r 个线性无关向量均为它的基.

例如，单位坐标向量是 R^n 的一个基.

例 4.33 求 $V_1=\{x=(0,x_2,\cdots x_n \mid x_2,\cdots,x_n \in \mathbf{R}\}$ 的一个基及维数.

解 基为 $\varepsilon_2=(0,1,0,\cdots 0)$，$\varepsilon_3=(0,0,1,0\cdots 0)$，$\varepsilon_n(0,0,\cdots,1)$，维数为 $n-1$.

例 4.34 求向量空间 $L(\boldsymbol{\alpha}_1,\cdots,\boldsymbol{\alpha}_m)=\{x=\lambda_1\boldsymbol{\alpha}_1+\lambda_2\boldsymbol{\alpha}_2+\cdots+\lambda_m\boldsymbol{\alpha}_m \mid \lambda_i \in \mathbf{R}\}$ 的一个基.

解 向量组 $\boldsymbol{\alpha}_1,\boldsymbol{\alpha}_2,\cdots,\boldsymbol{\alpha}_m$ 的最大无关组是该向量空间的一个基.

例 4.35 已知 $\boldsymbol{\alpha}_1,\boldsymbol{\alpha}_2,\cdots,\boldsymbol{\alpha}_m$ 与 $\boldsymbol{\beta}_1,\boldsymbol{\beta}_2,\cdots,\boldsymbol{\beta}_n$ 等价，证明：

$$L(\boldsymbol{\alpha}_1,\boldsymbol{\alpha}_2,\cdots,\boldsymbol{\alpha}_m)=L(\boldsymbol{\beta}_1,\boldsymbol{\beta}_2,\cdots,\boldsymbol{\beta}_n).$$

证明　$\forall x \in L(\boldsymbol{\alpha}_1,\boldsymbol{\alpha}_2,\cdots,\boldsymbol{\alpha}_m)$，可知任一 x 可由 $\boldsymbol{\alpha}_1,\boldsymbol{\alpha}_2,\cdots,\boldsymbol{\alpha}_m$ 线性表示，即 x 也可由 $\boldsymbol{\beta}_1,\boldsymbol{\beta}_2,\cdots,\boldsymbol{\beta}_n$ 线性表示，所以 $x \in L(\boldsymbol{\beta}_1,\boldsymbol{\beta}_2,\cdots,\boldsymbol{\beta}_n)$，即

$$L(\boldsymbol{\alpha}_1,\boldsymbol{\alpha}_2,\cdots,\boldsymbol{\alpha}_m) \subset L(\boldsymbol{\beta}_1,\boldsymbol{\beta}_2,\cdots,\boldsymbol{\beta}_n).$$

类似可证 $L(\boldsymbol{\beta}_1,\boldsymbol{\beta}_2,\cdots,\boldsymbol{\beta}_n) \subset L(\boldsymbol{\alpha}_1,\boldsymbol{\alpha}_2,\cdots,\boldsymbol{\alpha}_n)$.

所以有 $L(\boldsymbol{\alpha}_1,\boldsymbol{\alpha}_2,\cdots,\boldsymbol{\alpha}_m) = L(\boldsymbol{\beta}_1,\boldsymbol{\beta}_2,\cdots,\boldsymbol{\beta}_n)$.

定义 4.21　设 $\boldsymbol{\alpha}_1,\boldsymbol{\alpha}_2,\cdots,\boldsymbol{\alpha}_r$ 是向量空间 $\mathbf{V}$ 的一个基，$\boldsymbol{\alpha}$ 是 $\mathbf{V}$ 中一向量，若

$$\boldsymbol{\alpha}=x_1\boldsymbol{\alpha}_1+x_2\boldsymbol{\alpha}_2+\cdots+x_r\boldsymbol{\alpha}_r,$$

则称有序数组 $(x_1,x_2,\cdots,x_r)$ 为向量 $\boldsymbol{\alpha}$ 在基 $\boldsymbol{\alpha}_1,\boldsymbol{\alpha}_2,\cdots,\boldsymbol{\alpha}_r$ 下坐标.

例 4.36　验证 $\boldsymbol{\alpha}_1=(1,-1,0)^{\mathrm{T}}$，$\boldsymbol{\alpha}_2=(2,1,3)^{\mathrm{T}}$，$\boldsymbol{\alpha}_3=(3,1,2)^{\mathrm{T}}$ 是 R^3 的一个基，并求向量 $\boldsymbol{\alpha}=(1,-3,-4)^{\mathrm{T}}$ 在这个基下的坐标.

解　因 $(\boldsymbol{\alpha}_1,\boldsymbol{\alpha}_2,\boldsymbol{\alpha}_3)=\begin{pmatrix}1&2&3\\-1&1&1\\0&3&2\end{pmatrix}$ 的行列式为

$$|(\boldsymbol{\alpha}_1,\boldsymbol{\alpha}_2,\boldsymbol{\alpha}_3)| = \left|\begin{pmatrix}1&2&3\\-1&1&1\\0&3&2\end{pmatrix}\right| = \begin{vmatrix}1&2&3\\0&3&4\\0&3&2\end{vmatrix} = -6 \neq 0,$$

所以 $\boldsymbol{\alpha}_1,\boldsymbol{\alpha}_2,\boldsymbol{\alpha}_3$ 是线性无关，故 $\boldsymbol{\alpha}_1,\boldsymbol{\alpha}_2,\boldsymbol{\alpha}_3$ 为 R^3 的一组基.

设 $\boldsymbol{\alpha}=k_1\boldsymbol{\alpha}_1+k_2\boldsymbol{\alpha}_2+k_3\boldsymbol{\alpha}_3$，则有

$$\begin{cases}1k_1+2k_2+3k_3=1,\\-k_1+k_2+k_3=-3,\\0k_1+3k_2+2k_3=-4.\end{cases}$$

求解该线性方程组可得其解为：

$$k_1=2,k_2=-2,k_3=1.$$

即 $\boldsymbol{\alpha}=2\boldsymbol{\alpha}_1-2\boldsymbol{\alpha}_2+\boldsymbol{\alpha}_3$.

4.5.3　基变换与坐标变换

从标题可看出本部分主要讨论：向量空间中两个基的关系，同一向量在两个基下的坐标关系.

定义 4.22　设列向量组 $\boldsymbol{\alpha}_1,\boldsymbol{\alpha}_2,\cdots,\boldsymbol{\alpha}_n$ 及 $\boldsymbol{\beta}_1,\boldsymbol{\beta}_2,\cdots,\boldsymbol{\beta}_n$ 是 n 维向量空间 $\mathbf{V}$ 中的两个基，若 $\boldsymbol{\beta}_1,\boldsymbol{\beta}_2,\cdots,\boldsymbol{\beta}_n$ 可由 $\boldsymbol{\alpha}_1,\boldsymbol{\alpha}_2,\cdots,\boldsymbol{\alpha}_n$ 表示成

$$\begin{cases}\boldsymbol{\beta}_1=p_{11}\boldsymbol{\alpha}_1+p_{21}\boldsymbol{\alpha}_2+\cdots+p_{n1}\boldsymbol{\alpha}_n,\\\boldsymbol{\beta}_2=p_{12}\boldsymbol{\alpha}_1+p_{22}\boldsymbol{\alpha}_2+\cdots+p_{n2}\boldsymbol{\alpha}_n,\\\quad\vdots\\\boldsymbol{\beta}_n=p_{1n}\boldsymbol{\alpha}_1+p_{2n}\boldsymbol{\alpha}_2+\cdots+p_{nn}\boldsymbol{\alpha}_n,\end{cases}$$

或记 $\boldsymbol{P}=\begin{pmatrix} p_{11} & \cdots & p_{1n} \\ \vdots & & \vdots \\ p_{n1} & \cdots & p_{nn} \end{pmatrix}$,$\boldsymbol{B}=(\boldsymbol{\beta}_1,\boldsymbol{\beta}_2,\cdots,\boldsymbol{\beta}_n)$,$\boldsymbol{A}=(\boldsymbol{\alpha}_1,\boldsymbol{\alpha}_2,\cdots,\boldsymbol{\alpha}_n)$,满足

$$\boldsymbol{B}=\boldsymbol{AP},$$

则 $\boldsymbol{B}=\boldsymbol{AP}$ 称为基变换公式,矩阵 $\boldsymbol{P}$ 称为由基 $\boldsymbol{\alpha}_1,\boldsymbol{\alpha}_2,\cdots,\boldsymbol{\alpha}_n$ 到基 $\boldsymbol{\beta}_1,\boldsymbol{\beta}_2,\cdots,\boldsymbol{\beta}_n$ 的过渡矩阵.显然,过渡矩阵是可逆的,且 $\boldsymbol{P}=\boldsymbol{A}^{-1}\boldsymbol{B}$.

定理 4.14 设 n 维向量空间 $\boldsymbol{V}$ 中向量 $\boldsymbol{\alpha}$ 在基 $\boldsymbol{\alpha}_1,\boldsymbol{\alpha}_2,\cdots,\boldsymbol{\alpha}_n$ 下的坐标为$(x_1,x_2,\cdots,x_n)$,在基 $\boldsymbol{\beta}_1,\boldsymbol{\beta}_2,\cdots,\boldsymbol{\beta}_n$ 下的坐标为$(y_1,y_2,\cdots,y_n)$,则有坐标变换公式

$$\begin{pmatrix} x_1 \\ x_2 \\ \vdots \\ x_n \end{pmatrix}=\boldsymbol{P}\begin{pmatrix} y_1 \\ y_2 \\ \vdots \\ y_n \end{pmatrix},\text{或}\begin{pmatrix} y_1 \\ y_2 \\ \vdots \\ y_n \end{pmatrix}=\boldsymbol{P}^{-1}\begin{pmatrix} x_1 \\ x_2 \\ \vdots \\ x_n \end{pmatrix},$$

其中 $\boldsymbol{P}=\boldsymbol{A}^{-1}\boldsymbol{B}$ 是由基 $\boldsymbol{\alpha}_1,\boldsymbol{\alpha}_2,\cdots,\boldsymbol{\alpha}_n$ 到基 $\boldsymbol{\beta}_1,\boldsymbol{\beta}_2,\cdots,\boldsymbol{\beta}_n$ 的过渡矩阵.

证明 因向量 $\boldsymbol{\alpha}$ 在基 $\boldsymbol{\alpha}_1,\boldsymbol{\alpha}_2,\cdots,\boldsymbol{\alpha}_n$ 下的坐标为$(x_1,x_2,\cdots,x_n)$,可得

$$\boldsymbol{\alpha}=(\boldsymbol{\alpha}_1,\boldsymbol{\alpha}_2,\cdots,\boldsymbol{\alpha}_n)\begin{pmatrix} x_1 \\ x_2 \\ \vdots \\ x_n \end{pmatrix}=\boldsymbol{A}\begin{pmatrix} x_1 \\ x_2 \\ \vdots \\ x_n \end{pmatrix},$$

又在基 $\boldsymbol{\beta}_1,\boldsymbol{\beta}_2,\cdots,\boldsymbol{\beta}_n$ 下的坐标为$(y_1,y_2,\cdots,y_n)$,可得

$$\boldsymbol{\alpha}=(\boldsymbol{\beta}_1,\boldsymbol{\beta}_2,\cdots,\boldsymbol{\beta}_n)\begin{pmatrix} y_1 \\ y_2 \\ \vdots \\ y_n \end{pmatrix}=\boldsymbol{B}\begin{pmatrix} y_1 \\ y_2 \\ \vdots \\ y_n \end{pmatrix},$$

所以

$$\boldsymbol{\alpha}=\boldsymbol{A}\begin{pmatrix} x_1 \\ x_2 \\ \vdots \\ x_n \end{pmatrix}=\boldsymbol{B}\begin{pmatrix} y_1 \\ y_2 \\ \vdots \\ y_n \end{pmatrix}.$$

上式两端左乘矩阵 $\boldsymbol{A}$ 的逆可得:

$$\begin{pmatrix} x_1 \\ x_2 \\ \vdots \\ x_n \end{pmatrix}=\boldsymbol{A}^{-1}\boldsymbol{B}\begin{pmatrix} y_1 \\ y_2 \\ \vdots \\ y_n \end{pmatrix}=\boldsymbol{P}\begin{pmatrix} y_1 \\ y_2 \\ \vdots \\ y_n \end{pmatrix}.$$

例 4.37　设 $\boldsymbol{\alpha}_1=\begin{pmatrix}1\\2\\-1\end{pmatrix},\boldsymbol{\alpha}_2=\begin{pmatrix}-1\\2\\1\end{pmatrix},\boldsymbol{\alpha}_3=\begin{pmatrix}1\\-1\\0\end{pmatrix},\boldsymbol{\beta}_1=\begin{pmatrix}1\\0\\1\end{pmatrix},\boldsymbol{\beta}_2=\begin{pmatrix}1\\1\\0\end{pmatrix},\boldsymbol{\beta}_3=\begin{pmatrix}0\\1\\1\end{pmatrix}$是 R^3 的两个基，且 R^3 中向量 $\boldsymbol{\alpha}$ 在基 $\boldsymbol{\alpha}_1,\boldsymbol{\alpha}_2,\boldsymbol{\alpha}_3$ 下的坐标为(−1,2,1)，求：

(1)由基 $\boldsymbol{\alpha}_1,\boldsymbol{\alpha}_2,\boldsymbol{\alpha}_3$ 到基 $\boldsymbol{\beta}_1,\boldsymbol{\beta}_2,\boldsymbol{\beta}_3$ 的过渡矩阵.

(2)$\boldsymbol{\alpha}$ 在基 $\boldsymbol{\beta}_1,\boldsymbol{\beta}_2,\boldsymbol{\beta}_3$ 下的坐标 (y_1,y_2,y_3).

解　(1)由定理 4.14 可知，$\boldsymbol{P}=\boldsymbol{A}^{-1}\boldsymbol{B}=(\boldsymbol{\alpha}_1,\boldsymbol{\alpha}_2,\cdots,\boldsymbol{\alpha}_n)^{-1}(\boldsymbol{\beta}_1,\boldsymbol{\beta}_2,\cdots,\boldsymbol{\beta}_n)$，下面利用初等变换的方法求 $\boldsymbol{P}=\boldsymbol{A}^{-1}\boldsymbol{B}$.

$$(\boldsymbol{\alpha}_1\quad\boldsymbol{\alpha}_2\quad\boldsymbol{\alpha}_3\mid\boldsymbol{\beta}_1\quad\boldsymbol{\beta}_2\quad\boldsymbol{\beta}_3)=\left(\begin{array}{ccc|ccc}1&-1&1&1&1&0\\2&2&-1&0&1&1\\-1&1&0&1&0&1\end{array}\right)$$

$$\underset{r_3+r_1}{\overset{r_2-2r_1}{\sim}}\left(\begin{array}{ccc|ccc}1&-1&1&1&1&0\\0&4&-3&-2&-1&1\\0&0&1&2&1&1\end{array}\right)\underset{r_1-r_3}{\overset{r_2+3r_3}{\sim}}\left(\begin{array}{ccc|ccc}1&-1&0&-1&0&-1\\0&4&0&4&2&4\\0&0&1&2&1&1\end{array}\right)\underset{r_1+r_2}{\overset{r_2\times\frac{1}{4}}{\sim}}\left(\begin{array}{ccc|ccc}1&0&0&0&\frac{1}{2}&0\\0&1&0&1&\frac{1}{2}&1\\0&0&1&2&1&1\end{array}\right),$$

所以

$$\boldsymbol{P}=\boldsymbol{A}^{-1}\boldsymbol{B}=\begin{pmatrix}0&\frac{1}{2}&0\\1&\frac{1}{2}&1\\2&1&1\end{pmatrix}.$$

(2)求 $\boldsymbol{\alpha}$ 在基 $\boldsymbol{\beta}_1,\boldsymbol{\beta}_2,\boldsymbol{\beta}_3$ 下的坐标 (y_1,y_2,y_3).

由定理 4.15 可知，$\begin{pmatrix}x_1\\x_2\\x_3\end{pmatrix}=\boldsymbol{P}\begin{pmatrix}y_1\\y_2\\y_3\end{pmatrix},\begin{pmatrix}x_1\\x_2\\x_3\end{pmatrix}=\begin{pmatrix}-1\\2\\1\end{pmatrix}$，即 $\begin{pmatrix}y_1\\y_2\\y_3\end{pmatrix}=\boldsymbol{P}^{-1}\begin{pmatrix}-1\\2\\1\end{pmatrix}$，

利用初等变换的方法求解可得：

$$\left(\begin{array}{ccc|c}0&\frac{1}{2}&0&-1\\1&\frac{1}{2}&1&2\\2&1&1&1\end{array}\right)\xrightarrow{\text{初等行变换}}\left(\begin{array}{ccc|c}1&0&0&0\\0&1&0&-2\\0&0&1&3\end{array}\right),$$

所以 $\boldsymbol{\alpha}$ 在基 $\boldsymbol{\beta}_1,\boldsymbol{\beta}_2,\boldsymbol{\beta}_3$ 下的坐标为 $(y_1,y_2,y_3)=(0,-2,3)$.

习题 4.5

1.设 $\boldsymbol{\alpha}_1,\boldsymbol{\alpha}_2,\boldsymbol{\alpha}_3$ 是 3 维向量空间的一组基，求由基 $\boldsymbol{\alpha}_1,\frac{1}{2}\boldsymbol{\alpha}_2,\frac{1}{3}\boldsymbol{\alpha}_3$ 到基 $\boldsymbol{\alpha}_1+\boldsymbol{\alpha}_2,\boldsymbol{\alpha}_2+\boldsymbol{\alpha}_3,\boldsymbol{\alpha}_3+$

$\boldsymbol{\alpha}_1$ 的过渡矩阵 $\boldsymbol{P}$.

2.设 R^3 的一组基为 $\boldsymbol{\alpha}_1=\begin{pmatrix}1\\2\\0\end{pmatrix},\boldsymbol{\alpha}_2=\begin{pmatrix}1\\-1\\2\end{pmatrix},\boldsymbol{\alpha}_3=\begin{pmatrix}0\\1\\-1\end{pmatrix}$.由基 $\boldsymbol{\mu}_1,\boldsymbol{\mu}_2,\boldsymbol{\mu}_3$ 到基 $\boldsymbol{\alpha}_1,\boldsymbol{\alpha}_2,\boldsymbol{\alpha}_3$ 过渡矩阵为

$$\boldsymbol{P}=\begin{pmatrix}2&1&6\\0&1&1\\1&0&2\end{pmatrix},$$

求 $\boldsymbol{\mu}_1,\boldsymbol{\mu}_2,\boldsymbol{\mu}_3$.

3.若向量组 $\boldsymbol{\alpha}_1=\begin{pmatrix}1\\1\\1\\1\end{pmatrix},\boldsymbol{\alpha}_2=\begin{pmatrix}0\\1\\-1\\2\end{pmatrix},\boldsymbol{\alpha}_3=\begin{pmatrix}2\\3\\2+t\\4\end{pmatrix},\boldsymbol{\alpha}_4=\begin{pmatrix}3\\1\\5\\9\end{pmatrix}$ 不是 4 维向量空间 R^4 的一个基,求常数 t.

4.已知 $\boldsymbol{\alpha}_1,\boldsymbol{\alpha}_2,\boldsymbol{\alpha}_3$ 是 3 维向量空间的一个基,又

$$\boldsymbol{\beta}_1=\boldsymbol{\alpha}_1+\boldsymbol{\alpha}_2-\boldsymbol{\alpha}_3,\boldsymbol{\beta}_2=-\boldsymbol{\alpha}_1-2\boldsymbol{\alpha}_2+2\boldsymbol{\alpha}_3,\boldsymbol{\beta}_3=3\boldsymbol{\alpha}_1+4\boldsymbol{\alpha}_2-3\boldsymbol{\alpha}_3.$$

(1)证明:$\boldsymbol{\beta}_1,\boldsymbol{\beta}_2,\boldsymbol{\beta}_3$ 也是 3 维向量空间的一个基.

(2)求向量 $\boldsymbol{\mu}=\boldsymbol{\alpha}_1+\boldsymbol{\alpha}_2+\boldsymbol{\alpha}_3$ 在基 $\boldsymbol{\beta}_1,\boldsymbol{\beta}_2,\boldsymbol{\beta}_3$ 下的坐标.

5.已知 $\boldsymbol{R}^3$ 的向量 $\boldsymbol{\gamma}=\begin{pmatrix}1\\0\\-1\end{pmatrix}$ 及 R^3 的一组基 $\boldsymbol{\alpha}_1=\begin{pmatrix}1\\0\\1\end{pmatrix},\boldsymbol{\alpha}_2=\begin{pmatrix}1\\1\\1\end{pmatrix},\boldsymbol{\alpha}_3=\begin{pmatrix}1\\0\\0\end{pmatrix}$.$\boldsymbol{A}$ 是一个 3 阶矩阵,已知

$$\boldsymbol{A}\boldsymbol{\alpha}_1=\boldsymbol{\alpha}_1+\boldsymbol{\alpha}_3,\boldsymbol{A}\boldsymbol{\alpha}_2=\boldsymbol{\alpha}_2-\boldsymbol{\alpha}_3,\boldsymbol{A}\boldsymbol{\alpha}_3=2\boldsymbol{\alpha}_1-\boldsymbol{\alpha}_2+\boldsymbol{\alpha}_3,$$

求 $\boldsymbol{A}\boldsymbol{\gamma}$ 在 $\boldsymbol{\alpha}_1,\boldsymbol{\alpha}_2,\boldsymbol{\alpha}_3$ 下的坐标.

第4章习题答案

第 5 章　线性方程组

第 3 章介绍了线性方程组的基本概念以及用矩阵的初等行变换求解线性方程组的方法,即高斯消元法.同时,也利用矩阵秩讨论了线性方程组解存在的条件,并且通过取自由未知量的方法,在线性方程组有无穷解时,给出了它们的解的表达式.本章将利用向量组的线性相关性理论对线性方程组的解作进一步探讨,特别是当线性方程组有无穷解时,讨论它们解的结构;首先介绍求解方程组的克莱姆法则,其次介绍齐次线性方程组,最后介绍非齐次线性方程组.

5.1　克莱姆法则

设含有 n 个未知数 $x_1,x_2,\cdots,x_n$ 的 m 个线性方程所组成的方程组为:

$$\begin{cases}a_{11}x_1+a_{12}x_2+\cdots+a_{1n}x_n=b_1,\\a_{21}x_1+a_{22}x_2+\cdots+a_{2n}x_n=b_2,\\\cdots\cdots\\a_{m1}x_1+a_{m2}x_2+\cdots+a_{mn}x_n=b_m,\end{cases}$$

或

$$\begin{pmatrix}a_{11}&a_{12}&\cdots&a_{1n}\\a_{21}&a_{22}&\cdots&a_{2n}\\\vdots&\vdots&&\vdots\\a_{m1}&a_{m2}&\cdots&a_{mn}\end{pmatrix}\begin{pmatrix}x_1\\x_2\\\vdots\\x_n\end{pmatrix}=\begin{pmatrix}b_1\\b_2\\\vdots\\b_m\end{pmatrix}.$$

利用矩阵的运算,上述线性方程组可改写为 $\boldsymbol{Ax}=\boldsymbol{b}$.利用向量的运算,上述方程组可改写为:

$$x_1\alpha_1+x_2\alpha_2+\cdots+x_n\alpha_n=b,$$

或

$$\boldsymbol{Ax}=\boldsymbol{b}, \tag{5.1}$$

当 $\boldsymbol{b}\neq\boldsymbol{0}$ 时,式(5.1)称为非齐次线性方程组.当 $\boldsymbol{b}=\boldsymbol{0}$ 时,式(5.1)称为齐次线性方程组,也称为式(5.1)所对应的齐次线性方程组.

定理 5.1(克莱姆法则)　如果非齐次线性方程组

$$\begin{cases} a_{11}x_1+a_{12}x_2+\cdots+a_{1n}x_n=b_1 \\ a_{21}x_1+a_{22}x_2+\cdots+a_{2n}x_n=b_2 \\ \cdots\cdots \\ a_{n1}x_1+a_{n2}x_2+\cdots+a_{nn}x_n=b_n \end{cases}$$

或

$$\boldsymbol{Ax}=\boldsymbol{b} \tag{5.2}$$

系数矩阵 $\boldsymbol{A}$ 的行列式 $|\boldsymbol{A}|\neq 0$,则线性方程组(5.2)有唯一解,且其解为

$$\boldsymbol{x}=\begin{pmatrix} x_1 \\ x_2 \\ \vdots \\ x_n \end{pmatrix}=\boldsymbol{A}^{-1}\begin{pmatrix} b_1 \\ b_2 \\ \vdots \\ b_n \end{pmatrix}=\frac{\boldsymbol{A}^*}{|\boldsymbol{A}|}\begin{pmatrix} b_1 \\ b_2 \\ \vdots \\ b_n \end{pmatrix}=\frac{1}{|\boldsymbol{A}|}\begin{pmatrix} A_{11} & A_{21} & \cdots & A_{n1} \\ A_{12} & A_{22} & \cdots & A_{n2} \\ \vdots & \vdots & & \vdots \\ A_{1n} & A_{2n} & \cdots & A_{nn} \end{pmatrix}\begin{pmatrix} b_1 \\ b_2 \\ \vdots \\ b_n \end{pmatrix}=\frac{1}{|\boldsymbol{A}|}\begin{pmatrix} D_1 \\ D_2 \\ \vdots \\ D_n \end{pmatrix},$$

或

$$x_1=\frac{D_1}{|A|},x_2=\frac{D_2}{|A|},\cdots,x_n=\frac{D_n}{|A|},$$

其中 D_j 是系数行列式的第 j 列用 $b_1,b_2,\cdots,b_n$ 替换后得到的行列式.即

$$D_j=\begin{vmatrix} a_{11} & \cdots & a_{1,j-1} & b_1 & a_{1,j+1} & \cdots & a_{1n} \\ a_{21} & \cdots & a_{2,j-1} & b_2 & a_{2,j+1} & \cdots & a_{2n} \\ \vdots & & \vdots & \vdots & \vdots & & \vdots \\ a_{n1} & \cdots & a_{n,j-1} & b_n & a_{n,j+1} & \cdots & a_{nn} \end{vmatrix},j=1,2,\cdots,n.$$

证明 分析:利用行列式的性质和按行展开定理证明.

设 $D=|\boldsymbol{A}|=\begin{vmatrix} a_{11} & a_{12} & \cdots & a_{1n} \\ a_{21} & a_{22} & \cdots & a_{2n} \\ \vdots & \vdots & & \vdots \\ a_{n1} & a_{n2} & \cdots & a_{nn} \end{vmatrix}$,用 D 的第 j 列元素的代数余子式 $A_{1j},A_{2j},\cdots,A_{nj}$ 分别乘以方程组(5.2)的第 $1,2,\cdots,n$ 个方程的两端得到:

$$\begin{cases} A_{1j}a_{11}x_1+A_{1j}a_{12}x_2+\cdots+A_{1j}a_{1n}x_n=A_{1j}b_1, \\ A_{2j}a_{21}x_1+A_{2j}a_{22}x_2+\cdots+A_{2j}a_{2n}x_n=A_{2j}b_2, \\ \cdots\cdots \\ A_{nj}a_{n1}x_1+A_{nj}a_{n2}x_2+\cdots+A_{nj}a_{nn}x_n=A_{nj}b_n. \end{cases} \tag{5.3}$$

然后,再让方程组(5.3)的 n 个方程相加得到:

$$\begin{aligned}&(A_{1j}a_{11}+A_{2j}a_{21}+\cdots+A_{nj}a_{n1})x_1+\cdots+(A_{1j}a_{1j}+A_{2j}a_{2j}+\cdots+A_{nj}a_{nj})x_j+\cdots+ \\ &(A_{1j}a_{1n}+A_{2j}a_{2n}+\cdots+A_{nj}a_{nn})x_n=(A_{1j}b_1+A_{2j}b_2+\cdots+A_{nj}b_n).\end{aligned} \tag{5.4}$$

利用行列式中某一行(列)的元素与另一行(列)的元素对应的代数余子式的乘积之和等于零,而行列式中某一行(列)的元素与同一行(列)的元素对应的代数余子式的乘积之和等于

行列式的结论,可将式(5.4)简化,得到

$$Dx_j=(A_{1j}b_1+A_{2j}b_2+\cdots+A_{nj}b_n),$$

由于 $D=|\boldsymbol{A}|\neq 0$,代入上式,可得线性方程组(5.2)的解为:

$$x_j=\frac{D_j}{D},j=1,2,\cdots,n,$$

其中

$$D_j=A_{1j}b_1+A_{2j}b_2+\cdots+A_{nj}b_n=\begin{vmatrix} a_{11} & \cdots & a_{1,j-1} & b_1 & a_{1,j+1} & \cdots & a_{1n} \\ a_{21} & \cdots & a_{2,j-1} & b_2 & a_{2,j+1} & \cdots & a_{2n} \\ \vdots & & \vdots & \vdots & \vdots & & \vdots \\ a_{n1} & \cdots & a_{n,j-1} & b_n & a_{n,j+1} & \cdots & a_{nn} \end{vmatrix}.$$

下面验证线性方程组(5.2)解的唯一性.为此,设

$$x_1=c_1,x_2=c_2,\cdots,x_n=c_n$$

是线性方程组(5.2)的任意另一个解,不难验证:

$$Dc_1=\begin{vmatrix} a_{11}c_1 & a_{12} & \cdots & a_{1n} \\ a_{21}c_1 & a_{22} & \cdots & a_{2n} \\ \vdots & \vdots & & \vdots \\ a_{n1}c_1 & a_{n2} & \cdots & a_{nn} \end{vmatrix}=\begin{vmatrix} a_{11}c_1+a_{12}c_2+\cdots+a_{1n}c_n & a_{12} & \cdots & a_{1n} \\ a_{21}c_1+a_{22}c_2+\cdots+a_{2n}c_n & a_{22} & \cdots & a_{2n} \\ \vdots & \vdots & & \vdots \\ a_{n1}c_1+a_{n2}c_2+\cdots+a_{nn}c_n & a_{n2} & \cdots & a_{nn} \end{vmatrix}$$

$$=\begin{vmatrix} b_1 & a_{12} & \cdots & a_{1n} \\ b_2 & a_{22} & \cdots & a_{2n} \\ \vdots & \vdots & & \vdots \\ b_n & a_{n2} & \cdots & a_{nn} \end{vmatrix}=D_1,$$

于是

$$c_1=\frac{D_1}{D},(D=|A|\neq 0).$$

类似地,有

$$c_j=\frac{D_j}{D},j=2,3,\cdots,n.$$

由此证明了解的唯一性.

例 5.1　求解线性方程组

$$\begin{cases} x_1+2x_2-x_3+3x_4=2, \\ 2x_1-x_2+3x_3-2x_4=7, \\ 3x_2-x_3+x_4=6, \\ x_1-x_2+x_3+4x_4=-4. \end{cases}$$

解　分析:利用克莱姆法则进行求解.

由于

$$D=\begin{vmatrix}1&2&-1&3\\2&-1&3&-2\\0&3&-1&1\\1&-1&1&4\end{vmatrix}=\begin{vmatrix}1&2&-1&3\\0&-5&5&-8\\0&3&-1&1\\0&-3&2&1\end{vmatrix}=\begin{vmatrix}-5&5&-8\\3&-1&1\\-3&2&1\end{vmatrix}$$

$$=\begin{vmatrix}19&-3&-8\\0&0&1\\-6&3&1\end{vmatrix}=-\begin{vmatrix}19&-3\\-6&3\end{vmatrix}=-39\neq 0,$$

所以该线性方程组有唯一解,此外,有

$$D_1=\begin{vmatrix}2&2&-1&3\\7&-1&3&-2\\6&3&-1&1\\-4&-1&1&4\end{vmatrix}=-39,D_2=\begin{vmatrix}1&2&-1&3\\2&7&3&-2\\0&6&-1&1\\1&-4&1&4\end{vmatrix}=-117,$$

$$D_3=\begin{vmatrix}1&2&2&3\\2&-1&7&-2\\0&3&6&1\\1&-1&-4&4\end{vmatrix}=-78,D_4=\begin{vmatrix}1&2&-1&2\\2&-1&3&7\\0&3&-1&6\\1&-1&1&-4\end{vmatrix}=39.$$

所以此线性方程组的唯一解为:

$$x_1=\frac{D_1}{D}=\frac{-39}{-39}=1,x_2=\frac{D_2}{D}=\frac{-117}{-39}=3,x_3=\frac{D_3}{D}=\frac{-78}{-39}=2,x_4=\frac{D_4}{D}=\frac{39}{-39}=-1.$$

即

$$\boldsymbol{x}=\begin{pmatrix}x_1\\x_2\\x_3\\x_4\end{pmatrix}=\begin{pmatrix}1\\3\\2\\1\end{pmatrix}.$$

克莱姆法则说明:

(1)定理 5.1 所讨论的只是系数矩阵的行列式不为零的方程组,它只能应用于这种方程组.至于方程组的系数行列式为零的情形,将在 5.2 节讨论.

(2)当 $|\boldsymbol{A}_{n\times n}|\neq 0$ 时,非齐次线性方程组 $\boldsymbol{Ax}=\boldsymbol{b}$ 有唯一解.由其逆否命题成立,可得:

推论 1 如果 $A_{n\times n}x=\boldsymbol{b}$ 无解或有两个不同解,则 $|\boldsymbol{A}|=0$.

证明 反证法.设 $|\boldsymbol{A}|\neq 0$,应用克莱姆法则,可知方程组 $\boldsymbol{A}_{n\times n}\boldsymbol{x}=\boldsymbol{b}$ 有唯一解

$$\boldsymbol{x}=(x_1,x_2,\cdots,x_n)=\left(\frac{D_1}{|D|},\frac{D_2}{|D|},\cdots,\frac{D_n}{|D|}\right).$$

这与题意中 $\boldsymbol{A}_{n\times n}\boldsymbol{x}=\boldsymbol{b}$ 无解或有两个不同解矛盾,故假设不成立,即

$$|\boldsymbol{A}|=0.$$

推论 2　如果 $\boldsymbol{A}_{n\times n}\boldsymbol{x}=\boldsymbol{0}$ 有非零解,则 $|\boldsymbol{A}|=0$.

证明　反证法.设 $|\boldsymbol{A}|\neq 0$,应用克莱姆法则,因为方程右端项为零向量,故可知行列式 D_j 中有一列为零,所以

$$D_j=0,j=1,2,\cdots,n.$$

这就是说线性方程组 $\boldsymbol{A}_{n\times n}\boldsymbol{x}=\boldsymbol{0}$ 的唯一解是:

$$\boldsymbol{x}=(x_1,x_2,\cdots,x_n)=\left(\frac{D_1}{|D|},\frac{D_2}{|D|},\cdots,\frac{D_n}{|D|}\right)=(0,0,\cdots,0).$$

这与题意中 $\boldsymbol{A}_{n\times n}\boldsymbol{x}=0$ 有非零解矛盾,故假设不成立,即如果齐次方程组 $\boldsymbol{A}_{n\times n}\boldsymbol{x}=\boldsymbol{0}$ 有非零解,则必满足 $|\boldsymbol{A}|=0$.

例 5.2　问 λ 为何值时,下面的齐次方程组有非零解?

$$\begin{cases}(2-\lambda)x_1+2x_2-2x_3=0,\\ 2x_1+(5-\lambda)x_2-4x_3=0,\\ -2x_1-4x_2+(5-\lambda)x_3=0.\end{cases}$$

解　由推论 2 可知,齐次方程组的系数矩阵的行列式为零,即

$$|\boldsymbol{A}|=\begin{vmatrix}2-\lambda & 2 & -2\\ 2 & 5-\lambda & -4\\ -2 & -4 & 5-\lambda\end{vmatrix}\xlongequal{r_3+r_2}\begin{vmatrix}2-\lambda & 2 & -2\\ 2 & 5-\lambda & -4\\ 0 & 1-\lambda & 1-\lambda\end{vmatrix}=(1-\lambda)^2(10-\lambda)=0,$$

故

$$\lambda=1,\lambda=10.$$

例 5.3　求解线性方程组的解:

$$\begin{cases}x_1+2x_2+3x_3=1,\\ 2x_1+2x_2+5x_3=2,\\ 3x_1+5x_2+x_3=3.\end{cases}$$

解　方法一:利用克莱姆法则进行求解.

由于

$$D=|\boldsymbol{A}|=\begin{vmatrix}1 & 2 & 3\\ 2 & 2 & 5\\ 3 & 5 & 1\end{vmatrix}=\begin{vmatrix}1 & 2 & 3\\ 0 & -2 & -1\\ 0 & -1 & -8\end{vmatrix}=\begin{vmatrix}-2 & -1\\ -1 & -8\end{vmatrix}=15\neq 0,$$

所以该线性方程组有唯一解,此外,还有

$$D_1=\begin{vmatrix}1 & 2 & 3\\ 2 & 2 & 5\\ 3 & 5 & 1\end{vmatrix}=15,D_2=\begin{vmatrix}1 & 1 & 3\\ 2 & 2 & 5\\ 3 & 3 & 1\end{vmatrix}=0,D_3=\begin{vmatrix}1 & 2 & 1\\ 2 & 2 & 2\\ 3 & 5 & 3\end{vmatrix}=0.$$

所以此线性方程组的唯一解为:

$$x_1=\frac{D_1}{D}=\frac{15}{15}=1,x_2=\frac{D_2}{D}=\frac{0}{15}=0,x_3=\frac{D_3}{D}=\frac{0}{15}=0.$$

方法二：利用高斯消元法进行求解，即初等变换法.

$$(\boldsymbol{A},\boldsymbol{b})=\begin{pmatrix}1&2&3&1\\2&2&5&2\\3&5&1&3\end{pmatrix}\sim\begin{pmatrix}1&2&3&1\\0&-2&-1&0\\0&-1&-8&0\end{pmatrix}\underset{r_2,r_3\div(-1)}{\overset{r_2\leftrightarrow r_3}{\sim}}\begin{pmatrix}1&2&3&1\\0&1&8&0\\0&2&1&0\end{pmatrix}\sim\begin{pmatrix}1&0&-13&1\\0&1&8&0\\0&0&-15&0\end{pmatrix}$$

$$\begin{pmatrix}1&0&-13&1\\0&1&8&0\\0&0&1&0\end{pmatrix}\sim\begin{pmatrix}1&0&0&1\\0&1&0&0\\0&0&1&0\end{pmatrix},$$

故解为

$$x_1=1,x_2=0,x_3=0.$$

从上面的求解过程可知方程组 $\boldsymbol{A}_{n\times n}x=\boldsymbol{b}_{n\times 1}$，当 $|A|\neq 0$ 时，有下面三种解法：

(1)直接利用公式 $\boldsymbol{X}=\boldsymbol{A}^{-1}\boldsymbol{b}$ 进行求解.

(2)利用初等变换的方法进行求解，即 $(\boldsymbol{A}\mid\boldsymbol{b})\xrightarrow{\text{初等行变换}}(\boldsymbol{E}\mid\boldsymbol{X})$.

(3)利用克莱姆法则进行求解，其解为：$x_1=\dfrac{D_1}{|\boldsymbol{A}|},x_2=\dfrac{D_2}{|\boldsymbol{A}|},\cdots,x_n=\dfrac{D_n}{|\boldsymbol{A}|}$.

习题 5.1

1.用克莱姆法则求解下列方程组：

(1) $\begin{cases}2x_1+x_2-5x_3+x_4=8,\\x_1-3x_2-6x_4=9,\\2x_2-x_3+2x_4=-5,\\x_1+4x_2-7x_3+6x_4=0.\end{cases}$　　(2) $\begin{cases}x_1+x_2+x_3=5,\\2x_1+x_2-x_3-x_4=1,\\x_1+2x_2-x_3+x_4=2,\\x_1+2x_3+3x_4=2.\end{cases}$

(3) $\begin{cases}2x_1+2x_2-x_3+x_4=4,\\4x_1+3x_2-x_3+2x_4=6,\\8x_1+5x_2-3x_3+4x_4=12,\\3x_1+3x_2-2x_3+2x_4=6.\end{cases}$

2.已知齐次线性方程组

$$\begin{cases}(3-\lambda)x_1+x_2+x_3=0,\\(2-\lambda)x_2-x_3=0,\\4x_1-2x_2+(1-\lambda)x_3=0,\end{cases}$$

有非零解，求 λ 的值.

3.已知齐次线性方程组

$$\begin{cases}\lambda x_1+x_2+x_3=0,\\x_1+\lambda x_2+x_3=0,\\x_1+x_2+\lambda x_3=0,\end{cases}$$

有非零解，求 λ 的值.

4.线性方程组

$$\begin{cases}x_1+x_2+x_3+x_4=1,\\a_1x_1+a_2x_2+a_3x_3+a_4x_4=b,\\a_1^2x_1+a_2^2x_2+a_3^2x_3+a_4^2x_4=b^2,\\a_1^3x_1+a_2^3x_2+a_3^3x_3+a_4^3x_4=b^3,\end{cases}$$

有唯一解的条件是什么？并求唯一解.

5.已知齐次线性方程组

$$\begin{cases}(\lambda-1)x_1+2x_2-ax_3=0,\\3x_1+(\lambda-a)x_2+3x_3=0,\\-ax_1+2x_2+(\lambda-1)x_3=0,\end{cases}$$

有非零解，其中 a 为常数，求 λ 的值.

5.2　齐次线性方程组

在第 3 章解决了线性方程组有解的判别条件之后，我们进一步来讨论线性方程组解的结构.在方程组只有唯一解的情况下，当然没有什么结构问题.但在有多个解的情况下，解的结构问题就是解与解之间的关系问题.虽然这时有无穷多个解，但是方程组全部的解都可以用有限多个解表示出来.这就是本节和下一节的主要讨论的问题.本节先讨论齐次线性方程组，下一节再讨论非齐次线性方程组.

设 n 个未知数，m 个方程组成的齐次线性方程组为

$$\begin{cases}a_{11}x_1+a_{12}x_2+\cdots+a_{1n}x_n=0\\a_{21}x_1+a_{22}x_2+\cdots+a_{2n}x_n=0\\\cdots\cdots\\a_{m1}x_1+a_{m2}x_2+\cdots+a_{mn}x_n=0\end{cases}\tag{5.5}$$

可写为向量形式的方程 $\boldsymbol{A}_{m\times n}\boldsymbol{x}=\boldsymbol{0}$.

线性方程组(5.5)的全部解向量构成的集合称为解集，记作 S，即

$$S=\{\boldsymbol{x}\mid\boldsymbol{Ax}=\boldsymbol{0}\}.$$

显然，$\boldsymbol{x}=\boldsymbol{0}$ 是 $\boldsymbol{Ax}=\boldsymbol{0}$ 的解，称之为齐次线性方程组(5.5)的零解.但是对于齐次线性方程组而言，我们感兴趣的是求解其非零解以及非零解的表达形式，而不是零解.首先研究该方程组的解或向量方程的解向量的性质：

性质 1　如果 $\boldsymbol{\xi}_1,\boldsymbol{\xi}_2$ 是 $\boldsymbol{Ax}=\boldsymbol{0}$ 的解，则 $\boldsymbol{\xi}_1+\boldsymbol{\xi}_2$ 也是 $\boldsymbol{Ax}=\boldsymbol{0}$ 的解.

证明　设 $\boldsymbol{\xi}_1,\boldsymbol{\xi}_2$ 是 $\boldsymbol{Ax}=\boldsymbol{0}$ 的解，则有

$$\boldsymbol{A\xi}_1=\boldsymbol{0},\boldsymbol{A\xi}_2=\boldsymbol{0},$$

所以

$$\boldsymbol{A}(\boldsymbol{\xi}_1+\boldsymbol{\xi}_2)=\boldsymbol{A\xi}_1+\boldsymbol{A\xi}_2=\boldsymbol{0},$$

即 $\boldsymbol{\xi}_1+\boldsymbol{\xi}_2$ 也是 $\boldsymbol{Ax}=\boldsymbol{0}$ 的解.

性质 2 如果 $\boldsymbol{\xi}$ 是 $\boldsymbol{Ax}=\boldsymbol{0}$ 的解, k 是任意实数,则 $k\boldsymbol{\xi}$ 也是 $\boldsymbol{Ax}=\boldsymbol{0}$ 的解.

证明 设 $\boldsymbol{\xi}$ 是 $\boldsymbol{Ax}=\boldsymbol{0}$ 的解,则有

$$\boldsymbol{A\xi}=\boldsymbol{0},$$

对于任意实数 k,有

$$\boldsymbol{A}(k\boldsymbol{\xi})=k\boldsymbol{A\xi}=\boldsymbol{0},$$

即 $k\boldsymbol{\xi}$ 也是 $\boldsymbol{Ax}=\boldsymbol{0}$ 的解.

性质 1、2 说明:齐次线性方程组的任意解的线性组合仍是该方程的解.如果方程组有几个解,那么这些解的所有可能的线性组合就给出了很多解.同时也说明这些解的全体构成向量空间,称为齐次方程组的解空间.

性质 1、2 还说明:齐次线性方程组 $\boldsymbol{Ax}=\boldsymbol{0}$ 只要有非零解,则 $\boldsymbol{Ax}=\boldsymbol{0}$ 必有无穷多解,这无穷多个解能否用有限的几个解的线性组合来表示?回答是肯定的.因为齐次线性方程组的解构成向量空间,解空间中的任何向量均可用基来表示.

定义 5.1 如果齐次线性方程组(5.5)的一组解 $\eta_1,\eta_2,\cdots,\eta_r$ 满足

(1)齐次线性方程组(5.5)的任一解 η 都能表示成 $\eta_1,\eta_2,\cdots,\eta_r$ 的线性组合.

(2)解向量 $\eta_1,\eta_2,\cdots,\eta_r$ 线性无关.

则解向量 $\eta_1,\eta_2,\cdots,\eta_r$ 称为(5.5)的一个基础解系.

问题是:如何找齐次线性方程组的基础解系?下面给出求齐次线性方程组的一个基础解系的方法.

定理 5.2 在齐次线性方程组有非零解的情况下,它有基础解系,并且基础解系所含解的个数等于 $n-r$,这里 r 表示系数矩阵的秩.

证明 设 n 元齐次线性方程组 $\boldsymbol{Ax}=\boldsymbol{0}$ 的系数矩阵的秩为 $R(\boldsymbol{A})=r<n$, $\boldsymbol{A}$ 中有一个 r 阶子式不等于 0.不妨设 $\boldsymbol{A}$ 的左上角的 r 阶子式不为 0,即

$$\begin{vmatrix} a_{11} & \cdots & a_{1r} \\ \vdots & & \vdots \\ a_{r1} & \cdots & a_{rr} \end{vmatrix} \neq 0,$$

则对 $\boldsymbol{A}$ 实施初等行变换,最终可将其化为下面的行最简形.即

$$\boldsymbol{A}=\begin{pmatrix} a_{11} & a_{12} & \cdots & a_{1n} \\ a_{21} & a_{22} & \cdots & a_{2n} \\ \vdots & \vdots & & \vdots \\ a_{m1} & a_{m2} & \cdots & a_{mn} \end{pmatrix} \to \begin{pmatrix} 1 & 0 & \cdots & 0 & c_{11} & \cdots & c_{1,n-r} \\ 0 & 1 & \cdots & 0 & c_{21} & \cdots & c_{2,n-r} \\ \vdots & \vdots & & \vdots & \vdots & & \vdots \\ 0 & 0 & \cdots & 1 & c_{r1} & \cdots & c_{r,n-r} \\ 0 & 0 & \cdots & 0 & 0 & \cdots & 0 \\ \vdots & \vdots & & \vdots & \vdots & & \vdots \\ 0 & 0 & 0 & 0 & 0 & \cdots & 0 \end{pmatrix},$$

与 $\boldsymbol{Ax}=\boldsymbol{0}$ 有相同解的线性方程组为

$$\begin{cases} x_1=-c_{11}x_{r+1}-\cdots-c_{1,n-r}x_n, \\ x_2=-c_{21}x_{r+1}-\cdots-c_{2,n-r}x_n, \\ \cdots\cdots \\ x_{r1}=-c_{r1}x_{r+1}-\cdots-c_{r,n-r}x_n. \end{cases} \tag{5.6}$$

在线性方程组(5.6)中,未知量 $x_1,\cdots,x_r$ 由自由未知量 $x_{r+1},\cdots,x_n$ 线性表示,给定 $x_{r+1},\cdots,x_n$ 的一组值,便可唯一确定变量 $x_1,\cdots,x_r$ 的值,从而得到齐次线性方程组(5.5)的一个解.即任取

$$x_{r+1},\cdots,x_n \xrightarrow{\text{唯一确定}} x_1,\cdots,x_r \xrightarrow{\text{合并}} x_1,\cdots,x_r,x_{r+1},\cdots,x_n$$

为齐次线性方程组(5.5)的一个解.值得注意的是,这 n 个值由后面 $n-r$ 个值唯一确定.

我们要找基础解系,即找线性无关的解,因此将自由未知量取为 $n-r$ 个线性无关的向量.由于线性无关组增加分量仍无关,从而得到方程组(5.5)的解也线性无关.事实上,取

$$\begin{pmatrix} x_{r+1} \\ x_{r+2} \\ \vdots \\ x_n \end{pmatrix}=\begin{pmatrix} 1 \\ 0 \\ \vdots \\ 0 \end{pmatrix},\begin{pmatrix} 0 \\ 1 \\ \vdots \\ 0 \end{pmatrix},\cdots,\begin{pmatrix} 0 \\ 0 \\ \vdots \\ 1 \end{pmatrix},$$

依次可得:

$$\begin{pmatrix} x_1 \\ x_2 \\ \vdots \\ x_r \end{pmatrix}=\begin{pmatrix} -c_{11} \\ -c_{21} \\ \vdots \\ -c_{r1} \end{pmatrix},\begin{pmatrix} -c_{12} \\ -c_{22} \\ \vdots \\ -c_{r2} \end{pmatrix},\cdots,\begin{pmatrix} -c_{1,n-r} \\ -c_{2,n-r} \\ \vdots \\ -c_{r,n-r} \end{pmatrix},$$

合起来便得到线性方程组(5.5)的 $n-r$ 个解

$$\boldsymbol{\xi}_1=\begin{pmatrix}-c_{11}\\-c_{21}\\\vdots\\-c_{r1}\\1\\0\\\vdots\\0\end{pmatrix},\boldsymbol{\xi}_2=\begin{pmatrix}-c_{12}\\-c_{22}\\\vdots\\-c_{r2}\\0\\1\\\vdots\\0\end{pmatrix},\cdots,\boldsymbol{\xi}_{n-r}=\begin{pmatrix}-c_{1,n-r}\\-c_{2,n-r}\\\vdots\\-c_{r,n-r}\\0\\0\\\vdots\\1\end{pmatrix}.$$

下面证 $\boldsymbol{\xi}_1,\boldsymbol{\xi}_2,\cdots,\boldsymbol{\xi}_{n-r}$是方程组(5.5)的一个基础解系.

首先,显然 $\boldsymbol{\xi}_1,\boldsymbol{\xi}_2,\cdots,\boldsymbol{\xi}_{n-r}$线性无关(无关组增加分量仍无关).事实上,如果

$$k_1\boldsymbol{\xi}_1+k_2\boldsymbol{\xi}_2+\cdots+k_{n-r}\boldsymbol{\xi}_{n-r}=\boldsymbol{0},$$

即

$$k_1\boldsymbol{\xi}_1+k_2\boldsymbol{\xi}_2+\cdots+k_{n-r}\boldsymbol{\xi}_{n-r}=\begin{pmatrix}-k_1c_{11}-k_2c_{12}-\cdots-k_{n-r}c_{1,n-r}\\-k_1c_{21}-k_2c_{22}-\cdots-k_{n-r}c_{2,n-r}\\\vdots\\-k_1c_{r1}-k_2c_{r2}-\cdots-k_{n-r}c_{r,n-r}\\k_1\\k_2\\\vdots\\k_{n-r}\end{pmatrix}=\begin{pmatrix}0\\0\\\vdots\\0\\0\\0\\\vdots\\0\end{pmatrix},$$

比较最后 $n-r$ 个分量,得

$$k_1=k_2=\cdots=k_{n-r}=0.$$

因此 $\boldsymbol{\xi}_1,\boldsymbol{\xi}_2,\cdots,\boldsymbol{\xi}_{n-r}$线性无关.

其次,证明任一解向量 $\boldsymbol{\xi}=(\lambda_1,\lambda_2,\cdots,\lambda_r,\lambda_{r+1},\cdots,\lambda_n)^{\mathrm{T}}$ 可由 $\boldsymbol{\xi}_1,\boldsymbol{\xi}_2,\cdots,\boldsymbol{\xi}_{n-r}$线性表示.作解向量

$$\boldsymbol{\eta}=\lambda_{r+1}\boldsymbol{\xi}_1+\lambda_{r+2}\boldsymbol{\xi}_2+\cdots+\lambda_n\boldsymbol{\xi}_{n-r}=\begin{pmatrix}-\lambda_{r+1}c_{11}\\-\lambda_{r+1}c_{21}\\\vdots\\-\lambda_{r+1}c_{r1}\\\lambda_{r+1}\\0\\\vdots\\0\end{pmatrix}+\begin{pmatrix}-\lambda_{r+2}c_{12}\\-\lambda_{r+2}c_{22}\\\vdots\\-\lambda_{r+2}c_{r2}\\0\\\lambda_{r+2}\\\vdots\\0\end{pmatrix}+\cdots+\begin{pmatrix}-\lambda_nc_{1n-r}\\-\lambda_nc_{2n-r}\\\vdots\\-\lambda_nc_{rn-r}\\0\\0\\\vdots\\\lambda_n\end{pmatrix},\text{ 即}$$

$$\boldsymbol{\eta}=\begin{pmatrix} -\lambda_{r+1}c_{11}-\lambda_{r+2}c_{12}-\cdots-\lambda_n c_{1,n-r} \\ -\lambda_{r+1}c_{21}-\lambda_{r+2}c_{22}-\cdots-\lambda_n c_{2,n-r} \\ \vdots \\ -\lambda_{r+1}c_{r1}-\lambda_{r+2}c_{r2}\cdots-\lambda_n c_{r,n-r} \\ \lambda_{r+1} \\ \lambda_{r+2} \\ \vdots \\ \lambda_n \end{pmatrix}.$$

注：以 $\boldsymbol{\xi}$ 的后面 $n-r$ 个数为系数构成.

由于两个解向量 $\boldsymbol{\xi},\boldsymbol{\eta}$ 后面 $n-r$ 个分量相同，即自由未知量有相同的值，从而 $\boldsymbol{\xi}=\boldsymbol{\eta}$，即 $\boldsymbol{\xi}$ 能由 $\boldsymbol{\xi}_1,\boldsymbol{\xi}_2,\cdots,\boldsymbol{\xi}_{n-r}$ 线性表示：

$$\boldsymbol{\xi}=\lambda_{r+1}\boldsymbol{\xi}_1+\lambda_{r+2}\boldsymbol{\xi}_2+\cdots+\lambda_n\boldsymbol{\xi}_{n-r}.$$

故 $\boldsymbol{\xi}_1,\boldsymbol{\xi}_2,\cdots,\boldsymbol{\xi}_{n-r}$ 为齐次线性方程组的基础解系，解空间的维数为 $n-r=n-R(\mathbf{A})$. 因此齐次线性方程组的通解为：

$$S=\{x \mid x=k_1\boldsymbol{\xi}_1+k_2\boldsymbol{\xi}_2+\cdots+k_{n-r}\boldsymbol{\xi}_{n-r},k_1,k_2,\cdots,k_{n-r}\in\mathbf{R}\}.$$

上面的讨论归结为下面的定理.

定理 5.3　(1)方程组 $\mathbf{A}_{m\times n}\boldsymbol{x}=\boldsymbol{0}$ 只有零解的充分必要条件为 $R(\mathbf{A})=n$.(n 为未知数的个数)

(2)方程组 $\mathbf{A}_{m\times n}\boldsymbol{x}=\boldsymbol{0}$ 有非零解的充分必要条件为 $R(\mathbf{A})=r<n$，且其通解为

$$x=k_1\boldsymbol{\xi}_1+k_2\boldsymbol{\xi}_2+\cdots+k_{n-r}\boldsymbol{\xi}_{n-r},$$

解空间的维数为 $n-R(\mathbf{A})=n-r$.

例 5.4　求解齐次方程组：

$$\begin{cases} x_1+2x_2+2x_3+x_4=0, \\ 2x_1+x_2-2x_3-x_4=0, \\ x_1-x_2-4x_3-2x_4=0. \end{cases}$$

解　方法一：将系数矩阵化为行最简形

$$\mathbf{A}=\begin{pmatrix} 1 & 2 & 2 & 1 \\ 2 & 1 & -2 & -1 \\ 1 & -1 & -4 & -2 \end{pmatrix}\to\begin{pmatrix} 1 & 0 & -2 & -1 \\ 0 & 1 & 2 & 1 \\ 0 & 0 & 0 & 0 \end{pmatrix},R(\mathbf{A})=2,$$

原齐次线性方程组与下列方程组有相同的解，

$$\begin{cases} x_1=2x_3+x_4, \\ x_2=-2x_3-x_4. \end{cases}$$

其中 x_3,x_4 是自由未知量.任意给定一组 x_3,x_4 的值，就可确定一组 x_1,x_2 的值.取

$$\begin{pmatrix} x_3 \\ x_4 \end{pmatrix} = \begin{pmatrix} 1 \\ 0 \end{pmatrix}, \begin{pmatrix} 0 \\ 1 \end{pmatrix},$$

可得

$$\begin{pmatrix} x_1 \\ x_2 \end{pmatrix} = \begin{pmatrix} 2 \\ -2 \end{pmatrix}, \begin{pmatrix} 1 \\ -1 \end{pmatrix}.$$

故基础解系为

$$\boldsymbol{\xi}_1 = \begin{pmatrix} 2 \\ -2 \\ 1 \\ 0 \end{pmatrix}, \boldsymbol{\xi}_2 = \begin{pmatrix} 1 \\ -1 \\ 0 \\ 1 \end{pmatrix},$$

通解为：$\boldsymbol{x}=k_1\boldsymbol{\xi}_1+k_2\boldsymbol{\xi}_2$，$k_1,k_2$ 为任意常数.

方法二：将系数矩阵化为行最简形：

$$\boldsymbol{A} = \begin{pmatrix} 1 & 2 & 2 & 1 \\ 2 & 1 & -2 & -1 \\ 1 & -1 & -4 & -2 \end{pmatrix} \to \begin{pmatrix} 1 & 0 & -2 & -1 \\ 0 & 1 & 2 & 1 \\ 0 & 0 & 0 & 0 \end{pmatrix}, R(\boldsymbol{A}) = 2.$$

原齐次线性方程组与下列方程组有相同的解，

$$\begin{cases} x_1 = 2x_3 + x_4, \\ x_2 = -2x_3 - x_4, \\ x_3 = x_3, \\ x_4 = x_4. \end{cases}$$

其中 x_3,x_4 是自由未知量，任意给定一组 x_3,x_4 的值，就可确定一组 x_1,x_2 的值. 令 $x_3=k_1,x_4=k_2$，k_1,k_2 为任意常数，则通解为：

$$\begin{pmatrix} x_1 \\ x_2 \\ x_3 \\ x_4 \end{pmatrix} = k_1 \begin{pmatrix} 2 \\ -2 \\ 1 \\ 0 \end{pmatrix} + k_2 \begin{pmatrix} 1 \\ -1 \\ 0 \\ 1 \end{pmatrix},$$

令 $\boldsymbol{\xi}_1 = \begin{pmatrix} 2 \\ -2 \\ 1 \\ 0 \end{pmatrix}, \boldsymbol{\xi}_2 = \begin{pmatrix} 1 \\ -1 \\ 0 \\ 1 \end{pmatrix}$，则通解可进一步写为：

$$\boldsymbol{x}=k_1\boldsymbol{\xi}_1+k_2\boldsymbol{\xi}_2, k_1,k_2 \text{ 为任意常数}.$$

例 5.5 问 λ 为何值时，齐次线性方程组

$$\begin{cases}x_1+x_2+2x_3=0,\\ 8x_1+2x_2+(3\lambda+3)x_3=0,\\ 7x_1+x_2+4\lambda x_3=0,\\ (3\lambda+3)x_1+(\lambda+2)x_2+7x_3=0.\end{cases}$$

有非零解？并求其非零解.

解　$$A=\begin{pmatrix}1&1&2\\8&2&3\lambda+3\\7&1&4\lambda\\3\lambda+3&\lambda+2&7\end{pmatrix}\sim\begin{pmatrix}1&1&2\\0&-6&3\lambda-13\\0&0&\lambda-1\\0&0&-\lambda^2-\frac{13}{6}\lambda+\frac{19}{6}\end{pmatrix}$$

$$=\begin{pmatrix}1&1&2\\0&-6&3\lambda-13\\0&0&\lambda-1\\0&0&(-\lambda+1)\left(\lambda+\frac{19}{6}\right)\end{pmatrix}.$$

当 $\lambda=1$ 时，$R(\boldsymbol{A})=2<3$，方程有无穷解.此时，矩阵 $\boldsymbol{A}$ 化为：

$$A\sim\begin{pmatrix}1&1&2\\0&-6&-10\\0&0&0\\0&0&0\end{pmatrix}\sim\begin{pmatrix}1&1&2\\0&3&5\\0&0&0\\0&0&0\end{pmatrix},R(\boldsymbol{A})=2.$$

原齐次线性方程组与下列方程组有相同的解，

$$\begin{cases}x_1=-\frac{1}{3}x_3,\\ x_2=-\frac{5}{3}x_3,\\ x_3=x_3.\end{cases}$$

其中 x_3 是自由未知量，任意给定一组 x_3 的值，就可确定一组 x_1,x_2 的值.令 $x_3=k$，k 为任意常数，则通解为：

$$\begin{pmatrix}x_1\\x_2\\x_3\end{pmatrix}=k\begin{pmatrix}1\\5\\-3\end{pmatrix},k\text{ 为任意常数.}$$

例 5.6　若齐次线性方程组 $\boldsymbol{Ax}=\boldsymbol{0}$，$\boldsymbol{Bx}=\boldsymbol{0}$ 同解，证明：$R(\boldsymbol{A})=R(\boldsymbol{B})$.

证明　设 $\boldsymbol{Ax}=\boldsymbol{0}$，$\boldsymbol{Bx}=\boldsymbol{0}$ 同解，即有相同的解空间，从而有等价的基础解系，其所含向量个数相同，亦即 $n-R(\boldsymbol{A})=n-R(\boldsymbol{B})$，可得：

$$R(\boldsymbol{A})=R(\boldsymbol{B}).$$

例 5.7 对任一 $m\times n$ 实矩阵 $\boldsymbol{A}$，有 $R(\boldsymbol{AA}^{\mathrm{T}})=R(\boldsymbol{A}^{\mathrm{T}}\boldsymbol{A})=R(\boldsymbol{A})$.

证明 利用例 5.6 的结论，只须证 $\boldsymbol{A}^{\mathrm{T}}\boldsymbol{Ax}=\boldsymbol{0}$，$\boldsymbol{Ax}=\boldsymbol{0}$ 同解.

首先，易知 $\boldsymbol{Ax}=\boldsymbol{0}$，可得 $\boldsymbol{A}^{\mathrm{T}}\boldsymbol{Ax}=\boldsymbol{0}$.

其次，$\boldsymbol{A}^{\mathrm{T}}\boldsymbol{Ax}=\boldsymbol{0}\Rightarrow\boldsymbol{x}^{\mathrm{T}}\boldsymbol{A}^{\mathrm{T}}\boldsymbol{Ax}=\boldsymbol{0}\Rightarrow(\boldsymbol{Ax})^{\mathrm{T}}\boldsymbol{Ax}=\boldsymbol{0}\overset{\boldsymbol{y}=\boldsymbol{Ax}}{\Rightarrow}\boldsymbol{y}^{\mathrm{T}}\boldsymbol{y}=\boldsymbol{0}\Rightarrow\boldsymbol{y}=\boldsymbol{0}$，

所以 $\boldsymbol{Ax}=\boldsymbol{y}=\boldsymbol{0}$.

从而 $\boldsymbol{A}^{\mathrm{T}}\boldsymbol{Ax}=\boldsymbol{0}$，$\boldsymbol{Ax}=\boldsymbol{0}$ 同解，故 $R(\boldsymbol{A}^{\mathrm{T}}\boldsymbol{A})=R(\boldsymbol{A})$.

例 5.8 已知两向量组：

$$\boldsymbol{\alpha}_1=\begin{pmatrix}1\\2\\0\\-2\end{pmatrix},\boldsymbol{\alpha}_2=\begin{pmatrix}0\\3\\1\\0\end{pmatrix},\boldsymbol{\alpha}_3=\begin{pmatrix}-1\\4\\2\\a\end{pmatrix},\boldsymbol{\beta}_1=\begin{pmatrix}1\\8\\2\\-2\end{pmatrix},\boldsymbol{\beta}_2=\begin{pmatrix}1\\5\\1\\-a\end{pmatrix},\boldsymbol{\beta}_3=\begin{pmatrix}-5\\2\\b\\10\end{pmatrix}$$

都是齐次线性方程组 $\boldsymbol{Ax}=\boldsymbol{0}$ 的基础解系，求 a,b 的值.

解 对以向量组 $\boldsymbol{\alpha}_1,\boldsymbol{\alpha}_2,\boldsymbol{\alpha}_3,\boldsymbol{\beta}_1,\boldsymbol{\beta}_2,\boldsymbol{\beta}_3$ 为列构成的矩阵实施初等行变换，可得：

$$(\boldsymbol{\alpha}_1,\boldsymbol{\alpha}_2,\boldsymbol{\alpha}_3,\boldsymbol{\beta}_1,\boldsymbol{\beta}_2,\boldsymbol{\beta}_3)=\begin{pmatrix}1&0&-1&1&1&-5\\2&3&4&8&5&2\\0&1&2&2&1&b\\-2&0&a&-2&-a&10\end{pmatrix}$$

$$\xrightarrow[r_4+2r_1]{r_2-2r_1}\begin{pmatrix}1&0&-1&1&1&-5\\0&3&6&6&3&12\\0&1&2&2&1&b\\0&0&a-2&0&2-a&0\end{pmatrix}\xrightarrow[\substack{r_3-r_2\\r_3\leftrightarrow r_4}]{r_2\div 3}\begin{pmatrix}1&0&-1&1&1&-5\\0&1&2&2&1&4\\0&0&a-2&0&2-a&0\\0&0&0&0&0&b-4\end{pmatrix}.$$

因为向量组 $\boldsymbol{\alpha}_1,\boldsymbol{\alpha}_2,\boldsymbol{\alpha}_3$ 和 $\boldsymbol{\beta}_1,\boldsymbol{\beta}_2,\boldsymbol{\beta}_3$ 都是方程组 $\boldsymbol{Ax}=\boldsymbol{0}$ 的基础解系，所以向量组 $\boldsymbol{\alpha}_1,\boldsymbol{\alpha}_2,\boldsymbol{\alpha}_3$ 和 $\boldsymbol{\beta}_1,\boldsymbol{\beta}_2,\boldsymbol{\beta}_3$ 都是线性无关，且等价，因此

$$R(\boldsymbol{\alpha}_1,\boldsymbol{\alpha}_2,\boldsymbol{\alpha}_3,\boldsymbol{\beta}_1,\boldsymbol{\beta}_2,\boldsymbol{\beta}_3)=R(\boldsymbol{\alpha}_1,\boldsymbol{\alpha}_2,\boldsymbol{\alpha}_3)=R(\boldsymbol{\beta}_1,\boldsymbol{\beta}_2,\boldsymbol{\beta}_3)=3,$$

所以 $a\neq 2,b=4$.

例 5.9 已知齐次线性方程组

$$(\mathrm{I})\begin{cases}x_1+2x_2+3x_3=0,\\2x_1+3x_2+5x_3=0,\\x_1+x_2+ax_3=0\end{cases}$$

与

$$(\mathrm{I})\begin{cases}x_1+bx_2+cx_3=0,\\2x_1+b^2x_2+(c+1)x_3=0\end{cases}$$

同解，求 a,b,c 的值.

解 方程组(Ⅱ)的未知量个数大于方程的个数，故方程组有无穷多个解. 又因为方程组

(Ⅰ) 和(Ⅱ) 同解,所以方程组(Ⅰ) 的系数矩阵的秩小于 3.

对方程组(Ⅰ) 的系数矩阵实施初等行变换,可得

$$\begin{pmatrix}1&2&3\\2&3&5\\1&1&a\end{pmatrix}\xrightarrow[r_1+2r_2]{r_2-2r_1}\begin{pmatrix}1&0&1\\0&-1&-1\\1&1&a\end{pmatrix}\xrightarrow[\substack{r_3-r_1\\r_3-r_2}]{r_2\div(-1)}\begin{pmatrix}1&0&1\\0&1&1\\0&0&a-2\end{pmatrix},$$

从而可得 $a=2$.

此时,方程组(Ⅰ) 的系数矩阵可化为

$$\begin{pmatrix}1&2&3\\2&3&5\\1&1&a\end{pmatrix}\to\begin{pmatrix}1&0&1\\0&1&1\\0&0&0\end{pmatrix},$$

其对应的同解方程组为

$$\begin{cases}x_1=-x_3,\\x_2=-x_3.\end{cases}$$

令 $x_3=k$, k 为任意实数,其通解为

$$x=\begin{pmatrix}x_1\\x_2\\x_3\end{pmatrix}=k\begin{pmatrix}-1\\-1\\1\end{pmatrix},$$

其中 k 为任意实数.其基础解系为

$$\boldsymbol{\xi}=\begin{pmatrix}-1\\-1\\1\end{pmatrix}.$$

将 $\boldsymbol{x}=\begin{pmatrix}x_1\\x_2\\x_3\end{pmatrix}=\begin{pmatrix}-1\\-1\\1\end{pmatrix}$ 代入方程组(Ⅱ) 可得

$$b=1,c=2 \text{ 或者 } b=0,c=1.$$

下面验证 $b=1,c=2$ 或者 $b=0,c=1$ 时,方程组(Ⅰ) 和(Ⅱ) 是否同解.

当 $b=1,c=2$ 时,对方程组(Ⅱ) 的系数矩阵实施初等行变换,可得

$$\begin{pmatrix}1&1&2\\2&1&3\end{pmatrix}\to\begin{pmatrix}1&0&1\\0&1&1\end{pmatrix},$$

故方程组(Ⅰ) 和(Ⅱ) 同解.

当 $b=0,c=1$ 时,对方程组(Ⅱ) 的系数矩阵实施初等行变换,可得

$$\begin{pmatrix}1&0&1\\2&0&2\end{pmatrix}\to\begin{pmatrix}1&0&1\\0&0&0\end{pmatrix},$$

故方程组(Ⅰ) 和(Ⅱ) 的解是不相同.

习题 5.2

1.求下列齐次线性方程组的基础解系和通解:

(1)$\begin{cases}x_1+x_2-x_3-x_4=0,\\2x_1-5x_2+3x_3+2x_4=0,\\7x_1-7x_2+3x_3+x_4=0.\end{cases}$ (2)$\begin{cases}x_1+2x_2+2x_3+x_4=0,\\2x_1+x_2-2x_3-2x_4=0,\\x_1-x_2-4x_3-3x_4=0.\end{cases}$

(3)$\begin{cases}x_1-x_2+2x_3-2x_4=0,\\2x_1+x_2+3x_3-x_4=0,\\4x_1-x_2+7x_3-5x_4=0,\\5x_1-2x_2+9x_3-7x_4=0.\end{cases}$ (4)$\begin{cases}x_1-x_2+5x_3-x_4=0,\\x_1+x_2-2x_3+3x_4=0,\\3x_1-x_2+8x_3+x_4=0,\\x_1+3x_2-9x_3+7x_4=0.\end{cases}$

2.若 $\boldsymbol{Ax}=\boldsymbol{0}$ 的解也是 $\boldsymbol{Bx}=\boldsymbol{0}$ 的解,两方程的解空间中基础解系有什么关系? $R(\boldsymbol{A})$ 与 $R(\boldsymbol{B})$ 的大小关系如何?

3.设有齐次线性方程组$\begin{cases}(1+a)x_1+x_2+\cdots+x_n=0,\\2x_1+(2+a)x_2+\cdots+2x_n=0,\\\cdots\cdots\\nx_1+nx_2+\cdots+(n+a)x_n=0.\end{cases}$

a 为何值时,该方程组有非零解? 并求出其通解.

4.设矩阵 $\boldsymbol{A}=\begin{pmatrix}1&-2&3&-4\\0&1&-1&1\\1&2&0&-3\end{pmatrix}$,$\boldsymbol{E}=\begin{pmatrix}1&0&0\\0&1&0\\0&0&1\end{pmatrix}$.

(1)求方程组 $\boldsymbol{Ax}=\boldsymbol{0}$ 的一个基础解系.

(2)求满足 $\boldsymbol{AB}=\boldsymbol{E}$ 的所有矩阵 $\boldsymbol{B}$.

5.设矩阵 $\boldsymbol{A}$ 是 $m\times n$ 阶,它的 m 个行向量是某个 n 元齐次线性方程组的一组基础解系,$\boldsymbol{B}$ 是一个 m 阶可逆矩阵.证明:$\boldsymbol{BA}$ 的行向量组也构成该齐次线性方程组的一组基础解系.

6.设线性方程组

$$\begin{cases}x_1+x_2+x_3=0,\\x_1+2x_2+ax_3=0,\\x_1+4x_2+a^2x_3=0\end{cases}$$

与方程 $x_1+2x_2+x_3=a-1$ 有公共解,求 a 的值以及所有的公共解.

5.3 非齐次线性方程组

本小节研究非齐次线性方程组解的结构.对于 n 元非齐线性方程组

$$\begin{cases} a_{11}x_1+a_{12}x_2+\cdots+a_{1n}x_n=b_1, \\ a_{21}x_1+a_{22}x_2+\cdots+a_{2n}x_n=b_2, \\ \cdots\cdots \\ a_{m1}x_1+a_{m2}x_2+\cdots+a_{mn}x_n=b_m \end{cases}$$

或

$$x_1\boldsymbol{\alpha}_1+x_2\boldsymbol{\alpha}_2+\cdots+x_n\boldsymbol{\alpha}_n=b \text{ 或 } \boldsymbol{A}\boldsymbol{x}=b \tag{5.7}$$

的解具有下面的性质：

性质 3　设 $\boldsymbol{\eta}_1,\boldsymbol{\eta}_2$ 是 $\boldsymbol{Ax}=\boldsymbol{b}$ 的解，则 $\boldsymbol{\eta}_1-\boldsymbol{\eta}_2$ 是 $\boldsymbol{Ax}=\boldsymbol{0}$ 的解. 即非齐次线性方程组的任意两解之差是对应齐次线性方程组的解.

证明　设 $\boldsymbol{\eta}_1,\boldsymbol{\eta}_2$ 是 $\boldsymbol{Ax}=\boldsymbol{b}$ 的解，即

$$\boldsymbol{A\eta}_1=\boldsymbol{b},\boldsymbol{A\eta}_2=\boldsymbol{b}.$$

则

$$\boldsymbol{A}(\boldsymbol{\eta}_1-\boldsymbol{\eta}_2)=\boldsymbol{A\eta}_1-\boldsymbol{A\eta}_2=\boldsymbol{b}-\boldsymbol{b}=\boldsymbol{0}.$$

即 $\boldsymbol{\eta}_1-\boldsymbol{\eta}_2$ 是 $\boldsymbol{Ax}=\boldsymbol{0}$ 的解.

性质 4　设 $\boldsymbol{\xi}$ 是 $\boldsymbol{Ax}=\boldsymbol{0}$ 的解，$\boldsymbol{\eta}$ 是 $\boldsymbol{Ax}=\boldsymbol{b}$ 的解，则 $\boldsymbol{\xi}+\boldsymbol{\eta}$ 是 $\boldsymbol{Ax}=\boldsymbol{b}$ 的解，即齐次线性方程组的解加非齐次线性方程组的解仍是非齐次线性方程组的解.

证明　设 $\boldsymbol{\xi}$ 是 $\boldsymbol{Ax}=\boldsymbol{0}$ 的解，$\boldsymbol{\eta}$ 是 $\boldsymbol{Ax}=\boldsymbol{b}$ 的解，可得

$$\boldsymbol{A\xi}=\boldsymbol{0},\boldsymbol{A\eta}=\boldsymbol{b}.$$

则

$$\boldsymbol{A}(\boldsymbol{\xi}+\boldsymbol{\eta})=\boldsymbol{A\xi}+\boldsymbol{A\eta}=\boldsymbol{0}+\boldsymbol{b}=\boldsymbol{b}.$$

即 $\boldsymbol{\xi}+\boldsymbol{\eta}$ 是 $Ax=b$ 的解.

定理 5.4　设 $\boldsymbol{\eta}$ 为非齐次线性方程组 $\boldsymbol{Ax}=\boldsymbol{b}$ 的一个解，$\boldsymbol{\xi}_1,\boldsymbol{\xi}_2,\cdots,\boldsymbol{\xi}_{n-r}$ 是其对应的齐次线性方程组 $\boldsymbol{Ax}=\boldsymbol{0}$ 的基础解系，则非齐次线性方程组 $\boldsymbol{Ax}=\boldsymbol{b}$ 的通解为：

$$\boldsymbol{x}=k_1\boldsymbol{\xi}_1+k_2\boldsymbol{\xi}_2+\cdots+k_{n-r}\boldsymbol{\xi}_{n-r}+\boldsymbol{\eta},$$

其中 $k_1,k_2,\cdots,k_{n-r}$ 为任意实数.

证明　设 $\boldsymbol{x}$ 为 $\boldsymbol{Ax}=\boldsymbol{b}$ 的任一解，由于 $\boldsymbol{\eta}$ 为非齐次线性方程组 $\boldsymbol{Ax}=\boldsymbol{b}$ 的一个解，有 $\boldsymbol{A\eta}=\boldsymbol{b}$，故

$$\boldsymbol{A}(\boldsymbol{x}-\boldsymbol{\eta})=\boldsymbol{0}.$$

又因为 $\boldsymbol{\xi}_1,\boldsymbol{\xi}_2,\cdots,\boldsymbol{\xi}_{n-r}$ 是其对应的齐次线性方程组 $\boldsymbol{Ax}=\boldsymbol{0}$ 的基础解系，则解 $\boldsymbol{x}-\boldsymbol{\eta}$ 可以由基础解系 $\boldsymbol{\xi}_1,\boldsymbol{\xi}_2,\cdots,\boldsymbol{\xi}_{n-r}$ 线性表示，即

$$\boldsymbol{x}-\boldsymbol{\eta}=k_1\boldsymbol{\xi}_1+k_2\boldsymbol{\xi}_2+\cdots+k_{n-r}\boldsymbol{\xi}_{n-r},$$

移项得：

$$\boldsymbol{x}=k_1\boldsymbol{\xi}_1+k_2\boldsymbol{\xi}_2+\cdots+k_{n-r}\boldsymbol{\xi}_{n-r}+\boldsymbol{\eta},$$

其中 $k_1,k_2,\cdots,k_{n-r}$ 为任意实数.

注:该定理表明,非齐次线性方程组 $\boldsymbol{Ax}=\boldsymbol{b}$ 的通解由其对应的齐次线性方程组 $\boldsymbol{Ax}=\boldsymbol{0}$ 的通解加上它本身的一个解所构成.

例 5.10 求解非齐次线性方程组:

$$\begin{cases}2x+3y+z=4,\\x-2y+4z=-5,\\3x+8y-2z=13,\\4x-y+9z=-6.\end{cases}$$

解 该非齐次线性方程组的增广矩阵为

$$(\boldsymbol{A},\boldsymbol{b})=\begin{pmatrix}2&3&1&4\\1&-2&4&-5\\3&8&-2&13\\4&-1&9&-6\end{pmatrix},$$

对增广矩阵进行初等行变换,可得

$$(\boldsymbol{A},\boldsymbol{b})=\begin{pmatrix}2&3&1&4\\1&-2&4&-5\\3&8&-2&13\\4&-1&9&-6\end{pmatrix}\xrightarrow[r_2-2r_1]{r_1\leftrightarrow r_2}\begin{pmatrix}1&-2&4&-5\\0&7&-7&14\\3&8&-2&13\\4&-1&9&-6\end{pmatrix}$$

$$\xrightarrow[r_4-4r_1]{r_3-3r_1}\begin{pmatrix}1&-2&4&-5\\0&7&-7&14\\0&14&-14&28\\0&7&-7&14\end{pmatrix}\xrightarrow[\substack{r_3\div 14\\ r_4\div 7}]{r_2\div 7}\begin{pmatrix}1&-2&4&-5\\0&1&-1&2\\0&1&-1&2\\0&1&-1&2\end{pmatrix}\xrightarrow[\substack{r_4-r_2\\ r_1+2r_2}]{r_3-r_2}\begin{pmatrix}1&0&2&-1\\0&1&-1&2\\0&0&0&0\\0&0&0&0\end{pmatrix}.$$

系数矩阵的秩与增广矩阵的秩相等均为 2,即 $R(\boldsymbol{A})=R(\boldsymbol{A},\boldsymbol{b})=2$.得同解方程组

$$\begin{cases}x=-2z-1,\\y=z+2.\end{cases}$$

令 $z=k$,k 为任意实数,则方程组的通解为

$$\begin{pmatrix}x\\y\\z\end{pmatrix}=\begin{pmatrix}-2z-1\\z+2\\z\end{pmatrix}=k\begin{pmatrix}-2\\1\\1\end{pmatrix}+\begin{pmatrix}-1\\2\\0\end{pmatrix},$$

其中 k 为任意实数.

例 5.11 设向量组 $\boldsymbol{\alpha}_1=(a,2,10)^{\mathrm{T}}$,$\boldsymbol{\alpha}_2=(-2,1,5)^{\mathrm{T}}$,$\boldsymbol{\alpha}_3=(-1,1,4)^{\mathrm{T}}$,$\boldsymbol{\beta}=(1,b,c)^{\mathrm{T}}$.试问:当 a,b,c 满足什么条件时,

(1)向量 $\boldsymbol{\beta}$ 可由向量组 $\boldsymbol{\alpha}_1,\boldsymbol{\alpha}_2,\boldsymbol{\alpha}_3$ 线性表出,且表示唯一.

(2)向量 $\boldsymbol{\beta}$ 不能由向量组 $\boldsymbol{\alpha}_1,\boldsymbol{\alpha}_2,\boldsymbol{\alpha}_3$ 线性表出.

(3)向量 $\boldsymbol{\beta}$ 可由向量组 $\boldsymbol{\alpha}_1,\boldsymbol{\alpha}_2,\boldsymbol{\alpha}_3$ 线性表出,但表示不唯一,并求出其通解.

解 设有一组常数 k_1,k_2,k_3,使

$$k_1\boldsymbol{\alpha}_1+k_2\boldsymbol{\alpha}_2+k_3\boldsymbol{\alpha}_3=\boldsymbol{\beta},$$

该方程组的系数行列式为:

$$|\boldsymbol{A}|=\begin{vmatrix} a & -2 & -1 \\ 2 & 1 & 1 \\ 10 & 5 & 4 \end{vmatrix}=-a-4.$$

(1)当 $a\neq-4$ 时,$|\boldsymbol{A}|\neq 0$,此时由克莱姆法则可知方程组有唯一解,向量 $\boldsymbol{\beta}$ 可由向量组 $\boldsymbol{\alpha}_1,\boldsymbol{\alpha}_2,\boldsymbol{\alpha}_3$ 线性表示,且表示唯一.

(2)当 $a=-4$ 时,对增广矩阵作初等行变换,得到

$$(\boldsymbol{A},\boldsymbol{\beta})=\left(\begin{array}{ccc|c} -4 & -2 & -1 & 1 \\ 2 & 1 & 1 & b \\ 10 & 5 & 4 & c \end{array}\right)\xrightarrow{r_1\leftrightarrow r_2}\left(\begin{array}{ccc|c} 2 & 1 & 1 & b \\ -4 & -2 & -1 & 1 \\ 10 & 5 & 4 & c \end{array}\right)$$

$$\xrightarrow[r_3-5r_1]{r_2+2r_1}\left(\begin{array}{ccc|c} 2 & 1 & 1 & b \\ 0 & 0 & 1 & 2b+1 \\ 0 & 0 & -1 & c-5b \end{array}\right)\xrightarrow[r_3+r_2]{r_1-r_2}\left(\begin{array}{ccc|c} 2 & 1 & 0 & -b-1 \\ 0 & 0 & 1 & 2b+1 \\ 0 & 0 & 0 & -3b+c+1 \end{array}\right).$$

若 $3b-c-1\neq 0$,则 $R(\boldsymbol{A})\neq R(\boldsymbol{A},\boldsymbol{\beta})$,此时方程组无解,$\boldsymbol{\beta}$ 不能由 $\boldsymbol{\alpha}_1,\boldsymbol{\alpha}_2,\boldsymbol{\alpha}_3$ 线性表出.

(3)当 $a=-4,3b-c-1=0$ 时,$R(\boldsymbol{A})=R(\boldsymbol{A},\boldsymbol{\beta})=2<3$,此时方程组有无穷多组解,$\boldsymbol{\beta}$ 能由 $\boldsymbol{\alpha}_1,\boldsymbol{\alpha}_2,\boldsymbol{\alpha}_3$ 线性表出,但表示不唯一.此时,增广矩阵对应的同解方程组为:

$$\begin{cases} 2k_1+k_2=-b-1, \\ k_3=2b+1. \end{cases}$$

令 $k_1=t$,其中 t 为任意常数,则解为:

$$\boldsymbol{k}=\begin{pmatrix} k_1 \\ k_2 \\ k_3 \end{pmatrix}=\begin{pmatrix} t \\ -2t-b-1 \\ 2b+1 \end{pmatrix}=t\begin{pmatrix} 1 \\ -2 \\ 0 \end{pmatrix}+\begin{pmatrix} 0 \\ -b-1 \\ 2b+1 \end{pmatrix},$$

其中 t 为任意常数.

例 5.12 设一个 4 元非齐次线性方程组 $\boldsymbol{Ax}=\boldsymbol{b}$ 的系数矩阵的秩为 3,$\boldsymbol{\eta}_1,\boldsymbol{\eta}_2,\boldsymbol{\eta}_3$ 是 $\boldsymbol{Ax}=\boldsymbol{b}$ 的解,且 $\boldsymbol{\eta}_1=\begin{pmatrix} 4 \\ 1 \\ 0 \\ 2 \end{pmatrix}$,$\boldsymbol{\eta}_2+\boldsymbol{\eta}_3=\begin{pmatrix} 1 \\ 0 \\ 1 \\ 2 \end{pmatrix}$,求 $\boldsymbol{Ax}=\boldsymbol{b}$ 的通解.

解 首先,基础解系中向量的个数为 $n-R(\boldsymbol{A})=4-3=1$,由定理 5.3 可知,只需找到对应的齐次线性方程组的一个非零解即可.因为 $\boldsymbol{\eta}_1,\boldsymbol{\eta}_2,\boldsymbol{\eta}_3$ 是 $\boldsymbol{Ax}=\boldsymbol{b}$ 的解,所以可知 $\boldsymbol{\eta}_1-\boldsymbol{\eta}_2,\boldsymbol{\eta}_1-\boldsymbol{\eta}_3$ 都是其对应的齐次线性方程组的解.故

$$\boldsymbol{\xi}=(\boldsymbol{\eta}_1-\boldsymbol{\eta}_2)+(\boldsymbol{\eta}_1-\boldsymbol{\eta}_3)=2\boldsymbol{\eta}_1-(\boldsymbol{\eta}_2+\boldsymbol{\eta}_3)=2\begin{pmatrix}4\\1\\0\\2\end{pmatrix}-\begin{pmatrix}1\\0\\1\\2\end{pmatrix}=\begin{pmatrix}7\\2\\-1\\2\end{pmatrix}$$

也是其对应的齐次线性方程组的解.所以 $\boldsymbol{Ax}=\boldsymbol{b}$ 的通解为：

$$\boldsymbol{x}=k\boldsymbol{\xi}+\boldsymbol{\eta}_1=k\begin{pmatrix}7\\2\\-1\\2\end{pmatrix}+\begin{pmatrix}4\\1\\0\\2\end{pmatrix},$$

其中 k 为任意实数.

例 5.13 设矩阵 $\boldsymbol{A}=\begin{pmatrix}1&-1&-1\\-1&1&1\\0&-4&-2\end{pmatrix}$，$\boldsymbol{\xi}_1=\begin{pmatrix}-1\\1\\-2\end{pmatrix}$.

(1)求满足 $\boldsymbol{A\xi}_2=\boldsymbol{\xi}_1$，$\boldsymbol{A}^2\boldsymbol{\xi}_3=\boldsymbol{\xi}_1$ 的所有向量 $\boldsymbol{\xi}_2$，$\boldsymbol{\xi}_3$.

(2)对(1)中所求的向量 $\boldsymbol{\xi}_2$，$\boldsymbol{\xi}_3$，证明向量组 $\boldsymbol{\xi}_1$，$\boldsymbol{\xi}_2$，$\boldsymbol{\xi}_3$ 线性无关.

解 (1)对增广矩阵 $(\boldsymbol{A},\boldsymbol{\xi}_1)$ 实施初等行变换

$$(\boldsymbol{A},\boldsymbol{\xi}_1)=\begin{pmatrix}1&-1&-1&-1\\-1&1&1&1\\0&-4&-2&-2\end{pmatrix}\xrightarrow[\substack{r_3\leftrightarrow r_2\\r_2\div(-4)}]{r_2+r_1}\begin{pmatrix}1&-1&-1&-1\\0&1&\frac{1}{2}&\frac{1}{2}\\0&0&0&0\end{pmatrix}$$

$$\xrightarrow{r_1+r_2}\begin{pmatrix}1&0&-\frac{1}{2}&-\frac{1}{2}\\0&1&\frac{1}{2}&\frac{1}{2}\\0&0&0&0\end{pmatrix}.$$

增广矩阵 $(\boldsymbol{A},\boldsymbol{\xi}_1)$ 对应的同解方程组为：

$$\begin{cases}x_1=-\dfrac{1}{2}+\dfrac{1}{2}x_3,\\x_2=\dfrac{1}{2}-\dfrac{1}{2}x_3.\end{cases}$$

令 $x_3=c$，其中 c 为任意常数，则通解为：

$$\boldsymbol{\xi}_2=\begin{pmatrix}x_1\\x_2\\x_3\end{pmatrix}=\begin{pmatrix}-\frac{1}{2}+\frac{1}{2}c\\\frac{1}{2}-\frac{1}{2}c\\c\end{pmatrix}=c\begin{pmatrix}\frac{1}{2}\\-\frac{1}{2}\\1\end{pmatrix}+\begin{pmatrix}-\frac{1}{2}\\\frac{1}{2}\\0\end{pmatrix},$$

其中 c 为任意常数.

又 $\boldsymbol{A}^2=\begin{pmatrix}2&2&0\\-2&-2&0\\4&4&0\end{pmatrix}$，对增广矩阵$(\boldsymbol{A}^2,\boldsymbol{\xi}_1)$实施初等行变换，可得：

$$(\boldsymbol{A}^2,\boldsymbol{\xi}_1)=\begin{pmatrix}2&2&0&-1\\-2&-2&0&1\\4&4&0&-2\end{pmatrix}\to\begin{pmatrix}1&1&0&-\frac{1}{2}\\0&0&0&0\\0&0&0&0\end{pmatrix}.$$

增广矩阵$(\boldsymbol{A}^2,\boldsymbol{\xi}_1)$对应的同解方程组为：$x_1+x_2=-\dfrac{1}{2}$.

令 $x_2=c_1,x_3=c_2$，其中 c_1,c_2 为任意常数，则解为：

$$\boldsymbol{\xi}_3=\begin{pmatrix}x_1\\x_2\\x_3\end{pmatrix}=\begin{pmatrix}-\frac{1}{2}-c_1\\c_1\\c_2\end{pmatrix}=c_1\begin{pmatrix}-1\\1\\0\end{pmatrix}+c_2\begin{pmatrix}-\frac{1}{2}\\0\\1\end{pmatrix},$$

其中 c_1,c_2 为任意常数.

(2)设存在一组数 k_1,k_2,k_3 使得

$$k_1\boldsymbol{\xi}_1+k_2\boldsymbol{\xi}_2+k_3\boldsymbol{\xi}_3=0$$

成立.则系数行列式为

$$|\boldsymbol{\xi}_1,\boldsymbol{\xi}_2,\boldsymbol{\xi}_3|=\begin{vmatrix}-1&-\frac{1}{2}+\frac{1}{2}c&-\frac{1}{2}-c_1\\1&\frac{1}{2}-\frac{1}{2}c&c_1\\-2&c&c_2\end{vmatrix}=\begin{vmatrix}-1&-\frac{1}{2}+\frac{1}{2}c&-\frac{1}{2}-c_1\\0&0&-\frac{1}{2}\\-2&c&c_2\end{vmatrix}$$

$$=\frac{1}{2}\begin{vmatrix}-1&-\frac{1}{2}+\frac{1}{2}c\\-2&c\end{vmatrix}=\frac{1}{2}\neq0,$$

所以 $k_1=k_2=k_3=0$，故向量组 $\boldsymbol{\xi}_1,\boldsymbol{\xi}_2,\boldsymbol{\xi}_3$ 线性无关.

习题 5.3

1.求下列非齐次线性方程组的通解：

(1) $\begin{cases}x_1+x_2-x_3+2x_4=3,\\2x_1+x_2-3x_4=1,\\-2x_1-2x_3+10x_4=4.\end{cases}$　　(2) $\begin{cases}x_1+5x_2-x_3-x_4=-1,\\x_1-2x_2+x_3+3x_4=3,\\3x_1+8x_2-x_3+x_4=1,\\x_1-9x_2+3x_3+7x_4=7.\end{cases}$

(3) $\begin{cases} x_1+2x_2-x_3-2x_4=2, \\ 2x_1+3x_2+x_3-x_4=0, \\ 4x_1+7x_2-x_3-5x_4=4, \\ 3x_1+5x_2-3x_4=2. \end{cases}$ (4) $\begin{cases} x_1+x_2+x_3+x_4+x_5=7, \\ 3x_1+2x_2+x_3+x_4-3x_5=-2, \\ x_2+2x_3+2x_4+6x_5=23, \\ 5x_1+4x_2+3x_3+3x_4-x_5=12. \end{cases}$

2. 已知 $\boldsymbol{\xi}_1=(-9,1,2,11)^{\mathrm{T}}$，$\boldsymbol{\xi}_2=(1,-5,13,0)^{\mathrm{T}}$，$\boldsymbol{\xi}_3=(-7,-9,24,11)^{\mathrm{T}}$ 是线性方程组

$$\begin{cases} a_1x_1+7x_2+a_3x_3+x_4=d_1, \\ 3x_1+b_2x_2+2x_3+2x_4=d_2, \\ 9x_1+4x_2+x_3+7x_4=2 \end{cases}$$

的解，求方程组的通解.

3. 已知非齐次线性方程组

$$\begin{cases} x_1+x_2+x_3+x_4=-1, \\ 4x_1+3x_2+5x_3-x_4=-1, \\ ax_1+x_2+3x_3+bx_4=1 \end{cases}$$

有 3 个线性无关解.(1)证明方程组系数矩阵的秩等于 2.(2)求 a,b 的值以及方程组的通解.

4. 设

$$\boldsymbol{A}=\begin{pmatrix} 1 & a & 0 & 0 \\ 0 & 1 & a & 0 \\ 0 & 0 & 1 & a \\ a & 0 & 0 & 1 \end{pmatrix},\boldsymbol{b}=\begin{pmatrix} 1 \\ -1 \\ 0 \\ 0 \end{pmatrix}.$$

(1)求矩阵 $\boldsymbol{A}$ 的行列式.

(2)已知线性方程组 $\boldsymbol{Ax}=\boldsymbol{b}$ 有无穷多解，求 a 的值以及 $\boldsymbol{Ax}=\boldsymbol{b}$ 的通解.

5. 设非齐次线性方程组

$$(\text{Ⅰ})\begin{cases} x_1+2x_2-x_3+x_4=l, \\ 3x_1+mx_2+3x_3+2x_4=-11, \\ 2x_1+2x_2+nx_3+x_4=-4 \end{cases}$$

与

$$(\text{Ⅱ})\begin{cases} x_1+3x_3=-2, \\ x_2-2x_3=5, \\ x_4=-10 \end{cases}$$

同解，求 l,m,n 的值.

6. 已知 $\boldsymbol{\alpha}_1=(1,4,0,2)^{\mathrm{T}}$，$\boldsymbol{\alpha}_2=(2,7,1,3)^{\mathrm{T}}$，$\boldsymbol{\alpha}_3=(0,1,-1,a)^{\mathrm{T}}$，$\boldsymbol{\beta}=(3,10,b,4)^{\mathrm{T}}$，求

(1) a,b 取何值时，$\boldsymbol{\beta}$ 不能由 $\boldsymbol{\alpha}_1,\boldsymbol{\alpha}_2,\boldsymbol{\alpha}_3$ 线性表示.

(2) a,b 取何值时，$\boldsymbol{\beta}$ 可由 $\boldsymbol{\alpha}_1,\boldsymbol{\alpha}_2,\boldsymbol{\alpha}_3$ 线性表示，并写出表达式.

7. 设一个 4 元非齐次线性方程组 $\boldsymbol{Ax}=\boldsymbol{b}$ 的系数矩阵的秩为 3，$\boldsymbol{\eta}_1,\boldsymbol{\eta}_2,\boldsymbol{\eta}_3$ 是 $\boldsymbol{Ax}=\boldsymbol{b}$ 的解，且 $\boldsymbol{\eta}_1+\boldsymbol{\eta}_2=(1,1,0,2)^{\mathrm{T}}$，$\boldsymbol{\eta}_2+\boldsymbol{\eta}_3=(1,0,1,3)^{\mathrm{T}}$，求 $\boldsymbol{Ax}=\boldsymbol{b}$ 的通解.

8. 设 $\boldsymbol{\eta}$ 是非齐次线性方程组 $\boldsymbol{Ax}=\boldsymbol{b}$ 的一个解，$\boldsymbol{\xi}_1,\boldsymbol{\xi}_2,\cdots,\boldsymbol{\xi}_{n-r}$ 是其对应的齐次线性方程组 $\boldsymbol{Ax}=\boldsymbol{0}$ 的一个基础解系，证明：

(1) 向量组 $\boldsymbol{\eta},\boldsymbol{\xi}_1,\boldsymbol{\xi}_2,\cdots,\boldsymbol{\xi}_{n-r}$ 线性无关.

(2) 向量组 $\boldsymbol{\eta},\boldsymbol{\xi}_1+\boldsymbol{\eta},\boldsymbol{\xi}_2+\boldsymbol{\eta},\cdots,\boldsymbol{\xi}_{n-r}+\boldsymbol{\eta}$ 线性无关.

第5章习题答案

第 6 章　矩阵的特征值、相似与对角化

工程技术以及经济学中的一些稳定性问题可归结为数学上的特征值与特征向量相关问题.矩阵的最大特征值在矩阵分析、经济学等方面有着重要作用.本章首先介绍矩阵的特征值与特征向量的概念及其计算.然后讨论矩阵的相似对角化,及其在简化矩阵计算中的应用.最后介绍一类特殊矩阵——实对称矩阵的相似对角化.需要注意的是本章讨论的矩阵均为方阵.

6.1　矩阵的特征值与特征向量

6.1.1　特征值与特征向量的基本概念

定义 6.1　设 $\boldsymbol{A}$ 是 n 阶方阵,如果存在数 λ 与 n 维非零的列向量 $\boldsymbol{\alpha}$ 满足:

$$\boldsymbol{A\alpha}=\lambda\boldsymbol{\alpha},$$

则称数 λ 为矩阵 $\boldsymbol{A}$ 的特征值,称向量 $\boldsymbol{\alpha}$ 为矩阵 $\boldsymbol{A}$ 属于(或对应于)λ 的特征向量.

例 6.1　设 $\boldsymbol{A}=\begin{pmatrix}2&2\\1&3\end{pmatrix}$,$\boldsymbol{\alpha}=\begin{pmatrix}1\\1\end{pmatrix}$,有

$$\boldsymbol{A\alpha}=\begin{pmatrix}2&2\\1&3\end{pmatrix}\boldsymbol{\alpha}=\begin{pmatrix}2&2\\1&3\end{pmatrix}\begin{pmatrix}1\\1\end{pmatrix}=\begin{pmatrix}4\\4\end{pmatrix}=4\begin{pmatrix}1\\1\end{pmatrix}=4\alpha,$$

由定义 6.1 可知,4 是矩阵 $\boldsymbol{A}=\begin{pmatrix}2&2\\1&3\end{pmatrix}$ 的一个特征值,$\boldsymbol{\alpha}=\begin{pmatrix}1\\1\end{pmatrix}$ 是矩阵 $\boldsymbol{A}=\begin{pmatrix}2&2\\1&3\end{pmatrix}$ 属于特征值 4 的一个特征向量.

关于定义 6.1 的几点说明:

(1)特征值和特征向量是方阵才有的概念.它们是一对概念,每个特征值必有属于它的特征向量,反之每个特征向量必属于某一特征值,且特征向量是非零向量.

(2)一个特征向量 $\boldsymbol{\alpha}$ 不能属于不同的特征值.这是因为,若矩阵 $\boldsymbol{A}$ 还有其他的特征值 $\mu(\mu\neq\lambda)$ 对应于特征向量 $\boldsymbol{\alpha}$,则有 $\boldsymbol{A\alpha}=\boldsymbol{\mu\alpha}$,且同时还满足 $\boldsymbol{A\alpha}=\boldsymbol{\lambda\alpha}$,即

$$(\lambda-\mu)\boldsymbol{\alpha}=\boldsymbol{0},$$

由于 $\boldsymbol{\alpha}\neq\boldsymbol{0}$,可得 $\lambda=\mu$,与假设矛盾.因此一个特征向量 $\boldsymbol{\alpha}$ 不能属于不同的特征值.

(3)一个特征值对应的特征向量不是唯一的.这是因为,若 $\boldsymbol{\alpha}$ 是矩阵 $\boldsymbol{A}$ 属于 λ 的特征向量,则对于任意非零实数 k,有

$$\boldsymbol{A}(k\boldsymbol{\alpha})=k\boldsymbol{A}\boldsymbol{\alpha}=k(\lambda\boldsymbol{\alpha})=\lambda(k\boldsymbol{\alpha}),$$

即 $k\boldsymbol{\alpha}$ 也是 $\boldsymbol{A}$ 的属于 λ 的特征向量.

(4)对于属于同一特征值的特征向量,它们的任意非零线性组合仍是属于这个特征值的特征向量.这是因为,若 $\boldsymbol{A}\boldsymbol{\alpha}=\lambda\boldsymbol{\alpha},\boldsymbol{A}\boldsymbol{\beta}=\lambda\boldsymbol{\beta}$,则有

$$\boldsymbol{A}(k\boldsymbol{\alpha}+l\boldsymbol{\beta})\boldsymbol{\alpha}=k\boldsymbol{A}\boldsymbol{\alpha}+l\boldsymbol{A}\boldsymbol{\beta}=\lambda(k\boldsymbol{\alpha}+l\boldsymbol{\beta}).$$

例 6.2　设 $\boldsymbol{A}=\begin{pmatrix}1&1&0\\0&2&2\\0&0&3\end{pmatrix},\boldsymbol{p}_1=\begin{pmatrix}1\\0\\0\end{pmatrix},\boldsymbol{p}_2=\begin{pmatrix}1\\1\\0\end{pmatrix},\boldsymbol{p}_3=\begin{pmatrix}1\\2\\1\end{pmatrix}$,问 p_1,p_2,p_3 是否是矩阵 $\boldsymbol{A}$ 的特征向量?若是,它们分别属于哪个特征值?

解　由题意可知

$$\boldsymbol{A}\boldsymbol{p}_1=\begin{pmatrix}1&1&0\\0&2&2\\0&0&3\end{pmatrix}\begin{pmatrix}1\\0\\0\end{pmatrix}=\begin{pmatrix}1\\0\\0\end{pmatrix}=1\boldsymbol{p}_1,$$

$$\boldsymbol{A}\boldsymbol{p}_2=\begin{pmatrix}1&1&0\\0&2&2\\0&0&3\end{pmatrix}\begin{pmatrix}1\\1\\0\end{pmatrix}=2\begin{pmatrix}1\\1\\0\end{pmatrix}=2\boldsymbol{p}_2,$$

$$\boldsymbol{A}\boldsymbol{p}_3=\begin{pmatrix}1&1&0\\0&2&2\\0&0&3\end{pmatrix}\begin{pmatrix}1\\2\\1\end{pmatrix}=3\begin{pmatrix}1\\2\\1\end{pmatrix}=3\boldsymbol{p}_3,$$

所以 $\boldsymbol{p}_1,\boldsymbol{p}_2,\boldsymbol{p}_3$ 分别是属于特征值 1,2,3 的特征向量.

对于一般形式的方阵 $\boldsymbol{A}$,有两个问题亟须解决:一是方阵 $\boldsymbol{A}$ 是否一定有特征值.二是当方阵 $\boldsymbol{A}$ 有特征值时,如何求出它的全部特征值及其对应的全部特征向量.下面就来讨论这两个问题.

由定义 6.1 不难发现,对于一般 n 阶方阵 $\boldsymbol{A}$,如果 λ 是 $\boldsymbol{A}$ 的特征值,向量 $\boldsymbol{\alpha}$ 为矩阵 $\boldsymbol{A}$ 属于(或对应于)λ 的特征向量,则有 $\boldsymbol{A}\boldsymbol{\alpha}=\lambda\boldsymbol{\alpha},\boldsymbol{\alpha}\neq\boldsymbol{0}$,即

$$(\lambda\boldsymbol{E}-\boldsymbol{A})\boldsymbol{\alpha}=\boldsymbol{0}. \tag{6.1}$$

方程组(6.1)是一个以$(\lambda\boldsymbol{E}-\boldsymbol{A})$为系数矩阵的 n 元齐次线性方程组.由定义 6.1 可知:$\boldsymbol{A}$ 属于特征值 λ 的特征向量 $\boldsymbol{\alpha}$ 是齐次线性方程组(6.1)的非零解向量.反之,若数 λ 使齐次线性方程组(6.1)有非零解,则 λ 就是矩阵 $\boldsymbol{A}$ 的特征值,对应的齐次线性方程组(6.1)的非零解向量就是矩阵 $\boldsymbol{A}$ 属于特征值 λ 的特征向量.于是,矩阵 $\boldsymbol{A}$ 有特征值与特征向量的充要条件是方程组(6.1)有非零解,而齐次线性方程组(6.1)有非零解的充要条件是它的系数行列式为零,即

$$|\lambda\boldsymbol{E}-\boldsymbol{A}|=0. \tag{6.2}$$

因此,λ 是矩阵 $\boldsymbol{A}$ 的特征值的充要条件是:λ 是方程 $|\lambda\boldsymbol{E}-\boldsymbol{A}|=0$ 的解.

根据行列式的定义,在行列式

$$|\lambda\boldsymbol{E}-\boldsymbol{A}|=\begin{vmatrix}\lambda-a_{11} & -a_{12} & \cdots & -a_{1n}\\ -a_{21} & \lambda-a_{22} & \cdots & -a_{2n}\\ \vdots & \vdots & & \vdots\\ -a_{n1} & -a_{n2} & \cdots & \lambda-a_{nn}\end{vmatrix}$$

的展开式中,主对角线元素的乘积,即

$$(\lambda-a_{11})(\lambda-a_{22})\cdots(\lambda-a_{nn}) \tag{6.3}$$

中含有 λ 的 n 次幂与 $n-1$ 次幂,它们分别是 λ^n 和 $-(a_{11}+a_{22}+\cdots+a_{nn})\lambda^{n-1}$.而展开式中其余各项最多含有 $n-2$ 个主对角元素,故 λ 的次数最多是 $n-2$,因此 $|\lambda\boldsymbol{E}-\boldsymbol{A}|$ 是 λ 的 n 次多项式,记作 $f(\lambda)=|\lambda\boldsymbol{E}-\boldsymbol{A}|$.而

$$f(\lambda)=|\lambda\boldsymbol{E}-\boldsymbol{A}|=0$$

是以 λ 为未知数的 n 次方程.

定义 6.2 设 $\boldsymbol{A}=(a_{ij})$ 为 n 阶方阵,矩阵 $\lambda\boldsymbol{E}-\boldsymbol{A}$ 称为 $\boldsymbol{A}$ 的特征矩阵,$f(\lambda)=|\lambda\boldsymbol{E}-\boldsymbol{A}|$ 称为 $\boldsymbol{A}$ 的特征多项式,$|\lambda\boldsymbol{E}-\boldsymbol{A}|=0$ 称为 $\boldsymbol{A}$ 的特征方程,特征方程的根称为 $\boldsymbol{A}$ 的特征根.

注:根据代数基本定理"在复数域内,n 次方程恰有 n 个根",所以在复数域内,矩阵 $\boldsymbol{A}$ 的特征方程 $|\lambda\boldsymbol{E}-\boldsymbol{A}|=0$ 必有 n 个根(k 重根算 k 个根).在复数域上,n 阶矩阵 $\boldsymbol{A}$ 必有 n 个特征值.再由定义 6.1 知,特征值必有对应的特征向量,且 $\boldsymbol{A}$ 属于特征值 λ_1 的全体特征向量就是齐次线性方程组 $(\lambda_1\boldsymbol{E}-\boldsymbol{A})x=\boldsymbol{0}$ 的全体非零解向量.

综上所述,可给出求方阵 $\boldsymbol{A}$ 的全部特征值和特征向量的步骤:

(1)计算行列式 $|\lambda\boldsymbol{E}-\boldsymbol{A}|$,并求出

$$f(\lambda)=|\lambda\boldsymbol{E}-\boldsymbol{A}|=|\lambda\boldsymbol{E}-\boldsymbol{A}|=\begin{vmatrix}\lambda-a_{11} & -a_{12} & \cdots & -a_{1n}\\ -a_{21} & \lambda-a_{22} & \cdots & -a_{2n}\\ \vdots & \vdots & & \vdots\\ -a_{n1} & -a_{n2} & \cdots & \lambda-a_{nn}\end{vmatrix}=0$$

的全部根,即 A 的特征值.

(2)对于每一个特征值 $\lambda_i(i=1,2,\cdots,n)$,求齐次线性方程组

$$(\boldsymbol{A}-\lambda_i\boldsymbol{E})\boldsymbol{x}=0$$

的一个基础解系 $\alpha_1,\alpha_2,\cdots,\alpha_s$ 并写成列向量的形式,则 $\boldsymbol{A}$ 属于 λ_i 的全部特征向量为 $k_1\boldsymbol{\alpha}_1+k_2\boldsymbol{\alpha}_2+\cdots+k_s\boldsymbol{\alpha}_s$,其中 $k_1,k_2,\cdots,k_s$ 为不全为零的任意常数.

例 6.3 求 $\boldsymbol{A}=\begin{pmatrix}2 & -1\\ -1 & 2\end{pmatrix}$ 的特征值和特征向量.

解 由

$$f(\lambda)=|\lambda\boldsymbol{E}-\boldsymbol{A}|=\begin{vmatrix}\lambda-2 & 1\\ 1 & \lambda-2\end{vmatrix}=(\lambda-2)^2-1=(\lambda-1)(\lambda-3)=0,$$

可得 $\lambda_1=1,\lambda_2=3$.

对于 $\lambda_1=1$,解齐次线性方程组$(\boldsymbol{E}-\boldsymbol{A})\boldsymbol{x}=\boldsymbol{0}$,利用初等行变换其系数矩阵:

$$\boldsymbol{E}-\boldsymbol{A}=\begin{pmatrix}-1&1\\1&-1\end{pmatrix}\sim\begin{pmatrix}-1&1\\0&0\end{pmatrix}\sim\begin{pmatrix}1&-1\\0&0\end{pmatrix},$$

可得解为 $x_1=x_2$,取基础解系为$\begin{pmatrix}1\\1\end{pmatrix}$,因此属于 1 的全部特征向量为 $k\begin{pmatrix}1\\1\end{pmatrix}$,$k\neq0$ 为任意常数.

对于 $\boldsymbol{\lambda}_2=3$,由 $3\boldsymbol{E}-\boldsymbol{A}=\begin{pmatrix}1&1\\1&1\end{pmatrix}\sim\begin{pmatrix}1&1\\0&0\end{pmatrix}$得方程组$(3\boldsymbol{E}-\boldsymbol{A})\boldsymbol{x}=\boldsymbol{0}$ 的解 $x_1=-x_2$,从而得取基础解系$\begin{pmatrix}-1\\1\end{pmatrix}$,故属于 3 的全部特征向量为 $k\begin{pmatrix}-1\\1\end{pmatrix}$,$k\neq0$ 为任意常数.

例 6.4　求 $\boldsymbol{A}=\begin{pmatrix}1&2&2\\2&1&2\\2&2&1\end{pmatrix}$的特征值和特征向量.

解　由

$$|\lambda\boldsymbol{E}-\boldsymbol{A}|=\begin{vmatrix}\lambda-1&-2&-2\\-2&\lambda-1&-2\\-2&-2&\lambda-1\end{vmatrix}=(\lambda+1)^2(5-\lambda)=0,$$

可得特征值为:

$$\lambda_1=\lambda_2=-1,\lambda_3=5.$$

当 $\lambda_1=\lambda_2=-1$ 时,解齐次线性方程组$(-\boldsymbol{E}-\boldsymbol{A})\boldsymbol{x}=\boldsymbol{0}$,利用初等行变换其系数矩阵

$$\boldsymbol{E}+\boldsymbol{A}=\begin{pmatrix}2&2&2\\2&2&2\\2&2&2\end{pmatrix}\sim\begin{pmatrix}1&1&1\\0&0&0\\0&0&0\end{pmatrix},$$

其通解为 $x_1=-x_2-x_3$,其中 x_2,x_3 为自由未知量.令 $x_2=k_1,x_3=k_2$,其中 k_1,k_2 为任意常数,则通解为:

$$x=\begin{pmatrix}x_1\\x_2\\x_3\end{pmatrix}=k_1\begin{pmatrix}-1\\1\\0\end{pmatrix}+k_2\begin{pmatrix}-1\\0\\1\end{pmatrix},$$

其中 k_1,k_2 为任意常数.令 $\boldsymbol{\alpha}_1=(-1,1,0)^{\mathrm{T}},\boldsymbol{\alpha}_2=(-1,0,1)^{\mathrm{T}}$,则属于特征值$-1$ 的全部特征向量为

$$k_1\alpha_1+k_2\alpha_2,$$

其中 k_1,k_2 为不全为零的任意常数.

对于 $\lambda_3=5$,解齐次线性方程组$(5\boldsymbol{E}-\boldsymbol{A})\boldsymbol{x}=\boldsymbol{0}$,利用初等行变换其系数矩阵:

$$5\boldsymbol{E}-\boldsymbol{A}=\begin{pmatrix}4&-2&-2\\-2&4&-2\\-2&-2&4\end{pmatrix}\sim\begin{pmatrix}1&0&-1\\0&1&-1\\0&0&0\end{pmatrix},$$

其同解方程组为：

$$\begin{cases}x_1=x_3,\\x_2=x_3,\end{cases}$$

其中 x_3 为自由未知量.故 $\boldsymbol{\alpha}_3=(1,1,1)^{\mathrm{T}}$ 为该方程组的基础解系,而属于特征值 5 的全部特征向量为 $k\boldsymbol{\alpha}_3,k\neq0$.

例 6.5 设 $\boldsymbol{A}=\begin{pmatrix}3&-4&0\\4&-5&0\\a&2&k\end{pmatrix}$,(1)求 $\boldsymbol{A}$ 的特征值;(2)若 $\boldsymbol{A}$ 有三重特征值 λ,且对应 λ 有两个线性无关的特征向量,求 a 与 k.

解 (1)依题意,先求出矩阵的特征值,由特征方程可知,

$$f(\lambda)=|\lambda\boldsymbol{E}-\boldsymbol{A}|=\begin{vmatrix}\lambda-3&4&0\\-4&\lambda+5&0\\-a&-2&\lambda-k\end{vmatrix}=(\lambda+1)^2(\lambda-k)=0.$$

通过上式可求出 $\boldsymbol{A}$ 的特征值 $\lambda_1=\lambda_2=-1,\lambda_3=k$.

(2)若 $\boldsymbol{A}$ 有三重特征值 λ,则 $\lambda=k=-1$.由于 $\boldsymbol{A}$ 的三重特征值 $\lambda=-1$ 对应两个线性无关的特征向量.所以齐次线性方程组$(-\boldsymbol{E}-\boldsymbol{A})\boldsymbol{x}=\boldsymbol{0}$ 的基础解系含 2 个向量,即齐次线性方程组

$$(\boldsymbol{E}+\boldsymbol{A})\boldsymbol{x}=\boldsymbol{0}$$

的基础解系含 2 个向量,所以

$$3-R(\boldsymbol{E}+\boldsymbol{A})=2,$$

即 $R(\boldsymbol{E}+\boldsymbol{A})=1$,即

$$R(\boldsymbol{E}+\boldsymbol{A})=R\begin{pmatrix}4&-4&0\\4&-4&0\\a&2&0\end{pmatrix}=1,$$

所以 $a=-2$.

例 6.6 已知 $\boldsymbol{\alpha}=\begin{pmatrix}1\\1\\-1\end{pmatrix}$是矩阵 $\boldsymbol{A}=\begin{pmatrix}2&-1&2\\5&a&3\\-1&b&-2\end{pmatrix}$的一个特征向量,求 a,b 的值以及 $\boldsymbol{\alpha}$ 所对应的特征值.

解 由 $\boldsymbol{A\alpha}=\lambda\boldsymbol{\alpha}$,可得

$$\boldsymbol{A\alpha}=\begin{pmatrix}2&-1&2\\5&a&3\\-1&b&-2\end{pmatrix}\begin{pmatrix}1\\1\\-1\end{pmatrix}=\begin{pmatrix}-1\\2+a\\1+b\end{pmatrix}=\lambda\boldsymbol{\alpha}=\begin{pmatrix}\lambda\\\lambda\\-\lambda\end{pmatrix},$$

从而可得方程组为

$$\begin{cases}\lambda=-1,\\2+a=\lambda,\\1+b=-\lambda,\end{cases}$$

求解可得 $a=-3,b=0,\lambda=-1$.

6.1.2　特征值与特征向量的基本性质

根据实系数多项式的因式分解定理(每个次数大于 1 的实系数多项式在实数范围内总能唯一地分解为一次因式和二次因式的乘积),若方阵 $\boldsymbol{A}$ 恰有 n 个实特征值 $\lambda_1,\lambda_2,\cdots,\lambda_n$,则特征多项式 $f(\lambda)=|\lambda\boldsymbol{E}-\boldsymbol{A}|$ 一定可以分解为如下形式:

$$f(\lambda)=|\lambda\boldsymbol{E}-\boldsymbol{A}|=\begin{vmatrix}\lambda-a_{11} & -a_{12} & \cdots & -a_{1n}\\ -a_{21} & \lambda-a_{22} & \cdots & -a_{2n}\\ \vdots & \vdots & & \vdots\\ -a_{n1} & -a_{n2} & \cdots & \lambda-a_{nn}\end{vmatrix}$$

$$=(\lambda-\lambda_1)(\lambda-\lambda_2)\cdots(\lambda-\lambda_n).$$

定理 6.1　设 $\boldsymbol{A}$ 为 n 阶方阵,数 $\lambda_1,\lambda_2,\cdots,\lambda_n$ 是 $\boldsymbol{A}$ 的特征值,则有

(1) $\lambda_1+\lambda_2+\cdots+\lambda_n=a_{11}+a_{22}+\cdots+a_{nn}$,

(2) $\lambda_1\lambda_2\cdots\lambda_n=|A|$.

证明　由式(6.3)可知,

$$f(\lambda)=|\lambda\boldsymbol{E}-\boldsymbol{A}|=\begin{vmatrix}\lambda-a_{11} & -a_{12} & \cdots & -a_{1n}\\ -a_{21} & \lambda-a_{22} & \cdots & -a_{2n}\\ \vdots & \vdots & & \vdots\\ -a_{n1} & -a_{n2} & \cdots & \lambda-a_{nn}\end{vmatrix}$$

$$=\lambda^n-(a_{11}+a_{22}+\cdots+a_{nn})\lambda^{n-1}+\cdots+f(0),$$

又 $f(0)=|-\boldsymbol{A}|=(-1)^n|\boldsymbol{A}|$,代入上式可得

$$|\lambda\boldsymbol{E}-\boldsymbol{A}|=\lambda^n-(a_{11}+a_{22}+\cdots+a_{nn})\lambda^{n-1}+\cdots+(-1)^n|\boldsymbol{A}|. \tag{6.4}$$

由题设可知:

$$f(\lambda)=|\lambda\boldsymbol{E}-\boldsymbol{A}|=(\lambda-\lambda_1)(\lambda-\lambda_2)\cdots(\lambda-\lambda_n)$$

进一步计算,可得:

$$|\lambda\boldsymbol{E}-\boldsymbol{A}|=\lambda^n-(\lambda_1+\lambda_2+\cdots+\lambda_n)\lambda^{n-1}+\cdots+(-1)^n\lambda_1\lambda_2\cdots\lambda_n. \tag{6.5}$$

比较式(6.4)与式(6.5)可得:

$$\lambda_1+\lambda_2+\cdots+\lambda_n=a_{11}+a_{22}+\cdots+a_{nn},$$

且有 $\lambda_1\lambda_2\cdots\lambda_n=|\boldsymbol{A}|$.

定义 6.3　矩阵 $\boldsymbol{A}$ 的主对角线上 n 个元素之和 $a_{11}+a_{22}+\cdots+a_{nn}$ 称为 $\boldsymbol{A}$ 的迹,记作 $\boldsymbol{tr}(\boldsymbol{A})$.

推论 1　设 $\boldsymbol{A}$ 为 n 阶矩阵,$\boldsymbol{A}$ 可逆的充分必要条件是 $\boldsymbol{A}$ 的特征值均不为零.

证明　设数 $\lambda_1,\lambda_2,\cdots,\lambda_n$ 是 $\boldsymbol{A}$ 的特征值,由 $|\boldsymbol{A}|=\lambda_1\lambda_2\cdots\lambda_n$ 可知,$|\boldsymbol{A}|\neq 0$ 的充分必要条件是 $\boldsymbol{A}$ 没有零特征根,即 $\boldsymbol{A}$ 可逆的充分必要条件是 $\boldsymbol{A}$ 的特征值均不为零.

接下来进一步研究特征值与特征向量的性质.

性质 1 方阵 $\boldsymbol{A}$ 与它的转置矩阵 $\boldsymbol{A}^{\mathrm{T}}$ 有相同的特征值,但对应特征向量未必相同.

证明 由矩阵转置的性质,可知:

$$(\lambda\boldsymbol{E}-\boldsymbol{A})^{\mathrm{T}}=\lambda\boldsymbol{E}-\boldsymbol{A}^{\mathrm{T}},$$

所以

$$|\lambda\boldsymbol{E}-\boldsymbol{A}|=|(\lambda\boldsymbol{E}-\boldsymbol{A})^{\mathrm{T}}|=|\lambda\boldsymbol{E}-\boldsymbol{A}^{\mathrm{T}}|,$$

即 $\boldsymbol{A}$ 与 $\boldsymbol{A}^{\mathrm{T}}$ 有相同的特征多项式,故有相同的特征值.

但当 $\boldsymbol{A\alpha}=\lambda\boldsymbol{\alpha}$ 时,未必有 $\boldsymbol{A}^{\mathrm{T}}\boldsymbol{\alpha}=\lambda\boldsymbol{\alpha}$. 可举反例,设方阵 $\boldsymbol{A}=\begin{pmatrix}1&1\\0&1\end{pmatrix}$, $\boldsymbol{\alpha}=\begin{pmatrix}1\\0\end{pmatrix}$,则有

$$\boldsymbol{A\alpha}=\begin{pmatrix}1&1\\0&1\end{pmatrix}\begin{pmatrix}1\\0\end{pmatrix}=1\cdot\begin{pmatrix}1\\0\end{pmatrix}=\boldsymbol{\alpha},$$

但

$$\boldsymbol{A}^{\mathrm{T}}\boldsymbol{\alpha}=\begin{pmatrix}1&0\\1&1\end{pmatrix}\begin{pmatrix}1\\0\end{pmatrix}=\begin{pmatrix}1\\1\end{pmatrix}\neq\boldsymbol{\alpha}=\begin{pmatrix}1\\0\end{pmatrix}.$$

性质 2 设方阵 $\boldsymbol{A}$ 为可逆阵,若 λ 是 $\boldsymbol{A}$ 的特征值,则$\dfrac{1}{\lambda}$是 $\boldsymbol{A}^{-1}$ 的特征值,$\dfrac{1}{\lambda}|\boldsymbol{A}|$ 是 A^* 的特征值.

证明 设 $\boldsymbol{\alpha}$ 是 $\boldsymbol{A}$ 的对应于 λ 的特征向量,则 $\boldsymbol{A\alpha}=\lambda\boldsymbol{\alpha}$,两端同时左乘逆矩阵,可得

$$\boldsymbol{A}^{-1}\boldsymbol{A\alpha}=\lambda\boldsymbol{A}^{-1}\boldsymbol{\alpha}\Rightarrow\boldsymbol{A}^{-1}\boldsymbol{\alpha}=\frac{1}{\lambda}\boldsymbol{\alpha},$$

所以$\dfrac{1}{\lambda}$是 $\boldsymbol{A}^{-1}$ 的特征值.

又 $\boldsymbol{A}^*=|\boldsymbol{A}|\boldsymbol{A}^{-1}$,所以 $\boldsymbol{A}^*\boldsymbol{\alpha}=|\boldsymbol{A}|\boldsymbol{A}^{-1}\boldsymbol{\alpha}=\dfrac{|\boldsymbol{A}|}{\lambda}\boldsymbol{\alpha}$,由特征值的定义,可知$\dfrac{1}{\lambda}|\boldsymbol{A}|$ 是 $\boldsymbol{A}^*$ 的特征值.

性质 3 设 λ 是方阵 $\boldsymbol{A}$ 的特征值,则 λ^2 是 $\boldsymbol{A}^2$ 的特征值,进一步有 λ^k 是 $\boldsymbol{A}^k$ 的特征值.

证明 因为 λ 是方阵 $\boldsymbol{A}$ 的特征值,依定义可知 $\boldsymbol{A\alpha}=\lambda\boldsymbol{\alpha}$,在等式两端同时左乘矩阵 $\boldsymbol{A}$,可得

$$\boldsymbol{A}^2\boldsymbol{\alpha}=\boldsymbol{A}(\boldsymbol{A\alpha})=\boldsymbol{A}(\lambda\boldsymbol{\alpha})=\lambda(\boldsymbol{A\alpha})=\lambda^2\boldsymbol{\alpha},$$

即 λ^2 是 $\boldsymbol{A}^2$ 的特征值. 以此类推,可得

$$\boldsymbol{A}^k\boldsymbol{\alpha}=\boldsymbol{A}^{k-1}(\boldsymbol{A\alpha})=\boldsymbol{A}^{k-1}(\lambda\boldsymbol{\alpha})=\lambda(\boldsymbol{A}^{k-1}\boldsymbol{\alpha})=\lambda\boldsymbol{A}^{k-2}(\boldsymbol{A\alpha})$$
$$\lambda^2\boldsymbol{A}^{k-2}\boldsymbol{\alpha}=\cdots=\lambda^k\boldsymbol{\alpha}.$$

即 λ^k 是 $\boldsymbol{A}^k$ 的特征值.

性质 4 设 $\varphi(x)=a_0+a_1x+a_2x^2+\cdots+a_mx^m$,若 λ 是方阵 $\boldsymbol{A}$ 的特征值,则 $\varphi(\lambda)=a_0+a_1\lambda+a_2\lambda^2+\cdots+a_m\lambda^m$ 是 $\varphi(A)=a_0\boldsymbol{E}+a_1\boldsymbol{A}+a_2\boldsymbol{A}^2+\cdots+a_m\boldsymbol{A}^m$ 的特征值.

证明 设存在 $\boldsymbol{\alpha}\neq0$ 使 $\boldsymbol{A\alpha}=\lambda\boldsymbol{\alpha}$,则

$$\begin{aligned}\varphi(\boldsymbol{A})\boldsymbol{\alpha}&=a_0\boldsymbol{E\alpha}+a_1\boldsymbol{A\alpha}+a_2\boldsymbol{A}^2\boldsymbol{\alpha}+\cdots+a_m\boldsymbol{A}^m\boldsymbol{\alpha}\\&=a_0\boldsymbol{\alpha}+a_1\lambda\boldsymbol{\alpha}+a_2\lambda^2\boldsymbol{\alpha}+\cdots+a_m\lambda^m\boldsymbol{\alpha}\\&=(a_0+a_1\lambda+a_2\lambda^2+\cdots+a_m\lambda^m)\boldsymbol{\alpha}=\varphi(\lambda)\boldsymbol{\alpha}.\end{aligned}$$

即 $\varphi(\lambda)$ 是 $\varphi(\boldsymbol{A})$ 的特征值.

性质 5　设向量 $\boldsymbol{\alpha}$ 是矩阵 $\boldsymbol{A}$ 关于特征值 λ_0 的特征向量,则

(1)向量 $k\boldsymbol{\alpha}(k\neq0)$ 也是矩阵 $\boldsymbol{A}$ 关于 λ_0 的特征向量.

(2)若 $\boldsymbol{\alpha},\boldsymbol{\beta}$ 是矩阵 $\boldsymbol{A}$ 关于特征值 λ_0 的特征向量,$k_1\boldsymbol{\alpha}+k_2\boldsymbol{\beta}$ 也是 $\boldsymbol{A}$ 关于 λ_0 的特征向量,其中 k_1,k_2 不全为零.

证明　(1)设向量 $\boldsymbol{\alpha}$ 是矩阵 $\boldsymbol{A}$ 关于特征值 λ_0 的特征向量,则

$$\boldsymbol{A\alpha}=\lambda_0\boldsymbol{\alpha},$$

又当 $k\neq0$ 时,可得

$$\boldsymbol{A}(k\boldsymbol{\alpha})=k\boldsymbol{A\alpha}=\lambda_0k\boldsymbol{\alpha}=\lambda_0(k\boldsymbol{\alpha}).$$

即向量 $k\boldsymbol{\alpha}(k\neq0)$ 也是矩阵 $\boldsymbol{A}$ 关于 λ_0 的特征向量.

(2)若 $\boldsymbol{\alpha},\boldsymbol{\beta}$ 是矩阵 $\boldsymbol{A}$ 关于特征值 λ_0 的特征向量,则有

$$\boldsymbol{A\alpha}=\lambda_0\boldsymbol{\alpha},\boldsymbol{A\beta}=\lambda_0\boldsymbol{\beta}.$$

对于不全为零的常数 k_1,k_2,有

$$\boldsymbol{A}(k_1\boldsymbol{\alpha}+k_2\boldsymbol{\beta})=\boldsymbol{A}(k_1\boldsymbol{\alpha})+\boldsymbol{A}(k_2\boldsymbol{\beta})=k_1\boldsymbol{A\alpha}+k_2\boldsymbol{A\beta}=\lambda_0(k_1\boldsymbol{\alpha}+k_2\boldsymbol{\beta}).$$

即 $k_1\boldsymbol{\alpha}+k_2\boldsymbol{\beta}$ 也是 $\boldsymbol{A}$ 关于 λ_0 的特征向量,其中 k_1,k_2 不全为零.

定理 6.2　设 $\lambda_1,\lambda_2,\cdots,\lambda_m$ 是方阵 $\boldsymbol{A}$ 的特征值,$\boldsymbol{\alpha}_1,\boldsymbol{\alpha}_2,\cdots,\boldsymbol{\alpha}_m$ 是依次与之对应的特征向量,如果 $\lambda_1,\lambda_2,\cdots,\lambda_m$ 各不相等,则 $\boldsymbol{\alpha}_1,\boldsymbol{\alpha}_2,\cdots,\boldsymbol{\alpha}_m$ 线性无关.(属于不同特征值的特征向量线性无关)

证明　用数学归纳法.

当 $m=1$ 时,因为特征向量 $\boldsymbol{\alpha}_1\neq\boldsymbol{0}$,所以 $\boldsymbol{\alpha}_1$ 线性无关.

假设当 $m=k$ 时,$\boldsymbol{\alpha}_1,\boldsymbol{\alpha}_2,\cdots,\boldsymbol{\alpha}_k$ 线性无关.当 $m=k+1$ 时,要证 $\boldsymbol{\alpha}_1,\boldsymbol{\alpha}_2,\cdots,\boldsymbol{\alpha}_k,\boldsymbol{\alpha}_{k+1}$ 线性无关.

设有常数 $x_1,x_2,\cdots,x_{k+1}$ 使

$$x_1\boldsymbol{\alpha}_1+x_2\boldsymbol{\alpha}_2+\cdots+x_{k+1}\boldsymbol{\alpha}_{k+1}=\boldsymbol{0},\tag{6.6}$$

在上式两端同时左乘矩阵 A,可得

$$x_1\boldsymbol{A\alpha}_1+x_2\boldsymbol{A\alpha}_2+\cdots+x_{k+1}\boldsymbol{A\alpha}_{k+1}=\boldsymbol{0},$$

进一步可得:

$$x_1\lambda_1\boldsymbol{\alpha}_1+x_2\lambda_2\boldsymbol{\alpha}_2+\cdots+x_{k+1}\lambda_{k+1}\boldsymbol{\alpha}_{k+1}=\boldsymbol{0},\tag{6.7}$$

再计算式(6.7)$-\lambda_{k+1}\times$(6.6),可得

$$x_1(\lambda_1-\lambda_{k+1})\boldsymbol{\alpha}_1+x_2(\lambda_2-\lambda_{k+1})\boldsymbol{\alpha}_2+\cdots+x_k(\lambda_k-\lambda_{k+1})\boldsymbol{\alpha}_k+x_{k+1}(\lambda_{k+1}-\lambda_{k+1})\boldsymbol{\alpha}_{k+1}=\boldsymbol{0},$$

即

$$x_1(\lambda_1-\lambda_{k+1})\boldsymbol{\alpha}_1+x_2(\lambda_2-\lambda_{k+1})\boldsymbol{\alpha}_2+\cdots+x_k(\lambda_k-\lambda_{k+1})\boldsymbol{\alpha}_k=\boldsymbol{0},$$

因为 $\boldsymbol{\alpha}_1,\boldsymbol{\alpha}_2,\cdots,\boldsymbol{\alpha}_k$ 线性无关,所以

$$x_1(\lambda_1-\lambda_{k+1})=x_2(\lambda_2-\lambda_{k+1})=\cdots=x_k(\lambda_k-\lambda_{k+1})=0,$$

又由特征值 $\lambda_1,\lambda_2,\cdots,\lambda_m$ 各不相等,可得

$$x_1=x_2=\cdots=x_k=0.$$

进一步,将其代入式(6.6),可得

$$x_{k+1}=0.$$

故 $\boldsymbol{\alpha}_1,\boldsymbol{\alpha}_2,\cdots,\boldsymbol{\alpha}_k,\boldsymbol{\alpha}_{k+1}$ 线性无关.

例 6.7 设 $\boldsymbol{A}$ 为 3 阶方阵,矩阵 $\boldsymbol{A}+\boldsymbol{E}$ 有特征值 3,4,0,A^* 为 $\boldsymbol{A}$ 的伴随矩阵,求 $\boldsymbol{A}^{-1}$ 的特征值及行列式 $|6\boldsymbol{A}^{-1}+2\boldsymbol{A}^*-\boldsymbol{E}|$.

解 因为 $\boldsymbol{A}+\boldsymbol{E}$ 的特征值为 3,4,0,同时设 λ 为 $\boldsymbol{A}+\boldsymbol{E}$ 的特征值,由其定义可知

$$(\boldsymbol{A}+\boldsymbol{E})\boldsymbol{\alpha}=\boldsymbol{A}\boldsymbol{\alpha}+\boldsymbol{\alpha}=\lambda\boldsymbol{\alpha},$$

进一步可得

$$\boldsymbol{A}\boldsymbol{\alpha}=\lambda\boldsymbol{\alpha}-\boldsymbol{\alpha}=(\lambda-1)\boldsymbol{\alpha},$$

即 $\lambda-1$ 为矩阵 $\boldsymbol{A}$ 的特征值.所以 $\boldsymbol{A}$ 的特征值 2,3,-1.

由特征值的性质 2 可知,$\boldsymbol{A}^{-1}$ 的特征值为:$\frac{1}{2},\frac{1}{3},-1$.

其伴随矩阵为

$$\boldsymbol{A}^*=|\boldsymbol{A}|\boldsymbol{A}^{-1}=\lambda_1\lambda_2\lambda_3\boldsymbol{A}^{-1}=-6\boldsymbol{A}^{-1}.$$

故可简化矩阵,得

$$6\boldsymbol{A}^{-1}+2\boldsymbol{A}^*-\boldsymbol{E}=6\boldsymbol{A}^{-1}-12\boldsymbol{A}^{-1}-\boldsymbol{E}=-6\boldsymbol{A}^{-1}-\boldsymbol{E}.$$

设 A^{-1} 的特征值为 k,则对于矩阵 $-6\boldsymbol{A}^{-1}-\boldsymbol{E}$ 有

$$(-6\boldsymbol{A}^{-1}-\boldsymbol{E})\boldsymbol{\alpha}=-6\boldsymbol{A}^{-1}\boldsymbol{\alpha}-\boldsymbol{E}\boldsymbol{\alpha}=-6k\boldsymbol{\alpha}-\boldsymbol{\alpha}=(-6k-1)\boldsymbol{\alpha}.$$

即 $(-6k-1)$ 为矩阵 $-6\boldsymbol{A}^{-1}-\boldsymbol{E}$ 的特征值.利用定理 6.1 的结论,故其行列式为

$$|6\boldsymbol{A}^{-1}+2\boldsymbol{A}^*-\boldsymbol{E}|=|-6\boldsymbol{A}^{-1}-\boldsymbol{E}|=\left((-6)\times\frac{1}{2}-1\right)\left((-6)\times\frac{1}{3}-1\right)[(-6)\times(-1)-1]=60.$$

例 6.8 设 $\boldsymbol{A}$ 是 3 阶方阵,且 $|\boldsymbol{A}-\boldsymbol{E}|=|\boldsymbol{A}+2\boldsymbol{E}|=|2\boldsymbol{A}+3\boldsymbol{E}|=0$,求 $|2\boldsymbol{A}^*-3\boldsymbol{E}|$.

解 由题意可知 $\boldsymbol{A}$ 的特征值为:$1,-2,-\frac{3}{2}$.

因为矩阵 $\boldsymbol{A}$ 的行列式等于其特征值的乘积,所以可得

$$|\boldsymbol{A}|=1\cdot(-2)\cdot\left(-\frac{3}{2}\right)=3.$$

又利用性质 2 可知,伴随矩阵 $\boldsymbol{A}^*$ 的特征值为 $\frac{|\boldsymbol{A}|}{\lambda}$,即特征值为:$3,-\frac{3}{2},-2$.

利用性质 5 可知,矩阵 $2\boldsymbol{A}^*-3\boldsymbol{E}$ 的特征值为 $\frac{2|\boldsymbol{A}|}{\lambda}-3$,即特征值为:3,-6,-7.

故其行列式为

$$|2\boldsymbol{A}^*-3\boldsymbol{E}|=3\times(-6)\times(-7)=126.$$

例 6.9　设有四阶方阵 A 满足条件 $|\sqrt{2}\boldsymbol{E}+\boldsymbol{A}|=0$, $\boldsymbol{A}\boldsymbol{A}^{\mathrm{T}}=2\boldsymbol{E}$, $|\boldsymbol{A}|<0$,其中 $\boldsymbol{E}$ 是四阶单位阵,求方阵 $\boldsymbol{A}$ 的伴随阵 $\boldsymbol{A}^*$ 的一个特征值.

解　由性质 2 可知:若 λ 是 $\boldsymbol{A}$ 的特征值,则 $\dfrac{|\boldsymbol{A}|}{\lambda}$ 为 $\boldsymbol{A}^*$ 的特征值.由 $|\sqrt{2}\boldsymbol{E}+\boldsymbol{A}|=0$ 可知 $\boldsymbol{A}$ 的一个特征值为 $\lambda=-\sqrt{2}$.对矩阵 $\boldsymbol{A}\boldsymbol{A}^{\mathrm{T}}=2\boldsymbol{E}$ 两端取行列式,可得

$$|\boldsymbol{A}\boldsymbol{A}^{\mathrm{T}}|=|2\boldsymbol{E}|=2^4|\boldsymbol{E}|=2^4,$$

即 $|\boldsymbol{A}|^2=2^4$.

又因为 $|\boldsymbol{A}|<0$,所以可得 $|\boldsymbol{A}|=-4$.利用性质 2 可得 $\boldsymbol{A}^*$ 的特征值为 $\dfrac{|\boldsymbol{A}|}{\lambda}$,代入计算可得 $\boldsymbol{A}^*$ 的特征值为:$\dfrac{|\boldsymbol{A}|}{\lambda}=\dfrac{-4}{-\sqrt{2}}=2\sqrt{2}$.

习题 6.1

1.若矩阵 $\boldsymbol{A}$ 满足 $\boldsymbol{A}^2=\boldsymbol{E}$,求 $\boldsymbol{A}$ 的特征值.

2.已知四阶方阵 $\boldsymbol{A}$, $|\boldsymbol{A}|=2$,又知 $2\boldsymbol{A}+\boldsymbol{E}$ 不可逆,求 $\boldsymbol{A}^*-\boldsymbol{E}$ 的一个特征值.

3.已知三阶矩阵 $\boldsymbol{A}$ 的特征值为 $1,-1,2$,求矩阵 $\boldsymbol{B}=2\boldsymbol{A}+\boldsymbol{E}$ 的特征值,其中 $\boldsymbol{E}$ 为三阶单位矩阵.

4.设 $\boldsymbol{A}$ 为四阶矩阵,伴随矩阵 $\boldsymbol{A}^*$ 的特征值为 $1,-2,-4,8$,求矩阵 $\boldsymbol{A}$ 的特征值.

5.设 n 阶矩阵 $\boldsymbol{A}$ 的元素全为 1,求矩阵 $\boldsymbol{A}$ 的 n 个特征值.

6.求下列矩阵的特征值和特征向量:

(1) $\begin{pmatrix} 3 & -2 & -4 \\ -2 & 6 & -2 \\ -4 & -2 & 3 \end{pmatrix}$;　　(2) $\begin{pmatrix} 2 & -1 & 2 \\ 5 & -3 & 3 \\ -1 & 0 & -2 \end{pmatrix}$;

(3) $\begin{pmatrix} 0 & \frac{1}{2} & \frac{1}{2} \\ 1 & -\frac{1}{2} & \frac{1}{2} \\ 1 & -\frac{1}{2} & \frac{1}{2} \end{pmatrix}$;　　(4) $\begin{pmatrix} 0 & 0 & 0 & 1 \\ 0 & 0 & 1 & 0 \\ 0 & 1 & 0 & 0 \\ 1 & 0 & 0 & 0 \end{pmatrix}$.

7.已知 3 阶对称矩阵 $\boldsymbol{A}$ 的一个特征值 $\lambda=2$,对应的特征向量 $\boldsymbol{\alpha}=\begin{pmatrix} 1 \\ 2 \\ -1 \end{pmatrix}$,且矩阵 $\boldsymbol{A}$ 的主对角线上元素全为零,求矩阵 $\boldsymbol{A}$.

8.设 3 阶矩阵 $\boldsymbol{A}$ 满足 $\boldsymbol{A}\boldsymbol{\alpha}_i=i\boldsymbol{\alpha}_i$,$(i=1,2,3)$,其中列向量为

$$\boldsymbol{\alpha}_1=\begin{pmatrix}1\\2\\2\end{pmatrix},\boldsymbol{\alpha}_2=\begin{pmatrix}2\\-2\\1\end{pmatrix},\boldsymbol{\alpha}_3=\begin{pmatrix}-2\\-1\\2\end{pmatrix}.$$

求矩阵 $\boldsymbol{A}$.

9.设矩阵 $\boldsymbol{A}=\begin{pmatrix}1&-3&3\\3&a&3\\6&-6&b\end{pmatrix}$ 的特征值 $\lambda_1=-2,\lambda_2=4$,求参数 a,b 的值.

10.设矩阵 $\boldsymbol{A}=\begin{pmatrix}a&-1&c\\5&b&3\\1-c&0&-a\end{pmatrix}$,其行列式 $|\boldsymbol{A}|=-1$,A 的伴随矩阵 $\boldsymbol{A}^*$ 有一个特征值 λ_0,属于 λ_0 的一个特征向量为 $\boldsymbol{\alpha}=\begin{pmatrix}-1\\-1\\1\end{pmatrix}$,求 a,b,c,λ_0 的值.

11.设矩阵 $\boldsymbol{A}$ 满足 $\boldsymbol{A}^2=\boldsymbol{E}$,证明矩阵 $5\boldsymbol{E}-\boldsymbol{A}$ 可逆.

12.已知 3 阶矩阵 $\boldsymbol{A}$ 的特征值为 $1,-1,2$,设矩阵 $\boldsymbol{B}=\boldsymbol{A}^5-3\boldsymbol{A}^3$,求矩阵 $\boldsymbol{B}$ 的行列式以及 $|\boldsymbol{A}-2\boldsymbol{E}|$.

6.2 相似矩阵及其对角化

6.2.1 相似矩阵

定义 6.4 对于 n 阶方阵 $\boldsymbol{A}$ 与 $\boldsymbol{B}$,若存在可逆矩阵 $\boldsymbol{P}$,使得

$$\boldsymbol{B}=\boldsymbol{P}^{-1}\boldsymbol{A}\boldsymbol{P},$$

则称 $\boldsymbol{A}$ 与 $\boldsymbol{B}$ 是相似的,称 $\boldsymbol{B}$ 是 $\boldsymbol{A}$ 的相似矩阵.

在 $\boldsymbol{A}$ 的左边乘可逆阵 $\boldsymbol{P}^{-1}$,右边乘可逆阵 $\boldsymbol{P}$,对 $\boldsymbol{A}$ 进行的这种运算,称为对 $\boldsymbol{A}$ 进行相似变换,而可逆矩阵 $\boldsymbol{P}$ 称为把 A 变换为 B 的相似变换矩阵.特别地,若 $\boldsymbol{A}$ 与对角矩阵相似,则称 $\boldsymbol{A}$ 可对角化.

相似是矩阵之间的一种等价关系,满足:

(1)自反性:对任意方阵 $\boldsymbol{A}$,都有矩阵 $\boldsymbol{A}$ 与自身相似(因为 $\boldsymbol{E}^{-1}\boldsymbol{A}\boldsymbol{E}=\boldsymbol{A}$).

(2)对称性:若矩阵 $\boldsymbol{A}$ 与矩阵 $\boldsymbol{B}$ 相似,则矩阵 $\boldsymbol{B}$ 与矩阵 $\boldsymbol{A}$ 相似.

证明 若矩阵 $\boldsymbol{A}$ 与矩阵 $\boldsymbol{B}$ 相似,则存在可逆矩阵 $\boldsymbol{P}$,使 $\boldsymbol{B}=\boldsymbol{P}^{-1}\boldsymbol{A}\boldsymbol{P}$,从而 $\boldsymbol{A}=\boldsymbol{P}\boldsymbol{B}\boldsymbol{P}^{-1}=(\boldsymbol{P}^{-1})^{-1}\boldsymbol{A}\boldsymbol{P}^{-1}$.即矩阵 $\boldsymbol{B}$ 与矩阵 $\boldsymbol{A}$ 相似.

(3)传递性:若 $\boldsymbol{A}$ 与 $\boldsymbol{B}$ 相似,$\boldsymbol{B}$ 与 $\boldsymbol{C}$ 相似,则 $\boldsymbol{A}$ 与 $\boldsymbol{C}$ 相似.

证明 因为 $\boldsymbol{A}$ 与 $\boldsymbol{B}$ 相似,$\boldsymbol{B}$ 与 $\boldsymbol{C}$ 相似,则存在可逆矩阵 $\boldsymbol{P},\boldsymbol{Q}$ 使得

$$P^{-1}AP=B, Q^{-1}BQ=C,$$

将 $P^{-1}AP=B$ 代入 $Q^{-1}BQ=C$ 中，可得：

$$C=Q^{-1}BQ=Q^{-1}P^{-1}APQ=(PQ)^{-1}A(PQ).$$

即 A 与 C 相似.

事实上，方阵的相似关系是同阶矩阵之间的一种等价关系，即方阵的相似关系具有自反性、对称性、传递性. 此外，相似矩阵还有下列简单性质.

性质 6　对于 n 阶方阵 A 与 B，若 A 与 B 相似，则

(1) 相似矩阵有相同的行列式，即 $|A|=|B|$.

(2) 矩阵 A 与 B 具有相同的特征值，但相似矩阵不一定有相同的特征向量.

(3) 矩阵 A 与 B 秩相同，即 $R(A)=R(B)$.

(4) kA 与 kB 相似，A^m 与 B^m 相似（k 为非零常数，m 为正整数）.

(5) 若矩阵 A 可逆，则 A^{-1} 与 B^{-1} 也相似、A^* 与 B^* 也相似.

(6) 若 $f(x)$ 为任一多项式，则 $f(A)$ 与 $f(B)$ 相似.

证明　因为 A 与 B 相似，则存在可逆矩阵 P 使得 $P^{-1}AP=B$.

(1) 对等式 $P^{-1}AP=B$ 取行列式，可得：

$$|B|=|P^{-1}AP|=\frac{1}{|P|}|A||P|=|A|.$$

(2) 设 λ 为矩阵 B 的特征值，则

$$\begin{aligned}|\lambda E-B|&=|\lambda E-P^{-1}AP|=|P^{-1}(\lambda E)P-P^{-1}AP|=|P^{-1}(\lambda E-A)P|\\&=|P^{-1}||\lambda E-A||P|=|\lambda E-A|,\end{aligned}$$

即方阵 A 与 B 具有相同的特征多项式，从而矩阵 A 与 B 具有相同的特征值.

因为 A 与 B 相似，存在可逆矩阵 P 使 $P^{-1}AP=B$，设 λ_0 是 A 与 B 的特征值（因相似矩阵有相同的特征值），又设 x 是 A 的属于 λ_0 的特征向量，则

$$Ax=\lambda_0 x,$$

将等式 $P^{-1}AP=B$ 代入可得

$$Ax=PBP^{-1}x=\lambda_0 x,$$

上式两端左乘可逆矩阵 P 的逆，可得：

$$P^{-1}PB(P^{-1}x)=B(P^{-1}x)=\lambda_0(P^{-1}x).$$

上式说明 $P^{-1}x$ 是 B 的属于 λ_0 的特征向量.

(3) 因为存在可逆矩阵 P 使得 $P^{-1}AP=B$. 由矩阵乘积的秩与各乘积中各因子的关系可得

$$R(B)\leqslant R(A).$$

又由 $P^{-1}AP=B$，可得

$$PBP^{-1}=A,$$

同理可得 $R(A)\geqslant R(B)$. 联立两式可得

$$R(\boldsymbol{A})=R(\boldsymbol{B}).$$

(4)由题意,对于任意非零常数 k,可得

$$\boldsymbol{P}^{-1}(k\boldsymbol{A})\boldsymbol{P}=k\boldsymbol{P}^{-1}\boldsymbol{A}\boldsymbol{P}=k\boldsymbol{B}.$$

即 $k\boldsymbol{A}$ 与 $k\boldsymbol{B}$ 相似.

因为 $\boldsymbol{P}^{-1}\boldsymbol{A}\boldsymbol{P}=\boldsymbol{B}$,对于正整数 m,可得

$$\boldsymbol{B}^m=(\boldsymbol{P}^{-1}\boldsymbol{A}\boldsymbol{P})(\boldsymbol{P}^{-1}\boldsymbol{A}\boldsymbol{P})\cdots(\boldsymbol{P}^{-1}\boldsymbol{A}\boldsymbol{P})=\boldsymbol{P}^{-1}\boldsymbol{A}^m\boldsymbol{P},$$

即 $\boldsymbol{A}^m$ 与 $\boldsymbol{B}^m$ 相似.

(5)由 $\boldsymbol{P}^{-1}\boldsymbol{A}\boldsymbol{P}=\boldsymbol{B}$ 可得

$$\boldsymbol{B}^{-1}=(\boldsymbol{P}^{-1}\boldsymbol{A}\boldsymbol{P})^{-1}=\boldsymbol{P}^{-1}\boldsymbol{A}^{-1}\boldsymbol{P},$$

即 $\boldsymbol{A}$ 与 $\boldsymbol{B}$ 相似,且 $\boldsymbol{A}$ 可逆.

又 $\boldsymbol{A}^*=|\boldsymbol{A}|\boldsymbol{A}^{-1}$,故

$$\boldsymbol{B}^*=|\boldsymbol{B}|\boldsymbol{B}^{-1}=|\boldsymbol{P}^{-1}\boldsymbol{A}\boldsymbol{P}|\cdot(\boldsymbol{P}^{-1}\boldsymbol{A}\boldsymbol{P})^{-1}=|\boldsymbol{A}|\boldsymbol{P}^{-1}\boldsymbol{A}^{-1}\boldsymbol{P}=\boldsymbol{P}^{-1}|\boldsymbol{A}|\boldsymbol{A}^{-1}\boldsymbol{P}=\boldsymbol{P}^{-1}\boldsymbol{A}^*\boldsymbol{P}.$$

即 $\boldsymbol{A}^*$ 与 $\boldsymbol{B}^*$ 也相似.

(6)因 $\boldsymbol{A}$ 与 $\boldsymbol{B}$ 相似,所以存在可逆矩阵 $\boldsymbol{P}$ 使 $\boldsymbol{P}^{-1}\boldsymbol{A}\boldsymbol{P}=\boldsymbol{B}$.设

$$f(x)=a_0+a_1x+a_2x^2+\cdots+a_mx^m,$$

则

$$f(\boldsymbol{A})=a_0\boldsymbol{E}+a_1\boldsymbol{A}+a_2\boldsymbol{A}^2+\cdots+a_m\boldsymbol{A}^m,$$

$$\begin{aligned}f(\boldsymbol{B})&=a_0\boldsymbol{E}+a_1\boldsymbol{B}+a_2\boldsymbol{B}^2+\cdots+a_m\boldsymbol{B}^m\\&=a_0\boldsymbol{P}^{-1}\boldsymbol{P}+a_1\boldsymbol{p}^{-1}\boldsymbol{A}\boldsymbol{P}+a_2(\boldsymbol{p}^{-1}\boldsymbol{A}\boldsymbol{P})^2+\cdots+a_m(\boldsymbol{p}^{-1}\boldsymbol{A}\boldsymbol{P})^m\\&=a_0\boldsymbol{P}^{-1}\boldsymbol{P}+a_1\boldsymbol{p}^{-1}\boldsymbol{A}\boldsymbol{P}+a_2(\boldsymbol{p}^{-1}A^2\boldsymbol{P})+\cdots+a_m(\boldsymbol{p}^{-1}\boldsymbol{A}^m\boldsymbol{P})\\&=\boldsymbol{P}^{-1}(a_0\boldsymbol{E}+a_1\boldsymbol{A}+a_2\boldsymbol{A}^2+\cdots+a_m\boldsymbol{A}^m)\boldsymbol{P}=\boldsymbol{P}^{-1}f(\boldsymbol{A})\boldsymbol{P}\end{aligned}$$

故 $f(\boldsymbol{A})$ 与 $f(\boldsymbol{B})$ 相似.

注:有相同特征多项式的两个矩阵不一定相似.

例 6.10 设 $\boldsymbol{A}=\begin{pmatrix}1&0\\0&1\end{pmatrix}$,$\boldsymbol{B}=\begin{pmatrix}1&1\\0&1\end{pmatrix}$,证明两个矩阵有相同特征多项式但不相似.

证明 $|\lambda\boldsymbol{E}-\boldsymbol{A}|=\begin{vmatrix}\lambda-1&0\\0&\lambda-1\end{vmatrix}=(\lambda-1)^2$, $|\lambda\boldsymbol{E}-\boldsymbol{B}|=\begin{vmatrix}\lambda-1&-1\\0&\lambda-1\end{vmatrix}=(\lambda-1)^2$.

显然 $\boldsymbol{A}$ 与 $\boldsymbol{B}$ 有相同的特征多项式 $(\lambda-1)^2$.但 $\boldsymbol{A}$ 与 $\boldsymbol{B}$ 并不相似.

反证法:若 A 与 B 相似,存在可逆矩阵 $\boldsymbol{P}$ 使 $\boldsymbol{P}^{-1}\boldsymbol{A}\boldsymbol{P}=\boldsymbol{B}$,即

$$\boldsymbol{B}=\boldsymbol{P}^{-1}\boldsymbol{A}\boldsymbol{P}=\boldsymbol{P}^{-1}\boldsymbol{E}\boldsymbol{P}=\boldsymbol{E},$$

与题设矛盾,故假设不成立,即 $\boldsymbol{A}$ 与 $\boldsymbol{B}$ 并不相似.

6.2.2 方阵的对角化

由于相似矩阵具有很多共同性质,为了简化矩阵计算,可以从与 $\boldsymbol{A}$ 相似的矩阵中找到一

个既简单又便于计算的矩阵，而对角阵就是这样一类很简单的矩阵. 如果一个矩阵与对角阵相似，则称矩阵可对角化. 接下来讨论 n 阶方阵 $\boldsymbol{A}$ 可对角化的问题.

对于任意矩阵 $\boldsymbol{A}_{n\times n}$，如何寻找可逆阵 $\boldsymbol{P}$（相似变换阵）使 $\boldsymbol{P}^{-1}\boldsymbol{AP}=\boldsymbol{\Lambda}$（对角阵，即把 $\boldsymbol{A}$ 对角化）？可设想已经找到了可逆矩阵 $\boldsymbol{P}$，使 $\boldsymbol{P}^{-1}\boldsymbol{AP}=\boldsymbol{\Lambda}$，看 $\boldsymbol{P}$ 满足什么条件. 用反推法，由

$$\boldsymbol{P}^{-1}\boldsymbol{AP}=\Lambda\overset{(1)}{\Rightarrow}\boldsymbol{AP}=\boldsymbol{P\Lambda}\Leftrightarrow\boldsymbol{A}(\boldsymbol{\alpha}_1,\boldsymbol{\alpha}_2,\cdots,\boldsymbol{\alpha}_n)=(\boldsymbol{\alpha}_1,\boldsymbol{\alpha}_2,\cdots,\boldsymbol{\alpha}_n)\begin{pmatrix}\lambda_1&0&\cdots&0\\0&\lambda_2&\cdots&0\\\vdots&\vdots&&\vdots\\0&0&\cdots&\lambda_n\end{pmatrix}$$

$$=(\lambda_1\boldsymbol{\alpha}_1,\lambda_2\boldsymbol{\alpha}_2,\cdots,\lambda_n\boldsymbol{\alpha}_n),$$

即

$$\boldsymbol{A\alpha}_i=\lambda_i\boldsymbol{\alpha}_i,i=1,2,\cdots,n.$$

上式说明：若 $\lambda_i(i=1,2,\cdots,n)$ 是 $\boldsymbol{A}$ 的特征值（当然也是 $\boldsymbol{A}$ 的特征值），则 $\boldsymbol{P}$ 的列向量 $\boldsymbol{\alpha}_i$ 就是 $\boldsymbol{A}$ 的对应于 λ_i 的特征向量. 这样一来，给定了 $\boldsymbol{A}$，只需求出 λ_i，找出相应的特征向量 $\boldsymbol{\alpha}_i$，就可得 $\boldsymbol{P}=(\boldsymbol{\alpha}_1,\boldsymbol{\alpha}_2,\cdots,\boldsymbol{\alpha}_n)$ 使 $\boldsymbol{AP}=\boldsymbol{P\Lambda}$，但 $\boldsymbol{P}$ 不一定可逆，即上面第(1)步不能逆推. 要使 $\boldsymbol{P}$ 可逆，只须 $\boldsymbol{P}$ 的列向量线性无关，即特征向量线性无关. 从而有下面定理：

定理 6.3　n 阶方阵 $\boldsymbol{A}$ 与对角阵相似（可对角化）充分必要条件为 $\boldsymbol{A}$ 有 n 个线性无关的特征向量.

证明　充分性：设 $\boldsymbol{\alpha}_1,\boldsymbol{\alpha}_2,\cdots,\boldsymbol{\alpha}_n$ 是 A 的分别属于特征值 $\lambda_1,\lambda_2,\cdots,\lambda_n$ 的线性无关的特征向量. 于是有 $\boldsymbol{A\alpha}_i=\lambda_i\boldsymbol{\alpha}_i,i=1,2,\cdots,n$，则 $\boldsymbol{P}=(\boldsymbol{\alpha}_1,\boldsymbol{\alpha}_2,\cdots,\boldsymbol{\alpha}_n)$ 可逆，且

$$\boldsymbol{AP}=\boldsymbol{A}(\boldsymbol{\alpha}_1,\boldsymbol{\alpha}_2,\cdots,\boldsymbol{\alpha}_n)=(\boldsymbol{A\alpha}_1,\boldsymbol{A\alpha}_2,\cdots,\boldsymbol{A\alpha}_n)=(\lambda_1\boldsymbol{\alpha}_1,\lambda_2\boldsymbol{\alpha}_2,\cdots,\lambda_n\boldsymbol{\alpha}_n)$$

$$=(\boldsymbol{\alpha}_1,\boldsymbol{\alpha}_2,\cdots,\boldsymbol{\alpha}_n)\begin{pmatrix}\lambda_1&0&\cdots&0\\0&\lambda_2&\cdots&0\\\vdots&\vdots&&\vdots\\0&0&\cdots&\lambda_n\end{pmatrix}=(\boldsymbol{\alpha}_1,\boldsymbol{\alpha}_2,\cdots,\boldsymbol{\alpha}_n)\boldsymbol{\Lambda}=\boldsymbol{P\Lambda}.$$

即 $\boldsymbol{P}^{-1}\boldsymbol{AP}=\boldsymbol{\Lambda}$，故 n 阶方阵 $\boldsymbol{A}$ 与对角阵相似（可对角化）.

必要性：设 $\boldsymbol{A}$ 可对角化，则存在可逆阵 $\boldsymbol{P}$ 和对角阵 $\boldsymbol{\Lambda}$ 使 $\boldsymbol{AP}=\boldsymbol{P\Lambda}$ 成立. 此式表明，$\boldsymbol{P}$ 的每一个列向量都是 $\boldsymbol{A}$ 的特征向量. 由假设可知：矩阵 $\boldsymbol{P}$ 为可逆矩阵，故矩阵 $\boldsymbol{P}$ 的 n 个列向量线性无关. 即 $\boldsymbol{A}$ 有 n 个线性无关的特征向量.

注：属于不同特征值的特征向量是线性无关的，所以 n 阶方阵 $\boldsymbol{A}$ 如果没有重复特征值，即 $\boldsymbol{A}$ 的特征值都是单一的，那么矩阵 $\boldsymbol{A}$ 一定有 n 个线性无关的特征向量，因此它一定相似于对角矩阵.

推论 2　如果 n 阶方阵 $\boldsymbol{A}$ 有 n 个互不相同的特征值，则 $\boldsymbol{A}$ 与对角阵相似.

注：此推论中的条件是方阵可对角化的充分条件而不是必要条件.

上面定理的证明也给出了将方阵 $\boldsymbol{A}$ 对角化的步骤：

(1) 求出 $\boldsymbol{A}$ 的特征值 $\lambda_1,\lambda_2,\cdots,\lambda_n$.

(2)求出$\boldsymbol{A}$的n个线性无关的特征向量$\boldsymbol{\alpha}_1,\boldsymbol{\alpha}_2,\cdots,\boldsymbol{\alpha}_n$.

(3)构造可逆阵$\boldsymbol{P}=(\boldsymbol{\alpha}_1,\boldsymbol{\alpha}_2,\cdots,\boldsymbol{\alpha}_n)$.

(4)得到对角矩阵$\boldsymbol{P}^{-1}\boldsymbol{AP}=\boldsymbol{\Lambda}=\begin{pmatrix}\lambda_1 & 0 & \cdots & 0\\ 0 & \lambda_2 & \cdots & 0\\ \vdots & \vdots & & \vdots\\ 0 & 0 & \cdots & \lambda_n\end{pmatrix}$.

例 6.11 判断下列矩阵$\boldsymbol{A}$能否对角化,若能,求出对应的变换阵.

(1)$\boldsymbol{A}=\begin{pmatrix}3 & 6 & 6\\ 0 & 2 & 0\\ -3 & -12 & -6\end{pmatrix}$;(2)$\boldsymbol{A}=\begin{pmatrix}1 & 0 & 0\\ -2 & 5 & -2\\ -2 & 4 & -1\end{pmatrix}$;

(3)$\boldsymbol{A}=\begin{pmatrix}3 & -2 & 0\\ -1 & 3 & -1\\ -5 & 7 & -1\end{pmatrix}$.

解 (1)矩阵$\boldsymbol{A}$的特征多项式

$$|\lambda\boldsymbol{E}-\boldsymbol{A}|=\begin{vmatrix}\lambda-3 & -6 & -6\\ 0 & \lambda-2 & 0\\ 3 & 12 & \lambda+6\end{vmatrix}=\lambda(\lambda-2)(\lambda+3).$$

所以特征值$\lambda=0,2,-3$互不相等,$\boldsymbol{A}$一定能与对角阵相似.下面求相似变换阵$\boldsymbol{P}$.当$\lambda=0$时,对应的特征向量$\boldsymbol{\alpha}_1=\begin{pmatrix}-2\\ 0\\ 1\end{pmatrix}$;当$\lambda=2$时,对应的特征向量$\boldsymbol{\alpha}_2=\begin{pmatrix}12\\ -5\\ 3\end{pmatrix}$;当$\lambda=-3$时,对应的特征向量$\boldsymbol{\alpha}_3=\begin{pmatrix}-1\\ 0\\ 1\end{pmatrix}$.

所以

$$\boldsymbol{P}=(\boldsymbol{\alpha}_1,\boldsymbol{\alpha}_2,\boldsymbol{\alpha}_3)=\begin{pmatrix}-2 & 12 & -1\\ 0 & -5 & 0\\ 1 & 3 & 1\end{pmatrix}$$

使得

$$\boldsymbol{P}^{-1}\boldsymbol{AP}=\begin{pmatrix}0 & & \\ & 2 & \\ & & -3\end{pmatrix}.$$

(2)特征多项式为$|\lambda\boldsymbol{E}-\boldsymbol{A}|=(\lambda-1)^2(\lambda-3)$.特征值为$\lambda_1=\lambda_2=1,\lambda_3=3$(现在不能确定是否与对角阵相似).

当$\lambda_1=\lambda_2=1$时,对应特征向量

$$\boldsymbol{\alpha}=k_1\boldsymbol{\alpha}_1+k_2\boldsymbol{\alpha}_2=k_1\begin{pmatrix}2\\1\\0\end{pmatrix}+k_2\begin{pmatrix}-1\\0\\1\end{pmatrix}.$$

当 $\lambda_3=3$ 时，对应的特征向量 $\boldsymbol{\alpha}_3=\begin{pmatrix}0\\1\\1\end{pmatrix}$.

取

$$\boldsymbol{P}=(\boldsymbol{\alpha}_1,\boldsymbol{\alpha}_2,\boldsymbol{\alpha}_3)=\begin{pmatrix}2&-1&0\\1&0&1\\0&1&1\end{pmatrix},$$

因为 $|\boldsymbol{P}|=|(\boldsymbol{\alpha}_1,\boldsymbol{\alpha}_2,\boldsymbol{\alpha}_3)|=\begin{vmatrix}2&-1&0\\1&0&1\\0&1&1\end{vmatrix}\neq 0$，所以 $\boldsymbol{\alpha}_1,\boldsymbol{\alpha}_2,\boldsymbol{\alpha}_3$ 线性无关，可得：

$$\boldsymbol{P}^{-1}\boldsymbol{A}\boldsymbol{P}=\begin{pmatrix}1&&\\&1&\\&&3\end{pmatrix}.$$

(3) 特征多项式为

$$|\lambda\boldsymbol{E}-\boldsymbol{A}|=\begin{vmatrix}\lambda-3&2&0\\1&\lambda-3&1\\5&-7&\lambda+1\end{vmatrix}\xlongequal[c_1+c_3]{c_1+c_2}\begin{vmatrix}\lambda-1&2&0\\\lambda-1&\lambda-3&1\\\lambda-1&-7&\lambda+1\end{vmatrix}=(\lambda-1)(\lambda-2)^2.$$

故特征值为 $\lambda_1=\lambda_2=2,\lambda_3=1$.

当 $\lambda_1=\lambda_2=2$ 时，特征向量满足

$$(2\boldsymbol{E}-\boldsymbol{A})x=\boldsymbol{0},$$

对系数矩阵进行初等行变换，可得

$$\begin{pmatrix}-1&2&0\\1&-1&1\\5&-7&3\end{pmatrix}\to\begin{pmatrix}-1&2&0\\0&1&1\\0&0&0\end{pmatrix}.$$

由于 $R(2\boldsymbol{E}-\boldsymbol{A})=2$，则齐次线性方程组 $(2\boldsymbol{E}-\boldsymbol{A})x=\boldsymbol{0}$ 的基础解系向量的个数为 1，即只能找到一个线性无关的特征向量. 故矩阵 $\boldsymbol{A}$ 只有两个线性无关的特征向量，不能对角化.

例 6.12　将方阵 $\boldsymbol{A}=\begin{pmatrix}1&2&3\\2&1&3\\3&3&6\end{pmatrix}$ 对角化.

解　首先求特征值，由

$$|\lambda\boldsymbol{E}-\boldsymbol{A}|=\begin{vmatrix}\lambda-1&-2&-3\\-2&\lambda-1&-3\\-3&-3&\lambda-6\end{vmatrix}=-\lambda^3+8\lambda^2+9\lambda=0,$$

得 3 个互异的特征值 $\lambda_1=0,\lambda_2=-1,\lambda_3=9$,因此 $\boldsymbol{A}$ 是可以对角化的.

以 $\lambda=0$ 代入线性方程组 $(\lambda\boldsymbol{E}-\boldsymbol{A})\boldsymbol{x}=\boldsymbol{0}$,对系数矩阵施行初等行变换:

$$\begin{pmatrix}-1&-2&-3\\-2&-1&-3\\-3&-3&-6\end{pmatrix}\sim\begin{pmatrix}1&2&3\\2&1&3\\3&3&6\end{pmatrix}\sim\begin{pmatrix}1&2&3\\0&3&3\\0&3&3\end{pmatrix}\sim\begin{pmatrix}1&0&1\\0&1&1\\0&0&0\end{pmatrix},$$

得一般解 $x_2=-x_3,x_1=-x_3$.令 $x_3=1$,得属于 λ_1 的特征向量 $\boldsymbol{\alpha}_1=(-1,-1,1)^{\mathrm{T}}$.

以 $\lambda=-1$ 代入方程组 $(\lambda\boldsymbol{E}-\boldsymbol{A})x=\boldsymbol{0}$,对系数矩阵施行初等变换:

$$\begin{pmatrix}-2&-2&-3\\-2&-2&-3\\-3&-3&-7\end{pmatrix}\sim\begin{pmatrix}1&1&0\\0&0&1\\0&0&0\end{pmatrix},$$

得一般解 $x_1=-x_2$,令 $x_2=1$,得属于 λ_2 的特征向量 $\boldsymbol{\alpha}_2=(-1,1,0)^{\mathrm{T}}$.

对于 $\lambda=9$,得

$$\lambda\boldsymbol{E}-\boldsymbol{A}=\begin{pmatrix}-8&2&3\\2&-8&3\\3&3&-3\end{pmatrix}\sim\begin{pmatrix}1&-1&0\\0&-2&1\\0&0&0\end{pmatrix},$$

令 $x_3=2$,得属于 λ_3 的特征向量 $\boldsymbol{\alpha}_3=(1,1,2)^{\mathrm{T}}$.

最后,令

$$\boldsymbol{P}=(\boldsymbol{\alpha}_1,\boldsymbol{\alpha}_2,\boldsymbol{\alpha}_3)=\begin{pmatrix}-1&-1&1\\-1&1&1\\1&0&2\end{pmatrix},$$

则

$$\boldsymbol{P}^{-1}\boldsymbol{A}\boldsymbol{P}=\begin{pmatrix}\lambda_1&0&0\\0&\lambda_2&0\\0&0&\lambda_3\end{pmatrix}=\begin{pmatrix}0&0&0\\0&-1&0\\0&0&9\end{pmatrix}.$$

例 6.13 设 $\boldsymbol{A}=\begin{pmatrix}2&0&0\\0&a&2\\0&2&3\end{pmatrix}$ 相似于矩阵 $\boldsymbol{B}=\begin{pmatrix}1&0&0\\0&2&0\\0&0&b\end{pmatrix}$.(1)确定 a,b 之值.(2)求一个可逆矩阵 $\boldsymbol{C}$,使 $\boldsymbol{C}^{-1}\boldsymbol{A}\boldsymbol{C}=\boldsymbol{B}$.

解 (1)因矩阵 $\boldsymbol{A}$ 与 $\boldsymbol{B}$ 相似,则有 $|\boldsymbol{A}|=|\boldsymbol{B}|$,即 $3a-4=b$.

又因矩阵 $\boldsymbol{A}$ 与 $\boldsymbol{B}$ 相似,有相同的特征值,其迹也相同,故有

$$2+a+3=1+2+b.$$

联立两式求解,可得

$$a=3,b=5.$$

(2)由(1)知 $\boldsymbol{A}$ 所对应的特征值分别为 $\lambda_1=1,\lambda_2=2,\lambda_3=5$.

当 $\lambda_1=1$ 时,由 $(\boldsymbol{A}-\lambda_1\boldsymbol{E})\boldsymbol{x}=\boldsymbol{0}$ 知对应的特征向量可取为 $\boldsymbol{\alpha}_1=(0,-1,1)^{\mathrm{T}}$.

同理,取 $\boldsymbol{\alpha}_2=(1,0,0)^{\mathrm{T}},\boldsymbol{\alpha}_3=(0,1,1)^{\mathrm{T}}$,则存在可逆矩阵

$$\boldsymbol{C}=\begin{pmatrix}0&1&0\\-1&0&1\\1&0&1\end{pmatrix}$$

使得

$$\boldsymbol{C}^{-1}\boldsymbol{A}\boldsymbol{C}=\boldsymbol{B}.$$

习题 6.2

1.若矩阵$\begin{pmatrix}22&31\\y&x\end{pmatrix}$与$\begin{pmatrix}1&2\\3&4\end{pmatrix}$相似,求 x,y.

2.已知矩阵 $\boldsymbol{A}$ 与 $\boldsymbol{B}$ 相似,求 $R(\boldsymbol{A}-\boldsymbol{E})+R(\boldsymbol{A}-3\boldsymbol{E})$,其中

$$\boldsymbol{B}=\begin{pmatrix}1&0&0&0\\0&1&0&0\\0&0&-1&2\\0&0&2&2\end{pmatrix}.$$

3.若 4 阶矩阵 $\boldsymbol{A}$ 与 $\boldsymbol{B}$ 相似,矩阵 $\boldsymbol{A}$ 的特征值为$\frac{1}{2},\frac{1}{3},\frac{1}{4},\frac{1}{5}$,求行列式 $|\boldsymbol{B}^{-1}-\boldsymbol{E}|$.

4.判断下列矩阵是否可对角化:

(1)$\begin{pmatrix}2&-1&2\\5&-3&3\\-1&0&-2\end{pmatrix}$;　　(2)$\begin{pmatrix}3&-2&-4\\-2&6&-2\\-4&-2&3\end{pmatrix}$.

5.设矩阵

$$\boldsymbol{A}=\begin{pmatrix}-2&0&0\\2&a&2\\3&1&1\end{pmatrix},\boldsymbol{B}=\begin{pmatrix}-1&0&0\\0&2&0\\0&0&b\end{pmatrix},$$

若 $\boldsymbol{A},\boldsymbol{B}$ 相似,求 a,b 的值以及求可逆矩阵 $\boldsymbol{P}$,使得 $\boldsymbol{P}^{-1}\boldsymbol{A}\boldsymbol{P}=\boldsymbol{B}$.

6.设矩阵 $\boldsymbol{A}=\begin{pmatrix}1&2&-3\\-1&4&-3\\1&a&5\end{pmatrix}$的特征方程有一个二重根,求 a 的值,并讨论矩阵 $\boldsymbol{A}$ 是否可相似对角化.

7.设矩阵 $\boldsymbol{A}=\begin{pmatrix}0&a&1\\0&2&0\\4&b&0\end{pmatrix}$,已知矩阵 $\boldsymbol{A}$ 与对角矩阵相似,求 a,b 的值.

8.设矩阵 $\boldsymbol{A},\boldsymbol{B}$ 相似,且

$$A=\begin{pmatrix}1&-1&1\\2&4&-2\\-3&-3&a\end{pmatrix},B=\begin{pmatrix}2&0&0\\0&2&0\\0&0&b\end{pmatrix},$$

求 a,b 的值以及求可逆矩阵 $\boldsymbol{P}$,使得 $\boldsymbol{P}^{-1}\boldsymbol{AP}=\boldsymbol{B}$.

9.设矩阵 $\boldsymbol{A}=\begin{pmatrix}3&2&-2\\-k&-1&k\\4&2&-3\end{pmatrix}$,当 k 为何值时,存在可逆矩阵 $\boldsymbol{P}$,使得 $\boldsymbol{P}^{-1}\boldsymbol{AP}$ 为对角矩阵?求出 $\boldsymbol{P}$ 和相应的对角矩阵.

10.设矩阵 $\boldsymbol{A}$ 有 3 个线性无关的特征向量,$\lambda=2$ 是 $\boldsymbol{A}$ 的二重特征值,其中

$$\boldsymbol{A}=\begin{pmatrix}1&-1&1\\x&4&y\\-3&-3&5\end{pmatrix},$$

求可逆矩阵 $\boldsymbol{P}$,使得 $\boldsymbol{P}^{-1}\boldsymbol{AP}$ 为对角矩阵.

11.设矩阵 $\boldsymbol{A}=\begin{pmatrix}1&4&-2\\0&-1&0\\1&2&-2\end{pmatrix}$,求 $\boldsymbol{A}^{2\,000}$.

12.设矩阵 $\boldsymbol{A}=\begin{pmatrix}3&4\\-1&-1\end{pmatrix},\boldsymbol{P}=\begin{pmatrix}2&3\\-1&-1\end{pmatrix},\boldsymbol{B}=\boldsymbol{P}^{-1}\boldsymbol{AP}$,求 $\boldsymbol{A}^{100}$.

6.3 实对称阵的相似对角化

由 6.2 节的例子知,如果一个矩阵 $\boldsymbol{A}$ 有相同的特征根,即有重根时,则 $\boldsymbol{A}$ 不一定有 n 个线性无关的特征向量,从而 $\boldsymbol{A}$ 不一定可对角化.本节只就特殊类型矩阵(实对称矩阵)的对角化进行讨论.

实对称阵的特征值和特征向量有下列重要性质:

定理 6.4 实对称矩阵的特征值征为实数,特征向量也为实向量.

证明 设 λ 为实对称矩阵 $\boldsymbol{A}$ 的特征值,$\boldsymbol{x}$ 为对应的特征向量,即有 $\boldsymbol{Ax}=\lambda\boldsymbol{x},\boldsymbol{x}\neq 0$,其中 $\boldsymbol{x}=(x_1,x_2,\cdots,x_n)^{\mathrm{T}}$.则共轭向量 $\overline{\boldsymbol{Ax}}=\overline{\lambda\boldsymbol{x}}$,利用共轭向量的性质(参见 2.2 节)可得:$\overline{\boldsymbol{Ax}}=\overline{\boldsymbol{A}}\overline{\boldsymbol{x}}=\overline{\lambda}\overline{\boldsymbol{x}}$.在 $\boldsymbol{Ax}=\lambda\boldsymbol{x}$ 两端左乘向量 $\overline{\boldsymbol{x}}^{\mathrm{T}}$,得到:

$$\overline{\boldsymbol{x}}^{\mathrm{T}}\boldsymbol{Ax}=\overline{\boldsymbol{x}}^{\mathrm{T}}\lambda\boldsymbol{x}=\lambda\,\overline{\boldsymbol{x}}^{\mathrm{T}}\boldsymbol{x}. \tag{6.8}$$

因为 $\boldsymbol{A}$ 为实对称矩阵,可知 $\boldsymbol{A}^{\mathrm{T}}=\boldsymbol{A},\overline{\boldsymbol{A}}=\boldsymbol{A}$,则

$$\overline{\boldsymbol{x}}^{\mathrm{T}}\boldsymbol{Ax}=\overline{\boldsymbol{x}}^{\mathrm{T}}\boldsymbol{A}^{\mathrm{T}}\boldsymbol{x}=[\overline{\boldsymbol{Ax}}]^{\mathrm{T}}\boldsymbol{x}\overset{(1)}{=}(\overline{\lambda\boldsymbol{x}})^{\mathrm{T}}\boldsymbol{x}=\overline{\lambda}\,\overline{\boldsymbol{x}}^{\mathrm{T}}\boldsymbol{x}. \tag{6.9}$$

让式(6.8)减去式(6.9)可得

$$(\lambda-\bar{\lambda})\bar{\boldsymbol{x}}^{\mathrm{T}}\boldsymbol{x}=0,$$

又因为 $\boldsymbol{x}\neq\boldsymbol{0}$，而

$$\bar{\boldsymbol{x}}^{\mathrm{T}}\boldsymbol{x}=(\bar{x}_1,\bar{x}_2,\cdots,\bar{x}_n)\begin{pmatrix}x_1\\x_2\\\vdots\\x_n\end{pmatrix}=\bar{x}_1x_1+\bar{x}_2x_2+\cdots+\bar{x}_nx_n=|x_1|^2+|x_2|^2+\cdots+|x_n|^2\neq 0,$$

则可得 $\lambda=\bar{\lambda}$.即特征值 λ 为实数.

当 λ 为实数时,齐次线性方程 $(\lambda\boldsymbol{E}-\boldsymbol{A})\boldsymbol{x}=\boldsymbol{0}$ 只有实数解,即特征向量也为实向量.

定理 6.5　设 λ_1,λ_2 是实对称矩阵 $\boldsymbol{A}$ 的特征值,$\boldsymbol{\alpha}_1,\boldsymbol{\alpha}_2$ 是对应的特征向量,若 $\lambda_1\neq\lambda_2$,则 $\boldsymbol{\alpha}_1\perp\boldsymbol{\alpha}_2$.(实对称矩阵的属于不同特征值的特征向量正交)

证明　已知 $\boldsymbol{A}\boldsymbol{\alpha}_1=\lambda_1\boldsymbol{\alpha}_1,\boldsymbol{A}\boldsymbol{\alpha}_2=\lambda_2\boldsymbol{\alpha}_2$,要证 $\boldsymbol{\alpha}_1^{\mathrm{T}}\cdot\boldsymbol{\alpha}_2=0$.

对 $\boldsymbol{A}\boldsymbol{\alpha}_1=\lambda_1\boldsymbol{\alpha}_1$ 取转置,可得

$$(\boldsymbol{A}\boldsymbol{\alpha}_1)^{\mathrm{T}}=\boldsymbol{\alpha}_1^{\mathrm{T}}\boldsymbol{A}^{\mathrm{T}}=\boldsymbol{\alpha}_1^{\mathrm{T}}\boldsymbol{A}=(\lambda_1\boldsymbol{\alpha}_1)^{\mathrm{T}}=\lambda_1\boldsymbol{\alpha}_1^{\mathrm{T}},$$

即 $\boldsymbol{\alpha}_1^{\mathrm{T}}\boldsymbol{A}=\lambda_1\boldsymbol{\alpha}_1^{\mathrm{T}}$.在其两边右乘 $\boldsymbol{\alpha}_2$,可得

$$\lambda_1\boldsymbol{\alpha}_1^{\mathrm{T}}\boldsymbol{\alpha}_2=(\boldsymbol{\alpha}_1^{\mathrm{T}}\boldsymbol{A})\boldsymbol{\alpha}_2=\boldsymbol{\alpha}_1^{\mathrm{T}}(\boldsymbol{A}\boldsymbol{\alpha}_2)=\lambda_2\boldsymbol{\alpha}_1^{\mathrm{T}}\boldsymbol{\alpha}_2,$$

移项可得 $(\lambda_1-\lambda_2)\boldsymbol{\alpha}_1^{\mathrm{T}}\boldsymbol{\alpha}_2=0$.由题意可知 $\lambda_1\neq\lambda_2$,则

$$\boldsymbol{\alpha}_1^{\mathrm{T}}\cdot\boldsymbol{\alpha}_2=0.$$

即实对称矩阵的属于不同特征值的特征向量正交.

定理 6.6　设 $\boldsymbol{A}$ 为 n 阶实对称矩阵,则必存在正交阵 $\boldsymbol{P}$,使 $\boldsymbol{P}^{-1}\boldsymbol{A}\boldsymbol{P}=\boldsymbol{\Lambda}$,其中 $\boldsymbol{\Lambda}$ 是以 $\boldsymbol{A}$ 的 n 个特征值为对角元素的对角阵.

定理 6.6 不证明,直接应用.从该定理得到,求正交阵使实对称矩阵 $\boldsymbol{A}$ 对角化的方法:

(1)求出 $\boldsymbol{A}$ 的 n 个特征值.

(2)对每个 r_i 重根的特征值 λ_i,求出对应的 r_i 个线性无关的特征向量,并正交化.

(3)将全部特征向量单位化,依次以列向量构成矩阵 $\boldsymbol{P}$,则 $\boldsymbol{P}^{-1}\boldsymbol{A}\boldsymbol{P}=\boldsymbol{\Lambda}$.

例 6.14　设矩阵 $\boldsymbol{A}=\begin{pmatrix}1&1&1\\1&1&1\\1&1&1\end{pmatrix}$,求正交矩阵 $\boldsymbol{P}$,使得 $\boldsymbol{P}^{-1}\boldsymbol{A}\boldsymbol{P}=\boldsymbol{P}^{\mathrm{T}}\boldsymbol{A}\boldsymbol{P}$ 为对角形矩阵.

解　$$|\lambda\boldsymbol{E}-\boldsymbol{A}|=\begin{vmatrix}\lambda-1&-1&-1\\-1&\lambda-1&-1\\-1&-1&\lambda-1\end{vmatrix}=\lambda^2(\lambda-3)=0,$$

得特征值 $\lambda_1=3,\lambda_2=\lambda_3=0$.

对于 $\lambda_1=3$,解齐次线性方程组 $(3\boldsymbol{E}-\boldsymbol{A})\boldsymbol{x}=\boldsymbol{0}$，对其系数矩阵初等变换可得

$$3\boldsymbol{E}-\boldsymbol{A}=\begin{pmatrix}2&-1&-1\\-1&2&-1\\-1&-1&2\end{pmatrix}\sim\begin{pmatrix}1&0&-1\\0&1&-1\\0&0&0\end{pmatrix},$$

得基础解系 $\boldsymbol{\eta}_1=\begin{pmatrix}1\\1\\1\end{pmatrix}$.

对于 $\lambda_2=\lambda_3=0$,解齐次线性方程组 $(0\boldsymbol{E}-\boldsymbol{A})\boldsymbol{x}=-\boldsymbol{A}\boldsymbol{x}=\boldsymbol{0}$,对其系数矩阵初等变换可得

$$\boldsymbol{A}=\begin{pmatrix}1&1&1\\1&1&1\\1&1&1\end{pmatrix}\sim\begin{pmatrix}1&1&1\\0&0&0\\0&0&0\end{pmatrix},$$

得基础解系 $\boldsymbol{\eta}_2=\begin{pmatrix}-1\\1\\0\end{pmatrix},\boldsymbol{\eta}_3=\begin{pmatrix}-1\\0\\1\end{pmatrix}$.

将 $\boldsymbol{\eta}_2,\boldsymbol{\eta}_3$ 进行施密特正交化:

$$\boldsymbol{\beta}_2=\boldsymbol{\eta}_2=\begin{pmatrix}-1\\1\\0\end{pmatrix},\boldsymbol{\beta}_3=\boldsymbol{\eta}_3-\frac{[\boldsymbol{\eta}_3,\boldsymbol{\beta}_2]}{[\boldsymbol{\beta}_2,\boldsymbol{\beta}_2]}\boldsymbol{\beta}_2=\begin{pmatrix}-\frac{1}{2}\\-\frac{1}{2}\\1\end{pmatrix}.$$

再将 $\boldsymbol{\eta}_1,\boldsymbol{\beta}_2,\boldsymbol{\beta}_3$ 单位化,得到 $\boldsymbol{A}$ 的一组标准正交特征向量:

$$\boldsymbol{\alpha}_1=\frac{\boldsymbol{\eta}_1}{\|\boldsymbol{\eta}_1\|}=\begin{pmatrix}\frac{1}{\sqrt{3}}\\\frac{1}{\sqrt{3}}\\\frac{1}{\sqrt{3}}\end{pmatrix},\boldsymbol{\alpha}_2=\frac{\boldsymbol{\beta}_2}{\|\boldsymbol{\beta}_2\|}=\begin{pmatrix}-\frac{1}{\sqrt{2}}\\\frac{1}{\sqrt{2}}\\0\end{pmatrix},\boldsymbol{\alpha}_3=\frac{\boldsymbol{\beta}_3}{\|\boldsymbol{\beta}_3\|}=\begin{pmatrix}-\frac{1}{\sqrt{6}}\\-\frac{1}{\sqrt{6}}\\\frac{2}{\sqrt{6}}\end{pmatrix}.$$

取正交矩阵 $\boldsymbol{P}=(\boldsymbol{\alpha}_1,\boldsymbol{\alpha}_2,\boldsymbol{\alpha}_3)$, 则可得:

$$\boldsymbol{P}^{-1}\boldsymbol{A}\boldsymbol{P}=\boldsymbol{P}^{\mathrm{T}}\boldsymbol{A}\boldsymbol{P}=\begin{pmatrix}3&0&0\\0&0&0\\0&0&0\end{pmatrix}.$$

例 6.15 设实对称阵 $\boldsymbol{A}=\begin{pmatrix}0&-2&-1\\-2&3&2\\-1&2&0\end{pmatrix}$,求正交阵 $\boldsymbol{P}$,使 $\boldsymbol{P}^{-1}\boldsymbol{A}\boldsymbol{P}=\boldsymbol{\Lambda}$.

解 (1)$\boldsymbol{A}$ 的全部特征值为 $\lambda_1=\lambda_2=-1,\lambda_3=5$.

(2)当 $\lambda_1=\lambda_2=-1$ 时,解齐次线性方程组 $(\lambda\boldsymbol{E}-\boldsymbol{A})\boldsymbol{x}=0$,对其系数矩阵初等变换可得:

$$(-\boldsymbol{E}-\boldsymbol{A})=\begin{pmatrix}-1&2&1\\2&-4&-2\\1&-2&-1\end{pmatrix}\sim\begin{pmatrix}-1&2&1\\0&0&0\\0&0&0\end{pmatrix}\sim\begin{pmatrix}1&-2&-1\\0&0&0\\0&0&0\end{pmatrix},$$

齐次方程组的解为：$\boldsymbol{x}=\begin{pmatrix}x_1\\x_2\\x_3\end{pmatrix}=k_1\begin{pmatrix}2\\1\\0\end{pmatrix}+k_2\begin{pmatrix}1\\0\\1\end{pmatrix}$，其中 k_1,k_2 为不全为零的常数.

故对应的特征向量为

$$\boldsymbol{\xi}_1=\begin{pmatrix}1\\0\\1\end{pmatrix},\boldsymbol{\xi}_2=\begin{pmatrix}2\\1\\0\end{pmatrix}.$$

利用施密特正交化可得：$\boldsymbol{\eta}_1=\boldsymbol{\xi}_1,\boldsymbol{\eta}_2=\boldsymbol{\xi}_2-\dfrac{[\boldsymbol{\xi}_2,\boldsymbol{\eta}_1]}{[\boldsymbol{\eta}_1,\boldsymbol{\eta}_1]}\boldsymbol{\eta}_1=\begin{pmatrix}1\\1\\-1\end{pmatrix}$.

当 $\lambda_3=5$ 时，解齐次线性方程组 $(\lambda\boldsymbol{E}-\boldsymbol{A})\boldsymbol{x}=\boldsymbol{0}$，对其系数矩阵初等变换可得：

$$(5\boldsymbol{E}-\boldsymbol{A})=\begin{pmatrix}5&2&1\\2&2&-2\\1&-2&5\end{pmatrix}\sim\begin{pmatrix}1&1&-1\\0&-3&6\\0&-3&6\end{pmatrix}\sim\begin{pmatrix}1&0&1\\0&1&-2\\0&0&0\end{pmatrix},$$

其对应特征向量为 $\boldsymbol{\eta}_3=\begin{pmatrix}-1\\2\\1\end{pmatrix}$.

(3) 将正交化后的特征向量 $\boldsymbol{\eta}_1,\boldsymbol{\eta}_2,\boldsymbol{\eta}_3$ 单位化，可得

$$\boldsymbol{\alpha}_1=\begin{pmatrix}\frac{1}{\sqrt{2}}\\0\\\frac{1}{\sqrt{2}}\end{pmatrix},\boldsymbol{\alpha}_2=\begin{pmatrix}\frac{1}{\sqrt{3}}\\\frac{1}{\sqrt{3}}\\-\frac{1}{\sqrt{3}}\end{pmatrix},\boldsymbol{\alpha}_3=\begin{pmatrix}-\frac{1}{\sqrt{6}}\\\frac{2}{\sqrt{6}}\\\frac{1}{\sqrt{6}}\end{pmatrix}.$$

所以正交阵为 $\boldsymbol{P}=(\boldsymbol{\alpha}_1,\boldsymbol{\alpha}_2,\boldsymbol{\alpha}_3)$，使

$$\boldsymbol{P}^{-1}\boldsymbol{A}\boldsymbol{P}=\begin{pmatrix}-1&0&0\\0&-1&0\\0&0&5\end{pmatrix}.$$

例 6.16　设 3 阶实对称矩阵 $\boldsymbol{A}$ 的特征值为 $\lambda_1=-1,\lambda_2=\lambda_3=1$，对应于 λ_1 的特征向量为 $\boldsymbol{\alpha}_1=(0,1,1)^{\mathrm{T}}$，求特征值 λ_2 对应的特征向量.

解　设实对称矩阵 $\boldsymbol{A}$ 的属于特征值 $\lambda_2=\lambda_3=1$ 的特征向量为 $\boldsymbol{x}=(x_1,x_2,x_3)^{\mathrm{T}}$. 因实对称矩阵的属于不同特征值的特征向量是正交的，于是有 $\boldsymbol{\alpha}_1^{\mathrm{T}}\boldsymbol{x}=0$，即

$$\boldsymbol{\alpha}_1^{\mathrm{T}}\boldsymbol{x}=(0\quad 1\quad 1)\begin{pmatrix}x_1\\x_2\\x_3\end{pmatrix}=x_2+x_3=0,$$

解之得其基础解系：

$$\boldsymbol{\alpha}_2=\begin{pmatrix}1\\0\\0\end{pmatrix},\boldsymbol{\alpha}_3=\begin{pmatrix}0\\1\\-1\end{pmatrix}.$$

故对应于 λ_2 的全部特征向量为 $k_1\boldsymbol{\alpha}_2+k_2\boldsymbol{\alpha}_3$，其中 k_1,k_2 不全为零.

习题 6.3

1.求正交阵 $\boldsymbol{P}$，使 $\boldsymbol{P}^{-1}\boldsymbol{AP}$ 为对角矩阵.

(1) $\begin{pmatrix}2&-1&-1\\-1&2&-1\\-1&-1&2\end{pmatrix}$，　　(2) $\begin{pmatrix}1&-2&2\\-2&-2&4\\2&4&-2\end{pmatrix}$.

2.设 $\boldsymbol{A}=\begin{pmatrix}a&1&1\\1&a&-1\\1&-1&a\end{pmatrix}$，求可逆矩阵 $\boldsymbol{P}$，使 $\boldsymbol{P}^{-1}\boldsymbol{AP}=\boldsymbol{\Lambda}$，并计算行列式 $|\boldsymbol{A}-\boldsymbol{E}|$.

3.设矩阵 $\boldsymbol{A}=\begin{pmatrix}0&1&0&0\\1&0&0&0\\0&0&y&1\\0&0&1&2\end{pmatrix}$.

(1)已知 $\boldsymbol{A}$ 的一个特征值为 $\lambda=3$，求 y.

(2)求矩阵 $\boldsymbol{P}$，使 $(\boldsymbol{AP})^{\mathrm{T}}(\boldsymbol{AP})$ 为对角矩阵.

4.设三阶实对称矩阵 $\boldsymbol{A}$ 的秩为 2，$\lambda_1=\lambda_2=6$ 是 $\boldsymbol{A}$ 的二重特征值.若

$$\boldsymbol{\alpha}_1=\begin{pmatrix}1\\1\\0\end{pmatrix},\boldsymbol{\alpha}_2=\begin{pmatrix}2\\1\\1\end{pmatrix},\boldsymbol{\alpha}_3=\begin{pmatrix}-1\\2\\-3\end{pmatrix}$$

都是 $\boldsymbol{A}$ 的属于特征值 $\lambda_1=\lambda_2=6$ 的特征向量.求 $\boldsymbol{A}$ 的另一特征值和对应的特征向量以及矩阵 $\boldsymbol{A}$.

5.设 3 阶实对称矩阵 $\boldsymbol{A}$ 的特征值是 $\lambda_1=1,\lambda_2=2,\lambda_3=3$.矩阵 $\boldsymbol{A}$ 的属于特征值 $\lambda_1=1$，$\lambda_2=2$ 的特征向量分别为 $\boldsymbol{\alpha}_1=(-1,-1,1)^{\mathrm{T}},\boldsymbol{\alpha}_2=(1,-2,-1)^{\mathrm{T}}$.求 $\boldsymbol{A}$ 的属于特征 $\lambda_3=3$ 的特征向量以及矩阵 $\boldsymbol{A}$.

6.设 $\boldsymbol{A}=\begin{pmatrix}1&2&2\\2&1&2\\2&2&1\end{pmatrix}$，求 $\boldsymbol{A}^{100}$.

第6章习题答案

第 7 章　二次型

二次型的理论起源于解析几何中化二次曲线、二次曲面的方程为标准形式(即只含有平方项)的问题.二次型不但在几何中出现,而且在数学的其他分支以及物理、力学中也常常会出现.本章用矩阵知识来讨论二次型的一般理论,主要包括二次型的化简、正定二次型的判定以及一些基本性质.

7.1　二次型及其标准形

定义 7.1　含有 n 个变量 $x_1,x_2,\cdots,x_n$ 的二次齐次多项式

$$f(x_1,x_2,\cdots,x_n)=\sum_{i,j=1}^{n}a_{ij}x_ix_j$$

称为二次型.a_{ij} 为实数称为实二次型,a_{ij} 为复数称复二次型.本书只讨论实二次型.实二次型中最简单的一种是只含平方项,即

$$f(x_1,x_2,\cdots,x_n)=k_1x_1^2+k_2x_2^2+\cdots+k_nx_n^2$$

称为二次型的标准形.其中 $k_i=\pm 1$ 时称为二次型的规范形.

为了方便,首先把二次型用矩阵表示:

$$\begin{aligned}f(x_1,x_2,\cdots,x_n)=&a_{11}x_1^2+a_{12}x_1x_2+\cdots+a_{1n}x_1x_n+\\&a_{21}x_2x_1+a_{22}x_2^2+\cdots+a_{2n}x_2x_n+\cdots+\\&a_{n1}x_nx_1+a_{n2}x_nx_2+\cdots+a_{nn}x_n^2\\=&\sum_{i,j=1}^{n}a_{ij}x_ix_j.\end{aligned}$$

在上面的二次型中,假设 $a_{ij}=a_{ji}$,则二次型变为:

$$f(x_1,x_2,\cdots,x_n)=(x_1,x_2,\cdots,x_n)\begin{pmatrix}a_{11}&a_{12}&\cdots&a_{1n}\\a_{21}&a_{22}&\cdots&a_{2n}\\\vdots&\vdots&&\vdots\\a_{n1}&a_{n2}&\cdots&a_{nn}\end{pmatrix}\begin{pmatrix}x_1\\x_2\\\vdots\\x_n\end{pmatrix}=\boldsymbol{x}^{\mathrm{T}}\boldsymbol{A}\boldsymbol{x},$$

其中 $\boldsymbol{A}=\begin{pmatrix} a_{11} & a_{12} & \cdots & a_{1n} \\ a_{21} & a_{22} & \cdots & a_{2n} \\ \vdots & \vdots & & \vdots \\ a_{n1} & a_{n2} & \cdots & a_{nn} \end{pmatrix}$，$\boldsymbol{x}=\begin{pmatrix} x_1 \\ x_2 \\ \vdots \\ x_n \end{pmatrix}$，$\boldsymbol{A}=\boldsymbol{A}^{\mathrm{T}}$，即 $\boldsymbol{A}$ 为对称阵.

此时，二次型 f 与对称矩阵 $\boldsymbol{A}$ 就建立了一一对应的关系.因此，把对称矩阵 $\boldsymbol{A}$ 称为二次型 f 的矩阵，f 称为对称矩阵 $\boldsymbol{A}$ 的二次型，矩阵 A 的秩称为二次型的秩.

注：二次型的矩阵都是对称矩阵.

例 7.1 写出实二次型

$$f(x_1,x_2,x_3)=x_1^2-2x_1x_2-2x_1x_3+2x_2^2+2x_2x_3+3x_3^2$$

的矩阵 $\boldsymbol{A}$，并给出 f 的矩阵表示.

解 设 $\boldsymbol{x}=(x_1,x_2,x_3)^{\mathrm{T}}$，取矩阵 $\boldsymbol{A}$ 为

$$\boldsymbol{A}=\begin{pmatrix} 1 & -1 & -1 \\ -1 & 2 & 1 \\ -1 & 1 & 3 \end{pmatrix},$$

则可得 $f=\boldsymbol{x}^{\mathrm{T}}\boldsymbol{A}\boldsymbol{x}$.

例 7.2 下列函数是否为二次型？若是，写出其对应的矩阵.

(1) $f(x,y)=9x^2+3xy+6y^2$；

(2) $f(x_1,x_2,x_3,x_4)=6x_1x_2+2x_1x_3-4x_1x_4+6x_2x_4$；

(3) $f(x,y)=x^2+xy-y^2+5x+1$.

解 (1) $f(x,y)=9x^2+3xy+6y^2$ 是二次型，此时二次型的矩阵为

$$\boldsymbol{A}=\begin{pmatrix} 9 & \dfrac{3}{2} \\ \dfrac{3}{2} & 6 \end{pmatrix}.$$

(2) $f(x_1,x_2,x_3,x_4)=6x_1x_2+2x_1x_3-4x_1x_4+6x_2x_4$ 是二次型，其矩阵为

$$\boldsymbol{A}=\begin{pmatrix} 0 & 3 & 1 & -2 \\ 3 & 0 & 0 & 3 \\ 1 & 0 & 0 & 0 \\ -2 & 3 & 0 & 0 \end{pmatrix}.$$

(3) $f(x,y)=x^2+xy-y^2+5x+1$ 不是二次型.

在解析几何中，二次曲线 $ax^2+bxy+cy^2=1$ 的左端即是一个二次型，但为了研究方便，往往通过坐标变换（平移、旋转）把一个非标准的二次型化为它的标准形 $mx_1^2+ny_1^2=1$.

对于有 n 个变量的二次型也有类似的问题：如何把一个非标准的二次型化为它的标准形呢？现在讨论借助于可逆线性变换将一般二次型转化为二次型的标准形，即消除二次型的交叉项，化为只含有平方项的二次型.

定义 7.2 两组变量 $x_1,x_2,\cdots,x_n$ 与 $y_1,y_2,\cdots,y_n$ 之间的关系

$$\begin{cases}x_1=c_{11}y_1+c_{12}y_2+\cdots+c_{1n}y_n,\\x_2=c_{21}y_1+c_{22}y_2+\cdots+c_{2n}y_n,\\\cdots\cdots\\x_n=c_{n1}y_1+c_{n2}y_2+\cdots+c_{nn}y_n\end{cases}$$

称为从 $y_1,y_2,\cdots,y_n$ 到 $x_1,x_2,\cdots,x_n$ 的线性变换,简记为 $x=Cy$,其中

$$x=\begin{pmatrix}x_1\\x_2\\\vdots\\x_n\end{pmatrix},y=\begin{pmatrix}y_1\\y_2\\\vdots\\y_n\end{pmatrix},C=\begin{pmatrix}c_{11}&c_{12}&\cdots&c_{1n}\\c_{21}&c_{22}&\cdots&c_{2n}\\\vdots&\vdots&&\vdots\\c_{n1}&c_{2n}&\cdots&c_{nn}\end{pmatrix}.$$

若 $\boldsymbol{C}$ 可逆,则称该变换为可逆线性变换.特别地,$\boldsymbol{C}$ 为正交矩阵,则该变换称为正交变换.

由于正交矩阵可逆,所以正交变换必是可逆线性变换.下面讨论经可逆线性变换后的二次型与原二次型的关系,也就是找出可逆线性变换后的二次型的矩阵与原二次型的矩阵之间的关系,可以为后面的讨论提供方便.

利用可逆线性变换 $\boldsymbol{x}=\boldsymbol{C}\boldsymbol{y}$,二次型 $f(x_1,x_2,\cdots,x_n)=\sum_{i,j=1}^{n}a_{ij}x_ix_j$ 可化为:

$$f(x_1,x_2,\cdots,x_n)=\boldsymbol{x}^{\mathrm{T}}\boldsymbol{A}\boldsymbol{x}=(\boldsymbol{C}\boldsymbol{y})^{\mathrm{T}}\boldsymbol{A}(\boldsymbol{C}\boldsymbol{y})=y^{\mathrm{T}}(\boldsymbol{C}^{\mathrm{T}}\boldsymbol{A}\boldsymbol{C})\boldsymbol{y}.$$

因为

$$(\boldsymbol{C}^{\mathrm{T}}\boldsymbol{A}\boldsymbol{C})^{\mathrm{T}}=\boldsymbol{C}^{\mathrm{T}}\boldsymbol{A}^{\mathrm{T}}(\boldsymbol{C}^{\mathrm{T}})^{\mathrm{T}}=\boldsymbol{C}^{\mathrm{T}}\boldsymbol{A}\boldsymbol{C},$$

所以 $\boldsymbol{C}^{\mathrm{T}}\boldsymbol{A}\boldsymbol{C}$ 是对称矩阵,这意味着 $\boldsymbol{C}^{\mathrm{T}}\boldsymbol{A}\boldsymbol{C}$ 是二次型 $\boldsymbol{y}^{\mathrm{T}}(\boldsymbol{C}^{\mathrm{T}}\boldsymbol{A}\boldsymbol{C})\boldsymbol{y}$ 的矩阵.这样就把线性变换后的二次型与原二次型的关系通过矩阵表现出来了.

二次型 $f=\boldsymbol{x}^{\mathrm{T}}\boldsymbol{A}\boldsymbol{x}$ 经可逆线性变换 $\boldsymbol{x}=\boldsymbol{C}\boldsymbol{y}$,得到新的二次型 $\boldsymbol{y}^{\mathrm{T}}(\boldsymbol{C}^{\mathrm{T}}\boldsymbol{A}\boldsymbol{C})\boldsymbol{y}$,以 $\boldsymbol{B}$ 表示新二次型的矩阵,即有

$$\boldsymbol{B}=\boldsymbol{C}^{\mathrm{T}}\boldsymbol{A}\boldsymbol{C}.$$

这就是可逆线性变换前后两个二次型矩阵的关系.我们首先引入如下概念:

定义 7.3 设有两个 n 阶方阵 $\boldsymbol{A},\boldsymbol{B}$,如果存在可逆阵 $\boldsymbol{C}$,使 $\boldsymbol{C}^{\mathrm{T}}\boldsymbol{A}\boldsymbol{C}=\boldsymbol{B}$,则称 $\boldsymbol{B}$ 与 $\boldsymbol{A}$ 合同.记为 $\boldsymbol{A}\simeq\boldsymbol{B}$.

合同是一种等价关系,不难看出,矩阵合同关系具有以下性质.

性质 1(反身性):$\boldsymbol{A}\simeq\boldsymbol{A}$.

性质 2(对称性):$\boldsymbol{A}\simeq\boldsymbol{B}$,则 $\boldsymbol{B}\simeq\boldsymbol{A}$.

性质 3(传递性):$\boldsymbol{A}\simeq\boldsymbol{B},\boldsymbol{B}\simeq\boldsymbol{C}$,则 $\boldsymbol{A}\simeq\boldsymbol{C}$.

注:矩阵 $\boldsymbol{A},\boldsymbol{B}$ 的等价、相似、合同的区别与联系.区别为:矩阵 $\boldsymbol{A},\boldsymbol{B}$ 等价指的是存在可逆阵 $\boldsymbol{P},\boldsymbol{Q}$,使 $\boldsymbol{PAQ}=\boldsymbol{B}$.矩阵 $\boldsymbol{A},\boldsymbol{B}$ 相似指的是存在可逆阵 $\boldsymbol{P}$,使 $\boldsymbol{P}^{-1}\boldsymbol{AP}=\boldsymbol{B}$.

矩阵 $\boldsymbol{A},\boldsymbol{B}$ 合同指的是存在可逆阵 $\boldsymbol{C}$,使 $\boldsymbol{C}^{\mathrm{T}}\boldsymbol{A}\boldsymbol{C}=\boldsymbol{B}$.

联系:三者均具有反身性、对称性、传递性.矩阵相似可推出矩阵等价,矩阵合同可推出

矩阵等价.

利用正交变换 $\boldsymbol{x}=\boldsymbol{C}\boldsymbol{y}$，二次型 $f(x_1,x_2,\cdots,x_n)=\sum\limits_{i,j=1}^{n}a_{ij}x_ix_j$ 可化为：

$$f(x_1,x_2,\cdots,x_n)=\boldsymbol{x}^{\mathrm{T}}\boldsymbol{A}\boldsymbol{x}=(\boldsymbol{C}\boldsymbol{y})^{\mathrm{T}}\boldsymbol{A}(\boldsymbol{C}\boldsymbol{y})=\boldsymbol{y}^{\mathrm{T}}(\boldsymbol{C}^{\mathrm{T}}\boldsymbol{A}\boldsymbol{C})\boldsymbol{y},$$

若 $\boldsymbol{C}^{\mathrm{T}}\boldsymbol{A}\boldsymbol{C}=\begin{pmatrix}\lambda_1 & & & 0\\ & \lambda_2 & & \\ & & \ddots & \\ 0 & & & \lambda_n\end{pmatrix}$，则二次型

$$f=(y_1,y_2,\cdots,y_n)\begin{pmatrix}\lambda_1 & & & 0\\ & \lambda_2 & & \\ & & \ddots & \\ 0 & & & \lambda_n\end{pmatrix}\begin{pmatrix}y_1\\ y_2\\ \vdots\\ y_n\end{pmatrix}=\lambda_1y_1^2+\lambda_2y_2^2+\cdots+\lambda_ny_n^2$$

是标准形.由此可见，借助正交变换化二次型为标准形，可归结为找一个可逆矩阵 $\boldsymbol{C}$，使得 $\boldsymbol{C}^{\mathrm{T}}\boldsymbol{A}\boldsymbol{C}$ 成为对角方阵.

下面给出利用正交变换化二次型为标准形的步骤：

(1)利用二次型的矩阵表示 $f=\boldsymbol{x}^{\mathrm{T}}\boldsymbol{A}\boldsymbol{x}$，求出对称方阵 $\boldsymbol{A}$.

(2)求出 $\boldsymbol{A}$ 的特征值 $\lambda_1,\lambda_2,\cdots,\lambda_n$.

(3)求特征值 $\lambda_1,\lambda_2,\cdots,\lambda_n$ 所对应的特征向量 $\boldsymbol{\xi}_1,\boldsymbol{\xi}_2,\cdots,\boldsymbol{\xi}_n$.

(4)将特征向量 $\boldsymbol{\xi}_1,\boldsymbol{\xi}_2,\cdots,\boldsymbol{\xi}_n$ 正交化，单位化，得到 $\boldsymbol{\eta}_1,\boldsymbol{\eta}_2,\cdots,\boldsymbol{\eta}_n$，令 $\boldsymbol{C}=(\boldsymbol{\eta}_1,\boldsymbol{\eta}_2,\cdots,\boldsymbol{\eta}_n)$.

(5)做正交变换 $\boldsymbol{x}=\boldsymbol{C}\boldsymbol{y}$，则可将二次型化为：$f=\lambda_1y_1^2+\lambda_2y_2^2+\cdots+\lambda_ny_n^2$.

例 7.3 设二次型 $f(x,y,z)=-2x^2-2y^2-2z^2+2xy+2yz+2zx$.

(1)写出该二次型对应的矩阵 $\boldsymbol{A}$.

(2)求正交矩阵 $\boldsymbol{Q}$，使得 $\boldsymbol{Q}^{-1}\boldsymbol{A}\boldsymbol{Q}=\boldsymbol{Q}^{\mathrm{T}}\boldsymbol{A}\boldsymbol{Q}$ 为对角形矩阵，并利用正交变换 $\boldsymbol{X}=\boldsymbol{Q}\boldsymbol{Y}$ 将该二次型化为标准形.

解 由 $f(x,y,z)=-2x^2-2y^2-2z^2+2xy+2yz+2zx$

$$=(x,y,z)\begin{pmatrix}-2 & 1 & 1\\ 1 & -2 & 1\\ 1 & 1 & -2\end{pmatrix}\begin{pmatrix}x\\ y\\ z\end{pmatrix},$$

故二次型对应的矩阵 $\boldsymbol{A}=\begin{pmatrix}-2 & 1 & 1\\ 1 & -2 & 1\\ 1 & 1 & -2\end{pmatrix}$.

其特征方程为

$$|\lambda\boldsymbol{E}-\boldsymbol{A}|=\begin{vmatrix}\lambda+2 & -1 & -1\\ -1 & \lambda+2 & -1\\ -1 & -1 & \lambda+2\end{vmatrix}=-\lambda(\lambda+3)^2=0,$$

特征值为 $\lambda_1=\lambda_2=-3,\lambda_3=0.$

对 $\lambda_1=\lambda_2=-3$,求解线性方程组$(-3\boldsymbol{E}-\boldsymbol{A})\boldsymbol{x}=\boldsymbol{0}$, 对其系数矩阵初等变换可得

$$-3\boldsymbol{E}-\boldsymbol{A}=\begin{pmatrix}-1&-1&-1\\-1&-1&-1\\-1&-1&-1\end{pmatrix}\sim\begin{pmatrix}1&1&1\\0&0&0\\0&0&0\end{pmatrix},$$

所以$(-3\boldsymbol{E}-\boldsymbol{A})\boldsymbol{x}=\boldsymbol{0}$ 的基础解系为 $\boldsymbol{\eta}_1=\begin{pmatrix}-1\\1\\0\end{pmatrix},\boldsymbol{\eta}_2=\begin{pmatrix}-1\\0\\1\end{pmatrix}.$

对 $\lambda_3=0$,解线性方程组$(0\boldsymbol{E}-\boldsymbol{A})\boldsymbol{x}=0$,对其系数矩阵初等变换可得

$$-\boldsymbol{A}=\begin{pmatrix}2&-1&-1\\-1&2&-1\\-1&-1&2\end{pmatrix}\sim\begin{pmatrix}1&0&-1\\0&1&-1\\0&0&0\end{pmatrix},$$

所以得$(0\boldsymbol{E}-\boldsymbol{A})\boldsymbol{x}=\boldsymbol{0}$ 的基础解系 $\boldsymbol{\eta}_3=\begin{pmatrix}1\\1\\1\end{pmatrix}.$

将属于同一特征值 $\lambda=-3$ 的特征向量 $\boldsymbol{\eta}_1=\begin{pmatrix}-1\\1\\0\end{pmatrix},\boldsymbol{\eta}_2=\begin{pmatrix}-1\\0\\1\end{pmatrix}$进行施密特正交化,可得

$$\boldsymbol{\beta}_1=\boldsymbol{\eta}_1,\boldsymbol{\beta}_2=\boldsymbol{\eta}_2-\frac{[\boldsymbol{\eta}_2,\boldsymbol{\beta}_1]}{[\boldsymbol{\beta}_1,\boldsymbol{\beta}_1]}\boldsymbol{\beta}_1=\begin{pmatrix}-1\\0\\1\end{pmatrix}-\frac{1}{2}\begin{pmatrix}-1\\1\\0\end{pmatrix}=\frac{1}{2}\begin{pmatrix}-1\\-1\\2\end{pmatrix}.$$

再将$\boldsymbol{\beta}_1,\boldsymbol{\beta}_2,\boldsymbol{\eta}_3$ 单位化就得到 $\boldsymbol{A}$ 的一组彼此正交的单位特征向量:

$$\boldsymbol{\alpha}_1=\frac{\boldsymbol{\beta}_1}{\|\boldsymbol{\beta}_1\|}=\begin{pmatrix}-\frac{1}{\sqrt{2}}\\\frac{1}{\sqrt{2}}\\0\end{pmatrix},\boldsymbol{\alpha}_2=\frac{\boldsymbol{\beta}_2}{\|\boldsymbol{\beta}_2\|}=\begin{pmatrix}-\frac{1}{\sqrt{6}}\\-\frac{1}{\sqrt{6}}\\\frac{2}{\sqrt{6}}\end{pmatrix},\boldsymbol{\alpha}_3=\frac{\boldsymbol{\eta}_3}{\|\boldsymbol{\eta}_3\|}=\begin{pmatrix}\frac{1}{\sqrt{3}}\\\frac{1}{\sqrt{3}}\\\frac{1}{\sqrt{3}}\end{pmatrix}.$$

取 $\boldsymbol{Q}=(\boldsymbol{\alpha}_1,\boldsymbol{\alpha}_2,\boldsymbol{\alpha}_3)$,则有

$$\boldsymbol{Q}^{-1}\boldsymbol{A}\boldsymbol{Q}=\boldsymbol{Q}^{\mathrm{T}}\boldsymbol{A}\boldsymbol{Q}=\boldsymbol{\Lambda}=\begin{pmatrix}-3&0&0\\0&-3&0\\0&0&0\end{pmatrix}.$$

令 $\boldsymbol{x}=\boldsymbol{Q}\boldsymbol{y}$,其中 $\boldsymbol{x}=(x,y,z)^{\mathrm{T}},\boldsymbol{y}=(x_1,y_1,z_1)^{\mathrm{T}}$, 则

$$f(x,y,z)=\boldsymbol{x}^{\mathrm{T}}\boldsymbol{A}\boldsymbol{x}=\boldsymbol{y}^{\mathrm{T}}(\boldsymbol{Q}^{\mathrm{T}}\boldsymbol{A}\boldsymbol{Q})\boldsymbol{y}=-3x_1^2-3y_1^2.$$

例 7.4　求正交变换 $\boldsymbol{x}=\boldsymbol{P}\boldsymbol{y}$,把二次型

$$f=x_1^2+x_2^2+x_3^2+x_4^2+2x_1x_2-2x_1x_4-2x_2x_3+2x_3x_4$$

化为标准形.

解 二次型对应的矩阵 $\boldsymbol{A}=\begin{pmatrix}1&1&0&-1\\1&1&-1&0\\0&-1&1&1\\-1&0&1&1\end{pmatrix}$,

特征多项式 $|\boldsymbol{A}-\lambda\boldsymbol{E}|=(1-\lambda)^2(\lambda+1)(\lambda-3)$.特征值 $\lambda_1=\lambda_2=1,\lambda_3=-1,\lambda_4=3$.

特征值 $\lambda_1=\lambda_2=1$ 对应的特征向量取

$$\boldsymbol{\xi}_1=\begin{pmatrix}1\\0\\1\\0\end{pmatrix},\boldsymbol{\xi}_2=\begin{pmatrix}0\\1\\0\\1\end{pmatrix}.$$

特征向量 $\boldsymbol{\xi}_1,\boldsymbol{\xi}_2$ 是正交的,故只需单位化,可得

$$\boldsymbol{\alpha}_1=\begin{pmatrix}\frac{1}{\sqrt{2}}\\0\\\frac{1}{\sqrt{2}}\\0\end{pmatrix},\boldsymbol{\alpha}_2=\begin{pmatrix}0\\\frac{1}{\sqrt{2}}\\0\\\frac{1}{\sqrt{2}}\end{pmatrix}.$$

特征值 $\lambda_3=-1$ 对应的特征向量取 $\boldsymbol{\xi}_3=\begin{pmatrix}-1\\1\\1\\-1\end{pmatrix}$,单位化 $\boldsymbol{\alpha}_3=\begin{pmatrix}-\frac{1}{2}\\\frac{1}{2}\\\frac{1}{2}\\-\frac{1}{2}\end{pmatrix}$.

特征值 $\lambda_4=3$ 对应的特征向量取 $\boldsymbol{\xi}_4=\begin{pmatrix}1\\1\\-1\\-1\end{pmatrix}$,单位化 $\boldsymbol{\alpha}_4=\begin{pmatrix}\frac{1}{2}\\\frac{1}{2}\\-\frac{1}{2}\\-\frac{1}{2}\end{pmatrix}$.

取 $\boldsymbol{P}=(\boldsymbol{\alpha}_1,\boldsymbol{\alpha}_2,\boldsymbol{\alpha}_3,\boldsymbol{\alpha}_4)$,则有

$$P^{-1}AP=P^{\mathrm{T}}AP=\Lambda=\begin{pmatrix}1&0&0&0\\0&1&0&0\\0&0&-1&0\\0&0&0&3\end{pmatrix}.$$

令 $\boldsymbol{x}=\boldsymbol{P}\boldsymbol{y}$,其中 $\boldsymbol{x}=(x_1,x_2,x_3,x_4)^{\mathrm{T}}$,$\boldsymbol{y}=(y_1,y_2,y_3,y_4)^{\mathrm{T}}$, 则

$$f(x_1,x_2,x_3,x_4)=\boldsymbol{x}^{\mathrm{T}}\boldsymbol{A}\boldsymbol{x}=\boldsymbol{y}^{\mathrm{T}}(\boldsymbol{P}^{\mathrm{T}}\boldsymbol{A}\boldsymbol{P})\boldsymbol{y}=y_1^2+y_2^2-y_3^2+3y_4^2.$$

关于二次型求解标准形还有另一种方法,称为拉格朗日配方法.化实二次型为标准形的配方法步骤为:

(1)集中带有平方项的某个变量的所有项进行配方.

(2)再集中含有平方项的另一变量的各项配方,如此继续下去,直到配成完全平方为止.

下面举例说明.

例 7.5　化二次型 $f=(x_1,x_2,x_3)=2x_1x_2+2x_1x_3-6x_2x_3$ 为标准形,并写出变换矩阵.

解　因 f 中没有平方项,先作如下线性变换:

$$\begin{cases}x_1=y_1+y_2,\\x_2=y_1-y_2,\\x_3=y_3.\end{cases}$$

相应的线性变换矩阵为

$$C_1=\begin{pmatrix}1&1&0\\1&-1&0\\0&0&1\end{pmatrix}.$$

将 x_1,x_2,x_3 代入 f 中,得 $f=2y_1^2-4y_1y_3-2y_2^2+8y_2y_3$,对 f 逐次配方得到

$$\begin{aligned}f&=(2y_1^2-4y_1y_3+2y_3^2)-2y_2^2+8y_2y_3-2y_3^2\\&=2(y_1-y_3)^2-2(y_2-2y_3)^2+6y_3^2.\end{aligned}$$

令

$$\begin{cases}z_1=y_1-y_3\\z_2=y_2-2y_3\\z_3=y_3\end{cases}\text{或}\begin{cases}y_1=z_1+z_3\\y_2=z_2+2z_3\\y_3=z_3\end{cases}$$

相应的变换矩阵为

$$\boldsymbol{C}_2=\begin{pmatrix}1&0&1\\0&1&2\\0&0&1\end{pmatrix}.$$

所求的变换矩阵为

$$\boldsymbol{C}=\boldsymbol{C}_1\boldsymbol{C}_2=\begin{pmatrix}1&1&3\\1&-1&-1\\0&0&1\end{pmatrix},$$

于是作如下线性变换：

$$\begin{cases}x_1=z_1+z_2+3z_3\\x_2=z_1-z_2-z_3\\x_3=z_3\end{cases}$$

就把 f 化成标准形 $f=2z_1^2-2z_2^2+6z_3^2$，且有

$$\boldsymbol{C}^{\mathrm{T}}\boldsymbol{A}\boldsymbol{C}=\boldsymbol{C}^{\mathrm{T}}\begin{pmatrix}0&1&1\\1&0&-3\\1&-3&0\end{pmatrix}\boldsymbol{C}=\begin{pmatrix}2&0&0\\0&-2&0\\0&0&6\end{pmatrix}.$$

上面介绍了通过正交变换或配方法将二次型化为标准形的方法，需要指出的是：

(1)对同一个二次型，使用的方法不同，得到的标准形可能会不同. 如二次型 $f=x_1^2-\frac{1}{4}x_2^2+\frac{1}{9}x_3^2$，它本身就是标准形的形式，但若作下面的线性变换

$$\begin{cases}x_1=y_1\\x_2=2y_2,\\x_3=3y_3,\end{cases}$$

则原二次型就化为新的二次型 $f=y_1^2-y_2^2+y_3^2$. 显然，这表明，同一个二次型对应的标准形并不唯一.

(2)若利用正交变换化二次型为标准形，各平方项的系数恰好为二次型的矩阵的特征值，但利用配方法化二次型为标准形时，由于所使用的变换矩阵不一定是正交矩阵，所得二次型的平方项的系数不能保证是二次型的矩阵的特征值. 如例 7.5 中，二次型 $f=(x_1,x_2,x_3)=2x_1x_2+2x_1x_3-6x_2x_3$ 对应的矩阵为

$$\boldsymbol{A}=\begin{pmatrix}0&1&1\\1&0&-3\\1&-3&0\end{pmatrix},$$

其特征多项式为

$$|\lambda\boldsymbol{E}-\boldsymbol{A}|=\begin{vmatrix}\lambda&-1&-1\\-1&\lambda&3\\-1&3&\lambda\end{vmatrix}=(\lambda-3)(\lambda^2+3\lambda-2).$$

其特征值为 $\lambda_1=3,\lambda_2=\frac{-3+\sqrt{17}}{2},\lambda_3=\frac{-3-\sqrt{17}}{2}$.

通过例 7.5 可知，最后所得的二次型的平方项系数不是特征值.

习题 7.1

1. 设 $f(x_1,x_2,x_3,x_4)=x_1^2+3x_2^2-x_3^2+x_1x_2-2x_1x_3+3x_2x_3$，求该二次型的矩阵及其秩.

2. 设 $f(x_1,x_2,\cdots,x_n)=(nx_1)^2+(nx_2)^2+\cdots+(nx_n)^2-(x_1+x_2+\cdots+x_n)^2, n>1$，求该二次型的矩阵及其秩.

3. 求三元二次型 $f(x_1,x_2,x_3)=x^{\mathrm{T}}\begin{pmatrix}1&1&2\\1&1&1\\0&1&1\end{pmatrix}x$ 的矩阵以及二次型的秩.

4. 用正交变换法、配方法将下列二次型化为标准形，并给出相应的线性变换矩阵.

(1) $f(x_1,x_2,x_3,x_4)=3x_1^2+4x_2^2-x_3^2+8x_1x_2-2x_1x_3+8x_2x_3$；

(2) $f(x_1,x_2,x_3)=2x_1^2+3x_2^2+4x_3^2+6x_1x_2-4x_1x_3$；

(3) $f(x_1,x_2,x_3)=x_1^2+5x_2^2+4x_3^2-10x_1x_2+6x_1x_3-6x_2x_3$；

(4) $f(x_1,x_2,x_3)=5x_2^2-2x_3^2+4x_1x_2-6x_1x_3+10x_2x_3$.

5. 设二次型 $f(x_1,x_2,x_3)=ax_1^2+2x_2^2-2x_3^2+2bx_1x_3$，$(b>0)$，且二次型的矩阵 $\boldsymbol{A}$ 的特征值之和为 1，特征值之积为 -12.

(1) 求 a,b 的值.

(2) 利用正交变换将二次型 f 化为标准形，并写出所用的正交变换和对应的正交矩阵.

6. 已知 $\boldsymbol{A}=\begin{pmatrix}1&0&1\\0&1&1\\-1&0&a\\0&a&-1\end{pmatrix}$，二次型 $f(x_1,x_2,x_3)=\boldsymbol{x}^{\mathrm{T}}(\boldsymbol{A}^{\mathrm{T}}\boldsymbol{A})\boldsymbol{x}$ 的秩为 2.

(1) 求 a.

(2) 求二次型对应的矩阵，并将二次型化为标准形，写出正交变换过程.

7. 已知二次型 $f(x_1,x_2,x_3)=ax_1^2+ax_2^2+2x_3^2+(4-2a)x_1x_2$ 的秩为 2，求参数 a 的值，并利用正交变换将该二次型化为标准形.

8. 设二次型 $f(x_1,x_2,x_3)=x_1^2+x_2^2+x_3^2-4x_1x_2-4x_1x_3+2ax_2x_3$ 在正交变换 $x=Cy$ 下的标准形为 $3y_1^2+3y_2^2+by_3^2$，求 a,b 的值以及所用的正交变换.

7.2　正定二次型

从前面所学内容知，一个实二次型总可通过正交变换化为标准形，也可通过配方法化为标准形，尽管所得标准形不唯一，但不同的标准形其正平方项的个数和负平方项的个数总是分别相同，故有下面的结论.

定理 7.1（惯性定理）　设有二次型 $f=\boldsymbol{x}^{\mathrm{T}}\boldsymbol{A}\boldsymbol{x}$，它的秩为 r，有两个实的可逆变换 $\boldsymbol{x}=\boldsymbol{C}\boldsymbol{y}$ 和 $\boldsymbol{x}=\boldsymbol{P}\boldsymbol{z}$，使 $f=k_1y_1^2+k_2y_2^2+\cdots+k_ry_r^2$ 及 $f=\lambda_1z_1^2+\lambda_2z_2^2+\cdots+\lambda_rz_r^2$，其中 $k_i\neq0,\lambda_i\neq0$，则 $k_1,k_2,\cdots,k_r$ 中正数的个数与 $\lambda_1,\lambda_2,\cdots,\lambda_r$ 中正数的个数相同，即两式中正平方项的个数相等，从而负平方项的个数也相同.

正平方项的个数称为正惯性指数,负平方项的个数称为负惯性指数,两者之差称为符号差.

(1)惯性定理也即是:对任意二次型

$$f=\boldsymbol{x}^{\mathrm{T}}\boldsymbol{A}\boldsymbol{x},R(\boldsymbol{A})=r\begin{array}{l}\xrightarrow{\text{可逆变换 } x=Cy} f=k_1y_1^2+k_2y_2^2+\cdots+k_ry_r^2,k_i\neq 0,\\ \xrightarrow{\text{可逆变换 } x=Pz} f=\lambda_1z_1^2+\lambda_2z_2^2+\cdots+\lambda_rz_r^2,\lambda_i\neq 0,\end{array}$$

则 $k_1,k_2,\cdots,k_r$ 中正数的个数与 $\lambda_1,\lambda_2,\cdots,\lambda_r$ 中正数的个数相同.

(2)惯性定理的矩阵形式:

对于任一 n 阶实对称阵 $\boldsymbol{A}$,必存在可逆矩阵 $\boldsymbol{P}$ 使 $\boldsymbol{P}^{\mathrm{T}}\boldsymbol{A}\boldsymbol{P}=\begin{pmatrix}E_k & & \\ & -E_{r-k} & \\ & & 0_{n-r}\end{pmatrix}$,其中 kr 由 $\boldsymbol{A}$ 唯一确定,与 $\boldsymbol{P}$ 的选择无关,$R(\boldsymbol{A})=r$.

对于惯性定理,我们这里不作证明,直接应用.

定义 7.4 如果二次型 $f=\boldsymbol{x}^{\mathrm{T}}\boldsymbol{A}\boldsymbol{x}$ 经过变换 $\boldsymbol{x}=\boldsymbol{C}\boldsymbol{y}$ 得到的新二次型 $f=\boldsymbol{y}^{\mathrm{T}}(\boldsymbol{C}^{\mathrm{T}}\boldsymbol{A}\boldsymbol{C})\boldsymbol{y}$ 具有下面的形式

$$f=y_1^2+y_2^2+\cdots+y_k^2-y_{k+1}^2-\cdots-y_r^2,$$

则称这个形式为二次型 $f=\boldsymbol{x}^{\mathrm{T}}\boldsymbol{A}\boldsymbol{x}$ 的规范标准形,简称规范形.

注:定义中 k 为二次型的正惯性指数,$r-k$ 为该二次型的负惯性指数.由惯性定理可知,二次型的规范形是唯一的.

推论 1 设 $\boldsymbol{A},\boldsymbol{B}$ 为实对称阵,则 $\boldsymbol{A}$ 与 $\boldsymbol{B}$ 合同的充要条件是 $\boldsymbol{A}$ 与 $\boldsymbol{B}$ 有相同的秩和相同的正惯性指数,即有相同的规范形.

证明 必要性:设 $\boldsymbol{B}=\boldsymbol{P}^{\mathrm{T}}\boldsymbol{A}\boldsymbol{P}$,对于实对称阵 $\boldsymbol{B}$,必存在可逆阵 $\boldsymbol{Q}$,使

$$\boldsymbol{Q}^{\mathrm{T}}\boldsymbol{B}\boldsymbol{Q}=\begin{pmatrix}E_k & & \\ & -E_{r-k} & \\ & & \boldsymbol{0}_{n-r}\end{pmatrix}=\boldsymbol{\Lambda},$$

将 $\boldsymbol{B}=\boldsymbol{P}^{\mathrm{T}}\boldsymbol{A}\boldsymbol{P}$ 代入上式,于是 $\boldsymbol{Q}^{\mathrm{T}}(\boldsymbol{P}^{\mathrm{T}}\boldsymbol{A}\boldsymbol{P})\boldsymbol{Q}=\boldsymbol{\Lambda}$,即 $(\boldsymbol{P}\boldsymbol{Q})^{\mathrm{T}}\boldsymbol{A}(\boldsymbol{P}\boldsymbol{Q})=\boldsymbol{\Lambda}$,这说明矩阵 $\boldsymbol{A},\boldsymbol{B}$ 有相同的规范形.

充分性:若 $\boldsymbol{A}$ 与 $\boldsymbol{B}$ 有相同的规范形,即存在可逆矩阵 $\boldsymbol{P},\boldsymbol{Q}$,使

$$\boldsymbol{P}^{\mathrm{T}}\boldsymbol{A}\boldsymbol{P}=\boldsymbol{\Lambda},\boldsymbol{Q}^{\mathrm{T}}\boldsymbol{B}\boldsymbol{Q}=\boldsymbol{\Lambda}.$$

从而,$\boldsymbol{P}^{\mathrm{T}}\boldsymbol{A}\boldsymbol{P}=\boldsymbol{\Lambda}=\boldsymbol{Q}^{\mathrm{T}}\boldsymbol{B}\boldsymbol{Q}$,又因为 $\boldsymbol{P},\boldsymbol{Q}$ 可逆,可得

$$(\boldsymbol{P}\boldsymbol{Q}^{-1})^{\mathrm{T}}\boldsymbol{A}(\boldsymbol{P}\boldsymbol{Q}^{-1})=\boldsymbol{B}.$$

所以 $\boldsymbol{A}$ 与 $\boldsymbol{B}$ 合同.

定义 7.5 如果对任意的 $\boldsymbol{x}\neq\boldsymbol{0}$,二次型 $f=\boldsymbol{x}^{\mathrm{T}}\boldsymbol{A}\boldsymbol{x}>0(\geqslant 0)$,则称 f 为正定二次型(半正定二次型),称 $\boldsymbol{A}$ 为正定矩阵(半正定矩阵);如果对任意的 $\boldsymbol{x}\neq\boldsymbol{0}$,二次型 $f=\boldsymbol{x}^{\mathrm{T}}\boldsymbol{A}\boldsymbol{x}<0(\leqslant 0)$,则

称 f 为负定二次型(半负定二次型),称 $\boldsymbol{A}$ 为负定矩阵(半负定矩阵);若既有 $f>0$,也有 $f<0$,则称 f 为不定二次型,称 $\boldsymbol{A}$ 为不定矩阵.

例如,$f=x_1^2+x_2^2+\cdots+x_n^2$ 是正定二次型,而 $f=x_2^2+\cdots+x_n^2$ 是半正定二次型,三元实二次型 $f=x_1^2+2x_2^2-x_3^2$ 是不定二次型.

容易判断上述 3 个实二次型的类型,是因为其本身就是规范标准形,那么能否通过可逆线性变换将一个任意的实二次型化为规范标准形来判断其正定性呢?即可逆线性变换是否可以保持实二次型的正定性呢?下面就此进行讨论.

定理 7.2　设二次型 $f(x_1,x_2,\cdots,x_n)=\boldsymbol{x}^{\mathrm{T}}\boldsymbol{A}\boldsymbol{x}$ 是正定的,令 $\boldsymbol{x}=\boldsymbol{C}\boldsymbol{y}$,$\boldsymbol{C}$ 可逆,则

$$f(x_1,x_2,\cdots,x_n)=\boldsymbol{x}^{\mathrm{T}}\boldsymbol{A}\boldsymbol{x}=\boldsymbol{y}^{\mathrm{T}}(\boldsymbol{C}^{\mathrm{T}}\boldsymbol{A}\boldsymbol{C})\boldsymbol{y},$$

即二次型 $\boldsymbol{y}^{\mathrm{T}}(\boldsymbol{C}^{\mathrm{T}}\boldsymbol{A}\boldsymbol{C})\boldsymbol{y}$ 也正定.

证明　事实上,对任意的非零实向量 $\boldsymbol{y}=(y_1,y_2,\cdots,y_n)^{\mathrm{T}}$,因为 $\boldsymbol{C}$ 可逆,所以

$$\boldsymbol{x}=\boldsymbol{C}\begin{pmatrix} y_1 \\ y_2 \\ \vdots \\ y_n \end{pmatrix}\neq\boldsymbol{0},$$

由于二次型 $f(x_1,x_2,\cdots,x_n)=\boldsymbol{x}^{\mathrm{T}}\boldsymbol{A}\boldsymbol{x}$ 是正定的,所以

$$\boldsymbol{y}^{\mathrm{T}}(\boldsymbol{C}^{\mathrm{T}}\boldsymbol{A}\boldsymbol{C})\boldsymbol{y}=(y_1,y_2,\cdots,y_n)(\boldsymbol{C}^{\mathrm{T}}\boldsymbol{A}\boldsymbol{C})\begin{pmatrix} y_1 \\ y_2 \\ \vdots \\ y_n \end{pmatrix}=\boldsymbol{x}^{\mathrm{T}}\boldsymbol{A}\boldsymbol{x}>0.$$

因此二次型 $\boldsymbol{y}^{\mathrm{T}}(\boldsymbol{C}^{\mathrm{T}}\boldsymbol{A}\boldsymbol{C})\boldsymbol{y}$ 也正定.

以上说明:正定二次型经过可逆线性变换时,不改变二次型的正定性.因此,一个实二次型的正定性可由其标准形或者规范形的正定性来确定.于是下面给出判定实二次型正定的几个充分必要条件.

定理 7.3　实二次型 $f=\boldsymbol{x}^{\mathrm{T}}\boldsymbol{A}\boldsymbol{x}$ 为正定的充分必要条件是它的标准形的 n 个系数全为正,即正惯性指数等于 n.

证明　设可逆变换 $\boldsymbol{x}=\boldsymbol{C}\boldsymbol{y}$,使 $f=\boldsymbol{x}^{\mathrm{T}}\boldsymbol{A}\boldsymbol{x}$ 变为标准形

$$f=\boldsymbol{x}^{\mathrm{T}}\boldsymbol{A}\boldsymbol{x}=(\boldsymbol{C}\boldsymbol{y})^{\mathrm{T}}\boldsymbol{A}(\boldsymbol{C}\boldsymbol{y})=\boldsymbol{y}^{\mathrm{T}}(\boldsymbol{C}^{\mathrm{T}}\boldsymbol{A}\boldsymbol{C})\boldsymbol{y}=\lambda_1y_1^2+\cdots+\lambda_ny_n^2.$$

充分性:若 $\lambda_i>0(n=1,\cdots,n)$,要证 $\forall\,\boldsymbol{x}\neq\boldsymbol{0}$,有 $f=\boldsymbol{x}^{\mathrm{T}}\boldsymbol{A}\boldsymbol{x}>\boldsymbol{0}$,即正定.

因 $\boldsymbol{x}\neq\boldsymbol{0}$,知 $\boldsymbol{y}=\boldsymbol{C}^{-1}\boldsymbol{x}\neq\boldsymbol{0}$,故

$$f(x_1,\cdots,x_n)=\boldsymbol{x}^{\mathrm{T}}\boldsymbol{A}\boldsymbol{x}=\lambda_1y_1^2+\cdots+\lambda_ny_n^2>0,$$

即 $f=\boldsymbol{x}^{\mathrm{T}}\boldsymbol{A}\boldsymbol{x}$ 正定.

必要性:若 $f=\boldsymbol{x}^{\mathrm{T}}\boldsymbol{A}\boldsymbol{x}$ 正定,要证 $\lambda_i>0(n=1,\cdots,n)$.用反证法,设 $\lambda_1\leqslant 0$,取 $\boldsymbol{y}=(1,0,\cdots,0)^{\mathrm{T}}$,则 $\boldsymbol{x}=\boldsymbol{C}\boldsymbol{y}\neq\boldsymbol{0}$,但此时有

$$f=x^{T}Ax=\lambda_1y_1^2+\cdots+\lambda_ny_n^2=\lambda_1y_1^2\leqslant 0,$$

这与假设 f 正定相矛盾,故假设不成立.

定理 7.4 n 阶对称矩阵 A 正定的充分必要条件是 A 的所有特征值都大于 0.

证明 必要性:设 λ 是对称正定矩阵 A 的任意特征值,取属于 λ 的特征向量 x,则 $x^{T}Ax>0$,因 $x^{T}Ax=\lambda x^{T}x=\lambda[x,x]=\lambda\|x\|^2$,故 $\lambda>0$.

充分性:设 A 的所有特征值 $\lambda_1,\lambda_2,\cdots,\lambda_n$ 都大于零,取 A 的一组规范正交的特征向量 $\alpha_1,\alpha_2,\cdots,\alpha_n$,则对于任何非零向量 x 都是 $\alpha_1,\alpha_2,\cdots,\alpha_n$ 的线性组合:

$$x=k_1\alpha_1+k_2\alpha_2+\cdots+k_n\alpha_n,$$

其中 $k_1,k_2,\cdots,k_n$ 不全为零.于是

$$\begin{aligned}x^{T}Ax&=(k_1\alpha_1+k_2\alpha_2+\cdots+k_n\alpha_n)^{T}(k_1A\alpha_1+k_2A\alpha_2+\cdots+k_nA\alpha_n)\\&=(k_1\alpha_1^{T}+k_2\alpha_2^{T}+\cdots+k_n\alpha_n^{T})(k_1\lambda_1\alpha_1+k_2\lambda_2\alpha_2+\cdots+k_n\lambda_n\alpha_n)\\&=k_1^2\lambda_1[\alpha_1,\alpha_1]+k_2^2\lambda_2[\alpha_2,\alpha_2]+\cdots+k_n^2\lambda_n[\alpha_n,\alpha_n]\\&=k_1^2\lambda_1+k_2^2\lambda_2+\cdots+k_n^2\lambda_n.\end{aligned}$$

因 $k_1,k_2,\cdots,k_n$ 不全为 0,而 $\lambda_1,\lambda_2,\cdots,\lambda_n$ 都为正,故 $x^{T}Ax>0$,由 $x\neq 0$ 的任意性,得知 A 为正定矩阵.

定理 7.5 n 阶实对称矩阵 A 正定的充分必要条件是 A 合同于 n 阶单位矩阵.

证明 必要性:若 n 阶实对称矩阵 A 正定,由定理 7.4 可知,实对称矩阵 A 的特征值全为正,则存在正交矩阵 Q,使得

$$A=Q^{T}\begin{pmatrix}\lambda_1&&&\\&\lambda_2&&\\&&\ddots&\\&&&\lambda_n\end{pmatrix}Q$$

$$=Q^{T}\begin{pmatrix}\sqrt{\lambda_1}&&&\\&\sqrt{\lambda_2}&&\\&&\ddots&\\&&&\sqrt{\lambda_n}\end{pmatrix}E\begin{pmatrix}\sqrt{\lambda_1}&&&\\&\sqrt{\lambda_2}&&\\&&\ddots&\\&&&\sqrt{\lambda_n}\end{pmatrix}Q,$$

令 $P=\begin{pmatrix}\sqrt{\lambda_1}&&&\\&\sqrt{\lambda_2}&&\\&&\ddots&\\&&&\sqrt{\lambda_n}\end{pmatrix}Q$,则有可逆矩阵 P 使得 $A=P^{T}EP$,即 A 合同于 n 阶单位矩阵.

充分性:若 A 合同于 n 阶单位矩阵,则存在可逆矩阵 P 使得 $A=P^{T}EP$.则对任意 $x\neq 0$,有 $Px\neq 0$,从而

$$f=\boldsymbol{x}^{\mathrm{T}}\boldsymbol{A}\boldsymbol{x}=\boldsymbol{x}^{\mathrm{T}}\boldsymbol{P}^{\mathrm{T}}\boldsymbol{E}\boldsymbol{P}\boldsymbol{x}=(\boldsymbol{P}\boldsymbol{x})^{\mathrm{T}}\boldsymbol{P}\boldsymbol{x}>0.$$

故 $f=\boldsymbol{x}^{\mathrm{T}}\boldsymbol{A}\boldsymbol{x}$ 为正定二次型.

例 7.6　设二次型

$$f=2x_1^2-2x_1x_2-2x_1x_3+2x_2^2+2x_2x_3+2x_3^2,$$

判断该二次型是否是正定的.

解　由题意可知,二次型

$$f=2x_1^2-2x_1x_2-2x_1x_3+2x_2^2+2x_2x_3+2x_3^2,$$

对应的矩阵为

$$\boldsymbol{A}=\begin{pmatrix}2&-1&-1\\-1&2&1\\-1&1&2\end{pmatrix},$$

方阵 $\boldsymbol{A}$ 对应的全部特征值为 $\lambda_1=\lambda_2=1,\lambda_3=4$. 由定理 7.4 可知,$f$ 是正定的.

通过定理 7.3,7.4,7.5 来判断对称矩阵(或二次型)的正定性,有时候并不方便,特别是当二次型对应的矩阵是一些具有特殊形式矩阵时,如分块矩阵、稀疏矩阵,等等.下面给出一种通过计算行列式来判断二次型正定性的方法.

定义 7.6　对于 n 阶实对称矩阵 $\boldsymbol{A}$,子式

$$\boldsymbol{\Delta}_i=\begin{vmatrix}a_{11}&a_{12}&\cdots&a_{1i}\\a_{21}&a_{22}&\cdots&a_{2i}\\\vdots&\vdots&&\vdots\\a_{i1}&a_{i2}&\cdots&a_{ii}\end{vmatrix},i=1,2,\cdots,n$$

称为矩阵 $\boldsymbol{A}$ 的顺序主子式.

定理 7.6　n 阶实对称矩阵 $\boldsymbol{A}$ 正定的充分必要条件是 $\boldsymbol{A}$ 的各阶顺序主子式全为正,即

$$\boldsymbol{\Delta}_i=\begin{vmatrix}a_{11}&a_{12}&\cdots&a_{1i}\\a_{21}&a_{22}&\cdots&a_{2i}\\\vdots&\vdots&&\vdots\\a_{i1}&a_{i2}&\cdots&a_{ii}\end{vmatrix}>0,i=1,2,\cdots,n.$$

类似地,n 阶实对称矩阵 $\boldsymbol{A}$ 负定的充分必要条件是 $\boldsymbol{A}$ 的奇数阶顺序主子式全为负,偶数阶顺序主子式为正,即

$$(-1)^i\begin{vmatrix}a_{11}&a_{12}&\cdots&a_{1i}\\a_{21}&a_{22}&\cdots&a_{2i}\\\vdots&\vdots&&\vdots\\a_{i1}&a_{i2}&\cdots&a_{ii}\end{vmatrix}>0,i=1,2,\cdots,n.$$

例 7.7　判定下列二次型是否正定.

(1) $f(x_1,x_2,x_3)=4x_1^2-2x_2x_3+3x_2^2+3x_3^2$;

(2)$f(x_1,x_2,x_3)=x_1^2+2x_2^2-3x_3^2+4x_1x_2+2x_2x_3$.

解 (1)二次型$f(x_1,x_2,x_3)$的方阵为

$$\begin{pmatrix}4&0&0\\0&3&-1\\0&-1&3\end{pmatrix}$$

各阶顺序主子式为

$$4>0,\begin{vmatrix}4&0\\0&3\end{vmatrix}=12>0,\begin{vmatrix}4&0&0\\0&3&-1\\0&-1&3\end{vmatrix}=32>0$$

所以$f(x_1,x_2,x_3)$是正定二次型.

(2)二次型$f(x_1,x_2,x_3)$的方阵为

$$\begin{pmatrix}1&2&0\\2&2&1\\0&1&-3\end{pmatrix}$$

前二个顺序主子式为

$$1>0,\begin{vmatrix}1\\2\end{vmatrix}=-2<0$$

由此可知$f(x_1,x_2,x_3)$既非正定的,也非负定的.

例 7.8 设实二次型

$$f(x_1,x_2,x_3,x_4)=ax_1^2+ax_2^2+ax_3^2+x_4^2+2x_1x_2+2x_1x_3-2x_2x_3.$$

(1)当a为何值时,$f(x_1,x_2,x_3,x_4)$正定?

(2)当a为何值时,$f(x_1,x_2,x_3,x_4)$半正定?

解 二次型的矩阵为:

$$\boldsymbol{A}=\begin{pmatrix}a&1&1&0\\1&a&-1&0\\1&-1&a&0\\0&0&0&1\end{pmatrix},$$

由$|\lambda\boldsymbol{E}-\boldsymbol{A}|=0$可得$\boldsymbol{A}$的特征值为$\lambda_1=\lambda_2=a+1,\lambda_3=a-2,\lambda_4=1$.

从而二次型具有标准形:

$$f(x_1,x_2,x_3,x_4)=(a+1)y_1^2+(a+1)y_2^2+(a-2)y_3^2+y_4^2,$$

于是当$a>2$时,二次型是正定的.当$a=2$时,二次型是半正定的.

例 7.9 设$f(x_1,x_2,x_3)=x_1^2+x_2^2+5x_3^2+2ax_1x_2-2x_1x_3+4x_2x_3$.当$a$为何值时,使得$f$为正定二次型?

解 通过正定二次型对应的矩阵的各阶顺序主子式全为正来确定a的取值.二次型的矩阵为

$$\boldsymbol{A}=\begin{pmatrix}1 & a & -1\\ a & 1 & 2\\ -1 & 2 & 5\end{pmatrix},$$

各阶顺序主子式依次为

$$\boldsymbol{\Delta}_1=1,\boldsymbol{\Delta}_2=\begin{vmatrix}1 & a\\ a & 1\end{vmatrix}=1-a^2,\boldsymbol{\Delta}_3=\begin{vmatrix}1 & a & -1\\ a & 1 & 2\\ -1 & 2 & 5\end{vmatrix}=-a(5a+4).$$

根据定理 7.6,可得:

$$\begin{cases}1-a^2>0,\\ -a(5a+4)>0,\end{cases}$$

求解可得:$-\frac{4}{5}<a<0$.即当$-\frac{4}{5}<a<0$ 时,f 为正定二次型.

习题 7.2

1.判断下列二次型的正定性:

(1)$f=2x_1^2+5x_2^2+5x_3^2+4x_1x_2-4x_1x_3-8x_2x_3$.

(2)$f=-2x_1^2-6x_2^2-4x_3^2+2x_1x_2-4x_1x_3+2x_2x_3$.

2.求 a 为何值时,下列二次型是正定的?

(1)$f=5x_1^2+x_2^2+ax_3^2+4x_1x_2-2x_1x_3-2x_2x_3$.

(2)$f=ax_1^2+x_2^2+5x_3^2-4x_1x_2-2ax_1x_3+4x_2x_3$.

(3)$f=x_1^2+2x_2^2+ax_3^2+2x_1x_2+2x_1x_3+2x_2x_3$.

3.将二次型

$$f=ax_1^2+bx_2^2+ax_3^2+2cx_1x_3$$

化为标准形,求出变换矩阵,并指出 a,b,c 满足什么条件时,二次型 f 是正定的.

4.设 $\boldsymbol{A},\boldsymbol{B}$ 都是 $m\times n$ 实矩阵,且 $\boldsymbol{B}^{\mathrm{T}}\boldsymbol{A}$ 为可逆矩阵,证明 $\boldsymbol{A}^{\mathrm{T}}\boldsymbol{A}+\boldsymbol{B}^{\mathrm{T}}\boldsymbol{B}$ 是正定矩阵.

5.设有 n 元实二次型

$$f(x_1,x_2,\cdots,x_n)=(x_1+a_1x_2)^2+(x_2+a_2x_3)^2+\cdots+(x_{n-1}+a_{n-1}x_n)^2+(x_n+a_nx_1)^2,$$

其中 $a_i(i=1,2,\cdots,n)$ 为实数.求当 $a_1,a_2,\cdots,a_n$ 满足何种条件时,二次型 $f(x_1,x_2,\cdots,x_n)$ 是正定二次型.

6.设 $\boldsymbol{A}$ 是 n 阶实对称矩阵,若 $\boldsymbol{A}-\boldsymbol{E}$ 是正定矩阵,证明:

(1)$\boldsymbol{A},\boldsymbol{A}^{-1},\boldsymbol{A}^*$ 均是正定矩阵.

(2)$\boldsymbol{E}-\boldsymbol{A}^{-1}$是正定矩阵.

第7章习题答案

参考文献

[1] 袁学刚,牛大田,张友,等.线性代数(理工类)[M].北京:清华大学出版社,2019.

[2] 吴传生.经济数学——线性代数[M].北京:高等教育出版社,2015.

[3] 张天德.线性代数习题集精选精解[M].济南:山东科学技术出版社,2009.

[4] 同济大学数学系.线性代数[M].北京:人民邮电出版社,2017.

[5] 丘维声.高等代数:上册[M].北京:清华大学出版社,2010.

[6] 北京大学数学系前代数小组.高等代数[M].北京:高等教育出版社,2019.